国家科学技术学术著作出版基金资助出版

清华大学学术专著

Modification and Application for Natural Graphite

天然石墨的改性与应用

康飞宇 著
Kang Feiyu

清华大学出版社
北京

内 容 简 介

本书基于30多年的科研工作，系统阐述了微晶石墨层间化合物插层技术，膨胀石墨和柔性石墨的膨化与压延工艺、增强技术、低硫技术和流延成型技术，石墨烯粉末制备的插层-氧化-剥离工艺和低温负压工艺，讨论了天然石墨深加工制品在锂离子电池、吸油及环保、隐身屏蔽、燃料电池双极板和核反应堆中的应用。

本书可供高等院校和科研院所材料科学等专业的师生阅读，也可供从事碳材料研究、生产和应用的科技人员参考。

图书在版编目(CIP)数据

天然石墨的改性与应用/康飞宇著. —北京：清华大学出版社，2022.2（2022.12重印）
（清华大学学术专著）
ISBN 978-7-302-60118-0

Ⅰ.①天…　Ⅱ.①康…　Ⅲ.①石墨烯－改性　Ⅳ.①TB383

中国版本图书馆CIP数据核字(2022)第018151号

责任编辑：黎　强
封面设计：傅瑞学
责任校对：欧　洋
责任印制：丛怀宇

出版发行：清华大学出版社
网　　址：http://www.tup.com.cn，http://www.wqbook.com
地　　址：北京清华大学学研大厦A座　**邮　　编**：100084
社 总 机：010-83470000　**邮　　购**：010-62786544
投稿与读者服务：010-62776969，c-service@tup.tsinghua.edu.cn
质量反馈：010-62772015，zhiliang@tup.tsinghua.edu.cn
印 装 者：小森印刷(北京)有限公司
经　　销：全国新华书店
开　　本：155mm×235mm　**印　　张**：21.25　**字　　数**：359千字
版　　次：2022年2月第1版　**印　　次**：2022年12月第2次印刷
定　　价：150.00元

产品编号：082500-01

作者简介

康飞宇 男，1962年出生于内蒙古自治区卓资县。现为清华大学材料学院暨清华大学深圳国际研究生院教授，博士研究生导师。

1981年考入清华大学，先后获得工学学士和硕士学位，随后留校任教。1993年公派香港科技大学学习并获得工学博士学位。1997年在日本北海道大学从事博士后研究。2001年成为清华大学教授。2010年受派前往清华大学深圳研究生院任教并担任常务副院长和院长。推动成立清华-伯克利深圳学院，并担任首任共同院长，现为清华大学深圳国际研究生院副院长。曾任国家重点基础研究发展计划（973计划）项目“微纳超结构碳材料的设计制备及高效能量存储”首席科学家。担任碳功能材料国家-地方联合工程实验室主任、广东省热管理工程与导热材料重点实验室主任、广东省先进电池与材料省部产学研联盟专家委员会主任委员、中国石墨烯产业技术创新战略联盟技术委员会主任、《新型碳材料》副主编、Carbon编委。作为共同主席两次组织碳材料领域最高水平的国际会议(Carbon 2002和Carbon 2011)、1次国际层间化合物会议、3次国际储能材料和8次石墨烯国际论坛等系列会议；发起并组织17次中日韩碳会议、17次海峡两岸碳材料研讨会。主持并完成国家“八五”和“十五”科技攻关等40余项课题，包括2项国家高技术研究发展计划（863计划）项目、2项国家自然科学基金重点项目。入选广东省首批能源与环境材料创新科研团队并担任学术带头人，享受国务院特殊津贴，被评为“广东特支计划”杰出人才及深圳市杰出人才，当选中国微纳米学会会士。

主要从事碳材料及其在能源与环境中的应用研究工作，解决了天然石墨及石墨烯应用于锂离子电池的关键技术问题。在石墨层间化合物合成技术，膨胀石墨和柔性石墨的膨化与压延工艺、增强技术、低硫技术和流延成型技术，石墨烯粉末制备的插层-氧化-剥离工艺和低温负压技术，天然石墨改性制品在锂离子电池、各向同性石墨制备、吸油环保、隐身屏蔽和燃料电池双极板中的应用技术，核石墨制备技术等方面开展了一系列深入研究。已发表各种学术论文600余篇，其中被SCI收录420篇，以通讯作者和第一作者收录281篇，2018—2021年连续入选中国大陆地区科睿唯安高被引科学家。与国内外学者合作出版《碳材料科学与工程——从基础到应用》《储能用碳基纳米材料》《Graphene: Preparations, Properties, Applications and Prospects》等中英文专著6部；拥有中国发明专利授权150件，美国、日本、韩国专利12件，已有32件专利实现了技术转移和应用。先后获得省部级自然科学一等奖2项（排名第1）、省部级发明一等奖（排名第1）及深圳市市长奖、第16届广东省何颖科技奖；1993年“阳极氧化法制备可膨胀石墨”项目获得国家技术发明奖（三等奖，排名第3），2017年“高性能锂离子电池用石墨和石墨烯材料”项目获得国家技术发明奖（二等奖，排名第1）。

序

我和康飞宇教授第一次见面是在美国举行的Carbon'95会议上，当时中国内地仅有5名代表参会，为了省钱，我俩一块住在加州大学(圣地亚哥)的学生宿舍里，有机会愉快地交流了好几天。那时的康老师已是清华大学教师，同时在香港科技大学攻读博士学位。从交流中得知他专门研究天然石墨的深加工与高效利用，在石墨层间化合物和膨胀石墨等研究方向上取得了诸多成果，比如利用电化学法合成石墨层间化合物，有的技术已经实现了产业化，其中“阳极氧化法生产优质可膨胀石墨”获得了1993年国家技术发明奖三等奖。我聆听了他在美国Carbon'95会议上作的电化学法合成氯化物-石墨层间化合物的口头报告，还知道他也参加了在西班牙举行的Carbon'94会议。

从美国回来后我们联系密切，除了共同参加新型炭材料会议外，还分别担任了《新型炭材料》杂志的主编、副主编。2002年，我俩与凌立成教授共同组织了Carbon'02国际会议，这是国际碳年度大会第一次在美国和欧洲以外的国家举行。在北京清华大学举办的这次会议，使全世界碳科学家看到了中国的进步，特别是中国年轻学者对炭材料科学的倾心研究。后来，我们三人又在上海华东理工大学联合组织了Carbon'11国际会议，这次会议代表人数达到了800人规模，是Carbon会议历史上参会人数最多的一次。腾飞的中国、日新月异的上海让外国代表赞叹不已。

众所周知，我国拥有非常丰富的天然石墨资源，发展先进的石墨深加工技术才能改变低价出口原材料、高价进口半成品或高端制品的被动局面。康教授长期研究石墨层间化合物(GIC)的电化学合成技术，发现了氧化电位是控制GIC阶结构的关键因素，阐明了调控机制，在国际上率先提出以甲酸、$ZnCl_2$和$FeCl_3$溶液作为电解质和插层物质的电化学合成方法，研制出无硫、无毒和无腐蚀性的GIC，实现了低硫分、低挥发分可膨胀石墨的技术转化、规模生产和批量出口，产品被广泛用作密封材料、吸附材料和导电剂。

由于天然石墨负极快速充电性能差、使用温度范围窄和循环寿命短，锂离子电池一直使用人造石墨作为负极。康教授在阐明天然石墨脱插机理的基础上，发明了膨化程度可控的膨胀石墨和碳包覆微膨改性鳞片石墨负极材料的制备方法，制备出大倍率充放电性能优异、充放电膨胀率低的天然石墨负极材料；康教授及其团队还发明了石墨烯导电剂应用技术，克服了大电流下高离子位阻的瓶颈，提出了工业界通用的石墨烯导电剂使用原则，使导电剂用量大幅减少，电池体积能量密度显著提高。正是在康教授等人的不懈努力下，中国丰富的天然石墨得以成功应用于锂离子电池，他们为中国天然石墨研究和深加工技术的发展并赢得国际领先地位做出了重要贡献。

大约一年前，康教授告诉我他正在撰写一部学术专著，并拿出自己的大纲征求我的意见。我认为他们已有了很好的积累，在基础研究和产业化等方面都做了很好的工作，撰写学术专著正当其时。现在我有幸看到《天然石墨的改性与应用》的详细纲目和内容，十分兴奋。这本书系统和全面地反映了他的科研团队在天然石墨改性及其应用方面取得的研究成果，包括石墨层间化合物的合成技术，优质可膨胀石墨和柔性石墨的制备技术，天然石墨制备石墨烯粉末的新方法，天然石墨改性制品在锂离子电池、各向同性石墨制备、吸油环保、吸波屏蔽、热管理材料、燃料电池双极板的制备、核石墨材料等方面的应用等，我相信该专著的出版必将有助于提升我国炭材料学科的学术地位和影响力，也必然有助于我国在天然石墨的改性和应用方面开拓新的天地，甚至形成新的产业。

据我所知，康教授已经和他人合作编写出版了4部英文著作和2部中文著作，均为炭材料方面的专著，获得了广泛好评。我还得悉，《天然石墨的改性与应用》已经获得科技部“国家科学技术学术著作出版基金”的资助，这同样反映了这部学术专著的原创性和前沿性。因此，我热切期待着这部学术专著能够早日面世。

中国科学院院士
中国科学院金属研究所研究员
中国科学院深圳理工大学(筹)教授
中国科学院深圳先进技术研究院研究员

2021年11月于深圳

前　言

我国拥有极其丰富的天然石墨资源，储量约占全球40%以上。天然石墨是碳材料的重要组成部分，具有热膨胀系数小、导热系数大、耐高温、导电性、超高润滑性、可塑性、高的化学稳定性以及优良的抗热震性等特点。经过改性加工的石墨，可应用于电子、信息、新能源、环保、航天航空等产业。石墨烯的新发现又为新型石墨材料的研发提供了新的技术路线，预计未来10年整个碳材料领域和天然石墨产业的发展会有一个新的飞跃。

天然石墨的深加工或改性是指用物理或化学方法，使石墨获得新的结构、纯度、形貌，从而使其具有新的性能和功能的系列方法。在这些方法或技术中，石墨层间化合物技术最为关键。利用石墨层间化合物种类的多样性及插层/脱插过程的可控性，可以获得多种具有不同特殊功能的石墨基新材料，如膨胀石墨和柔性石墨等。另外，通过对石墨粉体粒径的控制、粉体颗粒的球形化及颗粒表面包覆形成核壳结构等，可以改变石墨粉体颗粒的表面状态、粒径、形貌及结构，进而获得新的功能材料，如锂离子电池用负极材料等。还可以通过插层-氧化-剥离工艺或低温负压工艺进行石墨烯的制备。可以说，天然石墨的改性技术是提高碳材料科学研究水平和推动我国石墨材料产业健康发展的关键所在。

本书是作者及所在团队30多年来在天然石墨的改性与应用技术方面进行的科研工作的基础上撰写的，力求系统地阐述天然石墨资源的现状、石墨层间化合物插层技术、膨胀石墨和柔性石墨的酸化技术、膨化与压延工艺、石墨增强技术、低硫技术和流延成型等技术，讨论石墨烯制备的插层-氧化-剥离工艺和低温负压工艺、天然石墨在锂离子电池中的应用技术、微晶石墨制备各向同性石墨的技术，介绍石墨改性产品在吸油及环保、隐身屏蔽、热管理工程、燃料电池双极板及核反应堆中的应用。为确保论述的全面和完整，还尽可能地展示了国内外其他学者所做的贡献。

在本书撰写过程中，我首先想到的是引领我进入天然石墨材料领域的刘秀瀛教授，1988—1992年我们率先发明了阳极氧化法制备可膨胀石墨的技术并在河北南宫华凤石墨公司进行了中试和生产，该产品已出口美国且供不应求，课题组因此获得了1993年国家技术发明奖三等奖。课题组的沈万慈教授、顾家琳教授、黄正宏教授、王正德博士多年来一直通力合作，从国家"八五计划"开始坚持致力于天然石墨的深加工研究，承担了多项国家科技攻关任务和国家自然科学基金课题。在香港科技大学学习期间，自己继续专注于石墨层间化合物的合成、表征及应用研究，得到了导师冷扬教授和张统一教授的大力支持和悉心指导，尽管他们当时的研究领域并不是碳材料，但是考虑到我的专业知识积累，他们无条件地鼓励我在此方向开展深入研究，在Carbon等期刊上发表了多篇论文。1997年获得博士学位后，我在日本北海道大学稻垣道夫教授的研究组开始从事博士后研究，探索膨胀石墨吸附重油的应用技术，自此和稻垣教授建立并保持了20多年的合作关系，双方频繁互访并合作撰写学术著作和发表论文。课题组从1997年开始，在邱新平教授的指导下，率先开展天然石墨应用于锂离子电池负极的研究，博士生邹麟重点解决了鳞片石墨负极材料的循环寿命和快充问题，该项目后来和宁德时代等电池厂家合作完成，并实现了产业化应用。2000年，在国家"十五攻关计划"支持下，我们将天然石墨制备纳米石墨片技术在内蒙古包头晶元石墨公司投入产业化，该技术以开发高导电添加剂产品为主，有非常好的市场，为此我们获得了2006年中国建材科技发明奖一等奖。2004年，英国曼彻斯特大学盖姆教授等人发现石墨烯后，石墨烯研发风起云涌。自己开始和天津大学杨全红教授合作，课题组的李宝华教授、黄正宏教授、吕伟博士、贺艳兵博士等共同参与石墨烯的制备及其在锂离子电池中的应用研究，我们先后和内蒙古瑞盛、东莞鸿纳、深圳翔丰化等公司合作，经过多年努力实现了产业化，我们的研究成果"锂离子电池用石墨和石墨烯材料"因此获得了2017年国家技术发明奖二等奖，这是团队成员历经20多年潜心研究和产学研合作的结果。在研究过程中，博士研究生杜鸿达和周绍鑫对天然石墨制备的高导热材料做了非常细致的分析；博士研究生申克从研究生到博士后，坚持对天然微晶石墨进行详细深入的探索，在制备各向同性石墨材料方面取得了很好的成绩。在此，我谨对上述提到的师生还有众多无法一一提及的同事和研究生表示衷心的感谢，我还要感谢多年来一道进行产学研合作的各家企业的管理者和技术人员，没有大家坚持不懈的共同努力，就不会有上述成果，也不会有这本书。

在本书的撰写过程中，我还有幸得到国内外许多同行的支持和帮助，陈玉琴老师在资料的收集、整理和编写方面发挥了重要作用；在讨论书稿大纲和确定编写内容方面，中国科学院金属研究所的成会明院士、北京化工大学的邱介山教授、天津大学的杨全红教授，还有科技部及国家自然科学基金管理委员会的专家等均提出了很有价值的意见。在此，谨对这些同行和专家表达诚挚的谢意！

尽管本书力求反映碳材料研究的最新进展，包括碳-石墨材料在环保和储能方面日新月异的应用等，但因为水平和精力有限，书中难免会有一些遗漏和错讹，敬请读者批评指正。

康飞宇

2021年8月于北京清华园

目　录

第1章 绪　论

1.1 碳石墨材料

碳元素是自然界存在的与人类最密切相关的元素之一，具有独特的 sp、sp^2、sp^3 三种杂化形式，构筑了丰富多彩的碳石墨材料世界[1-5]。

传统的碳石墨材料包括：木炭、竹炭、活性炭、炭黑、焦炭、天然石墨、石墨电极、炭刷、炭棒、铅笔等。新型的碳石墨材料有：中间相沥青炭微球、针状焦、炭(石墨)纤维、碳基复合材料、柔性石墨、储能型碳石墨材料、金刚石和纳米碳石墨材料(富勒烯、碳纳米管、石墨烯、纳米金刚石、石墨炔)等。可以说没有任何元素能像碳元素这样以单一元素构成如此多类结构和性质不同的物质。

碳石墨材料几乎包括了地球上所有物质所具有的性质，如：最硬-最软、绝缘体-半导体-超导体、绝热-良导热、吸光-全透光等[1-5]。随着时代的变迁和科学的进步，人们不断地发现和利用碳石墨材料，从史前的木炭、近代工业的人造石墨和炭黑、当代的原子炉用高纯石墨和飞机用碳/碳复合材料刹车片、现今的锂离子二次电池材料和核反应堆用第一壁材料等。进入21世纪以来，富勒烯、碳纳米管、石墨烯等的迅速发展引起了全世界的广泛关注，其与碳基复合材料、碳纤维等构成了新型碳石墨材料的主要品种。随着新型碳石墨材料的研究逐渐深入及其制备工艺的不断完善，目前这些新材料正逐步走向产业化阶段，同时在各个领域展现出良好的应用前景[1-12]。

1.1.1 碳石墨材料发展简史

碳石墨材料在人类发展史上有着十分重要的位置，几乎在地球上有了人类的同时，人们就与碳结下了不解之缘。远在上古时代，我们的祖先就知道利用炭可以取暖和烧制食物；早在原始公社时期人们就已用炭黑做彩陶的黑色颜料和精美黑陶的配料；还有在长沙发现的2100多年前的西汉古墓，其中棺椁尸体和大批随葬品之所以保存得较好，原因之一就是在外椁的周围填塞了木炭吸潮层，可见在那个时代，人们对木炭的吸附性能已有较深的了解；最早的碳石墨制品是以天然石墨与黏土混合制成熔炼金属所用的坩埚和松烟石墨，至今已有数千年历史[6]。

碳石墨材料的发展历史大致分为[2-6]：木炭时代（史前—1712 年），石炭时代（1713—1866 年），碳石墨制品的摇篮时代（1867—1895 年），碳石墨制品的工业化时代（1896—1945 年）和碳石墨制品发展时代（1946—1970 年）。1960—1990 年碳石墨材料迈入了新型碳石墨制品的发展时代，其中 1960—1980 年主要用有机物碳化方法制备碳石墨材料，以碳（石墨）纤维、热解石墨的发明为代表；1980 年以后则主要以合成的手法制备新型碳石墨材料，以气相合成金刚石薄膜为代表。纳米碳石墨材料的发展始于 1985 年[2,13]，以富勒烯族、碳纳米管的合成为代表[2-4,10,13-14]。1989 年著名科学杂志 *Sicence* 设置了年度“明星分子”，碳的两种同素异构体“金刚石”和“富勒烯”相继于 1990 年和 1991 年获此殊荣；1996 年诺贝尔化学奖授予发现富勒烯的三位科学家。2004 年英国学者 Geim 等将石墨烯从高定向热解石墨中成功剥离[15]，2010 年度的诺贝尔物理学奖又授予了发现石墨烯的两位科学家。2010 年中国科学院化学研究所李玉良等在铜表面上通过化学原位反应的方法成功地合成了大面积的石墨炔薄膜[16-18]，证实了 sp 与 sp^2 杂化态的碳的同素异构体——石墨炔可以通过人工合成获得[19-21]。

近 30 年来，人类进一步加快了对各种碳同素异构体（见图 1-1）的研究和开发，从零维的富勒烯、一维的碳纳米管和卡宾、二维的石墨烯与石墨炔到三维的金刚石，尤其是各种低维碳纳米结构的陆续发现及其奇特物理化学性质的揭示，让很多人惊呼“碳时代”的来临[10,22]。与富勒烯、碳纳米管、卡宾和石墨炔相比，石墨烯展现了更快的发展速度[23]。

碳元素和碳石墨材料形式和性质的多样性，决定了碳和碳石墨材料仍有许多不为人们所知晓的领域，加之碳和碳石墨材料与其他元素或化合物等的复合和相互作用，无疑会使这类材料获得更大的发展。相信在未来相当长的一段时间内，碳的新相和聚合物碳同素异构体的设计、制造和研究将是物理化学领域引人关注的热点课题，而相应的新型碳石墨材料的研究与开发亦会具有无穷的生命力[4]。

1.1.2 我国碳石墨材料发展概况

我国碳石墨材料研究与生产起步于 20 世纪 50 年代初。在苏联的援助下，首先建设了以生产炼钢用石墨电极为主的吉林碳素厂和以生产电工用碳制品为主的哈尔滨电碳厂[4-5]。半个多世纪以来，我国碳素工业从无到

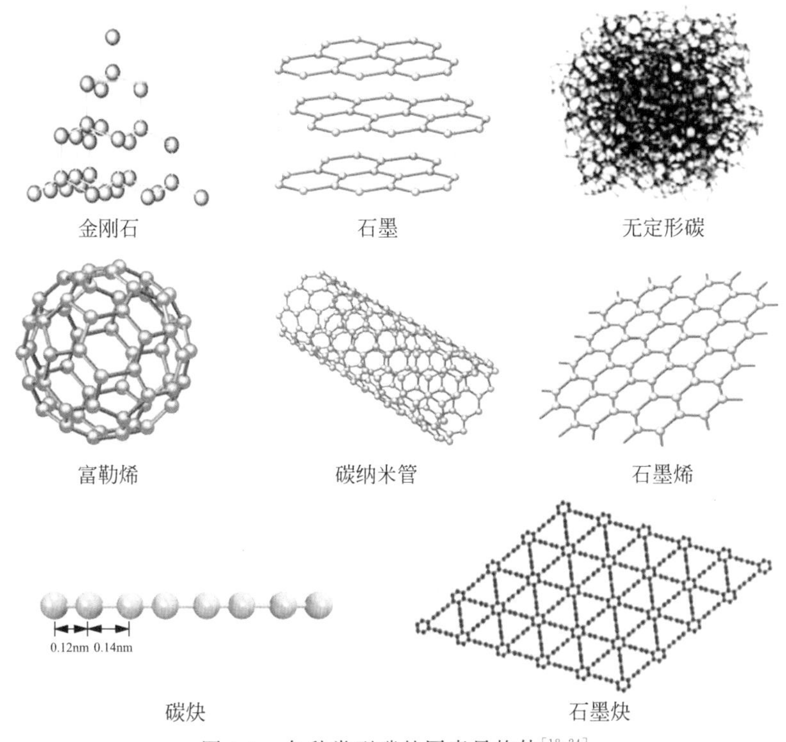

图 1-1 各种类型碳的同素异构体[18,24]

有，有了长足的发展，形成了以吉林碳素厂（现为中钢吉碳）、兰州碳素厂（现为方大碳素）、上海碳素厂（现为中钢集团新型材料有限公司）、哈尔滨电碳厂、自贡东方碳素厂等为主的碳素企业 400 余家[25]，石墨电极生产能力达 70 万 t/年[25]，是世界上最大的石墨电极生产国之一，电碳制品基本满足了国内经济建设的需要。但与先进国家相比，在规模、质量、工艺装备、管理、科研、应用开发等方面都存在较大差距。具体表现在：工艺配套、批量规模生产的企业少（只有 50 多家）[25]；品种少、档次低（我国石墨电极仍以普通电极和高功率电极为主，而国外已上升为超高功率电极）；产品质量不稳定；工艺装备落后；产品更新缓慢等。

我国碳石墨材料的科研水平在整体上落后于美国、苏联、日本和欧盟等国家，但高于韩国、印度、巴西等国家。在某些重要领域我国紧随美、日等发达国家之后，差距并不十分明显，如：热解石墨、柔性石墨、结构功能型碳/碳复合材料、活性炭纤维等。进入 21 世纪以来，随着碳纳米管、石墨烯等纳米碳石墨材料的兴起，我国在碳石墨材料领域面临新的发展机遇，相关研究在世界上占有重要地位，研究水平已达到世界先进水平。

特别是最近10年，我国石墨烯研发与应用的发展态势非常迅速。中国知识产权网(CNIPR)数据显示，截至2014年7月，中国有关石墨烯专利申请数量为5442件，处于世界首位，是第2名美国申请数量(2196件)的2.5倍[26]。据德文特专利数据库披露，2015年4月全球公开的石墨烯专利是14000件，截至2016年12月6日上升到27000件，几近翻了一番。中国的专利在2015年4月为8000件，到2016年年底约为17000件，占全世界的60%，领先于韩国、美国和日本[27]。同期，由清华大学、中国科学院金属研究所、南京科孚纳米技术有限公司、中国科学院宁波材料技术与工程研究所、北京现代华清材料科技发展中心等核心单位发起，联合国内从事石墨烯研发、产业化的22家法人机构，在中国产学研合作促进会的支持下，于2013年成立了中国石墨烯产业技术创新战略联盟，旨在大力构建以企业为主体、市场为导向、产学研相结合的石墨烯产业技术创新体系，搭建公共科技服务平台和测试平台，进一步提升石墨烯产业链的整体创新水平，促进产学研用的紧密结合，推动我国石墨烯产业的发展。联盟成员包括6所高校，4家中科院研究所，17家企业，基本囊括了国内石墨烯研发及产业化的主流单位[28]。2015年统计的企业增加至300余家，2016年已达400多家。在推进石墨烯商业化应用方面，中国石墨烯产业技术创新战略联盟通过与各地方政府共同打造石墨烯产业园，使石墨烯产业在常州、青岛、无锡等地蓬勃发展。到2018年，我国已经建成石墨烯从研发到制造的全创新链条、全球领先的研发中心以及石墨烯应用工程技术中心，重点面向能源存储装置、功能涂料、改性橡胶、传感器和柔性电子等诸多应用领域开展商业化开发，可望形成年营收1500亿美元的石墨烯相关产品市场[27,29]。

目前，我国从事碳石墨材料研究的科研机构主要有中国科学院山西煤炭化学研究所、中国科学院金属研究所、中国科学院物理研究所、中国航发北京航空材料研究院、航天总公司西安航天复合材料研究所、航天材料及工艺研究所、西北工业大学、湖南大学、中南大学、清华大学、北京大学、武汉大学、中国科技大学、武汉科技大学、北京化工大学、天津大学、哈尔滨工业大学、陕西华兴航空机轮公司等。主要研究领域涉及当今碳石墨材料研究与开发的所有热点领域，如：中间相沥青炭(石墨)微球、碳(石墨)纤维、碳/碳复合材料、活性炭材料、微孔炭、石墨层间化合物、膨胀石墨、柔性石墨、核石墨、富勒烯族、碳纳米管、金刚石薄膜、石墨烯、石墨炔、生物碳材料和储能碳材料等。

1.2　石墨用途

石墨是一种结晶形碳，呈现铁黑色至深灰色，质软，有滑腻感；具有优异的耐高低温、抗腐蚀、抗辐射、导电、导热和自润滑等性能，素有"黑金"的美称。在钢铁工业、冶金铸造、耐火材料、密封材料、铅笔工业和导电材料(锂电池、燃料电池)等领域都有着广泛的应用，亦是核能、电子、航天航空、军事领域不可或缺的战略物资。

石墨通常分为天然石墨和合成石墨两类。其中，天然石墨是碳质元素结晶矿物，有晶质和隐晶质两种形态。晶质石墨多为鳞片石墨，是含碳质岩石经长期地质作用变质的矿物，具有很好的可浮选性、润滑性和可塑性。微晶石墨是煤变质的矿物，晶粒尺度微小($<1\mu m$)，也称无定形石墨、土状石墨或隐晶质石墨。合成石墨，亦称人造石墨，是工业上制备的碳石墨产品。

1.2.1　石墨的本征特性

石墨是碳元素最常见的结晶形态，由碳原子组成的六角网状平面规则堆砌而成，如图 1-2 所示。

石墨具有明显的层状结构，单层的碳原子以 sp^2 杂化形成共价键，每一个碳原子以三个共价键与另外三个碳原子相连，原子间距为 0.142nm，属于原子晶体的键长范围，亦即单层石墨原子晶体，碳原子间结合很强，极难破坏，所以石墨的熔点高、化学性质稳定。由于石墨片层中的每一个碳原子各剩有一个 p 轨道，相互重叠，电子比较自由，相当于金属中的自由电子，因此石墨也具有金属晶体特征——优异的导热和导电性能，亦可归类于金属晶体。石墨的层与层之间相隔 0.335nm，距离较大，以较弱的范德华力结合，层与层之间很容易滑动，因而石墨具有优良润滑性能，说明石墨层与层之间属于分子晶体。正是这种石墨层与层之间的分子晶体结构开启了天然石墨的深加工大门，使得石墨层间化合物、膨胀石墨和石墨烯等新型碳材料面世。

石墨是碳的同素异构体之一，在一定的条件下可以与碳的其他同素异构体相互转化，如图 1-3 所示。

图 1-4 为碳的压力-温度相图(即碳相图)，可以看出，碳的三相共存点：$p_2=1.2\times10^4$ MPa，$T_2=4100$K；$p_1=12.5\pm1.5$MPa，$T_1=4020\pm50$K。通常认为金刚石是高压稳定相，石墨是低压稳定相，碳炔的稳定相是熔融相[30]。在

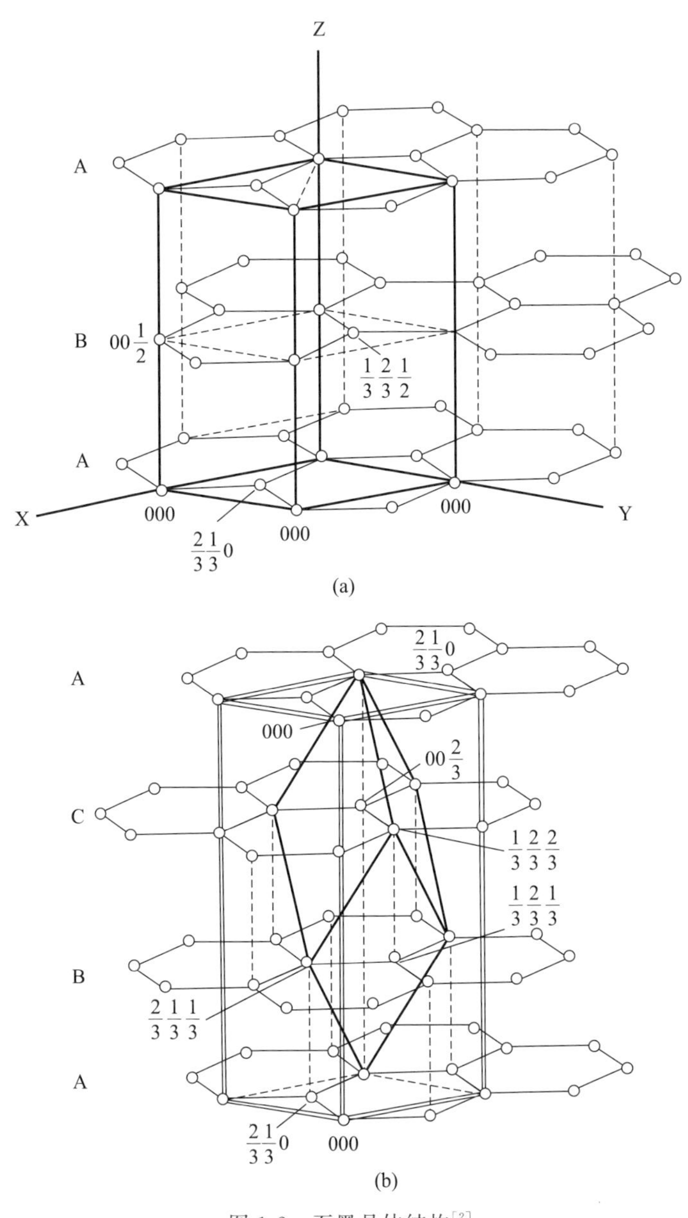

图 1-2 石墨晶体结构[2]

(a) 六方石墨结构；(b) 菱方石墨结构

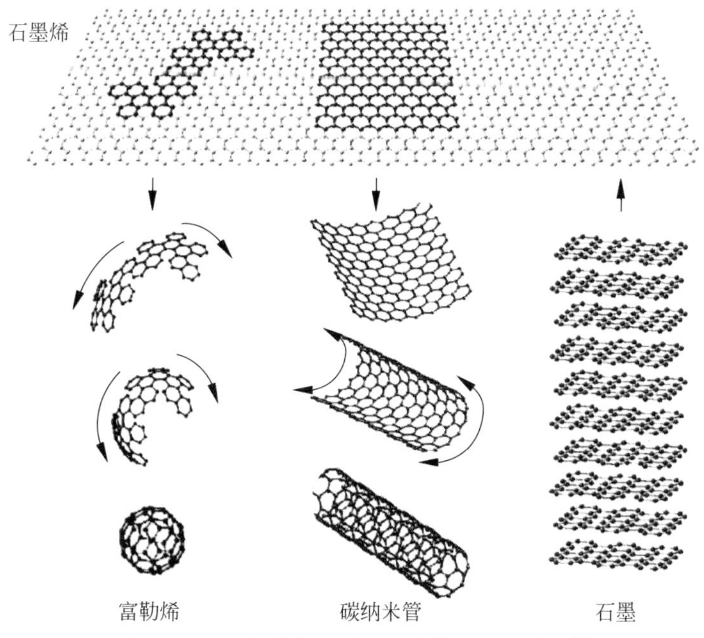

图 1-3　石墨与其他碳同素异构体的相互转化[5]

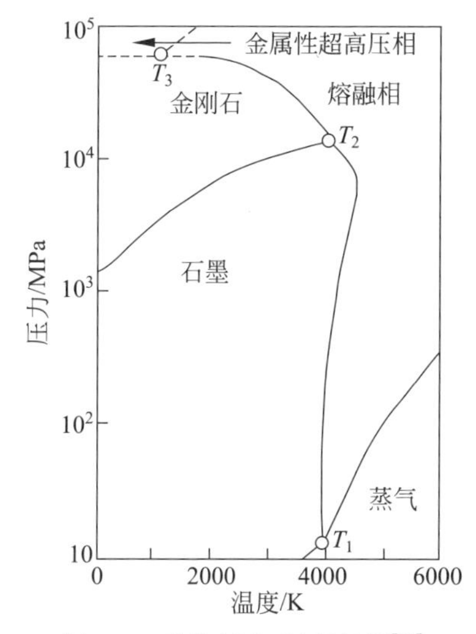

图 1-4　碳的压力-温度相图[30]

高温下石墨也具有相当高的蒸气压(见表 1-1),但在常压下不能熔融只能升华。

表 1-1 碳的蒸气压[30]

温度/℃	蒸气压/kPa
2000	8.00×10^{-7}
2250	2.80×10^{-5}
2500	5.07×10^{-4}
2750	6.93×10^{-3}
4100	1.01×10^{2}

石墨与其各种同素异构体，由于晶体结构的不同，各自的物理、化学性质也不同。尤其是富勒烯、碳纳米管和石墨烯等新型碳纳米结构材料向人们展示了一个更加神奇的碳世界，不仅丰富了人类对物质世界的认知，也直接推动了纳米科技的发展。

1.2.2 石墨的主要性质及其应用领域

由于石墨结构介于原子晶体、金属晶体和分子晶体之间，因此石墨具有诸多的特殊性质和广泛的应用领域。

1. 石墨的主要性质

(1) 耐高温、抗热震性

石墨的熔点为3850±500℃，沸点为4250℃，热膨胀系数很小，温度突变时体积变化不大，不会产生裂纹。石墨强度随温度提高而加强，在2000℃时，石墨强度提高1倍。

(2) 化学稳定性

石墨在常温下有良好的化学稳定性，能耐酸、耐碱和耐有机溶剂的腐蚀。

(3) 导电、导热性

石墨的导热性超过钢、铁、铅等金属材料，导热系数随温度升高而降低，甚至在极高的温度下，石墨成绝热体。石墨晶体中离域的 π 键电子在晶格中能自由移动，可以被激发，使石墨具有较好的导电性。

(4) 润滑性

石墨的润滑性能取决于石墨鳞片的大小，鳞片越大，摩擦系数越小，润滑性能越好。

(5) 可塑性

石墨的韧性好，可碾压成很薄的薄片。

(6) 涂敷性

石墨涂敷在固体物质表面可形成薄膜，牢固黏附而起到保护作用。

(7) 其他

石墨薄片具有挠性,有滑感,易污手。

2. 石墨的主要用途

基于诸多特有性质,石墨一直是传统工业中所必需的矿物原料,在钢铁、冶金、铸造、机械设备、化工等领域有着广泛的应用。随着科学技术的进步,石墨新材料在新能源、核工业、电子信息、航空航天等产业中的应用潜力逐渐被挖掘,被认为是新兴产业发展所必需的战略资源。

表1-2列出了石墨在各应用领域的主要用途。

表1-2 石墨的主要用途[31]

石墨性能	应用领域	主要用途
润滑性	机械工业	用作飞机、轮船、火车等高速运转机械的润滑剂, 石墨摩擦材料用于汽车制动衬垫
化学稳定性	原子能工业	用作核反应堆中的中子减速剂和防护材料
	国防工业	制造固体燃料火箭的喷嘴,导弹的鼻锥,宇宙航行设备的零件,隔热材料和防射线材料
	石油化学工业	用于制造各种抗腐蚀器皿和设备; 石墨切割垫片被广泛用于管道、阀门、泵、压力容器、热交换器、冷凝器、发电机、空气压缩机、排气管、制冷机等
耐高温性 抗热震性	冶金工业	用于制造石墨坩埚、冶金炉的内衬等
	钢铁工业	用于耐火材料、钢铁增碳剂等
	航天工业	用作火箭发动机尾喷管喉衬,火箭、导弹的隔热、耐热材料
导电性	航天工业	人造卫星上的无线电链接和导电结构材料
	电气工业	用于生产石墨电极、电极碳棒、电池,石墨乳(石墨胶体)可用作电视机显像管涂料,制成的碳素制品可用于发电机、电动机、通信器材
	新能源	石墨负极材料用于太阳能电池、锂离子电池、超级电容等
导热性	机械工业	导热石墨片,石墨坩埚用于有色金属熔炼
可塑性	机械工业	石墨坩埚等各种模具以及复杂形状的制品

续表

石墨性能	应用领域	主要用途
涂敷性	轻工业	制造铅笔、墨汁、黑漆、油墨。涂敷在固体物质表面可形成薄膜,牢固黏附而起到保护作用
其他	节能环保	石墨吸附、过滤材料用于污水处理等; 用于生产铅笔、墨粉、油墨、颜料等
	新材料	纳米石墨、石墨烯
	电子信息	用于计算机芯片、电子元件

(1) 天然石墨用途

据统计[32],2012 年天然石墨的主要用途和占比如图 1-5 所示,55%的天然石墨用于耐火材料,5%的天然石墨用于制备刹车制动衬垫,用于润滑材料、铸造业的天然石墨均为 3%,用于碳支架碳刷、粉末冶金和橡胶领域的天然石墨各为 1%。用作其他材料,诸如汽油防爆添加剂、电池、钻井泥浆、电子电器设备,工业金刚石、磁带、机械制造、喷嘴、油漆和抛光剂、铅笔、蒸馏器、套筒、小型包装、焊接、炼钢增碳剂、活塞制备等的天然石墨约有 31%。

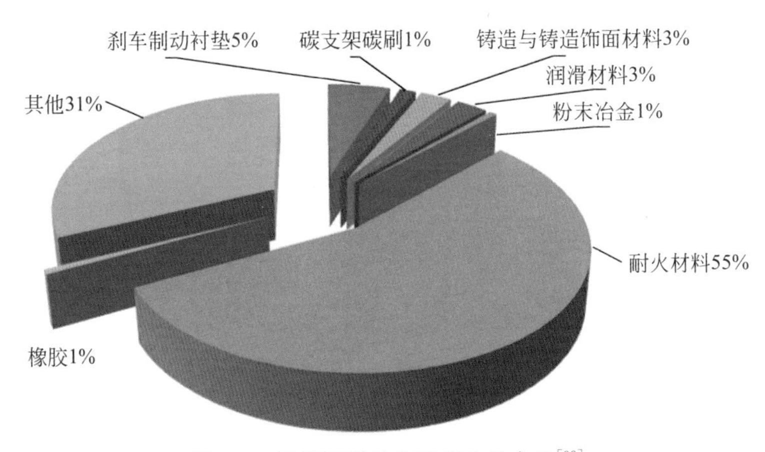

图 1-5 天然石墨的主要用途及占比[32]

(2) 人造石墨用途

人造即人工合成石墨纯度高、性能稳定,广泛用于高温热结构材料,如航空航天等领域。据统计[29],人造石墨主要用于石墨电极的制备,其用量约占总用量的 61%;用于纤维编织物和未加工的石墨制件的合成石墨各为 6%和 5%;其余 28%合成石墨则用于制作石墨坩埚、石墨容器、电动机碳电刷、石墨加工部件、石墨器件、润滑材料、耐火材料、炼钢增碳剂、冶金添加剂、刹车制动衬垫、碳支架、人工心脏瓣膜等。图 1-6 展示了合成石墨的主要用途及占比。

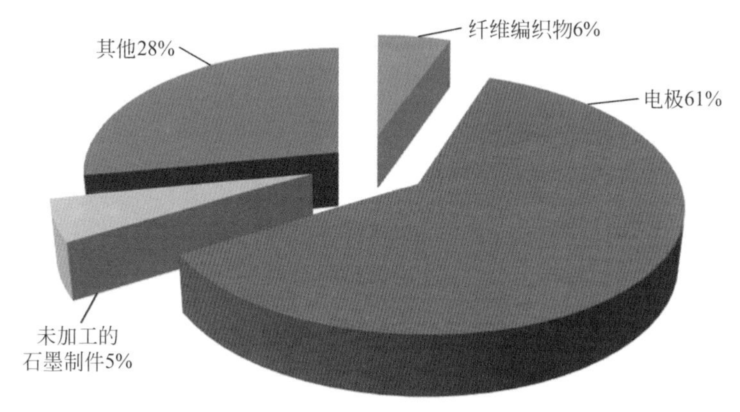

图 1-6　人工合成石墨的主要用途及占比[32]

1.3　发展趋势

1.3.1　石墨应用领域的演进

19 世纪以前，石墨主要用于耐火材料和颜料。随着人们对石墨耐高低温、抗腐蚀、抗辐射、导电、导热和自润滑等性能认识的深入，相继开发出导电石墨、超高功率石墨电极、核工业用石墨、高纯石墨、浸硅石墨、石墨纤维、石墨层间化合物、膨胀石墨、柔性石墨、纳米石墨片和石墨烯等新型石墨制品，使得石墨的应用领域越来越广泛。石墨的应用领域演进历程如图 1-7 所示。

随着科学技术的发展，新型石墨材料相继面世，尤其是石墨烯从石墨上的成功剥离[15]，引起了电子通信、锂离子电池、航天军工、生物医药、环保、太阳能、光电等新兴领域的密切关注，使得石墨再次闯入公众的视野，从而在全球引发了一场“石墨烯热”。欧盟宣布石墨烯入选“未来新兴旗舰技术项目”，并设立专项研发计划，未来 10 年内计划投资近 10 亿欧元[36]；日本将石墨作为重要战略性资源进行储备；美国将石墨列为高新技术产业的关键矿物原料，实行立法保护；我国发布了《石墨行业准入条件》[37]，明确提出石墨是战略性非金属矿产品。这些国内外战略规划的制定和政策的出台都

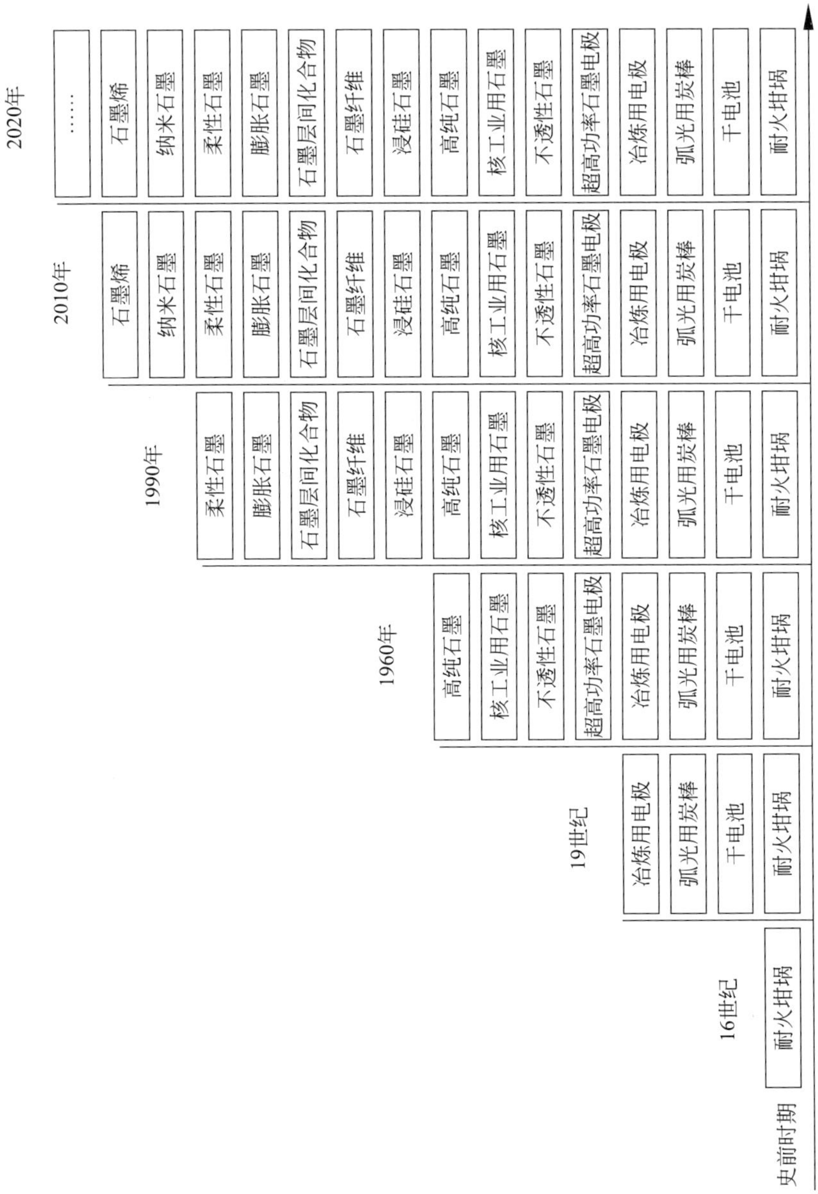

史前时期

16世纪：耐火坩埚

19世纪：耐火坩埚、干电池、弧光用炭棒、冶炼用电极

1960年：耐火坩埚、干电池、弧光用炭棒、冶炼用电极、超高功率石墨电极、不透性石墨、核工业用石墨、高纯石墨

1990年：耐火坩埚、干电池、弧光用炭棒、冶炼用电极、超高功率石墨电极、不透性石墨、核工业用石墨、高纯石墨、浸硅石墨、石墨纤维、石墨层间化合物、膨胀石墨、柔性石墨

2010年：耐火坩埚、干电池、弧光用炭棒、冶炼用电极、超高功率石墨电极、不透性石墨、核工业用石墨、高纯石墨、浸硅石墨、石墨纤维、石墨层间化合物、膨胀石墨、柔性石墨、纳米石墨、石墨烯

2020年：耐火坩埚、干电池、弧光用炭棒、冶炼用电极、超高功率石墨电极、不透性石墨、核工业用石墨、高纯石墨、浸硅石墨、石墨纤维、石墨层间化合物、膨胀石墨、柔性石墨、纳米石墨、石墨烯、……

图1-7 石墨应用领域的演进历程[33-35]

是为了保护石墨资源、优化资源配置、提高资源综合利用率,引导石墨产业健康持续发展。

1.3.2　石墨加工及其制品的消费

石墨加工及其制品的消费与一个国家的工业发展及科学技术水平密切相关。20 世纪 90 年代之前,欧美日等工业发达国家石墨消费量占全世界的八成。2000 年以来,随着中国、印度、巴西等新兴国家工业的快速发展,石墨消费量逐渐增加。我国天然石墨消费结构与世界天然石墨消费结构基本相同,主要为耐火材料、冶金铸造、导电、润滑等领域,而在功能材料的生产与应用方面与先进国家相比有一定的差距。

根据 2015 年在宁波召开的"第四届中国石墨产业发展研讨会"会议讨论及与会专家的预测,目前我国石墨主要用于传统产业,占总用量的 60%以上[38]。近年来,随着我国经济结构调整,石墨转向新能源新材料领域应用的趋势明显,包括高纯石墨、膨胀石墨、柔性石墨、氟化石墨、石墨烯等的消费量将大幅度增加,预计 2020 年石墨在这一领域的应用比例将超过 25%[38]。

天然石墨的提纯和深加工技术是推进石墨材料产业健康科学发展的关键所在。科技部"八五"至"十二五"国家科技攻关、支撑计划在非金属矿、西部开发等项目中已分别列入了高纯石墨微粉、柔性石墨、膨胀石墨环保材料和天然石墨的深加工技术等项目,这些项目成果的推广应用大大提升了我国石墨提纯与深加工技术的水平,并促进了石墨产业的现代化[39-41]。

科技部在颁布"十二五"科技支撑项目"高纯石墨材料技术开发及其典型应用"[41]以后,开展了鳞片石墨基础原料绿色制备及典型示范、高纯鳞片石墨制备技术与应用、低硫高抗氧化性可膨胀石墨及高导热柔性石墨板制备技术开发与示范、新型负极材料制备技术及产业化研究、先进金属-鳞片石墨复合材料开发及示范等五项研究,建成了 300 万 t/年鳞片石墨采矿、20 万 t/年大鳞片石墨、50 万 t/年细鳞片石墨、1000t/年 3N 级高纯鳞片石墨、300t/年 4N 级高纯鳞片石墨、1000t/年可膨胀石墨、60t/年高导热超薄柔性石墨板、1000t/年新型球形鳞片石墨及新型锂电池负极材料、20t/年金属-鳞片石墨复合材料共 11 条产业化示范线。这些成果大幅度提升了我国石墨深加工技术水平,使我国鳞片石墨产业技术的研发能力、生产技术水平等接近国际先进水平,为我国天然石墨产业战略性发展提供了重要支撑。这一支撑项目已于 2016 年通过专家验收[41]。

我国原来微晶石墨的深加工技术基本为空白。近来研究发现[39-40,42]，由于微晶石墨的晶体微小(≤1μm)，每个石墨颗粒中有很多微晶无序堆积，使得石墨颗粒表现出各向同性。显然，微晶石墨亦是锂离子电池(特别是动力电池)负极材料和各向同性石墨的上好原料，在新能源、核能、军工等高新技术领域有重要应用价值。清华大学材料学院新型碳材料课题组在这方面进行了原创性的科技研究，正在与相关企业合作建设微晶石墨提纯和深加工产品的生产线[39]。

1.3.3 天然石墨深加工的市场取向和技术内涵

天然石墨深加工的市场取向主要在能源、环保、信息、交通、国防等新技术领域，如锂电池的电极材料和导电添加剂，燃料电池的双极板，膨胀石墨环保材料、柔性石墨密封材料，电子信息设备的涂层材料，军事装备的隐身材料等。

天然石墨深加工产品主要包括：高纯石墨、各向同性石墨、石墨层间化合物、氟化石墨、膨胀石墨与柔性石墨、石墨烯等。

1. 高纯石墨

高纯石墨是指含碳量在99.9%～99.99%以上的石墨[43-44]。将石墨原料加工成石墨材料，从技术上首先必须对其提纯，而后再根据所应用的领域在粒度、形貌或性能上进行加工，例如锂离子电池石墨负极材料尽可能为球形粒子。

国标GB/3518—2008规定：高纯鳞片石墨的含碳量≥99.9%；国标GB/3519—2008规定：作为电池、特种碳材料原料的高纯微晶石墨含碳量应≥99.99%。石墨的纯度越高，应用价值越高[37-46]。高纯石墨亦是石墨层间化合物和石墨烯等高品质石墨深加工产品的原料。

石墨提纯是一个复杂的物理化学过程，其提纯方法主要有浮选法、碱酸法、氢氟酸法、氯化焙烧法、高温法[47]。其中石墨化学提纯方法(碱酸法、氯化焙烧法、氢氟酸法)普遍存在药剂用量大、环境污染严重的缺点。目前，国内已经拥有环保节能的先进碱酸法提纯和节能型高温提纯技术[39]，应针对资源特点，建设不同类型的规模化石墨提纯生产线，严格限制化学提纯中严重污染环境的氢氟酸的使用，使石墨化学提纯实现高效环保化。

2. 各向同性石墨

各向同性石墨在各个方向的物理性质相近或相同，具有比普通石墨材料更好的热稳定性、抗辐照性能以及更长的使用寿命。各向同性石墨广泛应用于太阳能电池光伏材料制造设备、电火花加工模具、高温气冷堆堆芯材料以及连续铸造结晶器、航空航天等领域。我国目前所需的各向同性石墨2/3依靠进口[39]。采用传统技术制备各向同性石墨技术复杂、成本高。

微晶石墨矿物颗粒由许多随机取向的微小晶体聚集而成，呈各向同性，是制备各向同性石墨的优质原料，而且能简化工艺、降低成本，清华大学课题组已经制备出工业尺寸的样品，各向同性参数达到1.04（要求最高的核石墨为1.05）[39,42,48-50]；鳞片石墨球形化后[51]，也具有制备各向同性石墨的潜在可能。清华大学等已经拥有自己原创的专利技术[48]，正在与企业合作实施产业化。

3. 石墨层间化合物

石墨层间化合物是一种利用物理或化学的方法使非碳质反应物（原子、分子、离子或粒子团）插入到石墨层间，形成的一种新型层状化合物[34,52]。石墨层间化合物不仅保持了石墨优异的理化性质，而且由于插入物质与碳层间的相互作用，又呈现出独特的物理与化学特性，如高导电性、电池性能、催化特性、膨胀性能和密封效应等，主要用作电池材料中的导电剂、高效催化剂、储氢材料、密封材料等。石墨层间化合物也是膨胀石墨的前驱体。

石墨层间化合物合成技术是石墨改性的一种特有技术。利用石墨晶体层间结合力弱的特点，在石墨的碳原子网状平面之间掺入异类的离子、原子、分子等，即可形成各种不同的层间化合物，从而获得一些特殊性能的产品，如氟化石墨、膨胀石墨和柔性石墨等。

石墨层间化合物的制备方法主要有双室法、液相法、电化学法、溶剂法、熔融法，此外还有固体加压法、爆炸法和光化学法等。通常采用电化学法和H_2O_2-H_2SO_4法[53]。

4. 氟化石墨

氟化石墨是通过碳和氟的直接反应合成的一种石墨层间化合物，其化学结构式可用$(CF_x)_n$表示，其中F/C比(x)为不定值，变化区间为$0<x<1.25$。氟化石墨的性质随分子中x值而不同，其中$x=1\sim1.25$称为高氟化度石墨，$x=0.5\sim0.99$称为低氟化度石墨，氟化石墨的颜色随氟含量的增加，由灰黑色变为雪白色[38,54]。

氟化石墨层间的结合能低于石墨，尤其是高氟化度石墨，所以其润滑性能优于鳞片石墨和二硫化钼；氟化石墨极低的表面能又赋予其优异的憎水性与憎油性[5]。可以说，氟化石墨是目前世界上最好的固体润滑剂和防水疏油剂，在国防等领域有重要应用[40]。

氟化石墨还是一种很好的高能电极材料，以氟化石墨作为正极材料的锂氟电池，能量密度高，输出电压高（3V），自放电极低，可长期稳定工作[40]。

氟化石墨也可用于各种材料的模压，还可作为模铸、胶合板成型、粉末成型、烧结精压、塑料等的金属模的脱模剂使用；还能作为研磨剂，用于光学中的研磨等[38,40,54]。

氟化石墨的合成方法主要有高温合成法（又称气相法）、低温合成法（又称固相法）和电解合成法。

5. 膨胀石墨与柔性石墨

膨胀石墨[52]是石墨层间化合物的一种衍生物，亦即天然鳞片石墨经化学或电化学插层处理、水洗和干燥后形成的一种可以在高温下膨胀的石墨，也叫做可膨胀石墨。可膨胀石墨在高温迅速受热时，由于层间插入物受热汽化产生的膨胀力可以克服层间结合的分子间力，可使石墨晶片沿 c 轴方向膨胀数十倍到数百倍。膨化后的石墨呈蠕虫状，在形态上具有大量独特的网络状微孔结构，因此膨胀石墨又称石墨蠕虫。

膨胀石墨具有很强的吸附性能，可广泛用于从水中吸附与分离油类和有机大分子的环保工程。膨胀石墨吸附重油和其他石油类产品的技术开发，对解决石油开采、炼制加工、储运过程中产生的工业废水和可能出现的溢（漏）油事故所造成的对土壤、水环境和海洋的污染问题具有重要意义[52,55-56]。

膨胀石墨作为医用敷料，对治疗烧伤等疾病有显著疗效。膨胀石墨对创伤面的吸附能力比纱布高 3～5 倍。动物试验证明，这种敷料无急、慢性毒副作用，无致敏、致癌变作用，且不染色创面[52]。

膨胀石墨除保留了鳞片石墨的一些性质（如高的化学稳定性，耐高、低温，耐腐蚀，导电、导热）以及安全无毒外，还具有较大的比表面积和较高的表面活性，不需要任何黏结剂，也不必再烧结，就可压缩成型。经过模压或轧制而制成的石墨纸，称作柔性石墨[57]。

柔性石墨是一种非常优异的密封材料，能够耐高温、抗腐蚀，可以用于化工、石油、电力等行业的高温流体管道和设备密封[57-59]。生产高性能柔性石墨对解决长期存在的机械密封件跑冒滴漏问题，提高装备运行效率、节约能源、控制环境污染具有重要作用。

由于柔性石墨的氧化温度在450℃以上[52]，在导热性上又具有很强的各向异性，近年来，将可膨胀石墨作为膨胀阻燃剂添加到树脂中使用[60-62]，当有火灾发生或树脂表面温度很高时，树脂中的可膨胀石墨将会迅速发生膨胀，因吸热降温和隔绝空气而达到灭火的目的。

6. 石墨烯

石墨烯是一种从石墨材料中剥离出的单层碳原子面材料，厚度只有0.335nm，是世界上最薄的二维材料[15]。

石墨烯的碳原子排列雷同于单层石墨，是一种由碳原子以 sp^2 杂化轨道组成六角形呈蜂巢晶格的平面薄膜。这种特殊结构蕴含了丰富而新奇的物理现象，使石墨烯表现出许多优异性质，如：石墨烯的强度高达130GPa[63]，是钢的100多倍[64]；石墨烯的载流子迁移率达 $15000cm^2/(V \cdot s)$[65]，是目前已知的具有最高迁移率的锑化铟材料的2倍，超过商用硅片迁移率的10倍以上[64]；在特定条件下（如低温骤冷等），其迁移率甚至可达 $2.5\times10^5cm^2/(V \cdot s)$[66]，热导率可达 $5000W/(m \cdot K)$，是金刚石的3倍[67]；还具有室温量子霍尔效应[68]及室温铁磁性[69]等特殊性质。

石墨烯晶片很容易使用常规加工技术，这就为制作各种纳米器件带来了极大的灵活性，如：在一片石墨烯上可能直接加工出各种半导体器件和互连线，从而获得具有重大应用价值的全碳集成电路；基于石墨烯优良的机械和光电性质，加之其特殊的单原子层平面二维结构及高比表面积，还可以制备石墨烯的各种柔性电子器件和功能复合材料等[64]。随着石墨烯研究的不断深入，其在电子、信息、能源、材料、化学、生物医药等领域都表现出许多令人振奋的性能和潜在的应用前景。

石墨烯的制备方法主要有物理剥离法（机械剥离法）和化学氧化还原法（主要为氧化石墨-还原法）。此外，还有外延生长法和化学气相沉积法等也可用于制备高质量和高纯度的石墨烯。

7. 其他产品

（1）胶体石墨

胶体石墨是将石墨粉（$<4\mu m$）[70]按一定比例均匀地溶于水、油及其他有机溶剂中，形成黑色黏稠的胶状或胶态体的悬浮液体，亦称胶态石墨或石墨乳。

胶体石墨具有导电、抗静电、防腐、润滑、密封、屏蔽等特性，广泛用于导电、电磁屏蔽、抗静电、锻造、润滑、防腐、密封、丝网印刷线路、彩色显示器件制造等领域,如:各种显像管不同部位的导电涂层需用大量石墨乳,机械行业润滑大量使用胶体石墨,内燃机使用石墨润滑脂可节约燃油 5%等[39]。也就是说,胶体石墨是制备彩色显像管石墨乳、导电性涂料、精密锻造润滑剂、胶体石墨润滑剂、拉丝润滑剂、汽车发动机专用润滑剂、脱模润滑剂、粉末冶金脱模剂、蓄电池专用的碳膜电阻、导电干膜、橡塑添加剂等的原材料[36,40]。

由于胶体石墨是一种多相胶体,其中的分散相(石墨)须达到一定的细度,这也是制备胶体石墨的先决条件[71]。不同用途的胶体石墨对石墨细颗粒的纯度、粒子形态、粒度分布等的要求有所不同,因此在利用机械方法制备石墨细粒的过程中,需依据目标要求,综合考虑石墨的结构、性能、粉碎过程中的晶体结构变化及所选粉碎设备、粉碎方式、粉碎环境等因素。

(2) 电池用石墨

电池用石墨主要包括锂离子电池的负极材料和高能碱性一次电池的正极导电材料。

目前商用锂离子电池中负极材料仍以循环性能优良的碳石墨材料为主,其中性能最好的是中间相炭微球,但价格昂贵。相比于成本较高且容量较小的中间相炭微球以及人造石墨,天然石墨因具有较低成本、较大可逆容量和低可逆脱嵌锂电位等特点,用于锂离子二次电池负极材料获得了广泛的关注,然而其首次充放电效率偏低和循环稳定性较差却限制了实际应用[72]。究其缘由,主要原因是:①锂离子从天然石墨负极嵌入和脱出时,会引起石墨晶胞体积约 10%的膨胀和收缩效应[73];②天然石墨的表面活性基团较多,易与电解质发生副反应而影响电池性能[40]。

针对天然石墨负极的体积效应以及表面活性基团的不利影响,研究者们采用先进粉体技术将石墨整形成 20μm 左右的球形微粒,降低表面积,同时进行表面改性(氧化、还原、表面包膜以及物理法处理)[72-78],降低表面活性,目前天然石墨负极材料已经达到实用水平,而价格只是中间相炭微球的 1/3～1/2,但在循环寿命上还不及中间相炭微球。微晶石墨充放电时胀缩较小,与中间相炭微球近似,有潜力优势。经过提纯、整形、改性的微晶石墨有望在性能上全面与中间相炭微球媲美[79-80]。

清华大学课题组[40,81]依据插层/脱插过程控制理论,控制石墨的插层/脱插处理,在石墨颗粒内预先形成微纳米空隙,预制晶格胀缩空间,以提高循环性能。此项技术的关键在于石墨的脱插速度缓慢可控,插入物气体的逸出只在石墨内形成微米-纳米级孔隙，进而抑制其充放电胀缩效应。如，H_2SO_4-可膨胀石墨在 100～300℃ 下进行 12～72h 的缓和脱插处理，而后对脱插后的石墨微粉进行微粒表面改性和包覆处理，制成负极材料。这种负极材料，既有鳞片石墨的高容量，同时又具有良好循环性能[81]。

普通一次电池的正极导电材料采用导电炭黑，高能碱性电池的性能提高要求具有更好的导电性，通常采用＜10μm 的高纯石墨微粉[40]。亦可利用多孔石墨微粉对电解质的良好浸润能力，将其用作高能碱性电池的正极新型导电添加剂。由于多孔石墨微粉具有膨化形成的裂隙，在随后的高纯石墨微粉系统中更易粉碎成超薄片，甚至仅有几个原子层厚度，有利于在正极材料中形成导电网络，充分发挥沿碳原子层方向的高导电性[81]。另外，微膨胀石墨和阴离子插嵌型石墨也可作为正极导电材料[81-85]。

（3）浸硅石墨

浸硅石墨是将熔融的液态硅在高温高压条件下浸渍到石墨的开放性气孔中形成的一种具有牢固网状结构的硅/石墨复合材料。

浸硅石墨制备的技术关键是：①石墨的粒度和硅的纯度，通常石墨的粒径为 10μm，硅的纯度≥99.9%；②浸渍设备耐高温高压，硅的浸渍条件：1800℃，30MPa。浸硅石墨，目前仅有德、美、俄能够生产[84]。

浸硅石墨与硅化石墨的区别是：硅化石墨是在真空条件下，利用毛细管现象使熔融的硅蒸气渗入石墨基体的气孔中，一般渗入深度不大于 2mm，渗入硅的分布也不均匀。由于浸硅石墨采用高温高压的方法，硅的浸入深度可达 20mm，熔融的硅可以浸入石墨的开放性气孔中，形成牢固的网状结构。

浸硅石墨是一种新型密封抗磨材料，具有高的抗压强度和抗压弹性，在高压下不产生变形（见表 1-3）；耐高低温，可在 −70～1600℃ 条件下工作，可长期使用于 1000℃ 以上高温环境；耐腐蚀性好，在常温下几乎耐所有酸碱的浸蚀（见表 1-4）；抗热震性能极好，把浸硅石墨投入铜液中保持 10s，然后再放入冷水中，也不会产生破裂；抗磨性能优良，可与氮化硅媲美。

表 1-3　浸硅石墨的基本性质[86]

抗折强度/MPa	≥70
抗压强度/MPa	≥300
肖氏硬度 HS	≥90
体积密度/$g \cdot cm^{-3}$	≥1.8

续表

抗冲击强度/$mJ \cdot mm^{-2}$	≥4
抗压弹性模量/MPa	$\geq 6 \times 10^4$
开口气孔率/%	≤2

表 1-4 浸硅石墨的耐腐蚀性能[86]

介质	浓度/%	温度/℃	稳定性
H_2SO_4	95～98	160	稳定
HCl	20	沸腾	
HF	40	60	
HNO_3	10	60	
NaOH	30	沸腾	
H_3PO_4	85	300	

此外，石墨还是轻工业中生产玻璃和造纸的磨光剂和防锈剂，是制造铅笔、墨汁、黑漆、油墨和人造金刚石、钻石不可缺少的原料。同时，石墨也是一种很好的节能环保材料。随着现代科学技术和工业的发展，石墨的应用领域日益拓宽，已成为高科技领域中新型复合材料等的重要原料，在国民经济中发挥着重要的作用。

参考文献

[1] 钱树安. 略论炭素科学的形成和进展Ⅰ. 总论[J]. 炭素，1995(2)：1-3.

[2] Inagaki M，Kang F Y. Carbon Materials Science and Engineering—From Fundamentals to Applications[M]. Beijing：Tsinghua University Press，2006.

[3] Inagaki M，Kang F Y，Toyoda M，Konno H. Advanced Materials Science and Engineering of Carbon[M]. Beijing：Tsinghua University Press，2013.

[4] 成会明. 新型碳材料的发展趋势[J]. 材料导报，1998，12(1)：5-9.

[5] 李贺军，张守阳. 新型碳材料[J]. 新型工业化，2016，6(1)：15-37.

[6] 宋正芳. 碳石墨材料的发展展望[J]. 新型炭材料，1897，3(1)：1-7.

[7] 徐世江，康飞宇. 核工程中的炭和石墨材料[M]. 北京：清华大学出版社，2010.

[8] 康飞宇. 国外特种碳-石墨材料的发展展望[C]. 见：中国电子材料行业协会：半导体、光伏产业用石墨、石英制品技术及市场研讨会论文集，2010.

[9] 康飞宇，贺艳兵，李宝华，杜鸿达. 碳材料在能量储存与转化中的应用[J]. 新型炭材料，2011，26(4)：246-254.

[10] 杨全红. 梦想照进现实——从富勒烯、碳纳米管到石墨烯[J]. 新型炭材料，2011，26(1)：1-4.

[11] 刘旭光. 从碳材料到低碳社会——2012 世界碳会议介绍[J]. 新型炭材料，2012，27(4)：315-318.

[12] 张强. 碳材料的革新——记 Carbon 2015 国际碳会议[J]. 新型炭材料，2015，30(4)：1-4.

[13] Kroto H W，Heath J R，O'brien S C，Curl R F，Smalley R E. C60：Buckminster-fullerence[J]. Nature，1985，318：162-163.

[14] Iijima S. Helical microtubules of graphite carbon[J]. Nature，1991，354：56-58.

[15] Novoselov K S，Geim A K，Morozov S V，Jiang D，Zhang Y，Dubonos S V，Grigorieva I V，Firsov A A. Electric field effect in atomically thin carbon films [J]. Science，2004，306：666-669.

[16] Li G X，Li Y L，Liu H B，Guo Y B，Lian Y J，Zhu D B. Architecture of graphdiyne nanoscale films[J]. Chemical Communications，2010，46(19)：3256-3258.

[17] Li Y J，Xu L，Li H B，Li Y L. Graphdiyne and graphyne：from theoretical predictions to practical construction[J]. Chemical Society Reviews，2014，43(8)：2572-2586.

[18] 李勇军，李玉良. 二维高分子——新碳同素异形体石墨炔研究[J]. 高分子学报，2015(2)：147-165.

[19] Baughman R H，Eckhardt H，Kertesz M. Structure-property predictions for new planar forms of carbon：Layered phases containing sp^2 and sp atoms[J]. Journal of Chemical Physics，1987，87(11)：6687-6699.

[20] Zhou J Y，Gao X，Liu R，Xie Z Q，Yang J，Zhang S Q，Zhang G M，Liu H B，Li Y L，Zhang J，Liu Z F. Synthesis of graphdiyne nanowalls using acetylenic coupling reaction[J]. Journal of the American Chemical Society，2015，137(24)：7596-7599.

[21] 黄长水，李玉良. 二维碳石墨炔的结构及其在能源领域的应用[J]. 物理化学学报，2016，32 (6)：1314-1329.

[22] Hirsch A. The era of carbon allotropes[J]. Nature Materials，2010，9(11)：868-871.

[23] Editorial Material. The rise and rise of graphene [J]. Nature Nanotechnology，2010，5(11)：755.

[24] Deng Y C，Cranford S W. Thermal conductivity of 1D carbon chains [J]. Computational Materials Science，2017，129：226-230.

[25] 褚小燕. 石墨电极产业的现状与发展[J]. 现代冶金，2010，38(1)：76-78.

[26] 康永.中国石墨烯产业发展政策动向及趋势[J]. 上海建材,2015(2): 16-20. PHam

[27] 曾革.石墨烯应用技术年终盘点[J]. 电子元件与材料, 2017, 36(1): 85-86.

[28] 翟万江. 产学研用结合助推石墨烯产业创新发展——中国石墨烯产业技术创新战略联盟成立[J]. 中国科技产业,2013(7): 48.

[29] Xiao X Y, Li Y C, Liu Z P. Graphene commercialization[J]. Nature Reviews Materials, 2016, 15(7): 697-698.

[30] 大谷杉郎,真田雄三. 炭素化工学の基础[M]. 日本: 株式会社オ - ム社,1980.

[31] 郭佳欢. 石墨开发利用现状研究与供需展望[D]. 北京: 中国地质大学,2016.

[32] 传秀云. 石墨资源状况和产业发展前景[J]. 高科技与产业化,2014(2): 50-55.

[33] 高天明, 陈其慎, 于汶加, 沈镭. 中国天然石墨未来需求与发展展望[J]. 资源科学,2015, 37(5): 1059-1067.

[34] 康飞宇. 石墨层间化合物的研究与应用前景[J]. 新型炭材料,1991, 6(3-4): 89-97.

[35] 康飞宇. 柔性石墨的生产和发展[J]. 新型炭材料,1993, 8(3): 15-17.

[36] 张福良, 殷腾飞,周楠,靳松,赵建辉. 我国石墨资源开发利用现状及优化路径选择[J]. 炭素技术, 2013, 32(6): A31-A35.

[37] 中华人民共和国工业和信息化部. 石墨行业准入条件[EB/OL]. http://www.gov.cn/gzdt/2012-12/09/content_2286038.html, 2012-11-21.

[38] 饶娟, 张盼, 何帅, 李植淮, 马鸿文, 沈兆普, 苗世顶. 天然石墨利用现状及石墨制品综述[J]. 中国科学: 技术科学,2017, 47(1): 13-31.

[39] 沈万慈,康飞宇,黄正宏,杜鸿达. 石墨产业的现状与发展[J]. 中国非金属矿工业导刊, 2013(2): 1-3.

[40] 沈万慈. 石墨产业的现代化与天然石墨的精细加工[J]. 中国非金属矿工业导刊, 2005(6): 3-7.

[41] 中华人民共和国科学技术部. "十二五"国家科技支撑计划"高纯石墨材料开发及其典型应用"项目通过验收[EB/OL]. http://www.most.gov.cn/kjbgz/201611/t20161129_129257.htm,2016-11-30

[42] Shen K, Huang Z H Hu K X, Shen W C, Yu S Y, Yang J H, Yang G Z, Kang F Y. Advantages of natural micro-crystalline graphite filler over petroleum coke in isotropic graphite preparation[J]. Carbon, 2015, 90: 197-206.

[43] 中华人民共和国国家标准. GB/3518—2008 鳞片石墨[S]. 2008-08-20.

[44] 中华人民共和国国家标准. GB/3519—2008 微晶石墨[S]. 2008-08-20.

[45] Zaghib K, Song X, Guerfi A, Rioux R, Kinoshita K. Purification process of natural graphite as anode for Li-ion batteries: Chemical versus Thermal[J]. Journal of Power Sources, 2003, 119(SI): 8-15.

[46] Yang Y K, Shie J R, Huang C H. Optimization of dry machining parameters for high purity graphite in end-milling process[J]. Materials and Manufacturing Processes, 2006, 21(8): 832-837.

[47] 罗立群，谭旭升，田金星. 石墨提纯工艺研究进展[J]. 化工进展，2014，33(8): 2110-2116.

[48] 沈万慈，文中华，王宁，高欣明，申克，康飞宇，郑永平，黄正宏，刘旋. 一种各向同性石墨制品及其制备方法[P]. CN101654239. 2010-02-24.

[49] 王宁，申克，郑永平，黄正宏，沈万慈. 微晶石墨制备各向同性石墨的研究[J]. 中国非金属矿工业导刊，2011(2): 11-13.

[50] 王宁. 用天然微晶石墨制备各向同性石墨的研究[D]. 北京：清华大学,2011.

[51] 杨玉芬，陈湘彪，盖国胜，沈万慈. 天然石墨球形化工艺研究[C]. 见：中国颗粒学会2004年年会暨海峡两岸颗粒技术研讨会会议文集. 山东烟台,2014.

[52] 康飞宇. 石墨层间化合物和膨胀石墨[J]. 新型炭材料，2000，15(4): 80-83.

[53] Kang F Y, Leng Y, Zhang T Y. Influnces of H_2O_2 on synthesis of H_2SO_4-GICs [J]. Journal of Physice and Chemistry of Solids, 1996, 57(6-8): 889-892.

[54] 于海迎，吴红军，杭磊，王宝辉. 氟化石墨的合成及应用研究[J]. 化工时刊，2006，20(1): 73-74.

[55] Kang F Y, Zheng Y P, Zhao H, Wang H N, Wang L N, Shen W C, Inagaki M. Sorption of heavy oils and biomedical liquids into exfoliated graphite—Research in China[J]. New Carbon Materials, 2003, 18(3): 161-173.

[56] 沈万慈，王鲁宁，郑永平，陈希，康飞宇. 一种油污染吸附剂的制备及其回收再生方法[P]. CN1579615A. 2005-02-16.

[57] Kang F Y, Leng Y, Zhang T Y, Mai Y W. Method of manufacturing flexible graphite[P]. US5 503 717. 1996-04-02.

[58] 任京成，沈万慈，杨赞中，袁伟. 柔性石墨材料和膨胀石墨材料的现状及发展趋势[J]. 非金属矿，1996，11(4): 24-27.

[59] 沈万慈. 柔性石墨——一个新产业的发展与展望[J]. 新型炭材料，1996，11(4): 24-27.

[60] 李棣云. 新型膨胀石墨灭火剂研制成功[J]. 中国消防,1986(2): 42-43.

[61] 曹启馨，寿月妹，何邦荣. "原位"膨胀石墨灭火剂[J]. 中国核科技报告，1987: CNIC-00125, SINRE-0008.

[62] 王静，许苗军，李斌. 聚磷酸铵/可膨胀石墨阻燃环氧树脂的性能[J]. 塑料，2015，44(4): 72-75.

[63] Lee C G, Wei X D, Kysar J W, Hone J. Measurement of the elastic properties and intrinsic strength of monolayer graphene[J]. Science, 2008, 321: 385-388.

[64] 黄毅，陈永胜. 石墨烯的功能化及其相关应用[J]. 中国科学B辑：化学，2009，39(9)：887-896.

[65] Chen J H, Jang C, Xiao S D, Ishigami M, Fuhrer M S. Intrinsic and extrinsic performance limits of graphene devices on SiO_2 [J]. Nature Nanotechnology, 2008, 3: 206-209.

[66] Service R F. Carbon sheets an atom thick give rise to graphene dreams[J]. Science, 2009, 324: 875-877.

[67] Balandin A A, Ghosh S, Bao W Z, Calizo I, Teweldebrhan D, Miao F, Lau C N. Superior thermal conductivity of single-layer graphene[J]. Nano Letters, 2008, 8: 902-907.

[68] Novoselov K S, Jiang Z, Zhang Y, Morozov S V, Stormer H L, Zeitler U, Maan J C, Boebinger G S, Kim P, Geim A K. Room-temperature quantum hall effect in graphene[J]. Science, 2007, 315: 1379.

[69] Wang Y, Huang Y, Song Y, Zhang X Y, Ma Y F, Liang J J, Chen Y S. Room temperature ferromagnetism of grapheme[J]. Nano Letters, 2009, 9: 220-224.

[70] 《炭素材料》编委会. 中国冶金百科全书·炭素材料[M]. 北京：冶金工业出版社，2004.

[71] 金平，洪飞，刘王宣. 胶体石墨中石墨细颗粒的制备[J]. 炭素技术，2002(3)：34-36.

[72] Fu L J, Liu H, Li C, Wu Y P, Rahm E, Holz R, Wu H Q. Surface modifications of electrode materials for lithium ion batteries[J]. Solid State Sciences, 2006, 8: 113-128.

[73] Zou L, Kang F Y, Li X L, Zheng Y P, Shen W C, Zhang J. Investigations on the modified natural graphite as anode materials in lithium ion battery[J]. Journal of Physics and Chemistry of Solids, 2008, 69: 1265-1271.

[74] 李宝华，李开喜，吕永根，吕春祥，凌立成. 改性石墨用于锂离子电池负极[J]. 化学通报，2003(7)：459-463.

[75] 王国平，张伯兰，瞿美臻，岳敏，许晓落，于作龙. 改性球形天然石墨锂离子电池负极材料的研究[J]. 合成化学，2005，13(3)：249-253.

[76] 孟祥德，张俊红，王妍妍，刘海. 天然石墨负极的改性研究[J]. 化学学报，2012，70(6)：812-816.

[77] 时迎迎. 天然碳材料作为锂离子电池负极材料的研究[D]. 北京：清华大学，2011.

[78] Zou L, Kang F Y, Zheng Y P, Shen W C. Modified natural flake graphite with high cycle performance as anode material in lithium ion batteries [J]. Electrochimica Acta, 2009, 54: 3930-3934.

[79] Wang X, Gai G S, Yang Y F, Shen W C. Preparation of natural microcrystalline graphite with high sphericity and narrow size distribution [J]. Powder Technology, 2008, 181: 51-56.

[80] 康飞宇,贺艳兵,李宝华,杜鸿达. 碳材料在能量储存与转化中的应用[J]. 新型炭材料, 2011, 26(4): 246-254.

[81] 邹麟, 康飞宇, 沈万慈, 郑永平, 任慧. 天然石墨的精细加工技术及其在高新技术上的应用[J]. 中国非会属矿工业导刊, 2008(增刊): 3-6.

[82] 李然,张浩,张香兰,曹高萍. 嵌入型碳正极材料的研究进展[J]. 电源技术, 2012, 36(6): 915-917.

[83] 王宏宇, 郑程, 高继超, 赵立平, 田圣峰, 齐力. 基于阴离子插嵌石墨型正极的高比能电容器[C]. 见: 第17届全国固态离子学学术会议暨新型能源材料与技术国际研讨会论文集, 包头, 2014-08-02.

[84] 王栋梁, 周志勇, 李洪涛, 平丽娜. 微膨胀石墨正极锂离子电容器性能研究[J]. 电力电容器与无功补偿, 2015, 36(5): 70-73.

[85] 平丽娜,王成扬,陈明鸣,郑嘉明. 球形微膨胀石墨电极材料的制备及其表征[J]. 材料导报 B, 2012, 26(12): 53-56.

[86] 邓祖柱. 新型碳石墨密封抗磨材料——浸硅石墨[C]. 见: 第22届碳-石墨材料学术会议论文集, 2011: 65-67.

第2章 天然石墨

天然石墨是指自然界天然形成的石墨，一般以石墨片岩、石墨片麻岩、含石墨的片岩及变质页岩等矿石出现。天然石墨依其结晶形态分成晶质石墨（鳞片石墨）和隐晶质石墨（微晶石墨）两种类型。

石墨矿是公认的战略性资源。石墨及其制品已经广泛应用于机械、冶金、石油化工、轻工、电子电器、国防军工、航天等多个领域[1]。

2.1 资源

据美国地质勘探局（United States Geological Survey，USGS）数据[2]，2013年探明的全球天然石墨储量约为1.3亿t，储量前三位的国家分别为中国、巴西与印度，石墨产量也是这三个国家居首（见表2-1）[3]，其中，我国的天然石墨储量约为5500万t，占全球储量的42%[4]。2013年全球天然石墨产量为119万t，我国生产81万t，占全球产量的68%[5]。

表2-1 世界主要国家和地区石墨产量[6] 万t/年

国家地区	2010年	2011年	2012年	2013年	2014年	2015年
中国	60.00	78.50	80.00	80.00	81.00	78.00
印度	13.00	15.00	15.00	15.00	16.00	17.00
巴西	7.60	7.30	7.50	7.30	11.00	8.00
马达加斯加	0.38	0.40	0.50	0.40	0.40	0.50
墨西哥	0.68	0.70	0.80	0.70	0.80	—
加拿大	2.00	2.50	2.60	2.00	2.50	3.00
朝鲜	3.00	3.00	3.00	3.00	3.00	3.00
津巴布韦	0.50	0.50	—	—	0.60	0.60

续表

国家地区	2010 年	2011 年	2012 年	2013 年	2014 年	2015 年
俄罗斯	1.40	1.40	1.40	—	1.40	1.40
斯里兰卡	0.34	0.35	0.40	—	0.40	0.40
乌克兰	0.58	0.58	0.58	—	0.60	0.60
挪威	0.20	0.15	0.70	—	0.20	—
罗马尼亚	2.00	2.00	0.70	2.00	—	—
土耳其	—	—	—	1.00	0.50	0.60
其他	0.59	1.70	1.70	3.10	1.60	1.00
总计	113	115	115	115	120	114

我国天然石墨资源分布较为广泛，分布于全国 20 多个省（自治区）的上百个矿区[7]。晶质石墨以大、中型矿床为主，主要分布在黑龙江、内蒙古、四川、山西、山东等省（自治区），其中黑龙江和内蒙古是晶质石墨的主要蕴藏区，也是当前鳞片石墨的主要产区（见图 2-1(a)），典型矿床有黑龙江萝北县

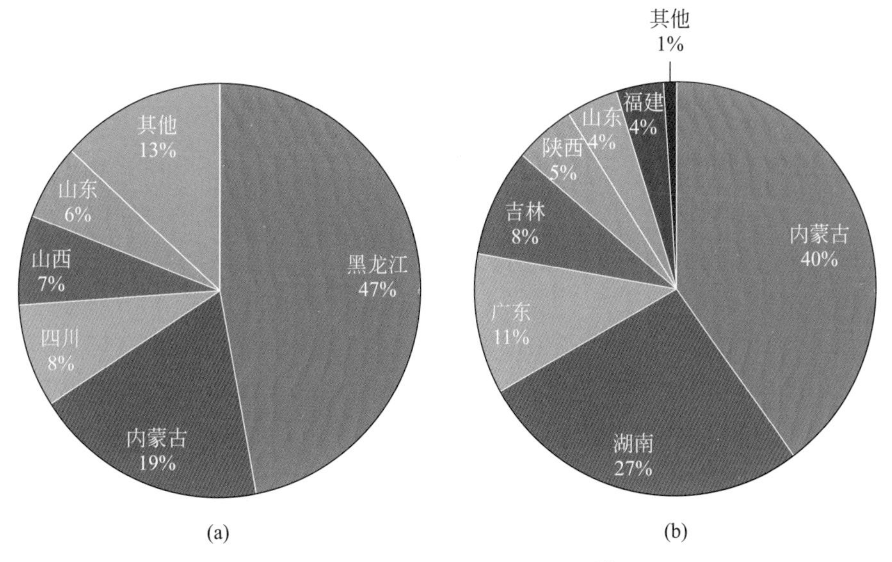

图 2-1 中国天然石墨储量分布[8]

(a) 晶质石墨；(b) 隐晶质石墨

云山、勃利县佛岭、鸡西市柳毛等大型石墨矿床;隐晶质石墨以中、小型矿床为主,主要分布在内蒙古、湖南、广东、吉林、陕西、山东等省(自治区),其中吉林和湖南是中国隐晶质石墨主要矿区(见图 2-1(b))。湖南省隐晶质石墨矿保有储量 B+C+D 级为 3375 万 t[6],位于湘南的郴州市,著名的鲁塘石墨矿就坐落于此,该矿是中国微晶石墨的著名产地。

近年来,随着勘查力度的加大,我国在石墨探矿方面取得重大突破,比如黑龙江萝北县云山、鸡西市柳毛石墨矿取得重大进展,内蒙古发现了查汗木胡鲁特大型石墨矿,辽宁锦州市北镇发现了杜屯大型石墨矿,四川米仓山地区发现特大型晶质鳞片石墨等[8]。

石墨是不可再生资源。一些发达国家考虑到其不可再生性、战略性及开采环境成本等因素,把本国石墨资源作为战略资源给予储备,限制开采,转而向发展中国家低价进口。

近年来,虽然我国在石墨资源整合和深加工方面已经实施了一些措施,但仍存有石墨资源的滥采乱掘、采富弃贫、粗放经营、管理水平低下等现象,且比较普遍。特别是 20 世纪 90 年代国内乡镇企业的小石墨矿暴增,石墨产量激增,导致我国石墨原料生产过剩,长期低价大量出口优质鳞片石墨原料。若国内现有的近几百家石墨企业,照目前的开采方式和速度,最多 20 年国内石墨资源将消耗殆尽,届时我国将由“石墨大国”变成“石墨贫国”。如不改变现有石墨行业的格局,我国有可能重蹈“稀土资源”模式的覆辙[9]。

据海关公布的数据[6],2010 年中国天然石墨产量约为 60 万 t,同期中国石墨出口量约为 58.55 万 t,进口量为 7.6 万吨。2013 年产量增至 80 万 t,进口量也较 2010 年增加了 20%。数据显示,中国出口呈现“量升价降”的趋势,从 2010 年的 4285 元/t 降至 2600 元/t 左右,进口的石墨制品根据用途不同,但价格均在 8 万~30 万元/t 不等。亦即,我们出口给别人的石墨经过加工,再返销给我们,价格陡增 30~150 倍。究其缘由,这是由于我国缺乏石墨深加工核心技术,先进的石墨加工技术被美国、日本、欧洲等垄断,如氟化石墨的技术只有美国和日本掌握,这是导致我国石墨资源“低出高进”,外国“以购代采”的状态长期存在的根源。资源大国却是深加工弱国,这与我国经济和科技的快速发展很不适应。当前和今后一个相当长的时期，保护和科学利用石墨这种宝贵的战略资源，发展石墨深加工技术和产品是大有可为的一项事业。

2.1.1　鳞片石墨

鳞片石墨矿是自然界可浮性最好的矿物之一。鳞片石墨属天然晶质石墨，其外形似鱼磷状，属六方晶系，呈层状结构，具有良好的耐高温、抗腐蚀、抗热震、抗辐射、强度高、韧性好、润滑、可塑以及导电、导热等性能。

1. 鳞片石墨分类

依据国标 GB/T 3518—2008[10]，鳞片石墨按其固定碳含量的质量分数分为四类：高纯石墨、高碳石墨、中碳石墨和低碳石墨。各类鳞片石墨的固定碳范围和代号见表 2-2。

表 2-2　鳞片石墨的分类及代号[8]

名称	高纯石墨	高碳石墨	中碳石墨	低碳石墨
固定碳(C)/%	C≥99.9	94.0≤C<99.9	80.0≤C<94.0	50.0≤C<80.0
代号	LC	LG	LZ	LD

2. 鳞片石墨标记

鳞片石墨产品标记由分类代号、细度(μm)、固定碳含量和鳞片石墨的国标号构成[8]。如：固定碳含量(质量分数)为 99.9%的高纯石墨，经筛孔直径 300μm 的试验筛进行筛分后的筛上物≥80.0%，标记为 LC300-99.9-GB/T 3518；固定碳含量(质量分数)为 93.0%的中碳石墨，经筛孔直径 150μm 的试验筛进行筛分后的筛下物≤20.0%，标记为 LZ(-)150-93.0-GB/T 3518。这里(-)指鳞片石墨经一定筛孔直径(μm)试验筛筛分后的筛下物。

3. 鳞片石墨的技术指标及其主要用途

(1) 高纯石墨

高纯石墨的技术指标及其主要用途见表 2-3。

(2) 高碳石墨

高碳石墨的技术指标及其主要用途见表 2-4。其中，无挥发分要求的石墨，固定碳含量的测定可以不测挥发分。

表 2-3 高纯石墨的技术指标及其主要用途[10]

<table>
<tr><th>鳞片石墨</th><th>固定碳
/%</th><th>水分
/%</th><th>筛余量
/%</th><th>主要用途</th></tr>
<tr><td>LC300-99.99</td><td rowspan="4">≥99.99</td><td rowspan="10">≤0.20</td><td>≥80.00</td><td>柔性石墨密封材料</td></tr>
<tr><td>LC(-)150-99.99</td><td rowspan="3">≤20.00</td><td rowspan="3">代替白金坩埚,用于化学熔融</td></tr>
<tr><td>LC(-)75-99.99</td></tr>
<tr><td>LC(-)45-99.9</td></tr>
<tr><td>LC500-99.9</td><td rowspan="6">≥99.90</td><td rowspan="3">≥80.00</td><td rowspan="3">柔性石墨密封材料</td></tr>
<tr><td>LC300-99.9</td></tr>
<tr><td>LC180-99.9</td></tr>
<tr><td>LC(-)150-99.9</td><td rowspan="3">≤20.00</td><td rowspan="3">润滑剂基料</td></tr>
<tr><td>LC(-)75-99.9</td></tr>
<tr><td>LC(-)45-99.9</td></tr>
</table>

表 2-4 高碳石墨的技术指标及其主要用途[10]

<table>
<tr><th>鳞片石墨</th><th>固定碳
/%</th><th>挥发分
/%</th><th>水分
/%</th><th>筛余量
/%</th><th>主要用途</th></tr>
<tr><td>LG500-99</td><td rowspan="6">≥99.00</td><td rowspan="11">≤1.00</td><td rowspan="11">≤0.50</td><td rowspan="6">≥75.00</td><td rowspan="6">填充料</td></tr>
<tr><td>LG300-99</td></tr>
<tr><td>LG180-99</td></tr>
<tr><td>LG150-99</td></tr>
<tr><td>LG125-99</td></tr>
<tr><td>LG100-99</td></tr>
<tr><td>LG(-)150-99</td><td rowspan="5">≥99.00</td><td rowspan="5">≤20.00</td><td rowspan="5">润滑剂基料
涂料</td></tr>
<tr><td>LG(-)125-99</td></tr>
<tr><td>LG(-)100-99</td></tr>
<tr><td>LG(-)75-99</td></tr>
<tr><td>LG(-)45-99</td></tr>
</table>

续表

鳞片石墨	固定碳/%	挥发分/%	水分/%	筛余量/%	主要用途
LG500-98					
LG300-98					
LG180-98				≥75.00	
LG150-98					
LG125-98					
LG100-98	≥98.00	≤1.00			润滑剂基料 涂料
LG(-)150-98					
LG(-)125-98					
LG(-)100-98				≤20.00	
LG(-)75-98					
LG(-)45-98					
LG500-97					
LG300-97					
LG180-97			≤0.50	≥75.00	
LG150-97					
LG125-97					
LG100-97	≥97.00				润滑剂基料 电刷原料
LG(-)150-97					
LG(-)125-97					
LG(-)100-97		≤1.20		≤20.00	
LG(-)75-97					
LG(-)45-97					
LG500-96					
LG300-96					
LG180-96	≥96.00			≥75.00	耐火材料 电碳制品 电池原料 铅笔原料
LG150-96					
LG125-96					
LG100-96					

续表

鳞片石墨	固定碳/%	挥发分/%	水分/%	筛余量/%	主要用途
LG(-)150-96	≥96.00	≤1.20	≤0.50	≤20.00	耐火材料 电碳制品 电池原料 铅笔原料
LG(-)125-96					
LG(-)100-96					
LG(-)75-96					
LG(-)45-96					
LG500-95	≥95.00			≥75.00	电碳制品
LG300-95					
LG180-95					
LG150-95					
LG125-95					
LG100-95					
LG(-)150-95				≤20.00	耐火材料 电碳制品 电池原料 铅笔原料
LG(-)125-95					
LG(-)100-95					
LG(-)75-95					
LG(-)45-95					
LG500-94	≥94.00			≥75.00	电碳制品
LG300-94					
LG180-94					
LG150-94					
LG125-94					
LG100-94					
LG(-)150-94				≤20.00	
LG(-)125-94					
LG(-)100-94					
LG(-)75-94					
LG(-)45-94					

(3) 中碳石墨

中碳石墨的技术指标及其主要用途见表 2-5。与高碳石墨类同,无挥发分要求的石墨,固定碳含量的测定可以不测挥发分。

表 2-5 中碳石墨的技术指标及其主要用途[10]

<table>
<tr><th>鳞片石墨</th><th>固定碳
/%</th><th>挥发分
/%</th><th>水分
/%</th><th>筛余量
/%</th><th>主要用途</th></tr>
<tr><td>LZ500-93</td><td rowspan="11">≥93.00</td><td rowspan="25">≤1.50</td><td rowspan="25">≤0.50</td><td rowspan="6">≥75.00</td><td rowspan="25">坩埚
耐火材料
染料</td></tr>
<tr><td>LZ300-93</td></tr>
<tr><td>LZ180-93</td></tr>
<tr><td>LZ150-93</td></tr>
<tr><td>LZ125-93</td></tr>
<tr><td>LZ100-93</td></tr>
<tr><td>LZ(-)150-93</td><td rowspan="5">≤20.00</td></tr>
<tr><td>LZ(-)125-93</td></tr>
<tr><td>LZ(-)100-93</td></tr>
<tr><td>LZ(-)75-93</td></tr>
<tr><td>LZ(-)45-93</td></tr>
<tr><td>LZ500-92</td><td rowspan="11">≥92.00</td><td rowspan="6">≥75.00</td></tr>
<tr><td>LZ300-92</td></tr>
<tr><td>LZ180-92</td></tr>
<tr><td>LZ150-92</td></tr>
<tr><td>LZ125-92</td></tr>
<tr><td>LZ100-92</td></tr>
<tr><td>LZ (-)150-92</td><td rowspan="5">≤20.00</td></tr>
<tr><td>LZ (-)125-92</td></tr>
<tr><td>LZ (-)100-92</td></tr>
<tr><td>LZ (-)75-92</td></tr>
<tr><td>LZ (-)45-92</td></tr>
<tr><td>LZ500-91</td><td rowspan="3">≥91.00</td><td rowspan="3">≥75.00</td></tr>
<tr><td>LZ300-91</td></tr>
<tr><td>LZ180-91</td></tr>
</table>

续表

鳞片石墨	固定碳/%	挥发分/%	水分/%	筛余量/%	主要用途
LZ150-91					
LZ125-91					
LZ100-91					
LZ (-)150-91				≤20.00	
LZ (-)125-91					
LZ (-)100-91					
LZ (-)75-91					
LZ (-)45-91					
LZ500-90	≥90.00	≤2.00	≤0.50	≥75.00	坩埚 耐火材料
LZ300-90					
LZ180-90					
LZ150-90					
LZ125-90					
LZ100-90					
LZ (-)150-90				≤20.00	铅笔原料 电池原料
LZ (-)125-90					
LZ (-)100-90					
LZ (-)75-90					
LZ (-)45-90					
LZ500-89	≥89.00			≥75.00	坩埚 耐火材料
LZ300-89					
LZ180-89					
LZ150-89					
LZ125-89					
LZ100-89					
LZ (-)150-89				≤20.00	铅笔原料 电池原料
LZ (-)125-89					
LZ (-)100-89					
LZ (-)75-89					
LZ (-)45-89					
LZ (-)38-89					

续表

<table>
<tr><th>鳞片石墨</th><th>固定碳
/%</th><th>挥发分
/%</th><th>水分
/%</th><th>筛余量
/%</th><th>主要用途</th></tr>
<tr><td>LZ500-88</td><td rowspan="12">≥88.00</td><td rowspan="12">≤2.00</td><td rowspan="30">≤0.50</td><td rowspan="6">≥75.0</td><td rowspan="6">坩埚
耐火材料</td></tr>
<tr><td>LZ300-88</td></tr>
<tr><td>LZ180-88</td></tr>
<tr><td>LZ150-88</td></tr>
<tr><td>LZ125-88</td></tr>
<tr><td>LZ100-88</td></tr>
<tr><td>LZ (-)150-88</td><td rowspan="6">≤20.0</td><td rowspan="6">铅笔原料
电池原料</td></tr>
<tr><td>LZ (-)125-88</td></tr>
<tr><td>LZ (-)100-88</td></tr>
<tr><td>LZ (-)75-88</td></tr>
<tr><td>LZ (-)45-88</td></tr>
<tr><td>LZ (-)38-88</td></tr>
<tr><td>LZ500-87</td><td>≥87.00</td><td>≤2.50</td><td>≥75.0</td><td>坩埚、耐火材料</td></tr>
<tr><td>LZ300-87</td><td rowspan="11">≥87.00</td><td rowspan="17">≤2.50</td><td rowspan="5">≥75.0</td><td rowspan="5">坩埚
耐火材料</td></tr>
<tr><td>LZ180-87</td></tr>
<tr><td>LZ150-87</td></tr>
<tr><td>LZ125-87</td></tr>
<tr><td>LZ100-87</td></tr>
<tr><td>LZ (-)150-87</td><td rowspan="6">≤20.0</td><td rowspan="6">铸造涂料</td></tr>
<tr><td>LZ (-)125-87</td></tr>
<tr><td>LZ (-)100-87</td></tr>
<tr><td>LZ (-)75-87</td></tr>
<tr><td>LZ (-)45-87</td></tr>
<tr><td>LZ (-)38-87</td></tr>
<tr><td>LZ500-86</td><td rowspan="6">≥86.00</td><td rowspan="6">≥75.0</td><td rowspan="6">耐火材料</td></tr>
<tr><td>LZ300-86</td></tr>
<tr><td>LZ180-86</td></tr>
<tr><td>LZ150-86</td></tr>
<tr><td>LZ125-86</td></tr>
<tr><td>LZ100-86</td></tr>
</table>

续表

鳞片石墨	固定碳/%	挥发分/%	水分/%	筛余量/%	主要用途
LZ (-)150-86	≥86.00			≤20.0	铸造涂料
LZ (-)125-86					
LZ (-)100-86					
LZ (-)75-86					
LZ (-)45-86					
LZ500-85	≥85.00			≥75.0	坩埚 耐火材料
LZ300-85					
LZ180-85					
LZ150-85					
LZ125-85					
LZ100-85					
LZ (-)150-85				≤20.0	铸造涂料
LZ (-)125-85					
LZ (-)100-85					
LZ (-)75-85					
LZ (-)45-85					
LZ500-83	≥83.00	≤3.00	≤1.00	≥75.0	耐火材料
LZ300-83					
LZ180-83					
LZ150-83	≥83.00	≤3.00	≤1.00	≥75.0	耐火材料
LZ125-83					
LZ100-83					
LZ (-)150-83				≤20.0	铸造涂料
LZ (-)125-83					
LZ (-)100-83					
LZ (-)75-83					
LZ (-)45-83					

续表

鳞片石墨	固定碳/%	挥发分/%	水分/%	筛余量/%	主要用途
LZ500-80	≥80.00			≥75.0	耐火材料
LZ300-80					
LZ180-80					
LZ150-80					
LZ125-80					
LZ100-80					
LZ (-)150-80				≤20.0	铸造涂料
LZ (-)125-80					
LZ (-)100-80					
LZ (-)75-80					
LZ (-)45-80					

(4) 低碳石墨

低碳石墨的技术指标及其主要用途见表 2-6。

表 2-6　低碳石墨的技术指标及其主要用途[10]

鳞片石墨	固定碳/%	水分/%	筛余量/%	主要用途
LD(-)150-75	≥75.00	≤1.00	≤20.0	铸造涂料
LD(-)75-75				
LD(-)150-70	≥70.00			
LD(-)75-70				
LD(-)150-65	≥65.00			
LD(-)75-65				
LD(-)150-60	≥60.00			
LD(-)75-60				
LD(-)150-55	≥55.00			
LD(-)75-55				
LD(-)150-50	≥50.00			
LD(-)75-50				

通常按照石墨鳞片的大小，也可将鳞片石墨分为大鳞片石墨和细鳞片石墨，大鳞片石墨指＋50 目(300μm)、＋80 目(180μm)和＋100 目(150μm)

的鳞片石墨；细鳞片石墨是＞100 目（＜150μm）的鳞片石墨[11]。这里“＋”指鳞片石墨经标准试验筛进行筛分后的筛上物。

相比之下，大鳞片石墨较细鳞片石墨的用途广，但资源少、价值高。具体表现在：

① 性能：大鳞片石墨的性能优于细鳞片石墨，如润滑性，石墨鳞片越大，摩擦系数越低，润滑性越好。

② 用途：制造坩埚及膨胀石墨等必须使用大鳞片石墨，细粒级的不能使用或者很难使用；作为石墨烯的制备原料，大鳞片石墨更有利于石墨烯的形成（剥离）。

③ 生产：大鳞片石墨除了在原矿中提取之外，现代的工业技术无法生产（合成）大鳞片石墨，加之鳞片一旦被破坏就无法恢复，而细鳞片通过大鳞片破碎即可得到。

④ 储量：大鳞片石墨的储量低，在选别过程中由于复杂的再磨流程又易造成石墨鳞片的破坏，产量较少，市场供不应求。

⑤ 价值：同样品位下，大鳞片石墨价格是细鳞片的若干倍。

可喜的是，近期在内蒙古阿拉善盟境内发现一座超大型大鳞片石墨矿——查汗木胡鲁石墨矿[10]，储量约 703 万 t。经岩矿鉴定，全矿区石墨片度大于 100 目（＞150μm）以上的占 99.8%。如此高比例的大鳞片石墨矿在全球也不多见，这将弥补我国大鳞片石墨资源的不足。

2.1.2　微晶石墨

微晶石墨，属隐晶质石墨，亦称土状石墨或无定形石墨。颜色呈灰黑或钢灰，有金属光泽，质软，具有滑感，易染手，化学性能稳定，有良好的传热导电性能，耐高温、耐酸碱、耐腐蚀、抗氧化，可塑性强，黏附力良好，广泛应用于铸造、涂抹、电池、碳素等众多行业。

1. 微晶石墨分类

依据国标 GB/T3519—2008[13]，微晶石墨按其“含铁”和“不含铁”分为两类。其中，“含铁微晶石墨”的代号为“WT”，“无铁微晶石墨”的代号为“W”。

2. 微晶石墨标记

微晶石墨产品标记由其分类代号、细度（μm）、固定碳含量和微晶石墨的国标号构成[8]。如：固定碳含量（质量分数）为 99%，经筛孔直径 45μm 的试验筛筛分后筛上物≤15%的含铁微晶石墨，标记为 WT99-45-GB/T 3519；固定碳含量（质量分数）为 90%，经筛孔直径 45μm 的试验筛筛分后筛上物≤10%的无铁微晶石墨，标记为 W90-45-GB/T 3519。

3. 微晶石墨的技术指标及其主要用途

(1) 含铁微晶石墨

含铁微晶石墨的技术指标及其主要用途见表 2-7。

表 2-7　含铁微晶石墨的技术指标及其主要用途[13]

<table>
<tr><th>微晶石墨</th><th>固定碳
/%</th><th>挥发分
/%</th><th>水分
/%</th><th>酸溶铁
/%</th><th>筛余量
/%</th><th>主要用途</th></tr>
<tr><td>WT99.99-45</td><td rowspan="2">≥99.99</td><td rowspan="4"></td><td rowspan="4">≤0.2</td><td rowspan="4">≤0.005</td><td rowspan="4">≤15</td><td rowspan="4">电池
特种碳材料的原料</td></tr>
<tr><td>WT99.99-75</td></tr>
<tr><td>WT99.9-45</td><td rowspan="2">≥99.90</td></tr>
<tr><td>WT99.9-75</td></tr>
<tr><td>WT99-45</td><td rowspan="2">≥99.00</td><td rowspan="2">≤0.8</td><td rowspan="4">≤1.0</td><td rowspan="4">≤0.150</td><td rowspan="12">≤15</td><td rowspan="20">铅笔
电池
焊条
石墨乳剂
石墨轴承的配料
电池碳棒的原料</td></tr>
<tr><td>WT99-75</td></tr>
<tr><td>WT98-45</td><td rowspan="2">≥98.00</td><td rowspan="2">≤1.0</td></tr>
<tr><td>WT98-75</td></tr>
<tr><td>WT97-45</td><td rowspan="2">≥97.00</td><td rowspan="4">≤1.5</td><td rowspan="8">≤1.5</td><td rowspan="6">≤0.400</td></tr>
<tr><td>WT97-75</td></tr>
<tr><td>WT96-45</td><td rowspan="2">≥96.00</td></tr>
<tr><td>WT96-75</td></tr>
<tr><td>WT95-45</td><td rowspan="2">≥95.00</td><td rowspan="8">≤2.0</td></tr>
<tr><td>WT95-75</td></tr>
<tr><td>WT94-45</td><td rowspan="2">≥94.00</td><td rowspan="6">≤0.700</td></tr>
<tr><td>WT94-75</td></tr>
<tr><td>WT92-45</td><td rowspan="2">≥92.00</td><td rowspan="8">≤2.0</td><td rowspan="8">≤10</td></tr>
<tr><td>WT92-75</td></tr>
<tr><td>WT90-45</td><td rowspan="2">≥90.00</td></tr>
<tr><td>WT90-75</td></tr>
<tr><td>WT88-45</td><td rowspan="2">≥88.00</td><td rowspan="4">≤3.3</td><td rowspan="4">≤0.800</td></tr>
<tr><td>WT88-75</td></tr>
<tr><td>WT85-45</td><td rowspan="2">≥85.00</td></tr>
<tr><td>WT85-75</td></tr>
</table>

续表

微晶石墨	固定碳/%	挥发分/%	水分/%	酸溶铁/%	筛余量/%	主要用途
WT83-45	≥83.00	≤3.6	≤2.0	≤0.800	≤10	铅笔 电池 焊条 石墨乳剂 石墨轴承的配料 电池碳棒的原料
WT83-75						
WT80-45	≥80.00					
WT80-75						
WT78-45	≥78.00	≤3.8		≤1.000		
WT78-75						
WT75-45	≥75.00					
WT75-75						

(2) 无铁微晶石墨

无铁微晶石墨的技术指标及其主要用途见表 2-8。

表 2-8　无铁微晶石墨的技术指标及其主要用途[13]

微晶石墨	固定碳/%	挥发分/%	水分/%	筛余量/%	主要用途
W90-45	≥90.00	≤3.0	≤3.0	≤10	铸造材料 耐火材料 染料 电极糊等
W90-75					
W88-45	≥88.00	≤3.2			
W88-75					
W85-45	≥85.00	≤3.4			
W85-75					
W83-45	≥83.00	≤3.6			
W83-75					
W80-45	≥80.00				
W80-75					
W80-150					
W78-45	≥78.00	≤4.0			
W78-75					
W78-150					

续表

微晶石墨	固定碳/%	挥发分/%	水分/%	筛余量/%	主要用途
W75-45	≥75.00	≤4.0	≤3.0	≤10	铸造材料 耐火材料 染料 电极糊等
W75-75					
W75-150					
W70-45	≥70.00	≤4.2			
W70-75					
W70-150					
W65-45	≥65.00				
W65-75					
W65-150					
W60-45	≥60.00	≤4.5			
W60-75					
W60-150					
W55-45	≥55.00				
W55-75					
W55-150					
W50-45	≥50.00				
W50-75					
W50-150					

4. 微晶石墨的外观质量要求

微晶石墨中不得有肉眼可见的木屑、铁屑、石粒等杂物。

2.2　开采工艺

石墨矿的开采工艺取决于石墨矿床的形成与矿体的结构。我国石墨矿床开采技术条件一般较为简单，少部分为中等复杂。

2.2.1　露天开采

鳞片石墨(晶质石墨)矿床多形成于区域变质“中-深”变质岩系中，矿体呈层状、似层状或透镜状，矿石硬度中等，通常适于露天开采。如，我国的柳毛石墨矿、南墅石墨矿、平度刘戈庄石墨矿、兴和石墨矿和湖北三岔垭石墨矿等均采用露天开采[14]。

晶质石墨矿床多数矿体大部分裸露于地表,可依山坡露天开采;少数晶质石墨矿床由于矿体处于当地侵蚀基准面以下,需采用凹陷露天开采;也有一些矿床受邻近地表水体的影响,开采技术条件相对要复杂一些。露天开采的采矿方法主要为组合台阶法。

多数晶质石墨矿床由于矿体内部夹石和顶板剥离量大,剥采比达 1∶1～6∶1。晶质石墨矿床风化带厚度一般小于 50m,原生矿石风化后,有利于采选,化学成分变化不大。

2.2.2 井下开采

微晶石墨(隐晶质石墨)矿多产生于接触变质煤系变质页岩中,矿体呈层状、似层状、带状及透镜状,矿石呈土状,松软、易碎、滑腻,多为井下(地下)开采,如,我国的鲁塘石墨矿、吉林磐石石墨矿等。

隐晶质石墨矿,矿体厚度小,形态复杂、质地松软,顶底板围岩的稳定性较差,开采巷道预计涌水量不大,矿床工程地质和水文地质条件中等,通常采用平硐和斜井开拓、分层崩落法开采[12]。

2.2.3 石墨矿规模

依据石墨矿开采的矿石量或精矿量,通常将石墨矿划分为大型、中型和小型。各种规模石墨矿的年开采量见表 2-9。

表 2-9 石墨矿开采规模[14] 万 t/年

类别		大型	中型	小型
晶质石墨	矿石量	>30	10～30	<10
	精矿量	>1.0	0.3～1.0	<0.3
隐晶质石墨	矿石量	>5	2～5	<2

表 2-9 中晶质石墨的"精矿"指的是开采的天然晶质石墨矿石经过一定段数的磨矿浮选工艺得到的高品位(高固定碳)石墨。

值得一提的是[15-16]:晶质石墨原矿(石)的品位(固定碳含量)较低,一般只有质量分数 3%～5%,最高不超过 20%～25%。但因其石墨颗粒表面疏水性较强,可浮性较好,经过一定段数的磨矿浮选,即可以得到高品位的晶质石墨(固定碳含量可达 90%以上)精矿。隐晶质石墨原矿的品位(固定碳含量)较高,一般为 60%~80%。由于隐晶质石墨晶体细小,石墨颗粒常常嵌布在黏土中,故矿石可选性较差,通常主要是经手选、破碎、磨矿得到产品。对于部分固定碳含量较低的隐晶质石墨矿石一般也采用浮选、化学提纯等方法进行处理。针对低固定碳含量的隐晶质石墨,近年也出现了一些新的工艺,如疏水絮凝浮选、选择性絮凝等。

2.3 提纯技术

石墨提纯是石墨制品应用的前提和基础,其纯度直接影响石墨制品的性能和应用。石墨纯度越高,应用价值越高[1,17-19]。不管是用于人造金刚石的原料、锂离子电池的阳极材料、燃料电池的双极材料,密封、导热的柔性石墨材料,还是用于航空航天、国防、核工业的特殊石墨材料,都要求石墨的纯度为含碳 99%~99.99%,甚至更高[20-21]。

天然石墨所含杂质主要是钾、钠、镁、钙、铝等的硅酸盐矿物,石墨的提纯工艺,就是采取有效的手段除去这部分杂质[22-25]。石墨提纯方法主要有浮选法、高温法、碱酸法、氢氟酸法、氯化焙烧法,其中浮选法和高温法为物理法,碱酸法、氢氟酸法和氯化焙烧法为化学法。

2.3.1 物理法

1. 浮选法

浮选是一种常用的矿物提纯方法。基于石墨良好的天然可浮性,基本上所有的石墨原矿都可以通过浮选的方法进行提纯,得到品位较高的石墨精矿。浮选石墨精矿的品位(固定碳含量)通常可达 80%~90%,采用多段磨选,纯度可达 98%左右[22]。

石墨原矿的浮选一般先使用正浮选法,然后再对正浮选精矿进行反浮选。晶质石墨原矿浮选常用捕收剂有煤油、柴油、重油、磺酸酯、硫酸酯、酚类和羧酸酯等,常用起泡剂是 $2^{\#}$ 油、$4^{\#}$ 油、松醇油、醚醇和丁醚油等,调整剂为石灰和碳酸钠,抑制剂为水玻璃和石灰。隐晶质石墨原矿浮选的常用捕收剂为煤焦油,起泡剂是樟油和松油,调整剂为碳酸钠,抑制剂是水玻璃和氟硅酸钠。

图 2-2 是鸡西柳毛选矿厂浮选法提纯石墨精矿工艺流程。该工艺采用多段磨矿、多段选别、中矿顺序(或集中)返回的闭路流程。亦即,原矿经 600mm×900mm 颚式破碎机破碎后,采用 $D1650$ 单缸液压中型和 $D1650$

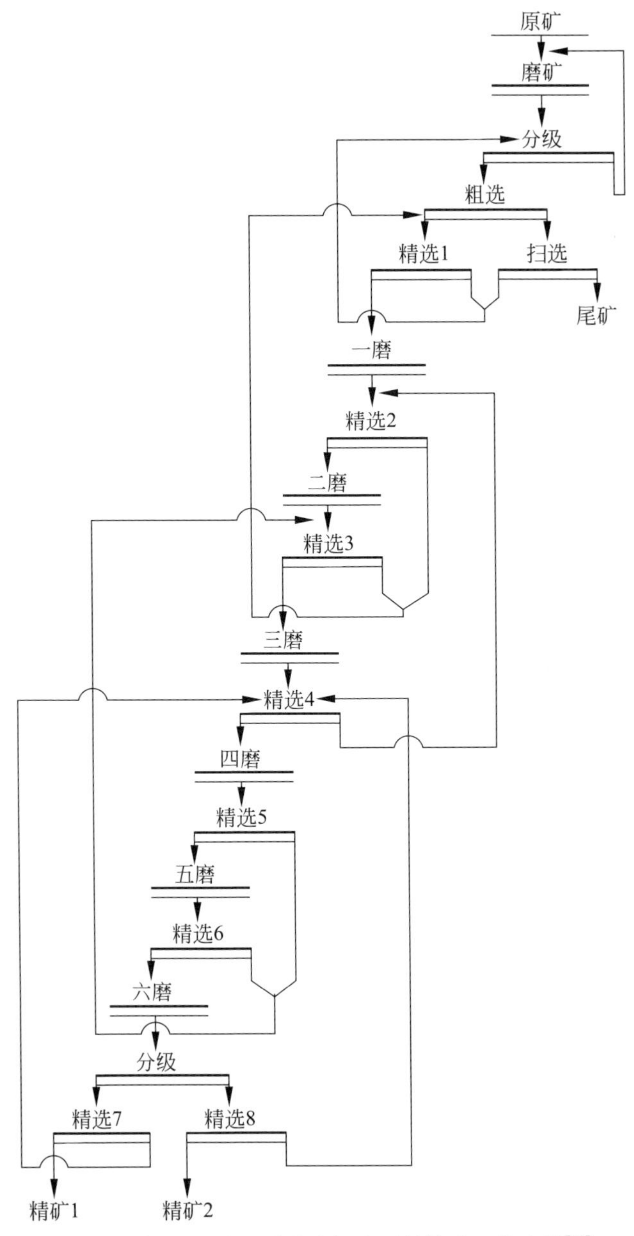

图 2-2 柳毛选矿厂浮选法提纯石墨精矿工艺流程[23]

单缸液压短头型圆锥式破碎机进行中、细碎。粗磨采用 $D2100mm\times3000mm$ 格子型球磨机并与 FLG1200 分级机形成闭路。经浮选后的石墨粗精矿再经 6 次再磨、8 次精选，精矿经折带式真空过滤机过滤、D2.2m×23m 间热式圆筒烘干机烘干和高方筛分级后得到最终产品。其中再磨分别采用 D1000mm×3500mm、D900mm×2200mm、D900mm×3000mm 球磨机，浮选采用 A 型、JJF 型和 XJK 型浮选机。这里，原矿最大粒度 550mm，入磨粒度 20mm，入选粒度－100 目(＜150μm)占 70%，原矿品位 14%～16%，精矿品位 93%～95%，尾矿品位 3%～4%，选矿回收率约 75%。捕收剂为煤油，起泡剂为二号油。不同磨浮段的浮选矿浆浓度分别为：粗选矿浆浓度为 15%左右，精选矿浆浓度为 6%～10%，精选段数越靠后的矿浆浓度越低[23,26]。

浮选法提纯的石墨精矿，品位只能达到一定的范围，因为部分杂质呈极细粒状浸染在石墨鳞片中，即使细磨也不能完全使得单体解离，显然采用浮选法难以彻底除去这部分杂质[23]。因此，浮选法一般只作为石墨提纯的第一步，进一步提纯石墨的方法通常采用化学法或高温法。

2. 高温法

石墨是自然界中熔沸点最高的物质之一，熔点为 3850℃±50℃，沸点为 4500℃，而硅酸盐矿物的沸点都在 2750℃(石英沸点)以下，石墨的沸点远高于所含杂质硅酸盐的沸点。这一特性正是高温法提纯石墨的理论基础[22]。

石墨高温提纯成套设备主要包括以下部分：炉体、感应加热器、中频电源(晶闸管变频装置)、真空系统、测温及控温、液压进出料机构、水冷系统

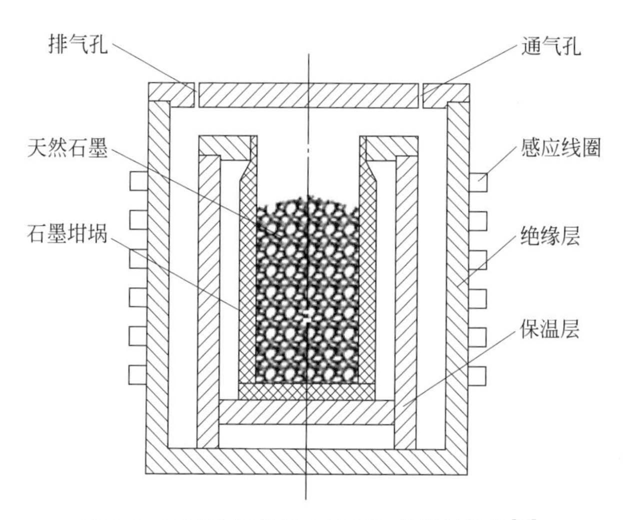

图 2-3　石墨高温提纯电感应加热器的结构[24]

等。该设备的关键技术是感应加热器的设计(见图 2-3),包括感应线圈、发热体、绝热保温炉衬、石墨坩埚等组成部分。感应加热器和电源的合理搭配,是加热、保温的关键。

高温法提纯石墨影响因素主要有:①原料石墨中的杂质。高温法常以浮选法或酸碱法提纯后含碳量达到 99%及以上的石墨为原料,其中的杂质含量对高温法提纯的效果影响最大,原料杂质含量不同,所得产品的灰分就不同,含碳量高的石墨提纯效果更好。②石墨坩埚的含碳量。提纯所用石墨坩埚也是影响提纯效果的重要因素,坩埚灰分低于石墨灰分,有助于石墨中的灰分逸出。③电加热技术。石墨高温提纯加热炉须隔绝空气,否则石墨在热空气中升温到 450℃时就开始被氧化,温度越高,石墨的损失就越大。④石墨粒度对提纯效果也有一定的影响[27]。

陈怀军[28]基于石墨本身沸点高,其中杂质沸点低的特性,发明了分段高温排杂提纯天然石墨的制备工艺:把含碳量 80%左右的天然石墨置于温度 1500℃的提纯炉内,将低沸点的杂质气化排出;而后进入温度 2500~2800℃的提纯炉内,相应沸点温度的杂质又被气化排出一部分;最后进入温度 2800~3200℃的提纯炉内,同时通入适量的 HF 和 HCl 气体,通入的 HF 和 HCl 气体在高温下与高沸点的金属杂质进行置换反应而生成低沸点的氟化物和氯化物,气化排出。这样即可将天然石墨提纯到含碳量为 99.99%~99.9998%,甚至更高纯度。

高温法提纯石墨,产品质量高,含碳量可达 99.995%以上,但电加热技术要求严格,设备昂贵、运行成本高(电费),只有国防、航天等对石墨产品纯度有特殊要求的场合才考虑采用该方法进行高纯石墨的小批量生产[24,27-29]。

2.3.2 化学法

化学法提纯石墨的原理是基于石墨的化学惰性大,稳定性好,不溶于有机溶剂和无机溶剂,不与碱酸反应(除硝酸、浓硫酸等强氧化性的酸外),耐高温(熔点 3652℃)。

1. 碱酸法

碱酸法是石墨化学提纯的主要方法,也是目前比较成熟的工艺方法。该方法包括 NaOH-HCl、$NaOH-H_2SO_4$、$NaOH-HCl-HNO_3$ 等体系,通常采用 NaOH-HCl 法。

碱酸法提纯石墨包括两个碱熔与酸解过程,其工艺流程如图 2-4 所示。

(1) 碱熔过程

将 NaOH 与石墨按照一定的比例混合,在 500~700℃的高温下,熔融

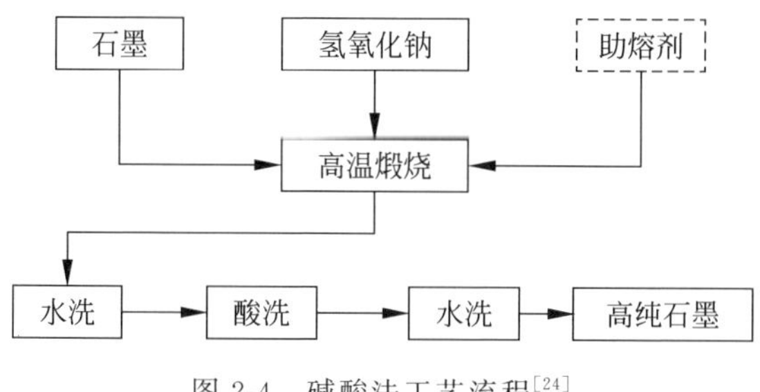

图 2-4　碱酸法工艺流程[24]

状态下的 NaOH(熔点 318℃,沸点 1388℃)和石墨中酸性杂质发生化学反应,特别是含硅的杂质(如硅酸盐、硅铝酸盐、石英等),生成可溶性盐,再经洗涤去除。

碱熔过程的主要化学反应有[6,22]:

$$m\mathrm{SiO_2} + 2\mathrm{NaOH} \longrightarrow \mathrm{Na_2O \cdot} m\mathrm{SiO_2} + \mathrm{H_2O}\uparrow \quad (1)$$

在合适的温度下,$\mathrm{Na_2O \cdot} m\mathrm{SiO_2}$ 可形成低 m 值可溶于水的硅酸钠,反应物用水洗涤就可达提纯之目的。

$$\mathrm{Al_2O_3 + 2NaOH = 2NaAlO_2 + H_2O}\uparrow \quad (2)$$

$$\mathrm{Fe^{3+} + 3OH^- = Fe(OH)_3}\downarrow \quad (3)$$

$$\mathrm{Ca^{2+} + 2OH^- = Ca(OH)_2}\downarrow \quad (4)$$

$$\mathrm{Mg^{2+} + 2OH^- = Mg(OH)_2}\downarrow \quad (5)$$

(2) 酸解过程

在碱熔过程中没有和碱发生反应的杂质,如金属氧化物等,与酸(如 HCl 等)反应后形成酸溶性化合物进入液相,再经过滤、洗涤实现与石墨的分离[6,22,24,30]。

酸解过程一般在常温下进行,反应如下[6,22]:

$$\mathrm{Na_2O \cdot} m\mathrm{SiO_2} + \mathrm{HCl} \longrightarrow \mathrm{H_2SiO_3 + NaCl} \quad (6)$$

$$\mathrm{Fe(OH)_3 + 3HCl = FeCl_3 + 3H_2O} \quad (7)$$

$$\mathrm{Ca(OH)_2 + 2HCl = CaCl_2 + 2H_2O} \quad (8)$$

$$\mathrm{Mg(OH)_2 + 2HCl = MgCl_2 + 2H_2O} \quad (9)$$

研究表明:多种碱性物质均可以除去石墨杂质,碱性越强,提纯效果越好[31]。碱酸法多用熔点小、碱性强的 NaOH。酸解过程所用的酸可以是 HCl、$\mathrm{H_2SO_4}$、$\mathrm{HNO_3}$,或者是它们之间的混合使用,其中 HCl 应用较多。碱酸法的影响因素由大到小依次为[32]:碱熔温度、NaOH 与石墨的质量比、

NaOH 浓度、碱熔时间、HCl 用量。在碱熔过程中加入助熔剂偏硼酸钠，可极大地降低反应温度，由约 500℃降到 240℃[33]。

碱酸法是我国石墨提纯工业生产中应用最为广泛的方法，具有一次性投资少、提纯后石墨的品位较高(固定碳含量≥99%)、工艺适应性强，以及设备简单、通用性强的特点。不足之处是采用碱酸法较难获得固定碳含量 99.9%以上的高纯石墨；且需要高温煅烧，能量消耗大，工艺流程长，设备腐蚀严重，石墨流失量大以及废水污染严重等[24,29]。

王化军等[34-35]针对碱酸法中制约石墨提纯效果的主要因素“焙烧温度较低(500～700℃)，杂质反应不完全，杂质硅焙烧后生成的硅酸盐洗涤很难完全除去，继而会在酸浸时生成硅酸，形成硅胶，不易除去”进行工艺改进，首先提高焙烧温度至 1000℃，同时在焙烧后增加水浸工序，以改善硅的去除效果。改进后的碱酸法称为“加碱焙烧浸出法”，可获得固定碳含量≥99.9%的高品位石墨产品。在最佳条件下得到的石墨产品固定碳含量为 99.914%。最佳工艺参数为：①焙烧：NaOH/石墨质量比为 1，温度 1000℃，时间 20min；②水浸：温度 80℃，时间 60min；③酸浸：盐酸浓度 1mol/L，温度 50℃，时间 30min。

Zaghib 等[20]为了获取锂电池负极用的天然高纯石墨，开发出一种新的化学处理法：将质量分数均为 30% H_2SO_4 + 30% NH_xF_y 的混合水溶液与石墨按照一定的比例混合，加热至 90℃，恒定 1～4h，而后过滤、洗涤，获得高纯石墨。其效果优于从 1500℃加热到 2400℃的热处理法，而且费用较低。

2. 氢氟酸法

任何硅酸盐都可以被氢氟酸溶解，这一性质使氢氟酸成为去除石墨中难溶矿物质的特效试剂。当原料石墨中的杂质硅酸盐类物质含量较高，采用碱酸法提纯的效果不佳时，即可采用氢氟酸法提纯。利用氢氟酸与石墨中的杂质硅酸盐类物质发生反应生成氟硅酸(或盐)，随溶液排除，进而获得高纯度的石墨。

氢氟酸法提纯石墨过程的主要化学反应如下[6,22,24]：

$$Na_2O + 2HF = 2NaF + H_2O \tag{10}$$

$$K_2O + 2HF = 2KF + H_2O \tag{11}$$

$$SiO_2 + 4HF = SiF_4\uparrow + 2H_2O \tag{12}$$

$$SiO_2 + 6HF = H_2SiF_6 + 2H_2O \tag{13}$$

$$Al_2O_3 + 6HF = 2AlF_3 + 3H_2O \tag{14}$$

其中氢氟酸与杂质 CaO,MgO,Fe_2O_3 等反应会产生沉淀,即

$$CaO + 2HF = CaF_2 \downarrow + H_2O \tag{15}$$

$$MgO + 2HF = MgF_2 \downarrow + H_2O \tag{16}$$

$$Fe_2O_3 + 6HF = 2FeF_3 \downarrow + 3H_2O \tag{17}$$

而反应(13)生成的 H_2SiF_6(氟硅酸),可去除 Ca、Mg、Fe 等杂质元素,即

$$CaF_2 + H_2SiF_6 = CaSiF_6 + 2HF \tag{18}$$

$$MgF_2 + H_2SiF_6 = MgSiF_6 + 2HF \tag{19}$$

$$2FeF_3 + 3H_2SiF_6 = Fe_2(SiF_6)_3 + 6HF \tag{20}$$

由于氢氟酸有剧毒,对环境污染严重,配合其他酸对石墨进行提纯,可以有效地减少氢氟酸用量。谢炜等[36]采用 HCl/HF 体积比为 1.5 的 HCl-HF 混合酸体系,在混合酸/石墨质量比为 2, 60℃,3h 条件下提纯石墨,可使石墨含碳量由 83.08%提高至 99.41%,提纯效果明显。为了更有效地减少氢氟酸用量,张然等[37]采用 H_2SO_4-HF 混合酸分步提纯法,先用硫酸和石墨混合,溶解掉石墨中部分金属硅酸盐杂质,再用氢氟酸对剩余的杂质进行除去,可将 97%高碳石墨提纯至含碳量 99.94%高纯水平。最佳工艺条件: 第 1 步,将硫酸溶液与石墨试样按质量比 2.5 混合,在 200r/min 的速度搅拌下加热至 90℃,反应 2h 后过滤,获得硫酸预处理石墨滤饼;第 2 步,将氢氟酸与硫酸预处理石墨滤饼按质量比 2.5 混合,常温下以 200r/min 的速度搅拌反应 2h 后过滤,所得石墨滤饼用蒸馏水洗至滤液 pH=7 后干燥,获得最终产品高纯石墨。卢都友等[38]在氢氟酸法提纯石墨工艺中引入热活化(即物理活化)条件,即先用氢氟酸和硫酸的混合酸对石墨进行一次酸浸除杂,然后将除杂后的石墨在 700℃高温煅烧活化 60min,再对活化后的石墨进行二次酸浸除杂,可获得固定碳含量 99.98%的高纯石墨,同时减少了 2/3 氢氟酸的用量。其中,一次酸浸条件: 液固比 3∶1, 氢氟酸浓度 5%,硫酸浓度 30%,酸浸温度 65℃,酸浸时间 2h;二次酸浸条件: 液固比 3∶1,氢氟酸浓度 1%,硫酸浓度 20%, 酸浸温度 65℃,酸浸时间 2h。

氢氟酸法提纯石墨具有工艺流程简单、产品品位高、成本相对较低、对石墨产品性能影响小的优点。但是氢氟酸有剧毒,在使用过程中必须采取安全保护措施,对产生的废水必须经过处理后方能向外排放,否则将会对环境造成严重污染。

3. 氯化焙烧法

氯化焙烧法是将石墨粉和还原剂按一定的质量比混合,在特定气氛和

高温(1000～1130℃)下进行焙烧,而后通入氯化剂进行化学反应,使石墨中的有价金属转变成熔沸点较低的气相或凝聚相的氯化物及络合物而逸出,从而达到提纯石墨的目的。

氯化焙烧法提纯石墨过程中的主要化学反应有[6,24,39]:

$$SiO_2 + 2Cl_2 + C \xlongequal{} SiCl_4\uparrow + CO_2\uparrow \tag{21}$$

$$2Fe_2O_3 + 6Cl_2 + 3C \xlongequal{} 4FeCl_3\uparrow + 3CO_2\uparrow \tag{22}$$

$$2Al_2O_3 + 6Cl_2 + 3C \xlongequal{} 4AlCl_3\uparrow + 3CO_2\uparrow \tag{23}$$

石墨中的杂质在高温焙烧过程中还原剂的作用下分解为简单的氧化物,如SiO_2、Al_2O_3、Fe_2O_3、CaO、MgO等,这些氧化物的熔沸点较高(见表2-10);在高温下通入氯化剂,可使SiO_2、Al_2O_3、Fe_2O_3、CaO、MgO等氧化物转变为氯化物(见表2-11),其中氯化物$SiCl_4$、$AlCl_3$、$FeCl_3$的熔沸点较低,气化逸出,使石墨的纯度提高。虽然$MgCl_2$和$CaCl_2$熔沸点相对较高,但在高温下往往会与其他三价金属氯化物形成熔沸点较低的金属络合物,如$CaFeCl_4$、$NaAlCl_4$、$KMgCl_3$等[22,40]。另外,CaO、MgO在石墨杂质中所占比例较小,对提纯效果影响不大(见表2-12)。夏云凯等[40]采用氯化焙烧法将柳毛石墨矿的鳞片石墨的含碳量从88.75%提高至99.54%。

表2-10　主要氧化物杂质的熔沸点[6]

氧化物	SiO_2	Al_2O_3	Fe_2O_3	CaO	MgO
熔点/℃	1723	2050	1565	2572	2800
沸点/℃	2230	2980	3414	2580	3600

表2-11　主要氯化物杂质的熔沸点[6]

氯化物	$SiCl_4$	$AlCl_3$	$FeCl_3$	$CaCl_2$	$MgCl_2$
熔点/℃	−70	192.6	306	782	712
沸点/℃	57.6	181.1	315	1600	1412

表2-12　柳毛矿鳞片石墨氯化焙烧提纯前后氧化物杂质的含量[39]

氧化物	SiO_2	Al_2O_3	Fe_2O_3	CaO	MgO	K_2O	MnO_2	合计
原料石墨/%	6.01	4.02	0.51	0.07	0.10	0.52	0.02	11.25
纯化石墨/%	0.32	0.12	0.01	微	微	微	微	0.46

氯化焙烧法提纯石墨具有节能、提纯效率高(>98%)、回收率高等优点。但氯气的毒性、严重腐蚀性和污染环境等因素在一定程度上限制了氯化焙烧工艺的推广应用。

2.4 分级与粉碎

天然石墨是粉体材料,不同的用途对石墨的粒度、颗粒形状有不同的要求,如制备柔性石墨必须用直径 0.20mm 以上的大鳞片石墨;而电池用石墨材料则必须是 10～20μm 的微粉,其中锂离子电池负极材料还须是球形微粉;石墨乳、军用烟幕弹则要求是几个微米的超细微粉等[41-45]。现有的粉体技术虽然能生产出不同粒度要求的石墨,但大都存在成品率低、对高纯粉体的二次污染等问题,需要大力发展新技术及专用新设备来满足精细加工的要求[41,45-46]。

2.4.1 石墨分级法

依据国标 GB/T 9441—2009《球墨铸铁金相检验》,采用光学显微镜对石墨的球化率及其大小进行分级。

1. 球化分级

在光学显微镜下依据石墨为球状和团状的石墨个数所占石墨颗粒总数的百分比作为石墨的球化率。石墨的球化率分为 6 级,各球化级别对应的球化率见表 2-13。

表 2-13　石墨球化分级[47]

球化级别	1 级	2 级	3 级	4 级	5 级	6 级
球化率	≥95%	90%	80%	70%	60%	50%

石墨球化率的计算:视场直径为 70mm,被视场周界切割的石墨颗粒不计数;放大倍数为 100 倍,少量<2mm 的石墨颗粒不计数。若大多数石墨颗粒<2mm 或>12mm 时,则可适当放大或缩小倍数,视场内的石墨颗粒一般不少于 20 粒。

石墨球化分级方法:①抛光态下检验石墨的球化分级,首先观察整个受检面,选 3 个球化率差的视场,在放大 100 倍的条件下,对照评级图(见图 2-5)目视评定。②采用图像分析仪,在抛光态下直接进行阈值分割提取石墨球,计算球化率:首先观察整个受检面,选 3 个球化率差的视场进行测量,取平均值。

2. 石墨大小分级

石墨颗粒的大小分为六级,各级石墨颗粒大小见表 2-14。

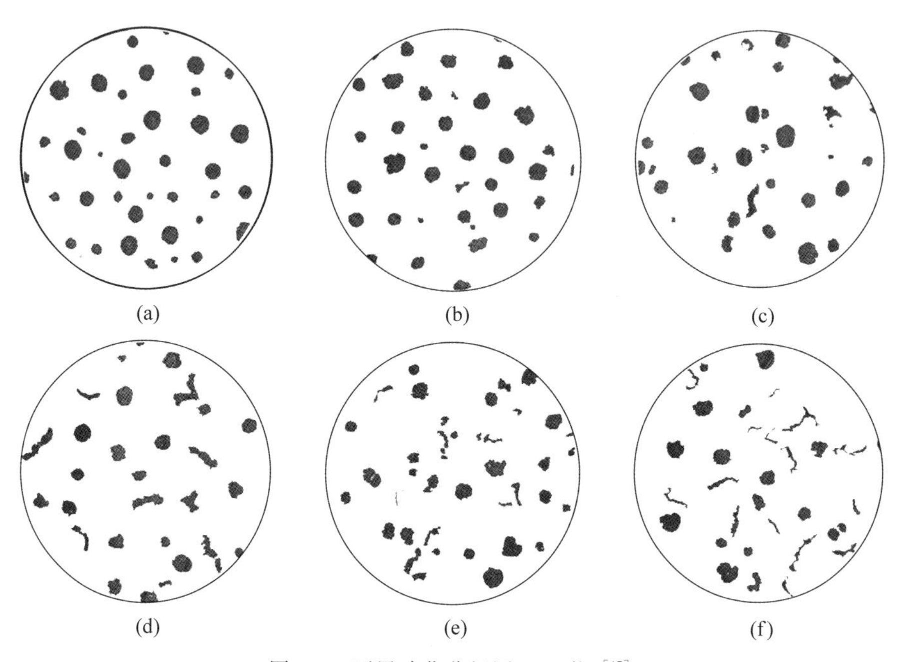

图 2-5 石墨球化分级图(100 倍)[47]

(a) 1 级；(b) 2 级；(c) 3 级；(d) 4 级；(e) 5 级；(f) 6 级

表 2-14 石墨颗粒大小分级[47]

级别	3 级	4 级	5 级	6 级	7 级	8 级
长度/mm	>0.25～0.5	>0.12～0.25	>0.06～0.12	>0.03～0.06	>0.015～0.03	≤0.015

注：石墨大小在 3～5 级范围，可在显微镜 100 倍数下评测；石墨大小在 6～8 级范围，显微镜的评测倍数可调整为 200 或 500 倍。

石墨颗粒大小分级方法：①抛光态下检验石墨大小，在放大倍数为 100 倍的条件下，首先观察整个受检面，选取有代表性视场，计算直径大于最大石墨球半径的石墨球直径的平均值，对应评级图(见图 2-6)进行评定。②采用图像分析仪，在抛光态下直接进行阈值分割提取石墨球，选取有代表性视场，计算直径大于最大石墨球半径的石墨球直径的平均值。

2.4.2 石墨超细粉碎法

石墨粒子的片状形貌是保证其导电、导热、润滑性能及用途的基础[48]，

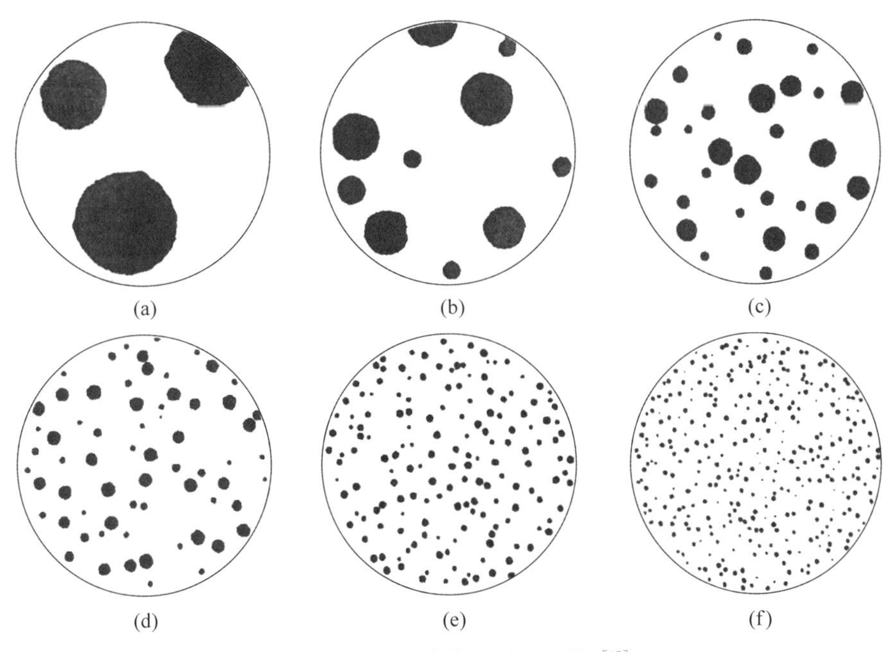

图 2-6 石墨大小分级图(100 倍)[47]

(a) 3 级;(b) 4 级;(c) 5 级;(d) 6 级;(e) 7 级;(f) 8 级

在石墨超细粉碎过程中应该最大限度地保证石墨层状结晶结构不被破坏。石墨层面内的碳原子之间以较强的共价键结合而石墨晶体中层面之间的结合力是较弱的范德华力,距离相对较大,较之石墨六元碳环层面的破碎,更容易发生层面之间的错位和滑动[49]。为了保护石墨微粒子层状结构,粉碎设备应选择以剪切、研磨作用为主的粉碎方式,尽量避免冲击力[50-51]。

1. 石墨超细粉碎设备

用于石墨超细粉碎的设备主要有气流磨、振动磨、搅拌磨等。

(1) 气流磨

气流磨利用高速射流(300～500m/s)赋予被粉碎石墨颗粒极高能量,使颗粒之间通过自身的撞击、气流对物料的冲击剪切、摩擦而使物料得以粉碎[52]。气流磨以冲切粉碎为主,所获超细石墨粒子形状往往为不规则几何体。

气流磨的产品细度 D_{97} 一般可达 3～45μm[53]。产品粒度上限取决于混合气流中的固体含量,与单位能耗成反比。在固体含量较低时,D_{97} 可保持 3～10μm;当固体含量较高时,增大到 20～30μm。经过预先磨矿,降低入磨粒度，可以得到平均粒度 1μm 左右的产品[54]。

气流磨通常为干式粉碎，其特点是产品的纯度高，可以省去石墨超细粉碎中的烘干工艺；不足之处是很难将石墨粉碎至亚微米级，一般粉碎水平仅停留在 3～7μm[46,52,54]。

（2）振动磨

振动磨利用研磨介质（球形或棒状）在高频振动的筒体内对物料进行剧烈冲击、强力研磨，使得物料粉碎[55]。与转筒球磨机相比，振动磨的主要特点是研磨介质填充率高，处理能力较大，粉碎效率高，破碎比大，产品粒度细，可获得平均粒径为 1μm，甚至小于 1μm 的超细粉体产品[54]；而且结构较简单、操作灵活方便，既可进行间歇干式或湿式粉碎，也可进行连续干式或湿式粉碎。此外，通过调节振动的振幅、频率、介质类型、配比和介质直径还可获得各种细度的产品。但由于振动磨以冲击研磨为主，所得的石墨粒子往往呈尖锐的角状[49]，不能保证石墨片状结构的完整性。因此，振动磨不宜用于石墨颗粒的超细粉碎。

（3）搅拌磨

搅拌磨是一种新型高效的超细粉碎设备，多用于湿法磨矿。搅拌磨通过搅拌器旋转，使得研磨介质产生冲击（研磨介质间相互冲击、搅拌装置对介质的撞击）、剪切（研磨介质转动产生剪切）和摩擦（研磨介质和物料间的摩擦），进而将物料粉碎。一般情况下，搅拌器的圆周速度为 4～20m/s[56]，研磨介质为球形物体。研磨介质的直径大小对研磨效率和产品粒径有直接影响。研磨介质的直径越大，产品的粒径也越大，产量越高；反之，介质的直径越小，产品粒度越细，产量越低。还有，研磨介质的莫氏硬度最好比被磨物料大 3 以上[56]，以增大研磨强度，提高粉碎效率。研究表明，经搅拌磨研磨的石墨粒子呈圆形薄片状[47]，说明搅拌磨在石墨颗粒的超细粉碎过程中对保护鳞片石墨片状形貌十分有利。亦即，搅拌磨适用于石墨的片状磨碎。

2. 石墨超细粉碎工艺

石墨超细粉碎工艺主要采用干法、湿法两种方式，其中干式超细法粉碎工艺是指在真空中或与石墨接触物质为空气或其他保护性气体的情况下研磨，而湿式粉碎工艺是向研磨罐内加入液体后研磨。一般小于 10μm 的石墨微粒采取干式粉碎工艺，小于 1μm 的石墨超微粒子采取湿式粉碎工艺[46,52,57-58]。

（1）干式超细粉碎工艺

气流磨通常为干式粉碎。刘俊志等[46]采用 CP-11 型超微气流粉碎分级机，研究了气流磨条件对某厂生产的天然高碳石墨（见表 2-15）粉碎分级效果的影响。表 2-16 列出了不同气流磨条件下天然高碳石墨的粉碎分级的结果。

表 2-15　天然高碳石墨的粒径及累积分布[46]

石墨粒径/μm	≤10	≤20	≤30	≤40	≤50	≤70	≤80	≤90	≤115
累积分布/%	13.48	26.30	42.03	54.41	64.44	82.82	89.97	95.05	100

表 2-16　不同气流磨条件下天然高碳石墨的粉碎分级结果[46]

影响因素	气流磨条件				石墨粉碎分级效果/%			
	p/MPa	f_1/Hz	f_2/Hz	K/%	≤5μm	≤10μm	≤20μm	≤25μm
工作压力	0.50	50	50	100	7.95	34.45	77.04	89.39
	0.55				8.56	34.41	76.79	89.11
	0.60				6.42	32.16	73.46	87.21
	0.65				6.43	33.44	73.63	87.23
	0.70				6.97	31.16	73.98	87.43
	0.75				7.44	33.67	76.12	88.65
二次进风开度	0.60	50	50	25	10.24	39.70	80.56	91.13
				50	8.40	32.34	74.98	87.85
				75	7.59	27.76	72.77	86.82
				100	6.42	25.16	73.46	87.21
分级机转速	0.60	30	50	75	6.40	28.45	73.25	87.22
		35			6.80	28.83	72.45	86.45
		40			7.44	33.76	76.92	89.28
		45			9.64	42.39	82.10	93.08
		50			9.60	41.98	83.28	92.91
		55			10.21	73.05	82.34	92.30
引风机转速	0.60	40	30	75	11.78	46.12	86.13	94.71
			35		9.63	42.62	84.19	93.77
			40		9.71	43.10	84.22	93.63
			45		7.74	37.82	81.61	92.20
			50		7.99	37.67	81.60	92.30

关联表 2-15 和表 2-16 可以看出：①将工作压力从 0.50MPa 逐步上升至 0.75MPa，所引起的流场变化，对石墨粉碎、分级效果影响不明显。②加大二次进风开度，可使石墨粉体粒径明显增加。③随分级机的转速加快，石墨粉体粒径逐渐减小。④调节引风机转速，可明显影响石墨粉体粒径。

亦即，在干法气流磨石墨颗粒超细粉碎过程中，在满足流场建立的前提下，工作压力为 0.50～0.75MPa 时，气流赋予石墨颗粒自身撞击力以及气流对石墨颗粒产生的冲击剪切力、摩擦力等变化，对石墨颗粒超细粉碎、分级的效果影响较小。由于在石墨超细粉碎分级的过程中，整个系统呈负压，通过调节二次进风口的开度，引入外界气流，可以控制经过分级机分级后沿壁面落下石墨粗粉的二次抬升、分散，进而改变石墨粉体的粒径；换言之，石墨粉体的粒径随二次进风口开度的加大而增加。石墨微粒的分级动力来自分级机叶轮的旋转形成的离心力场，在旋转流动的断面上任一位置的颗粒，可同时受到离心力和气流向心力的作用，因此通过调节分级机转速，也可改变石墨粉体的粒径；引风机转速越快，所产生的抽力越大，可将部分粒径较大的石墨粉体强制吸入收集器中，以致获得的石墨粉体的粒径越大。

(2) 湿式超细粉碎工艺

冯其明等[57]运用正交实验分析法，研究了湿法搅拌磨超细粉碎鳞片石墨工艺条件对石墨粉体产品粒度的影响，并确定了最佳工艺参数。

所用石墨原料为四川攀枝花鳞片石墨，固定碳质量分数为 98.13%，粒度组成见表 2-17，最大粒径和中位粒径(D_{50})分别为 100μm 和 45.68μm。所用试剂为氨水、羧甲基纤维素钠(CMC)和聚丙烯酸钠。

表 2-17 原料鳞片石墨的粒度组成[57]

粒度范围/μm	质量分数/%	累积质量分数/%
0～10	6.32	6.32
10～20	9.89	16.21
20～30	14.23	30.44
30～40	12.67	43.11
40～50	12.36	55.47
50～60	13.74	69.21
60～70	12.29	81.50
70～80	8.03	89.53
80～90	6.00	95.53
>90	4.47	100

采用长沙矿冶研究院 BJM-180 小型立式搅拌磨，研磨介质为不锈钢球，密度为 7.6g/cm^3，钢球直径有 5mm、7mm 和 9mm 三种。

依据湿法搅拌磨超细粉碎鳞片石墨工艺的四个主要影响因素：研磨介质/石墨质量比(A)、钢球直径(B)、搅拌器转速(C)和分散剂(CMC)用量(D)，选择正交表 $L_9(3^4)$安排实验，因素水平表见表 2-18。其他因素条件确定为：起始浆料浓度 35%(浆料中固体的质量分数)，浆料 pH 值 10±0.5，研磨时间 40h。考察目标：<1μm 石墨微细粒子产率。正交实验分析及结果列于表 2-19。

表 2-18　因素水平表[57]

因素	参数	水平 1	水平 2	水平 3
A	研磨介质/石墨质量比	30	35	40
B	钢球直径/mm	5	7	9
C	搅拌速度/r · min^{-1}	200	250	300
D	分散剂用量/%	0.5	1.0	1.5

表 2-19　正交试验分析及结果[57]

试验号	因素				<1μm 粒子产率/%
	A	B	C	D	
1	1	1	1	1	25.01
2	1	2	2	2	52.72
3	1	3	3	3	27.96
4	2	1	2	3	56.17
5	2	2	3	1	56.84
6	2	3	1	2	28.05
7	3	1	3	2	63.84
8	3	2	1	3	26.55
9	3	3	2	1	57.67
k_1	105.69	145.02	79.61	139.52	
k_2	141.06	136.11	166.56	144.61	
k_3	148.06	113.68	126.36	110.68	
$\bar{k}$	35.23	48.34	26.53	46.51	
$\bar{k}$	47.01	45.37	55.52	48.20	
$\bar{k}$	49.35	37.89	42.12	36.89	
R	14.12	10.45	17.70	11.31	

关联表 2-18 和表 2-19 可以看出：研磨介质/石墨质量比、钢球直径、搅拌器转速和分散剂用量四因素对石墨微细粒子产率的影响程度依次为搅拌器转速>研磨介质/石墨质量比>分散剂用量>钢球直径，即，湿法搅拌磨超细粉碎鳞片石墨工艺的最佳条件为 $A_3B_1C_2D_2$。

采用直径 5mm 的不锈钢球，在研磨介质/石墨质量比为 40∶1、搅拌器转速为 250r/min、分散剂用量为 1%（质量分数）的最佳研磨工艺条件下，连续研磨 60h，所得石墨粉体中<1μm 微粒子的质量分数为 72.07%，<2μm 微粒子的质量分数为 98.65%，中位粒径（D_{50}）为 0.71μm[51]。图 2-7 是最佳研磨工艺条件下湿法搅拌磨超细粉碎鳞片石墨的研磨曲线。

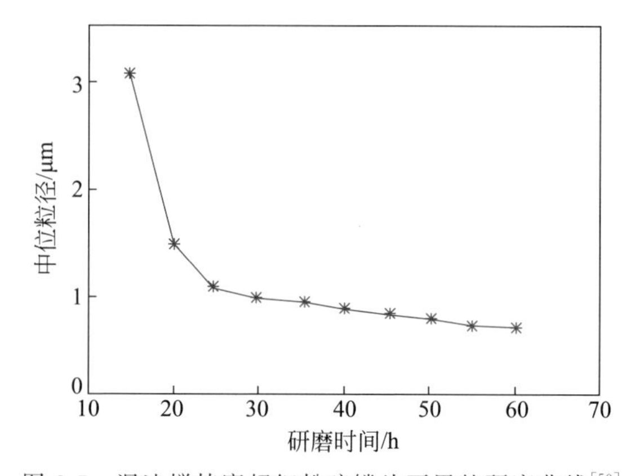

图 2-7　湿法搅拌磨超细粉碎鳞片石墨的研磨曲线[50]

参考文献

[1] 沈万慈，康飞宇，黄正宏，杜鸿达. 石墨产业的现状与发展[J]. 中国非金属矿工业导刊，2013(2)：1-3.

[2] Vesborg P C K，Jaramillo T F. Addressing the terawatt challenge：scalability in the supply of chemical elements for renewable energy[J]. RSC Advances，2012(2)：7933-7947.

[3] Scogings A. Global graphite market set for change[J]. Australia's Paydirt，2016(1)：42-43.

[4] 易丽文，崔荣国，林博磊. 全球石墨资源供需形势[C]. 见：第二届中国石墨产业发展研讨会暨 2013 年石墨专业委员会年会论文集. 北京，2013：88-96.

[5] 欧龙，张勰，蔡丽娟. 浅论中国石墨行业的现状及发展[J]. 经营者，2015(2)：12.

[6] 饶娟，张盼，何帅，李植淮，马鸿文，沈兆普，苗世顶. 天然石墨利用现状及石墨制品综述[J]. 中国科学：技术科学，2017，47(1)：13-31.

[7] 申克. 以中间相炭微球和天然微晶石墨制备各向同性石墨[D]. 北京：清华大学，2013.

[8] 董猛猛，刘超，赵汀，安彤. 中国石墨资源现状及对策建议[J]. 资源与产业，2017，19(6)：49-56.

[9] 朱日岭. 我国石墨资源或成下一个稀土：20年内将耗尽[J]. 中国经济周刊(内蒙古报导)，2014-06-16.

[10] 中华人民共和国国家质量监督检验检疫总局，中国国家标准化管理委员会. GB/T 3518—2008 鳞片石墨[S]. 中华人民共和国标准. 2008.

[11] 龙渊，张国旺，李自强，肖骁. 保护石墨大鳞片的工艺研究进展[J]. 中国非金属矿工业导刊，2013(2)：44-47.

[12] 刘艾瑛. 我国发现超大型大鳞片石墨矿[N]. 中国矿业报，2015-02-01(001版).

[13] 中华人民共和国国家质量监督检验检疫总局，中国国家标准化管理委员会. GB/T3519—2008 微晶石墨[S]. 中华人民共和国标准. 2008.

[14] 中国矿业技术网-技术. 石墨的矿山开采[EB/OL]. [2012-08-03]. http://www.cnkyjsw.com/news/show.php? itemid=2230.

[15] 劳德平. 鳞片石墨矿磨浮工艺试验研究[D]. 哈尔滨：黑龙江科技大学，2015.

[16] 柳溪，高惠民，管俊芳. 石墨选矿技术现状与趋势[J]. 高科技与产业化，2014(2)：68-73.

[17] 肖奇，张清岑，刘建平. 某地隐晶质石墨高纯化试验研究[J]. 矿产综合利用，2005(1)：3-6.

[18] 石何武，汤传斌. 石墨材料的生产及在光伏行业中的应用[C]. 见：2012半导体、光伏产业用碳-石墨技术及市场研讨会，上海，2012：98-108.

[19] 沈万慈. 石墨产业的现代化与天然石墨的精细加工[J]. 中国非金属矿工业导刊，2005(6)：3-7.

[20] Zaghib K，Song X，Guerfi A，Rioux R，Kinoshita K. Purification process of natural graphite as anode for Li-ion batteries：Chemical versus thermal[J]. Journal of Power Sources，2003，119-121：8-15.

[21] Yang Y K，Shie J R，Huang C H. Optimization of dry machining parameters for high-purity graphite in end-milling process[J]. Materials and Manufacturing Processes，2006，21(8)：832-837.

[22] 葛鹏，王化军，解琳，赵晶，张强. 石墨提纯方法进展[J]. 金属矿山，2010(10)：38-43.

[23] 李哲. 鳞片石墨浮选特性及工艺研究[D]. 北京：中国矿业大学，2010.

[24] 罗立群，谭旭升，田金星. 石墨提纯工艺研究进展[J]. 化工进展，2014，33(8)：2110-2116.

[25] 王星，胡立嵩，夏林，李键，陈仁婧. 石墨资源概况与提纯方法研究[J]. 化工时刊，2015，29(2)：19-22.

[26] 吕一波，刘星，陈俊涛，姜伟. 柳毛石墨矿生产工艺的改造[J]. 矿产保护与利用，1999(2)：17-19.

[27] 张向军，陈斌，高欣明. 高温石墨化提纯晶质(鳞片)石墨[J]. 炭素技术，2001(2)：39-40

[28] 陈怀军. 高温法提纯天然石墨的制备工艺[P]. 中国，CN101462716. 2009-06-24.

[29] 谢刚，李晓阳，臧健，阎江峰，杨大锦，俞小花，于站良. 高纯石墨制备现状及进展[J]. 云南冶金，2011，40(1)：48-51.

[30] Lu X J，Forssberg E. Preparation of high-purity and low-sulphur graphite from Woxna fine graphite concentrate by alkali roasting[J]. Minerals Engineering，2002，15(10)：755-757.

[31] 葛鹏，王化军，张强. 药剂种类对焙烧碱酸法提纯石墨的影响[J]. 金属矿山，2011(3)：95-98.

[32] 李玉峰，赖奇，魏亚林，刘志跃. 细鳞片石墨的提纯研究[J]. 化学工程师，2007(7)：51-53.

[33] 李常清，韦永德. 液相化学法制取高纯石墨研究[J]. 非金属矿，2002，25(2)：35-36.

[34] 葛鹏，王化军，赵晶，解琳，张强. 焙烧温度对加碱焙烧浸出法制备高纯石墨的影响[J]. 中国粉体技术，2010，16(2)：27-30.

[35] 葛鹏，王化军，赵晶，解琳，张强. 加碱焙烧浸出法制备高纯石墨[J]. 新型炭材料，2010，25(1)：22-28.

[36] 唐维，匡加才，谢炜，徐华，邓应军，龙春光. 混合酸纯化对隐晶质石墨固定碳含量的影响[J]. 炭素技术，2013，32(1)：A09-A12.

[37] 张然，余丽秀. 硫酸-氢氟酸分步提纯法制备高纯石墨研究[J]. 非金属矿，2007，30(3)：42-44.

[38] 刘进卫，卢都友，严生，王建伟，黄世伟. 热活化对氢氟酸法制备高纯石墨的影响[J]. 炭素技术，2013，32(4)：A35-A39.

[39] 李继业，姚绍德. 用氯化焙烧法生产高碳石墨的研究[J]. 中国矿业，1996，5(3)：45-48.

[40] 夏云凯. 氯化焙烧法提纯天然鳞片石墨工艺研究[J]. 非金属矿，1993(5)：21-24.

[41] 沈万慈. 发展天然石墨加工新技术，发挥石墨资源的战略作用[N]. 中国建材报，2006-09-19(E09)

[42] 苏玉长，刘建永，禹萍，邹启凡. 粒度对石墨材料电化学性能的影响[J]. 电池工业，2003，8(3)：105-109.

[43] 陈继涛，周恒辉，常文保，慈云祥. 粒度对石墨负极材料嵌锂性能的影响[J]. 物理化学学报，2003，19(3)：278-282.

[44] Zaghib K, Brochu F, Guerfi A, Kinoshita K. Effect of particle size on lithium intercalation rates in natural graphite[J]. Journal of Power Sources, 2001, 103: 140-146.

[45] 何明，盖国胜，刘旋，董建，沈万慈. 制粉工艺对微晶石磨结构与电性能的影响[J]. 电池，2002，32 (4)：197-200.

[46] 刘俊志，叶坤，秦天超，张莲，蒋新民. 天然高碳石墨粉碎-分级技术研究[J]. 非金属矿，2000，23(4)：29-30.

[47] 中华人民共和国国家质量监督检验检疫总局，中国国家标准化管理委员会. GB/T 9441—2009 球墨铸铁金相检验[S]. 中华人民共和国标准. 2009.

[48] Michio Inagaki, Feiyu Kang. Carbon Materials Science and Engineering—From Fundamentals to Applications[M]. Beijing: Tsinghua University Press, 2006.

[49] 干路平，程起林，顾达. 石墨超细片状磨碎的机理及方法[J]. 化工生产与技术，1999(2)：28-30.

[50] 李冷，曾宪滨. 石墨的粉碎机械力化学研究[J]. 武汉工业大学学报，1996，18(1)：50-53.

[51] 陶珍东，郑少华. 粉体工程与设备[M]. 北京：化学工业出版社，2003.

[52] 石涛. 石墨的超细粉碎研究[D]. 长沙：中南大学，2004.

[53] 刘长江，杨云川. 气流磨粉碎颗粒分析[J]. 中国粉体技术，2004(1)：31-33.

[54] 文中流. 表面活性剂在石墨微粉粒度分析与超细粉碎中的应用[D]. 长沙：湖南大学，2012.

[55] 刘伯元 王绍华. 超细振动研磨机结构特点及其在粉体加工中的应用[J]. 中国非金属矿工业导刊，2002(2)：25-27.

[56] 王清华，李建平，刘学信. 搅拌磨的研究现状及发展趋势[J]. 洁净煤技术，2005，11(3)：101-104.

[57] 冯其明，石涛，张国旺，张国范，陈云. 鳞片石墨湿法超细磨工艺参数研究[J]. 中国非金属矿工业导刊，2003(6)：22-25.

[58] 稻垣道夫. 炭素材料工学[M]. 日本：日刊工业新闻社，1985.

第3章 石墨层间化合物

石墨是一种典型的层状结构碳基材料，其各层面间由较弱的范德华力连接，可以用物理或化学的方法将其他异类粒子如原子、分子、离子甚至原子团插入到晶体石墨的层间，生成一种新的层状化合物，这种材料被称做石墨层间化合物(graphite intercalation compound，GIC)[1-4]。

实验室合成石墨层间化合物的方法主要有加热法、化学法、电化学法、光化学法等。不同种类的插入物将导致不同的插层结构，使其既不同于母体石墨，也不同于插入的客体材料，而赋予了石墨层间化合物独特的物理和化学性能，如高导电性、超导特性、电池性能、催化特性、膨胀性能等。

石墨层间化合物的研究历史可追溯到19世纪40年代[3-6]。1841年，德国的Schafautl在研究石墨的耐腐蚀性时发现，天然鳞片石墨在浓硝酸和浓硫酸中浸泡数小时后取出烘干，石墨发生了明显的膨胀现象。随后在1859年，Brodie完善了酸化石墨的工艺。此后的一段时间内，石墨层间化合物的合成及理论研究始终围绕 $HClO_4$，H_2SO_4 和 HNO_3 这三种无机酸进行。直到1926年Fredendage和Cadendach制备出K-GIC以后，许多新的石墨层间化合物才不断被发现和制备出来。1932年，Thiele首次制备了$FeCl_3$-GIC。1934年Brestschneider和Ruff通过控制爆破和燃烧反应，制备出氟化石墨。1940年Rudorff将天然鳞片石墨置于溴蒸气中制备出了C_8Br，揭开了卤素-GIC研究的序幕。1947年Rudorff又相继合成出C_5-ICl等氯化卤素-GIC。1952年Henning制备出了氯化石墨C_2Cl。从19世纪中叶到20世纪50年代的100多年间，以德国为中心开展的关于石墨层间化合物的研究工作始终都是围绕着其合成工艺进行的，很少涉及石墨层间化合物的结构、性能及应用，这与当时的工业水平和材料结构与性能测试技术的限制有很大的关系。

1963年，日本的渡边信淳研究发现氟化石墨的层间能比石墨本身的层间能要低得多，且不受周围气氛的影响，并率先将它用作固体润滑剂，打开了石墨层间化合物工业应用的大门[6]。石墨层间化合物研究的真正起飞是在 20 世纪 70 年代以后，随着石墨层间化合物高导电导热性、储氢特性、超导性和导磁性等特性的相继发现，引起了各国众多的物理学家、化学家和材料学家的强烈兴趣。1977 年在法国召开了第一届石墨层间化合物国际会议，此后每年都有几百篇研究论文发表。其研究热点主要包括石墨层间化合物的合成技术、层间结构稳定性，电和磁学性能，用作新的二维物理学模型等；应用领域涵盖高导电材料、电池材料、高效催化剂，贮氢材料的实用和膨胀石墨密封材料的改进等方面[4-9]。

我国在石墨层间化合物方面的研究始于 20 世纪 70 年代，起步较晚，但发展非常迅速。中国科学院沈阳金属研究所、湖南大学、清华大学、中国科学院兰州化学物理研究所、武汉工业大学、哈尔滨工业大学等单位在石墨层间化合物的制备、结构及其应用方面开展了大量的研究工作，极大地缩短了我国与工业发达国家在石墨层间化合物研究方面的差距。加之我国拥有十分丰富的天然鳞片石墨资源，且品质优良，因此大力开展石墨层间化合物的理论研究与应用技术开发具有良好发展前景。

3.1　分类

依据插入石墨层间的客体和主体石墨的作用类型，可将石墨层间化合物分为两大类：①离子键型——插入物与石墨间有电荷转移，二者之间产生静电引力；②共价键型——插入物与碳原子形成共价键。表 3-1 列出了石墨层间化合物的分类和有代表性的插入物。

表 3-1　石墨层间化合物的分类和有代表性的插入物[1,8]

主体-客体键合型	插入物的电子状态	插入物的类型	插入物
离子键型	施主型	碱金属	Li，K，Rb，Cs
		碱土金属	Ca，Sr，Ba
		过渡金属	Mn，Fe，Ni，Co，Zn，Mo
		稀土金属	Sn，Eu，Yb
		金属-汞	K-Hg，Rb-Hg
		金属-液氨	K-NH_3，Ca-NH_3，Eu-NH_3，Be-NH_3
		碱金属-有机溶剂	K-THF，K-C_6H_6，K-DMSO（二甲亚砜）

续表

主体-客体键合型	插入物的电子状态	插入物的类型	插入物
离子键型	受主型	卤素	Cl_2,Br_2,I_2,ICl,IBr,IF_5
		过渡族金属氯化物	$MgCl_2$,$FeCl_2$,$FeCl_3$,$CuCl_2$,$NiCl_2$,$AlCl_3$,$COCl_2$
		五氟化物	AsF_5,SbF_5,NbF_5,YeF_5
		强氧化物	CrO_3,MoO_3
		强氧化性酸	HNO_3,H_2SO_4,$HClO_4$,H_3PO_4
		弱酸	HF
共价键型		氟	F(氟化石墨)
		氧	O(OH)(石墨酸)

3.1.1 离子键型石墨层间化合物

离子键型石墨层间化合物的合成特点是当客体(插入物)进入主体石墨层间后,插入物和石墨层间存在电子的授受过程,亦即离子化过程。当插入物提供电子给石墨原子,而自身以正离子进入石墨层间时,称为施主型(供电子型)石墨层间化合物;而当插入物从石墨层获得电子,本身成为负离子而进入石墨层间时,则称为受主型(受电子型)石墨层间化合物。不论是施主型还是受主型,插入物进入石墨层间后,均会使得石墨层间距加大,但石墨层面内的碳原子形成的 sp^2 轨道不变,仍保持其平面型[1-2,8]。

离子键型石墨层间化合物的结构特征为沿垂直于石墨层面方向(c 轴方向)有规则地排列插入层和石墨层,并在平行于石墨层面的面内有规则地排列插入物,特别是相对于六角网面的插入物排列有规律性。通常将 c 轴方向的插入层和石墨层堆积的规律性称之为阶(staging)结构,用阶数表示。当一种插入物均匀地进入所有的石墨层间时,称为 1 阶石墨层间化合物,此时石墨层间的插入物含量最大;当插入物每隔 2 层石墨(层)插入时,称为 2 阶石墨层间化合物(见图 3-1);依此类推……现在已经合成了 1～5 阶石墨层间化合物和更高阶的 GICs。

若在石墨层间同时均匀地插入两种以上异类原子,就形成了多元石墨层间化合物。图 3-2 列出了几种一阶三元石墨层间化合物的结构,插入物 A 和 B 分别以不同形式插入石墨层间而形成具有一阶结构的多元石墨层

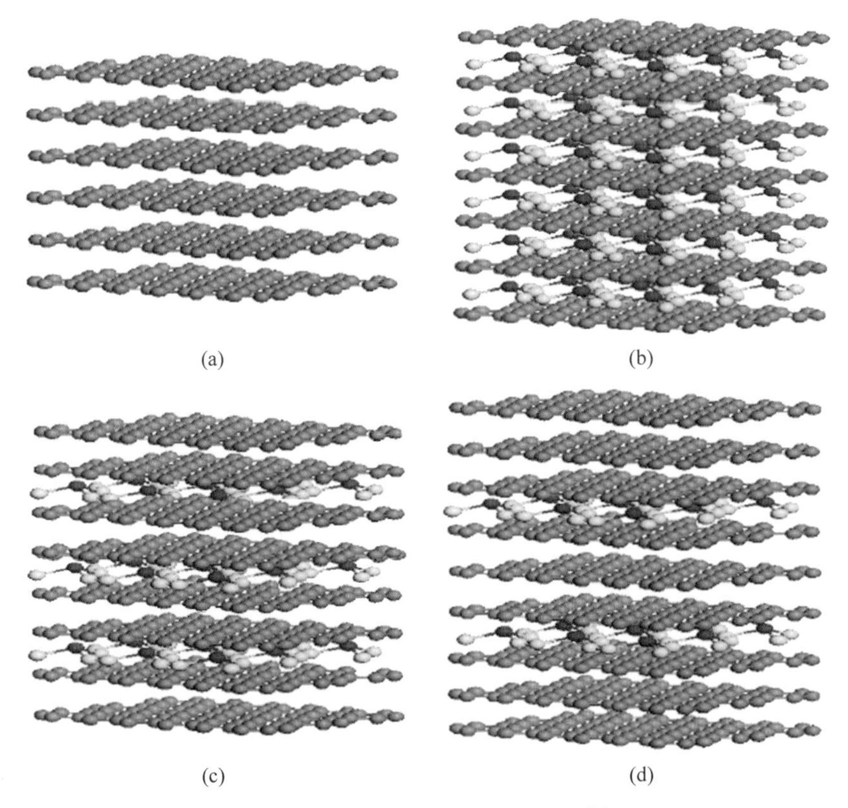

图 3-1　石墨层间化合物的阶结构[7]

(a) 石墨(ABAB)；(b) 一阶石墨层间化合物；
(c) 二阶石墨层间化合物；(d) 三阶石墨层间化合物

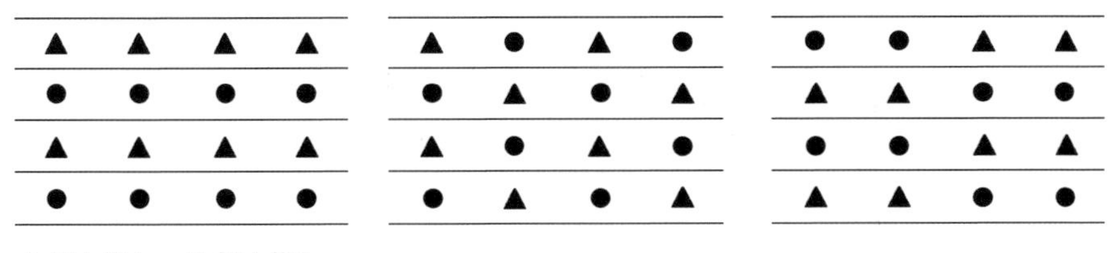

图 3-2　几种一阶三元石墨层间化合物的结构[10]

间化合物。可以通过各种手段精确地在原子水平上控制石墨层间化合物的结构。

离子键型石墨层间化合物的物理性能随其阶结构和插入物不同而差异

较大。阶数的大范围变化反映出插入物对碳原子相对比例的大范围变化，无疑会导致石墨层间化合物物理性能的较大差异。因此通过控制离子键型石墨层间化合物的合成条件，可以控制其阶结构和性能。

离子键型石墨层间化合物是目前已制备出的石墨层间化合物中数量最多的一类，人们通常将“离子键型石墨层间化合物”简称为“石墨层间化合物”。

3.1.2 共价键型石墨层间化合物

共价键型石墨层间化合物的数量极少，到目前为止仅发现 $x<2$ 的氟化石墨$(C_xF)_n$ 和氧化石墨（石墨酸）[7]。由于共价键型石墨层间化合物在合成过程中，插入物和石墨层间碳原子没有电子授受，而是形成共价键，碳原子的轨道由 sp^2 变为 sp^3 杂化轨道，导致共价键型石墨层间化合物中碳六角网格平面发生弯曲变形，失去石墨层面的平面性，变成绝缘体。因此严格地说它们已不能称为石墨层间化合物[1]。

氟化石墨的晶体结构[11]如图 3-3 所示，氟原子(F)与碳原子(C)形成共价键，层面内碳原子间距由石墨的 0.142nm 增至 0.152nm，层面发生弯曲，从而失去石墨的导电性，成为绝缘体；同时由于氟原子的电负性，石墨的碳层间距由 0.335nm 伸展为 0.708nm，使得层间能大大降低，以致其润滑性能显著提高。另外，从图 3-3 还可以看出氟化石墨是典型的分子晶体[11]。

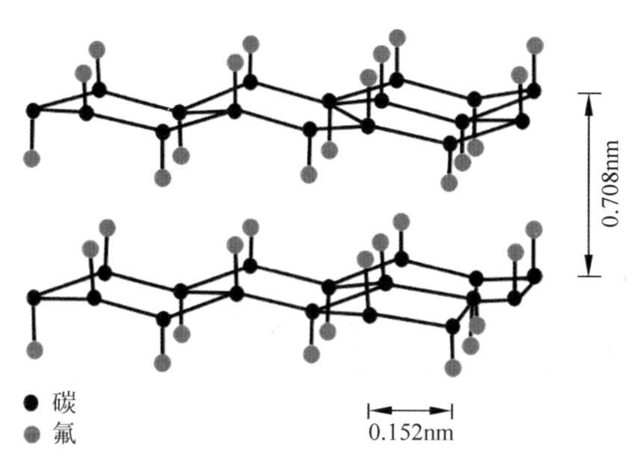

图 3-3 氟化石墨的结构[11]

氟化石墨具有低表面能、极好的防水防油功能、高润滑性和电活性等特性，被广泛用于润滑、除油、防污、电池、核反应等领域。

氧化石墨的晶体结构如图 3-4 所示，在石墨层面上的碳原子和氧原子

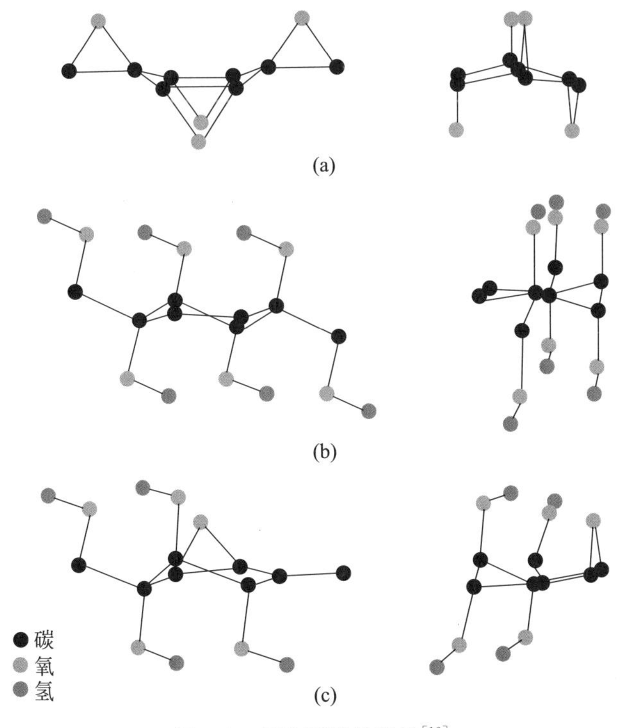

图3-4　氧化石墨的结构[12]

(a) 酮型结构；(b) 醇型结构；(c) 酮-烯醇型结构

及羟基(OH)直接结合，形成酮型(图3-4(a))、醇型(图3-4(b))和酮-烯醇型(图3-4(c))结构[1,12]，失去了石墨层面的平面性。

氧化石墨是制备石墨烯的重要的前驱体，是石墨烯衍生物中最重要的一员[13]。1859年英国科学家Brodie在研究石墨的结构时发现将氯酸钾、发烟硝酸和鳞片石墨混合反应可以得到一种高度氧化的石墨，其中C∶H∶O原子比为61.04∶1.85∶37.11；这种氧化石墨可以在纯水或者碱性水中分散，将其加热到220℃，会分解出碳酸和碳的氧化物，同时C∶H∶O原子比变为80.13∶0.58∶19.29。这是氧化石墨第一次被发现。之后，Staudenmaier改进了Brodie的方法，他通过在体系中加入浓硫酸和分步加入氧化剂，得到了C∶O约为2∶1的氧化石墨。这种方法可以在同一体系下一次完成，但是要在反应釜中进行，不易操作。1958年Hummers使用高锰酸钾和浓硫酸替代氯酸钾和发烟硝酸。与前面两种方法相比，Hummers的反应条件更温和，更易操作，得到的氧化石墨的氧化程度差不多[14,15]。

3.2 表征

基于石墨层间化合物具有二维长程有序的特点，这种化合物常被用作新的低维物理学模型，对指定的周期性的原子状态模型系统进行预测，如研究凝聚态物理学中的二维调幅结构和超点阵结构，二维相转变和二维熔化现象，低温玻璃态和非晶态合金，二维磁性系统。

表征石墨层间化合物空间结构，需要首先了解其阶结构、碳原子层及插入层在 c 轴方向的叠层规则、插入层的面内排列方式以及碳六角网平面和插层间相对排列的匹配性等。

3.2.1 阶结构

阶结构是石墨层间化合物的特征结构[1-4]，表示每间隔 n 层碳原子面（石墨层）有一层插入物，如图 3-5(a)所示[16]。但在实际晶体中，部分区域存在着叠层凌乱，在阶数 $n>1$ 时，石墨层间化合物可用图 3-5(b)所示的 D-H 畴结构模型[17]表示，即，在石墨层间的插入物以“岛屿”形式存在。

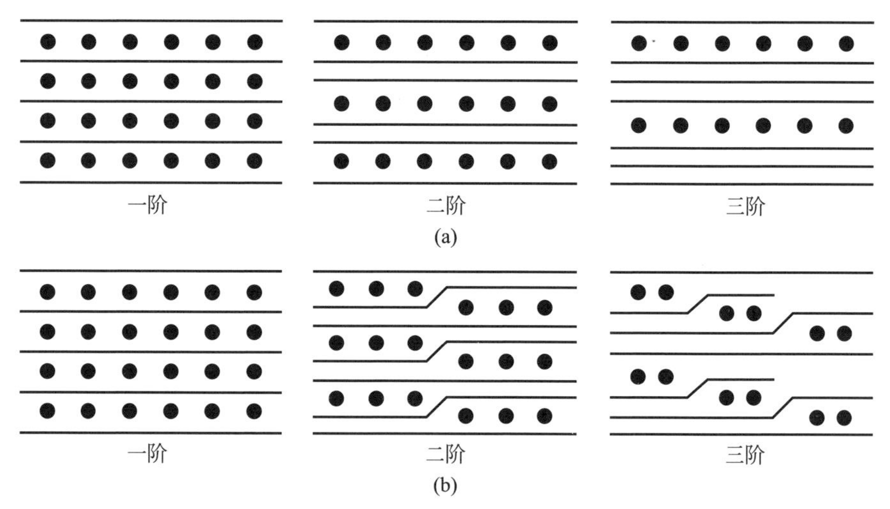

图 3-5 石墨层间化合物的阶结构和畴结构[16]

(a) 阶结构模型；(b) D-H 畴结构模型

每一种石墨层间化合物都有自己相应的特征周期层间距（简称“周期层间距”）d，该值的大小与插入的原子或基团有关。

如，一阶石墨层间化合物(图3-5(a))的周期层间距 d_1 可表示为：

$$d_1 = d_0 + c_0 \tag{3-1}$$

式中，d_0 为插入原子或基团的直径；c_0 为天然石墨的层间距，即0.3354nm。

n 阶石墨层间化合物的周期层间距 d_n 可表示为：

$$d_n = d_0 + nc_0 = d_1 + (n-1)c_0 \tag{3-2}$$

这种阶模型与石墨层间化合物试样的X射线衍射图谱中各衍射峰的位置能很好地吻合，也能较好地反映不同插入物生成石墨层间化合物的结构差别，但在解释大多数阶与阶之间的转换过程时，遇到了很大的困难。

根据D-H畴结构模型[17]，在石墨层间的插入物以"岛屿"形式存在，碳原子层只需相对移动就能形成所要求的堆积顺序，实现阶结构的转变[16-17]。石墨层间化合物的X射线衍射峰强度比石墨低很多，说明插入物在所有石墨层面间均匀分布引起自由能的减少比碳层弯折引起体系能量的增加更为显著。

1. 阶结构的分析

石墨层间化合物的阶结构通常采用X射线衍射(XRD)分析进行测定。依据Bragg方程，石墨层间化合物的周期层间距(d_H)、衍射线掠射角(θ)和X射线波长(λ)的关系为[8,16,18]：

$$2d_H\sin\theta = n\lambda \quad (n\ 为衍射级数) \tag{3-3}$$

石墨作为六方晶系，其晶面间距可由下式[18-19]算出：

$$d_H = \frac{a}{\sqrt{\frac{4}{3}(h^2 + hk + k^2) + \left(\frac{a}{c}\right)^2 l^2}} \tag{3-4}$$

式中，a，c 为晶格常数；h，k，l 为晶面指数。

石墨晶体碳网对X射线具有选择性反射特性，经X射线测得的衍射峰主要为$(00l)$晶面，即 $h=k=0$。因此，式(3-4)可表示为：

$$d_H = \frac{a}{(a/c)l} = c/l \tag{3-5}$$

对于天然石墨，式(3-5)中 c 值为 2×0.3354nm。

由于石墨层间化合物仍保留天然石墨对X射线的选择性反射特性，其X射线衍射峰所代表的晶面均为$(00l)$面，其晶面间距 d_H 的表达式与式(3-3)相同，只是 c 值不再是 $2\times0.3.354$nm，而是层间周期 d_n，即

$$d_H = \frac{d_n}{l} \tag{3-6}$$

石墨层间化合物的阶结构包括阶数(n)，晶面指数(l)以及周期层间距(d_n)的标定，均可以依据X射线衍射结果，结合式(3-2)和式(3-6)分析计算得出。

2. 阶结构的标定

1) 方法一

已知石墨层间化合物一阶周期层间距 d_1(或插入原子或基团的直径 d_0)的阶结构的标定。

标定步骤：

(1) 根据原始数据，分析判别天然石墨衍射峰及塑料薄膜衍射峰(为防止石墨层间化合物分解，在进行X射线衍射分析测试时一般用塑料薄膜覆盖)。

(2) 对石墨层间化合物的各衍射峰进行计算分析。用一阶周期层间距 d_1 分别与各峰的 d_H 值相除，如所得结果为整数，则表明此峰为一阶峰，此整数值即为该峰的晶面指数 l(由 $d_H=d_1/l$，得 $l=d_1/d_H=$整数)。

(3) 若 $d_1/d_H \neq$ 整数，则表明此峰非一阶峰，这时可由 $d_n=d_1+(n-1)c_0(n=2,3,4,\cdots)$依次算出 $d_2,d_3,d_4,\cdots$，再重复步骤(2)标定其余各峰的晶面指数 l 及阶数 n。

对于一些常见的石墨层间化合物，如 H_2SO_4-GICs，HNO_3-GICs 等的阶结构多采用此法标定。

2) 方法二

该法主要用于多元石墨层间化合物阶结构的标定。一般情况下，插入物的性质及状态不很清楚，插入物的尺寸 d_0 也只知其大概范围，阶结构的标定过程比较复杂。

标定步骤：

(1) 根据原始数据，识别天然石墨衍射峰及塑料薄膜衍射峰。

(2) 筛选出处于同阶的衍射峰。

由于同阶石墨层间化合物的周期层间距(d_n)相同，若第 m 个峰与第 n 个峰为同阶(设 $m<n$)，依据式(3-6) $d_H=d_n/l$，有 $d_{Hm}=d_n/l_m$，$d_{Hn}=d_n/l_n$，得 $d_{Hm}\cdot l_m=d_{Hn}\cdot l_n$，即

$$\frac{d_{Hm}}{d_{Hn}}=\frac{l_n}{l_m} \tag{3-7}$$

这样我们就可以根据X射线衍射结果，由任意二峰的面间距 d_H 比值

情况，分析确定属于同阶的各衍射峰。由于 $m<n$，因此该比值为整数或整数比。

(3) 通过对处于同阶各衍射峰的计算分析，标定其晶面指数(l)和周期层间距(d_n)。

假设处于同阶的各衍射峰中，第 m 峰面间距(d_{Hm})最大，则任一衍射峰的晶面指数 l_i 为：

$$l_i=\frac{d_{Hm}}{d_{Hi}}\cdot l_m \tag{3-8}$$

尝试给定 $l_m=1$，如由式(3-8)计算出同阶各峰的 l 值均为整数，说明给定 $l_m=1$ 是合理的，所计算出的各峰 l 值即为其晶面指数；若取 $l_m=1$ 时，所得同阶各峰的 l 值不是全部为整数，则表明 $l_m\neq1$，此时须将所得各 l 值乘以它们的最小公倍数，确定各峰的晶面指数(l)。随后由式(3-6)$d_H=d_n/l$，计算得到周期层间距 d_n。

(4) 插层物原子基团尺寸(d_0)及阶数(n)的确定

由式(3-2)$d_n=d_0+nc_0$，得 $d_0=d_n-nc_0$；尝试给定不同的 n 值，可取 $n=1,2,3,\cdots$，如所得 d_0 值与估计值相近，则可认为此 d_0 值合理，该 n 值就是此峰的阶数。这样，插入物原子基团的尺寸(d_0)及插层化合物(石墨层间化合物)阶数(n)即可确定。如 d_0 值与估计值偏差较大，则须变换 n 值进行尝试，直至认为合理为止。

对于新合成的石墨层间化合物往往采用该法进行阶结构的标定。

3) 方法三

该法通常用于周期层间距(d_n)或插入物原子基团尺寸(d_0)未知的石墨层间化合物阶结构的标定，如其X射线衍射图中存在不同阶衍射峰时阶结构的标定。

标定步骤：

选石墨层间化合物X射线衍射图中任意两个不同阶的峰(i,j)，关联式(3-2)和式(3-6)有：$l_id_{Hi}=d_0+n_ic_0$，$l_jd_{Hj}=d_0+n_jc_0$，这里 $n_i\neq n_j$。于是有：

$$l_id_{Hi}-l_jd_{Hj}=(n_i-n_j)c_0$$

即

$$\frac{l_id_{Hi}-l_jd_{Hj}}{c_0}=n_i-n_j \tag{3-9}$$

式(3-9)的结果为两峰阶数之差，应为整数。

实际分析表明[18]，X射线衍射峰的晶面指数 l_i 和 l_j 的值通常<20，分别取 l_i 和 l_j 的值为1～20之间，通过二重循环计算，筛选出满足式(3-9)要求的 l_i 峰和 l_j 峰的值；再依据公式 $d_0 = ld_H - nc_0$（关联式(3-2)和式(3-6)所得），分析确定两峰的阶数 n_i，n_j 以及插入物原子基团的 d_0 的值。

同理，依次标定出其余各峰的晶面指数(l)和阶数(n)。

4）方法四

人工标定阶结构的过程比较复杂烦琐，计算量大且易出差错。燕山大学和清华大学采用计算机对方法三进行编程处理，取得了成功[18]。图3-6是石墨层间化合物阶结构的计算机编程框图。

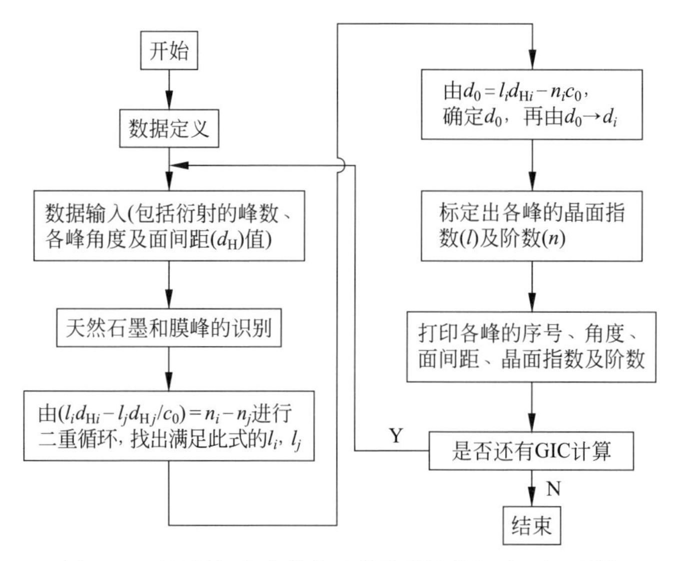

图3-6 石墨层间化合物的阶结构的计算机编程框图[18]

5）方法五

激光拉曼(Raman)散射技术也常用于阶结构的表征。由于石墨层间化合物的结构特性，使其具有一个固定的Raman活动波（波数为1580cm^{-1}），当对石墨层间化合物采用偏振光照射时，可根据入射光($\hat{e}_i$)和散射光($\hat{e}_s$)的关系，判别引起散射的激活子(插入物)的对称性，不同阶结构具有不同的对称性，由此即可确定石墨层间化合物的阶结构[16]。

康飞宇等[20]运用X射线衍射法和Raman散射法详细研究了$FeCl_3$-

GIC 层间化合物的阶结构。依据 2～6 阶 $FeCl_3$-GIC 层间化合物的 X 射线衍射图(见图 3-7(a)),通过 Bragg 公式计算出 2～6 阶 $FeCl_3$-GIC 层间化合物的特征周期层间距 d_n 值,即 $d_2=1.275$nm,$d_3=1.599$nm,$d_4=1.950$nm,$d_5=2.279$nm,$d_6=2.602$nm。同时从不同阶数 $FeCl_3$-GIC 层间化合物的 Raman 散射图(见图 3-7(b))发现:随着 $FeCl_3$-GIC 层间化合物阶数的减小,高定向热解石墨(highly oriented pyrolytic graphite,HOPG)特征 G 峰($1582cm^{-1}$)的强度逐渐下降,而与插入物相关散射峰($1617cm^{-1}$)的强度却逐步上升。

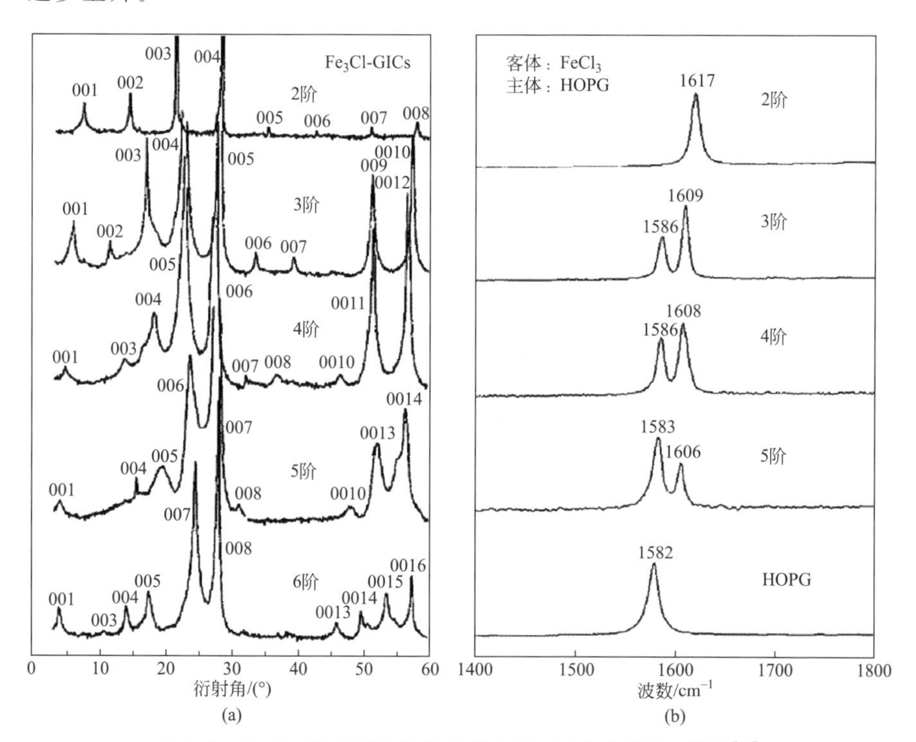

图 3-7　$FeCl_3$-石墨层间化合物的 XRD(a)和拉曼(b)谱图[20]

3.2.2　稳定性

石墨层间化合物在应用中的最大障碍是稳定性差,因此在石墨层间化合物的合成中,除了测定阶结构外,主要就是稳定性的测定。通常采用 X 射线衍射法(XRD)考察石墨层间化合物在经历某种环境后衍射峰和强度(常用 002 峰)的变化,判定其阶结构的变化。利用差热分析技术研究石墨层间化合物在受热或冷却过程中的能量或质量的变化规律，进而确定其热性能和稳定性。

石墨层间化合物的热过程分析通常采用 TG-DTA-EGA 联用，也可用高温 X 射线衍射分析；室温下石墨层间化合物的湿度稳定性，一般通过电阻法或 X 射线法测定。这里电阻率测定非常重要，因为它不但能反映层间化合物的导电性能，而且还与其阶结构和稳定性相关[8]。对于粉末试样，最好采用粉末比电阻测定装置，以保证数据的准确性。

石墨层间化合物形貌通常采用扫描电镜（SEM）和透射电镜（TEM）观察，元素组成和化学状态的测试利用 X 射线电子能谱（EDS）、X 射线光电子能谱（XPS）和红外光谱（FT-IR）。

3.3 用途

石墨层间化合物具有区别于石墨原料的不同功能，即：①通过插层处理增加了石墨的功能，如高导电性，可作为高导电性材料；②通过插层处理强化了插入物的功能（电学、催化等），可用于电池材料和催化剂等；③在插层过程中构筑了功能性空间（碳层与层间物之间的空间），可用于贮藏或浓缩分离气体，如氢气等；④通过石墨层间化合物的合成和分解可开发出新材料，如膨胀石墨等。显然，石墨层间化合物是具有广泛理化特性的功能材料。表 3-2 列举了一些石墨层间化合物的应用领域。

表 3-2 石墨层间化合物的应用领域[8]

应用领域	用途	插入物
导电材料	高导电材料	A_sF_5，SbF_5，$SbCl_5$，HNO_3，$M_1{}^*Cl_x$
	超导电材料	K，Rb，Cs，K-Hg，$M_2{}^*$-Bi
电池材料	一次电池	$(CF)_n$，$(C_2F)_n$，TiF_4
	二次电池	Li，Na，K，$NiCl_2$
	温差电池	Br_2
有机反应试剂及催化剂	聚合反应	K，Li
	与卤素有关的反应	Br_2，$SbCl_5$，AsF_5
	氨合成	K，K-$FeCl_3$
	酯化	H_2SO_4

续表

应用领域	用途	插入物
气体的贮藏，浓缩	氢的贮藏	K
	氢的浓缩	K
其他	膨胀石墨的制造	H_2SO_4，HNO_3，H_3PO_4，M_2*-THF
	润滑剂	$(CF)_n$
	金刚石合成催化剂	Fe，Co，Ni

* M_1 为过渡族金属；M_2 为碱金属。

3.3.1　高导电石墨材料

石墨材料本身是一种半金属，空穴和载流子浓度相当，呈中性，沿 a 轴方向的电导率约为 2.5×10^6 S/m，而沿 c 轴方向的电导率则小得多[21]。在石墨层间化合物的形成过程中，层间的插入物可使其载流子的浓度随传导电子（施主型石墨层间化合物）或空穴（受主型石墨层间化合物）的增加而增大，导电性能增强。通常用于高电导率石墨层间化合物的插入物质主要有5类[22]：五氟化物（AsF_5，SbF_5）、金属氯化物（$CuCl_2$，$FeCl_3$）、氟（F_2）、其他卤素（Br_2 或 ICl）、掺铋（Bi）碱金属（K+Bi）。由五氟化物制备的石墨层间化合物，室温电导率达 1×10^8 S/m[22]，高于金属铜（Cu），但是五氟化物的腐蚀性和毒性限制了它的生产和应用。由金属氯化物 $CuCl_2$，$FeCl_3$ 与碳纤维等制备的石墨层间化合物的电导率分别为 7.8×10^6 S/m 和 1.4×10^7 S/m[8,21-22]，与铜相当，而且这种材料在空气和许多有机溶剂中稳定性好，密度低，具有广泛的应用前景[8,21-23]。

高导电石墨层间化合物一直是人们的研究热点。自20世纪80年代以来，许多研究者以石墨化纤维为原料，经过插层处理后试图用于飞行器上，并测算若在美军战斗机 F-15 和运输机 C-5 上，用质量分数 66% 石墨层间化合物与铜箔复合代替铜导线，将会使机身重量分别减轻183磅和1280磅（1磅=0.453kg）[8,24]。

影响石墨层间化合物电导率的主要因素是石墨原料、插入物种类、合成方法和阶结构等。一般石墨化程度高的原料，所得石墨层间化合物的电导率也高，比如以高定向热解石墨（highly oriented pyrolytic graphite，HOPG）作为原料，就可获得高的电导率。插入物的种类不同，键合状态不同，结构亦不同，会对电导率产生很大的影响，如以 AsF_5 和 SbF_5 作为插入物，电导率最高；阶结构的影响也很显著，一般2～4阶石墨层间化合物具有较高电导率[8,22-25]。表3-3列出了已经报道的具有较高面内电导率的二元石墨层间化合物。

表3-3 高导电性二元石墨层间化合物的基本性能[8]

插入物	阶指数	面内电导率/$(\Omega \cdot cm)^{-1}$
A_sF_5	1,2*,3	$(5.0\sim6.3)\times10^5$
SbF_5	1,2,3*,6	$(3.5\sim10)\times10^5$
$SbCl_5$	1,2*,3	$(0.6\sim4.4)\times10^5$
HNO_3	1,2*,3,4	$(1.7\sim3.5)\times10^5$
$FeCl_3$	1,2*	$(1.1\sim2.5)\times10^5$
$CuCl_2$	1*,2,3,5	$(0.8\sim1.6)\times10^5$
$AlCl_3$	1,2*	$(2.0\sim2.5)\times10^5$
$MnCl_2$	1	2.5×10^5
$CoCl_2$	1,2*	$\sim2.5\times10^5$
$GdCl_3$	2	3.0×10^5

* 表示该阶石墨层间化合物具有最高面内电导率。

研究发现[8,21-23]采用过渡族金属氯化物($CuCl_2$、$FeCl_3$等)合成的石墨层间化合物,导电性接近铜,稳定性较高,可在空气中放置50d以上,电导率变化很小,热分解温度可达300℃。清华大学课题组以鳞片石墨粉末为原料,用熔盐法和电化学法合成了一系列二元和三元过渡族金属氯化物[20,26-32],其导电性能介于原料石墨和银粉之间,可用于制造印刷电路乳剂、导电胶和防静电塑料[33]。

3.3.2 电池材料

利用石墨层间化合物合成和分解时伴随有能量转换的特点,已经成功地开发出了各种一次、二次电池和温差电池,特别是二次锂离子电池,已大量地用于市场。表3-4列出了几种以石墨层间化合物作电极的电池。

表3-4 以石墨层间化合物作电极的电池[8,22]

一次电池	
$(CF)_n$	重量轻,电压高,能量密度高,自放电低
$(C_2F)_n$	电压高于$(CF)_n$
F_2-石墨层间化合物	容量大,放电平稳
氧化石墨	高能量密度

续表

二次电池	
$KOH/Ni(OH)_2$，$Mn(OH)_2$-石墨层间化合物	高容量，高效率
$KOH/[Ni(OH)_2+Fe(OH)_3]$-石墨层间化合物	制备工艺简单
KOH/活性炭纤维	结构简单
HF，H_2SO_4/80%天然石墨+20%聚丙烯	循环周期长
温差电池	
Br_2，液态 KBr/天然石墨	开路电压 69mV，寿命短
Br_2，液态 KBr/气相生长碳纤维	开路电压 200mV，短路电流 10mA/10cm^2
Br_2，HNO_3/PAN 碳纤维	开路电压 100mV，寿命长

1. 一次电池材料

以氟化石墨$(CF)_n$作为阳极材料的一次锂电池，1974年日本就已投放市场[8]。这种电池形小质轻，具有高电压(3V)和高能量密度(285W·h/kg)的优点，贮藏性好，自放电极少。电池的放电原理，不是单纯的氟化石墨分解生成LiF的反应，而是Li进入$(CF)_n$层间生成CLi_xF_y($x,y\leqslant 1$)三元石墨层间化合物的过程。用石墨层间化合物作为阳极的一次电池，一般采用共价键结合型的氟化石墨和酸化石墨[8,33]。

2. 二次电池材料

用碳表面化合物作为二次电池正极的研究也得到了人们的重视，所做的工作有：①利用炭的吸附性，采用具有高吸附性和高比表面积活性炭，制备二次电池；②利用石墨层间化合物的生成机制，采用HOPG高结晶度的石墨，进行二次电池的研制。前者所制二次电池的典型代表是“C/Li二次电池”，正极为活性炭，负极为Li合金，电解质为含$LiClO_4$的有机溶剂，正极的生成物不是石墨层间化合物，而是一种表面化合物。后者所制二次电池的典型例子是“硫酸系列二次电池”，正极为HOPG，负极为Pb或Cu，电解质为$H_2SO_4+CuSO_4$，其正极反应为：

$$nC+(x+1)H_2SO_4 \underset{\text{放电}}{\overset{\text{充电}}{\rightleftharpoons}} C_nHSO_4\cdot xH_2SO_4+H^+$$

碳基材料的结晶性对电池性能影响很大：①和②两种方法协调使用得

较好例子是“以1400～1600℃热处理的活性炭纤维作为负极，Ni为正极，电解质为KOH或KBr水浴液”的二次电池，其机理被认为是在活性炭纤维表面生成了石墨层间化合物[8]。

锂离子电池是在二次锂离子电池基础上发展起来的新一代高比能二次电池体系，采用嵌锂碳材料为负极，过渡金属氧化物为正极，溶有锂盐的有机电解质溶液为电解液。通过锂离子在两极间的嵌入-脱出循环以贮存和释放电能[34]。

锂离子电池的主要技术特点有：①电压高：锂离子电池的正常工作电压范围为2.75～4.2V，平均工作电压可达3.6V以上，是镍镉和镍氢电池的3倍；②比能量高：一般商品化的锂离子电池的比能量已达到140W·h/kg及300W·h/L以上，明显高于其他二次电池体系；③循环寿命长：由于锂离子电池两极均采用嵌入化合物，避免了金属锂的沉积析出带来的表面重现性差和枝晶等问题，因而循环寿命长，一般可达1000次以上；④自放电小，平均自放电率每月不超过10%，仅为镍镉电池的1/3。此外，锂离子电池还具有无记忆效应及与环境友好等特点。这些特点正是各种便携式电子产品、电动汽车、空间飞行器等应用所期望的技术目标。因此，锂离子电池自20世纪90年代初问世以来，备受人们的关注，成为化学电源研究、开发的热点。

3. 温差电池材料

Endo等[35]开发了以气相生长石墨纤维和Br-石墨层间化合物为电极的温差电池，用溴饱和的质量分数10%的KBr水溶液为电解质，在两极间施80℃的温差，就可获得开路电压为200mV，短路电流为10mA/cm^2的电力[8,22,35]。稻垣道夫等[36]开发了以PAN系石墨化碳纤维为两极，在质量分数30%的HNO_3溶液中，当两极温差为90℃时，可获开路电压150mV，短路电流lmA/cm^2的电力[8,36]。温差电池的研发，对利用废热发电很有启发。

3.3.3 高效催化剂

石墨层间化合物因其分子尺度的空间结构特点，使插入物的表面积增大，当它们用作催化剂时具有极好的催化性能[3-4,37-39]。使用石墨插层化合物作催化剂，可以提高效率，降低成本，使某些反应在更加温和、可控制的条件下进行[4,8,22,36-39]。

研究表明[4,40-45]：碱金属-石墨层间化合物能使C—H键断裂，催化有机加氢、脱氢等反应，如苯和四氢呋喃生成联苯的反应等；并对乙烯、苯乙烯、二烯烃的聚合反应也有催化作用，如苯乙烯和异戊二烯合成交替共聚物时，采用Li-石墨层间化合物做催化剂，可以达到很好的效果。碱金属-金属氯化物-石墨插层化合物，在N_2和H_2合成氨以及H_2和CO合成碳氢化合物等反应中表现出了很强的催化能力。溴-石墨层间化合物能催化有机溴化反应，是一种选择性强、效率高的溴化剂。同样，其他的卤素-石墨插层化合物也能催化有机卤化反应。表3-5列出了一些石墨层间化合物作为催化剂的示例。

表3-5 石墨层间化合物作为催化剂的应用示例[8]

石墨层间化合物	应用场合	反应特点
KC_8	乙烯聚合	200℃ 6.8MPa 21h 高收率
	丁二烯聚合	30℃ 15h 收率80%
	异戊间二烯聚合	25℃ 16h 收率90%
	苯加氢(脱氢)	250℃ 10MPa 高收率
KC_{37}	异戊间二烯聚合	15℃ 76h 收率95%
LiC_{12}	异丁烯酸甲酯聚合	65℃ 48h 收率80%
$FeCl_3$-K	合成氨	350℃低气压 10h 转化率90%
$SbCl_5$(1阶)	C—H化合物异构化	室温 4h 转化率91%
$SbCl_5$	卤素转化	苯中以Cl置换Br 转化率98%
Br	苯溴化	具有高选择性
H_2SO_4(或HNO_3)	酯化反应	1～20h 收率90%

3.3.4 氢的贮藏与浓缩以及同位素分离

K-石墨层间化合物和氢能够发生反应生成两种化合物。一种是在室温附近，化学吸附氢，生成$KC_8H_{0.67}$；另一种是在液氮温度附近，物理吸附氢，生成以$KC_{24}(H_2)_{1.9}$为主的物质。从贮氢的角度分析，K-石墨层间化合物的低温吸附氢属于化合物本体对氢的吸附，体积几乎不增大，并能够快速、完全可逆地进行吸放，而脱氢必须通过加热或抽真空进行，可达到对氢的贮藏目的；不足之处是吸氢和贮氢均须在液氮温度下进行。

研究表明[22,36]，$LaNi_5$/100g可吸附氢15.5L，$KC_{24}(H_2)_{1.9}$/100g可吸附氢13.7L；如果合成K原子排列和KC_{24}一样的1阶K-石墨层间化合物(组成与KC_{12}相当)，则K原子的孔隙可全部吸附氢，这样每100g石墨层间化合物的吸氢量就可达24.5L。2阶石墨层间化合物(KC_{24})具有和1阶KC_8

不同的吸氢同位素效应,可以浓缩重氢,用于氢(H)-氘(D)-氚(T)的分离。

表 3-6 列出了几种 K-石墨层间化合物和沸石-5A 的氢同位素分离系数和吸氢量,可以看出大部分 K-石墨层间化合物的氢同位素分离效果优于沸石-5A。如将天然鳞片石墨膨胀后再合成石墨层间化合物,则可进一步提高其分离系数。

表 3-6 石墨层间化合物的氢同位素分离系数和吸氢量[8,22]

石墨层间化合物	石墨原料	分离系数			吸氢量 V/mL(NTP)
		$\alpha_{H/D}$(a)	$\alpha_{H/T}$(b)	(a)/(b)	
KC_{12}	石油焦(1500℃)	8.7	5.0	1.7	92
KC_{24}		5.7	3.7	1.5	111
KC_{12}	石油焦(2300℃)	7.1	4.5	1.6	72
KC_{24}		5.7	3.7	1.5	120
沸石-5A		2.6~2.8	1.7	1.5~1.6	102

注:NTP 表示标准温度和压力(normal temperature and pressure)。

3.3.5 制备膨胀石墨材料

石墨层间化合物在高温迅速受热时,由于层间插入物受热气化产生的膨胀力可以克服层间结合的分子间力,可使石墨晶片沿 c 轴方向膨胀数十倍到数百倍。膨化后的石墨呈蠕虫状,在形态上具有大量独特的网络状微孔结构(见图 3-8),通常称为膨胀石墨(exfoliated graphite,EG)或石墨蠕虫(worm-like graphite)。

(a)

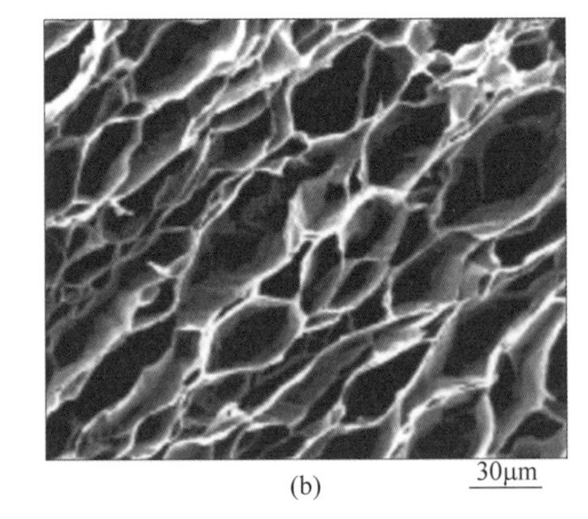

(b)

图 3-8 膨胀石墨的形貌

膨胀石墨是一种新型功能性碳材料，除了具备石墨的本征特性（高的化学稳定性，耐高低温，自润滑、耐腐蚀，导电、导热，安全无毒等）外，还具有天然石墨所没有的柔软性、压缩回弹性，吸附性、生态环境协调性、生物相容性、耐辐射性等特性。基于膨胀石墨较大的比表面积和较高的表面活性，不需要任何黏结剂，也不必再烧结，就可压缩成型，可广泛用于密封材料、油水吸附分离材料、灭火阻燃材料、高温隔热材料、保温材料和医用敷料等[8,22]。不足之处是强度低和易氧化。因此，在实际生产和生活中应用的通常是膨胀石墨的复合材料，如与有机硅高分子化合物复合，可在膨胀石墨材料表面形成致密的耐高温抗氧化保护膜；而和硅酸、硅酸盐、磷酸盐、硼酸、树脂等复合，则可提高膨胀石墨制品的强度；若将不锈钢板（带孔）或不锈钢丝网与充填的膨胀石墨压成制品，还可制成抗压强度要求较高的垫片。由膨胀石墨复合材料编织盘根，易于存放和使用，广泛用于高温、高压、耐腐蚀介质下的阀门、泵、反应釜的密封等，亦称万用密封盘根，是目前国际市场上的紧俏商品。

表3-7列出了用于制备膨胀石墨的几种插层剂。

表3-7　用于制备膨胀石墨的几种插层剂[22]

石墨层间化合物	工艺要点
$H_2SO_4+HNO_3$	工业生产工程；浓酸，生成 SO_x 和 NO_x
$FeCl_3$	可用水合 $FeCl_3$
Na-THF 或 K-THF	细小碱金属颗粒的分散；石墨化碳纤维的膨化
Co-THF	磁性；细小钴金属颗粒的分散
$LiClO_4$-聚碳酸酯(PC)	空气中，室温下自发膨化
$SbCl_5$	石墨化气相生长碳纤维膨化

3.3.6　其他方面的应用

石墨和石墨乳本身作为润滑剂具有多种用途，但在真空或还原性气氛中润滑性能会降低；而石墨层间化合物的性能却不因气氛的改变而变化。如氟化石墨作为润滑剂，在任何环境中其润滑性能都不降低，特别是在高温、高速和腐蚀性介质等苛刻条件下，润滑性能仍良好；而且氟化石墨对许多液体具有较大的接触角，难以浸润，故可作为脱膜剂、减磨涂层、防污剂、憎水剂和憎油剂等。

另外，石墨层间化合物具有功能性空间，还可用于海水淡化、离子交换等。

总之,石墨层间化合物是一种极具魅力的化合物,随着科学技术的发展和社会的需要,人们将会不断开发出石墨层间化合物的新功能。

3.4 制备

石墨层间化合物的制备方法主要有气相法、液相法、固相法和电化学法。

3.4.1 气相法

气相法是指插层剂以气态形式和石墨进行插层反应合成石墨层间化合物的方法[3,8,27,33]。气相法也称双室法,是一种制备石墨层间化合物的经典方法。

双室法制备石墨层间化合物,就是将基体石墨与插层剂分别置入双室反应器,抽真空后密封;控制两室温度,使基体石墨的温度(T_g)略高于插层剂的温度(T_i);以保证气相插层剂与石墨发生插层反应,生成石墨层间化合物;同时防止插层剂在石墨表面沉积,进而获得组成和阶结构都比较均匀的石墨层间化合物。

双室法石墨层间化合物的阶结构,可以通过调节插层剂的蒸气压进行控制,亦即调节双室反应器"基体石墨室"和"插层剂室"的温差就可控制合成产物石墨层间化合物的阶结构。显然,双室法是研究石墨层间化合物形成热力学及动力学的合适方法。图 3-9 是石墨层间化合物双室法合成原理图。

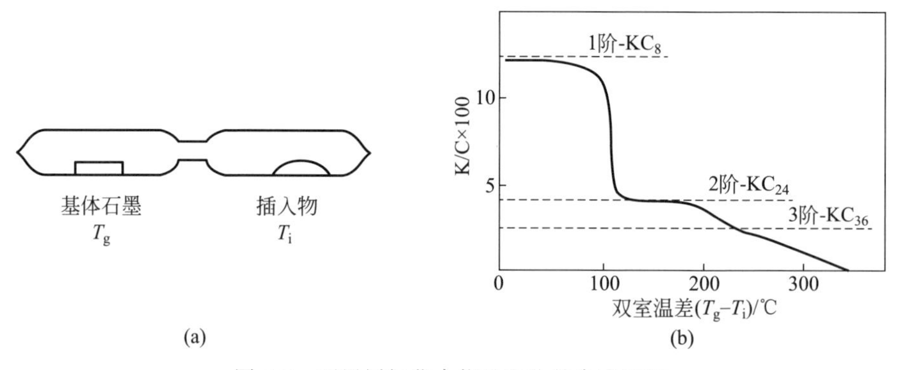

图 3-9 石墨层间化合物双室法的合成原理

(a) 双室反应器;(b) K 插层等温线[3]

双室法的优点是可以控制石墨层间化合物的阶指数和结构，反应结束后易将产物和反应物分离，主要用于碱、碱土、稀土金属类石墨层间化合物的合成，如 K-石墨层间化合物等的合成。缺点为反应装置复杂，难以进行大量的合成，反应时间长，反应温度高，还须在真空条件下操作。

值得一提的是：在采用双室法合成过渡族金属氯化物-石墨层间化合物时，须有共存 Cl_2[8,27]。这是由于过渡族金属氯化物的熔点通常较高，体系中有共存 Cl_2 可在一定程度上降低插层温度和缩短插层时间。例如，在合成 $CuCl_2$-石墨层间化合物时，由于 $CuCl_2$ 的熔点高达 498℃，饱和蒸气压较低，如果不额外通入 Cl_2，则需要相当高的反应温度和较长的反应时间[26]。

3.4.2　液相法

液相法即为石墨基体和液（或熔融）态插层剂直接接触进行插层反应合成石墨层间化合物。按插层剂进入石墨层间的方式，又可分为熔盐法、浸泡法和溶剂法。

1. 熔盐法

熔盐法亦称混合液相法，是将固相插层剂和基体石墨混合，在一定温度下，插层剂熔融与石墨发生插层反应，合成石墨层间化合物。例如，将天然鳞片石墨与无水 $FeCl_3$ 混合，在真空环境中，加热至 $FeCl_3$ 熔点（306℃）以上，即可获得 $FeCl_3$-石墨层间化合物[46]。基于大多数金属氯化物之间可形成低熔点熔融盐（共晶现象）的特性，通过熔盐法还可以合成多元石墨层间化合物，如 $FeCl_3$-$CuCl_2$-石墨三元层间化合物[26]、$FeCl_3$-$ZnCl_2$-石墨三元层间化合物[28]等。

与双室法相比，熔盐法具有设备简单，操作方便，反应温度较低，反应时间较短等特点，适合于大量合成石墨层间化合物，广泛用于碱及碱土金属类石墨层间化合物的合成。

（1）$FeCl_3$-石墨层间化合物的合成

康飞宇等[46-49]以天然石墨鳞片（纯度≥99%，粒度 −40～+50 目，相当于 300～425μm）为基体，无水 $FeCl_3$（化学纯）为插层剂，采用熔盐法合成 $FeCl_3$-石墨层间化合物，研究了插层温度、C/$FeCl_3$ 摩尔比和插层时间对合成产物阶结构的影响。结果表明：①插层温度是影响产物阶结构的主要因素。亦即，在插层温度 350℃以下，产物是低阶（1 阶和 2 阶）、高阶 $FeCl_3$-石墨层间化合物和石墨的混合物，其中低阶和高阶插层物含量均较少，主要为基体石墨，插层反应很不充分；提高插层温度至 400℃，产物主要为 1 阶 $FeCl_3$-石墨层间化合物，仍存有未插层的石墨；继续升高插层温度至 450℃，产物中出现 2 阶插层物，但仍以 1 阶 $FeCl_3$-石墨层间化合物为主，石墨含量很少；进一步提高插层温度至 500℃，产物则以 2 阶 $FeCl_3$-石墨层间化合物为主，1 阶插层物很少。②石墨/插层剂即 C/$FeCl_3$ 摩尔比对产物阶结构具有较大的影响。在插层温度为 500℃、插层时间为 2h 的条件下，C/$FeCl_3$ 摩尔比为 9 时，合成产物是以 2 阶为主的 $FeCl_3$-石墨层间化合物；但当增加 C/$FeCl_3$ 摩尔比为 11 时，合成产物却是纯 2 阶 $FeCl_3$-石墨层间化合物。③插层时间对石墨层间化合物阶结构的影响没有插层温度那么明显，但随着插层时间的增加，产物的结构仍有一定的变化。在插层温度为 500℃、C/$FeCl_3$ 摩尔比为 11、插层时间为 1h 时，合成产物是以 2 阶为主的 $FeCl_3$-石墨层间化合物，其中 1 阶结构与 2 阶结构的比为 0.122；而延长插层时间为 2h 后，合成产物则是纯 2 阶 $FeCl_3$-石墨层间化合物。④选择适宜的插层条件，尤其是选择适当的 C/$FeCl_3$ 摩尔比，可以合成出纯 1 阶、2 阶 $FeCl_3$-石墨层间化合物。在插层温度 450℃，插层时间 1h，C/$FeCl_3$ 摩尔比 5.44 的条件下，可合成纯 1 阶的 $FeCl_3$-石墨层间化合物；而在插层温度 500℃，插层时间 2h，C/$FeCl_3$ 摩尔比 11 的条件下，合成的 $FeCl_3$-石墨层间化合物为纯 2 阶。

(2) $FeCl_3$-$CuCl_2$-石墨三元层间化合物的合成

作者所在的课题组[27]以天然鳞片石墨(纯度≥99%，粒度为+50 目，相当于>300μm)为基体，无水 $FeCl_3$、无水 $CuCl_2$(均为化学纯)为插层剂，在真空度 0.133Pa、插层温度 350℃、插层时间 8h 的条件下，采用熔盐法进行 $FeCl_3$-$CuCl_2$-石墨三元层间化合物的合成，并研究了熔盐($FeCl_3$/$CuCl_2$)配比、石墨/插层剂配比，对合成产物阶结构及其化学组成的影响。

表 3-8 列出了不同原料配比合成 $FeCl_3$-$CuCl_2$-石墨三元层间化合物的阶结构与阶参数，相应的组成与其化学式列入表 3-9。

表 3-8 $FeCl_3$-$CuCl_2$-石墨三元层间化合物的原料配比和其阶结构与阶参数[26]

样品	原料配比(摩尔比)		阶结构	I_c/nm		d_s/nm		次阶/主阶
	$CuCl_2$/$FeCl_3$	石墨/氯化物		主阶	次阶	主阶	次阶	
1	1/9	3	Ⅱ+Ⅰ+G	1.2415(Ⅱ)	0.9252(Ⅰ)	0.9061	0.9052	0.99
2	3/7	3	Ⅱ	1.2390(Ⅱ)		0.9036		

续表

样品	原料配比（摩尔比）		阶结构	I_c/nm		d_s/nm		次阶/主阶
	$CuCl_2$/$FeCl_3$	石墨/氯化物		主阶	次阶	主阶	次阶	
3	5/5	3	Ⅱ+Ⅲ	1.2501(Ⅱ)	1.5762(Ⅲ)	0.9147	0.9054	0.35
4	7/3	3	Ⅳ+Ⅲ+Ⅱ	1.9150(Ⅳ)	1.5916(Ⅲ) 1.2715(Ⅱ)	0.9088	0.9208 0.9361	0.80 0.50
5	3/7	6	Ⅱ+Ⅲ	1.2439(Ⅱ)	1.5692(Ⅲ)	0.9085	0.8984	0.48

注：G表示石墨；I_c 为阶结构特征周期层间距；d_s 为插入夹层分子后石墨的层间距；"次阶/主阶"表示次阶 $00_n+1(n)$ 峰与主阶 $00'_n+1(n)$ 峰强度之比，n 为阶指数。

表 3-9　$FeCl_3$-$CuCl_2$-石墨三元层间化合物的组成及其化学式[26]

样品	$W_{插入物}$/$W_{石墨}$	插入物的元素组成/%			$FeCl_3$-$CuCl_2$-石墨三元层间化合物的化学式
		Cl	Fe	Cu	
1	0.964	76.09	22.45	1.46	$C_{14.6}\cdot(FeCl_3)_{0.94}(CuCl_2)_{0.06}\cdot Cl_{0.24}$
2	1.047	77.36	20.37	2.26	$C_{14.2}\cdot(FeCl_3)_{0.90}(CuCl_2)_{0.10}\cdot Cl_{0.52}$
3	1.047	75.04	22.77	2.19	$C_{13.0}\cdot(FeCl_3)_{0.91}(CuCl_2)_{0.09}\cdot Cl_{0.10}$
4	0.450	72.34	5.28	22.38	$C_{28.7}\cdot(FeCl_3)_{0.19}(CuCl_2)_{0.81}\cdot Cl_{0.43}$
5	0.820	72.94	15.79	11.27	$C_{15.7}\cdot(FeCl_3)_{0.58}(CuCl_2)_{0.42}\cdot Cl_{0.12}$

从表3-8和表3-9可以看出：在熔盐法合成 $FeCl_3$-$CuCl_2$-石墨三元层间化合物的过程中，插层剂（熔盐）$FeCl_3$/$CuCl_2$ 的配比、石墨/插层剂的配比均对合成石墨层间化合物的阶结构及化学组成有显著影响。产物中共存石墨量极少，也没有"双二元层间化合物"生成；$FeCl_3$、$CuCl_2$ 在石墨层间均匀分布，没有偏聚现象。在 $CuCl_2$/$FeCl_3$ 摩尔比为3/7、石墨/氯化物摩尔比为3、体系真空度0.133Pa、插层温度350℃、插层时间8h的条件下，可以合成纯2阶 $FeCl_3$-$CuCl_2$-石墨三元层间化合物，其化学式为 $C_{14.2}\cdot(FeCl_3)_{0.90}(CuCl_2)_{0.10}\cdot Cl_{0.52}$。

研究表明：在熔盐法合成多元石墨层间化合物的过程中，控制插层温度高于熔盐共晶温度110～180℃为宜[28]，过高的插层温度往往得不到较为满意的石墨层间化合物阶结构。多元熔盐的配比、石墨与插层剂（多元熔盐）的配比，应基于目标石墨层间化合物的要求进行拟定。从石墨层间化合物的形成进程分析，首先形成的是高阶，然后逐渐形成低阶，但单一阶结构的石墨层间化合物却比较困难[50]，还需在反应条件的选择方面做一定的工作。

2. 浸泡法

浸泡法，亦即化学氧化法，就是将基体石墨浸泡于液态插层剂或插层物与浓 H_2SO_4、浓 HNO_3 等强氧化剂的混合液中，合成石墨层间化合物。如：将石墨粉浸泡于浓 H_2SO_4 和浓 HNO_3 的混合液中，可生成 $[C_{24}]HSO_4^- \cdot 2H_2O$；在浓 H_2SO_4 与 H_2O_2 混合液中合成 H_2SO_4-石墨层间化合物[20,33]。

(1) 插层机理

依据 H_2SO_4-石墨层间化合物的插层反应方程式[51]：

$$nC + nH_2SO_4 + n/2[O] \longrightarrow [C \cdot HSO_4]_n + n/2H_2O \tag{3-10}$$

式中，n 一般取 4，6，24 或更大的数值。

H_2SO_4 插入石墨层间的过程主要包括：氧化、插入、阶结构转变。氧化的作用在于打开石墨层的边缘，以便于 H_2SO_4 插入层间；插入过程实际上是一个扩散过程；H_2SO_4 插入层间后，石墨的阶结构就要发生改变，这就是阶结构转变。当此转变完成后，插层反应也就结束了。按照热力学的观点，当插层反应的 Gibbs 自由能大于石墨被氧化所需要的活化能时，插层反应就能自发进行[20]。

(2) 氧化剂的选择

石墨的氧化是整个工艺中最重要的环节，因为只有石墨边缘被氧化，才能打开石墨层，使得插层剂能够顺利进入层间。

浸泡法通常选用浓硫酸作为插层剂，主要是考虑到其价格便宜、不易挥发、容易插层，产品性能稳定等优点。但浓硫酸的氧化性不足以提供插层反应的驱动力，必须加入其他的强氧化剂(如发烟硝酸、高氯酸、高锰酸钾、双氧水等)才能保证插层反应的顺利进行。

双氧水是过氧化氢水溶液，是一种液体氧化剂，与其他氧化剂相比，双氧水不仅可使插层反应过程比较温和，产物的结构比较均匀，同时反应过程对环境的污染也很小，加之双氧水的价格比较低廉，因此选用双氧水作为氧化剂比较适宜。

在实验中发现[31]，当双氧水中 H_2O_2 的质量分数为 50%左右时，插层反应能够顺利进行，获得的产物结构比较均匀；降低 H_2O_2 的质量分数为 30%，插层反应亦能自发进行，但继续降低 H_2O_2 的质量分数，氧化能力则会下降，甚至不能进行插层反应。反之，若 H_2O_2 的质量分数太高(如 60%

以上)，又易发生过氧化反应。为了保证插层反应的顺利进行，应控制双氧水的浓度为质量分数30%～60%。

(3) 硫酸/双氧水的配比

硫酸/双氧水的配比主要是影响插层反应的程度，当双氧水的量比较小时，混合液的氧化性比较弱，鳞片石墨的边缘不容易被打开，硫酸进入石墨层间的通道少，会影响最终插入量；而双氧水的量太大，虽然可打开石墨层间通道，但也降低了硫酸的浓度，会造成硫酸在层间的插入和扩散能力降低，同样会影响插入量。显然，要合成结构均匀的高品质 H_2SO_4-石墨层间化合物，须选择合适的硫酸/双氧水的配比。

研究表明[31]：以 H_2O_2 质量分数50%的双氧水为氧化剂，H_2SO_4 质量分数98%的浓硫酸为插层剂，在硫酸/双氧水体积比为20的条件下，可以合成较理想的 H_2SO_4-石墨层间化合物。

另外，在实验中还发现[31]：当 H_2SO_4 的质量分数为98%时，插层反应进行得比较充分；降低 H_2SO_4 的质量分数为93%后，虽然插层反应可以进行，但插入量较小；当 H_2SO_4 质量分数降低为85%时，插层反应将不再进行。因此，在浸泡法合成 H_2SO_4-石墨层间化合物时，通常采用 H_2SO_4 质量分数为98% 的浓硫酸为插层剂。

化学氧化法是工业化合成石墨层间化合物传统方法，具有反应速度很快，设备成本低，石墨膨胀的效果好的优点。缺点主要为反应速度太快，难以精确控制产物的结构组成[16]。

3. 溶剂法

溶剂法是将反应物溶解在溶剂中，然后与石墨接触，使其互相反应，合成石墨层间化合物的方法。常用溶剂有液氨和有机溶剂等。

(1) 液氨法

利用碱金属和碱土金属等易溶于液氨的特性，将碱金属和碱土金属溶于液氨中，再将石墨浸渍于其中，这时金属液氨溶液就会浸入石墨层间，生成如表3-10所示的金属-NH_3-石墨三元层间化合物[8,52]。

表3-10 碱金属-NH_3-石墨三元层间化合物[52]

层间化合物组成	金属(M)
$M(NH_3)_2C_{12}$	Li,Na,K,Rb,Cs,Ca,Sr,Ba
$M(NH_3)_{2\sim4}C_{28}$	Li,Na,K,Ca,Sr,Ba,Eu

续表

层间化合物组成	金属(M)
$M(NH_3)C_6$ $M(NH_3)_3C_{24}$	Be Eu
$M(NH_3)C_8$ $M(NH_3)_{2\sim3}C_{32}$ $M(NH_3)_{2\sim3}C_{18}$	Al Eu,Mg La,Ce,Sm,Gd,Tb Dy,Ho,Er,Tm

(2) 有机溶剂法

将碱金属在适宜的条件下溶于有机溶剂中,再把石墨浸渍于其中,则可生成如表 3-11 所列金属-有机溶剂-石墨三元层间化合物[3,8,52-57]。

表 3-11 碱金属-有机溶剂-石墨三元层间化合物[52]

碱金属	有机溶剂	三元层间化合物
Li,Na,K	萘+THF①	$LiC_{20}(THF)_{22}$,$NaC_{32}(THF)_{34}$,$KC_{24}(THF)_{14}$
Na,K	苄腈+THF	$NaC_{64}(THF)_3$,$Na_3C_{128}(THF)_3$,$K_3C_{150}(THF)_2$
Na,K	二苯甲酮+THF	$NaC_{64}(THF)$,$K_3C_{75}(THF)$
Na,K	二苯甲酮+DME②	$NaC_{32}(DME)$,$KC_{32}(THF)$
Li	$CH_3NH_2$③	$LiC_{12}(CH_3NH_2)_2$
Li	$C_2H_4(NH_2)_2$④	$LiC_{28}(C_2H_4(NH)_2)$
Li,Na	HMPA⑤	$LiC_{32}(HMPA)$,$NaCl_{27}(HMPA)$
K	DMSO⑥	$KC_{24}(DMSO)_3$,$KC_{48}(DMSO)_3$

注:①四氢呋喃;②二甲氧基乙烷;③一甲胺;④二甲基肼;⑤六甲基磷酰胺;⑥二甲基亚砜。

需要说明的是:①溶液法合成三元碱金属-四氢呋喃-石墨层间化合物时,在体系中往往加入萘、苄腈等稠环芳香化合物。这是由于碱金属不溶于四氢呋喃,块状的碱金属难与片状的石墨充分接触反应;而萘、苄腈等稠环芳烃在四氢呋喃中,却有较高的电子亲和势,可夺取碱金属上的电子,使得碱金属离子与四氢呋喃络合,并与稠环芳烃阴离子自由基配对形成络合物溶液。由于石墨的电子亲和势为 4.39eV,比萘等稠环芳香化合物高,能从碱金属-THF-萘络合物中夺取碱金属上的电子,把萘置换出来,从而使溶剂化后的碱金属离子插入石墨层间[56-57]。②1 阶三元 K-THF-石墨层间化合物的稳定性较差,在空气中放置、用溶剂洗涤或加热处理时,K、THF 都容易从层间脱嵌，阶结构由1阶向高阶变化，同时部分层间距完全恢复到原始石墨的大小[56]。

溶剂法的特点是装置简单，操作方便，适于大量合成石墨层间化合物，缺点为阶结构不易控制，生成物不易分离。采用这种方法虽然可以合成石墨层间化合物的范围有限，但能制备出没有残留酸根的高纯膨胀石墨[8,58]。

3.4.3 固相法

固相法，又称加压法，就是把基体石墨粉和插层剂金属粉末按一定比例均匀混合后，在一定温度和压力下，靠金属粉在石墨中的扩散合成石墨层间化合物[8,33,59-62]。如将Li粉与石墨粉分别按摩尔比1∶6、1∶12、1∶18、1∶27混合均匀，在一定的温度和10～20MPa的压力下，可以合成1～4阶的Li-石墨层间化合物[33,59-60]。又如在一定的温度和压力下，可将稀土金属钐(Sm)、铕(Eu)、铥(Tm)、镱(Yb)等插入石墨层间[61-62]。

固相法类似于粉末冶金法，只适应于低熔点金属，装置较为复杂，且有些金属制粉困难[8,33]。

值得一提的是：在固相法合成金属-石墨层间化合物的过程中，只有在金属的蒸气压超过某一阈值时，插层反应才能进行。由于温度过高，易引发金属与石墨生成碳化物的负反应，所以插层温度必须调控在一定范围内。表3-12列出了部分稀土金属蒸气压达到一定阈值时所需的温度，可以看出，稀土金属的插层温度都很高，必须通过加压降低其插层反应温度。

表3-12 稀土金属蒸气压达到一定阈值时所需的温度(℃)[21,63]

p/Pa	La	Ce	Pr	Nd	Sm	Eu	Gd	Tb	Dy	Ho	Er	Tm	Yb	Lu
1.33×10^{-5}	1823	1673	1473	1353	957	865	1533	1493	1227	1254	1333	1048	776	1603
1.33×10^{-2}	2143	1973	1763	1613	1120	1011	1833	1783	1443	1493	1583	1225	899	1863

3.4.4 电化学法

电化学法是以石墨为电极，按照恒定电流或循环伏安电解法，电解含有插层剂的电解液，合成石墨层间化合物。插层剂可以是$BiCl_3$、$FeCl_3$、$ZnCl_2$等氯化物，也可以是HNO_3、H_2SO_4等无机酸及CF_3COOH、CH_3NH_2等有机物、卤化物和卤素。

作者所在课题组采用粒径0.30mm的高碳鳞片石墨为阳极，分别以$FeCl_3$水溶液、$ZnCl_2$水溶液和“$FeCl_3+ZnCl_2$”水溶液为电解液，通过电化学法，分别合成了3～7阶$FeCl_3$-石墨层间化合物、2～6阶$ZnCl_2$-石墨层间化合物和4阶三元$FeCl_3$-$ZnCl_2$-石墨层间化合物[3,8,20,29]。其中石墨层间化合物的阶数可以通过电解电量进行控制。将该研究成果应用于可膨胀石墨的生产，提高了产品质量，降低了环境污染和生产成本[8,33]，产品达到美国联合碳化物公司可膨胀石墨产品的A级标准，许多指标还优于该标准[33]，这一成果就是荣获了1993年国家技术发明三等奖的“阳极氧化法制造可膨胀石墨技术”。

3.4.5 其他方法

石墨层间化合物的合成方法除气相法、液相法、固相法和电化学法外，还有几种不常用的方法，如催化剂法、爆炸法、光化学法等。

① 催化剂法，如将碱金属(M：K,Rb,Cs)和钴络盐($Co(C_2H_4)(PCH_3)_3$)在戊烷中搅拌，使之分散后，再与石墨混合，就可在室温下生成碱金属-石墨层间化合物(MC_8)。亦即，在戊烷中碱金属与钴络盐接触，形成$M[Co(C_2H_4)(PCH_3)_3]_2$，而其与石墨接触后，碱金属插入石墨层间，$Co(C_2H_4)(PCH_3)_3$复原[8,52]。

② 爆炸法，利用金刚石合成技术，合成Na-石墨层间化合物[21]。

③ 光化学法，采用紫外光照射反应物，促进氯化物-石墨层间化合物的形成[21]。

表3-13列出了几种合成石墨层间化合物的主要方法的优缺点，在实际应用中应依据目标产品的需要选择适宜的方法。

表3-13 合成石墨层间化合物方法的对比[33]

合成方法	气相法	液相法	固相法	电化学法
优点	阶指数可控制；产物组成及结构均匀，且为较低阶化合物	反应速度快，插层温度低，易于批量生产	阶指数可控制，电解液可循环使用，对环境污染轻	插层在压力下进行，适于低熔点类金属-石墨层间化合物合成
缺点	插层温度高，反应速度慢，插层时间长	产物组成难于控制，需分离反应剩余物	与液相法类似	难得到组成与结构均匀的石墨层间化合物，且金属粉末制备困难

参考文献

[1] 稻垣道夫，前田康久.《新型碳材料入门》第八讲—石墨层间化合物[J]. 立早，译. 新型碳材料，1987，2(4)：52-61.

[2] 康飞宇. 石墨层间化合物和膨胀石墨[J]. 新型碳材料，2000，15(4)：80.

[3] Michio Inagaki，Feiyu Kang. Carbon Materials Science and Engineering—From Fundamentals to Applications[M]. Beijing：Tsinghua University Press，2006.

[4] Dresselhaust M S，Kresselhals G. Intercalation compounds of graphite[J]. Advances in Physics，1981，30(2)：139-326.

[5] 沈万慈，祝力，侯涛，刘英杰. 石墨层间化合物(GICs)材料的研究动向与展望[J]. 炭素技术，1993(5)：22-28.

[6] 沈万慈，祝力，侯涛，刘英杰. 石墨层间化合物(GICs)材料的研究动向与展望(续)[J]. 炭素技术，1993(6)：26-32.

[7] 张艳. 石墨插层化合物的可控合成及表征[D]. 太原：太原理工大学，2009.

[8] 康飞宇. 石墨层间化合物的研究与应用前景[J]. 新型碳材料，1991，6(3-4)：89-97.

[9] 日本炭素材料学会. 新・炭材料入门[M]. 中国金属学会炭素材料专业委员会，编译. 吉林，1999.

[10] 康飞宇. 关于GIC研究的几点见解[J]. 炭素技术，2000(4)：17-20.

[11] 孟宪光. 氟化石墨及其合成[J]. 炭素，1997(2)：29-32.

[12] Boukhvalov D W，Katsnelson M I. Modeling of graphite oxide[J]. Journal of the American Chemical Society，2008，130：10697-10701.

[13] Stankovich S，Dikin D A，Dommett G H B，Kohlhaas K M，Zimney E J，Stach E A，Piner R D，Nguyen SonBinh T，Ruoff R S. Graphene-based composite materials[J]. Nature，2006，442：282-286.

[14] Dreyer D R，Park S，Bielawski C W，Ruoff R S. The chemistry of graphene oxide[J]. Chemical Society Reviews，2010，39：228-240.

[15] Hummers W S，Offeman R E. Preparation of graphitic oxide[J]. Journal of the American Chemical Society，1958，80：1339.

[16] 杨东兴，康飞宇. 一种纳米复合材料——石墨层间化合物的结构与合成[J]. 清华大学学报(自然科学版)，2001，41(10)：9-12.

[17] Clarke R，Uher C. High pressure properties of graphite and its intercalation compounds[J]. Advances in Physics，1984，33(5)：469-566.

[18] 张瑞军，刘建华，沈万慈. 石墨层间化合物阶结构的标定方法[J]. 炭素. 1998(2)：5-9.

[19] 李树棠. 金属X射线衍射与电子显微分析技术[M]. 北京：冶金工业出版社，1980.

[20] Kang F Y, Leng Y, Zhang T Y, Li B S. Electrochemical synthesis and characterization of ferric chloride-graphite intercalation compounds in aqueous solution[J]. Carbon, 1998, 36(4): 383-390.

[21] 卢锦花，李贺军. 石墨层间化合物的制备、结构与应用[J]. 炭素技术，2003(1): 21-26.

[22] Inagaki M. Applications of graphite intercalation compounds[J]. Journal of Materials Research, 1989, 4(6): 1560-1568.

[23] 康飞宇，祝力，沈万慈. 影响石墨层间化合物导电性与稳定性的结构因素[J]. 炭素技术，1991(4): 8-12.

[24] Vogel F L. Some potential applications for intercalation compounds of graphite with high electrical conductivity[J]. Synthetic Metals, 1980, 1(3): 279-286.

[25] 稻垣道夫. 石墨层间化合物[J]. 汪立，译. 新型碳材料，1990, 5(2): 16-19.

[26] 康飞宇，周洲，刘秀瀛. 用熔盐法合成 $FeCl_3$-$CuCl_2$ 三元石墨层间化合物[J]. 炭素，1991(3): 11-17.

[27] 康飞宇，周洲，刘秀瀛. 用熔盐法合成 $FeCl_3$-$CuCl_2$ 三元石墨层间化合物的稳定性[J]. 炭素，1992(1): 6-12.

[28] 左明金，康飞宇，沈万慈. 用熔盐法合成 $FeCl_3$-$ZnCl_2$ 三元石墨层间化合物[J]. 炭素技术，1992(3): 12-16.

[29] 沈万慈，祝力，康飞宇，刘英杰，刘秀瀛. 电化学法合成的 $FeCl_3$-$ZnCl_2$ 三元石墨层间化合物插入层畴结构的研究[J]. 炭素技术，1994(2): 10-12.

[30] Kang F Y, Leng Y, Zhang T Y. Electrochemical synthesis of graphite intercalation compounds in $ZnCl_2$ aqueous solutions[J]. Carbon, 1996, 34(7): 889-894.

[31] 杨东兴，康飞宇，郑永平. 用 H_2O_2-H_2SO_4 合成低硫 GIC 的研究[J]. 炭素技术，2000(2): 6-10.

[32] Ren Hui, Kang Fei-yu, Jiao Qing-jie, Shen Wan-ci. Synthesis of a metal chloride-graphite intercalation compound by a molten salt method[J]. New Carbon Materials, 2009, 24(1): 18-22.

[33] 田金星，丁荣芝. 石墨层间化合物的开发与应用前景[J]. 国外金属矿选矿，1994(1): 20-26.

[34] 吴锋. 绿色二次电池材料的研究进展[J]. 中国材料进展，2009, 28(7-8): 41-49.

[35] Endo M, Yamagishi Y, Inagaki M. Thermocell with graphite fiber-bromine intercalation compounds[J]. Synthetic Metals, 1983, 7(3-4): 203-209.

[36] 稻垣道夫. 黒鉛層間化合物の利用[J]. 表面，1982, 20(3): 130-143.

[37] 魏环，宋庆功. 石墨插层化合物的结构与特性[J]. 河北理工学院学报，1999, 21(4): 67-72.

[38] 王建英，胡永琪，张向京，赵瑞红. 石墨层间化合物(GIC)的合成技术及其在催化反应中的应用[J]. 河北化工，2004(2): 8-10.

[39] 金为群，张华蓉，权新军，尹伟，崔晓辉. 石墨插层复合材料制备及应用现状[J]. 中国非金属矿工业导刊，2005(4)：8-12.
[40] Setton R，Beguin F，Piroelle S. Graphite intercalation compounds as reagents in organic synthesis. An overview and some recent applications[J]. Synthetic Metals，1982，4(4)：299-318.
[41] Volta J C. Intercalation compounds as precursors for oriented catalysts[J]. Synthetic Metals，1982，4(4)：319-330.
[42] Vol'pin M E，Novikov Yu N，Kopylov V M，Khananashvili L m，Kakuliya Ts B. Lamellar compounds of graphite with alkali metals as catalysts for polymerization of organocyclosiloxanes[J]. Synthetic Metals，1982，4(4)：331-343.
[43] Huang Yu-qing，Qiu Xin-ping，Zhu Wen-tao. Preparation of supported Pt from intercalation compounds[J]. New Carbon Materials，2001，16(1)：10-14.
[44] 张英群，刘娟，王春，刘卉闵. 硫酸-石墨层间化合物催化合成丙酸戊酯的研究[J]. 北京联合大学学报，2001，15(3)：54-56.
[45] 曹宏，王胜军，黎安金，薛俊，陈理强. $FeCl_3$-$NiCl_2$ 石墨层间化合物光催化性能初探[J]. 中国非金属矿工业导刊，2011(2)：35-38.
[46] 刘秀瀛，周洲，康飞宇. 一种合成 $FeCl_3$-GIC 的新方法[J]. 炭素技术，1990(5)：7-11.
[47] 周洲，刘秀瀛，康飞宇. 用混合液相法合成的 $FeCl_3$-GIC 稳定性[J]. 炭素技术，1990(6)：7-10.
[48] 肖谷雨，刘洪波，苏玉长，张红波. 混合法制备 $FeCl_3$-石墨层间化合物的初步研究[J]. 新型碳材料，1999，14(1)：37-41.
[49] 肖谷雨，刘洪波，苏玉长，张红波. 混合法合成二阶氯化铁-石墨层间化合物的研究[J]. 湖南大学学报(自然科学版)，2000，27(3)：19-23.
[50] 任慧，焦清介，沈万慈，崔庆忠. $FeCl_3$-$CuCl_2$-石墨层间化合物工艺参数研究[J]. 材料科学与工程学报，2004，22(6)：783-786.
[51] 王军民，薛芳渝，刘芸. 物理化学[M]. 北京：清华大学出版社，1994.
[52] 高桥洋一，阿久沢昇. 石墨层间化合物的合成技术[J]. 莫孝文，译. 炭素技术，1984(2)：5-11.
[53] Inagaki M，Tanaike O. Host effect on the formation of sodium-tetrahydrofuran-graphite intercalation compound[J]. Synthetic Metals，1995，73：77-81.
[54] Tanaike O，Inagaki M. Ternary intercalation compounds of carbon materials having low graphitization degree with alkali metals[J]. Carbon，1997，35(6)：831-836.
[55] Mizutani Y，Abe T，Ikeda K，Ihara E，Asano M，Harada T，Inaba M，Ogumi Z. Graphite intercalation compounds prepared in solution of alkali metals in 2-methyletra hydrofuran and 2,5-dimethyltetrahydro-furan[J]. Carbon，1997，35(1)：61-65.

[56] 肖敏，刘静静，李斌贝，龚克成. 三元型钾-四氢呋喃-GIC的制备及稳定性研究[J]. 新型碳材料，2003，18(1)：53-59.
[57] Beguin F，Setton R，Beguin F，Setton R，Hamwi A，Touzain P. The reversible intercalation of tetrahydrofuran in some graphite-alkali metal lamellar compounds [J]. Materials Science and Engineering，1979，40(2)：167-173.
[58] 马烽，杨晓勇，陈明辉. 微波膨化钾-四氢呋喃-石墨层间化合物制备膨胀石墨[J]. 化工进展，2010，29(9)：1715-1718.
[59] Guerard D，Herold A. Intercalation of lithium into graphite and other carbons [J]. Carbon，1975，13(4)：337-345.
[60] 郭丽华. 石墨层间化合物的结构及合成技术[J]. 哈尔滨师范大学学报，2005，21(3)：68-72.
[61] Makrini M E，Guérard D，Lagrange P，Hérold A. Insertion de lanthanoides dansle graphite[J]. Carbon，1980，18(3)：203-209.
[62] 邢玉梅，田军，邵鑫，王丽娟. 稀土-石墨层间化合物的合成和应用前景[J]. 稀土，2000，21(6)：52-57.
[63] 中山大学金属系. 稀土物理化学常数[M]. 北京：冶金工业出版社，1978.

第4章 膨胀石墨与柔性石墨

膨胀石墨(exfoliated graphite,EG)是天然鳞片石墨经过加工而制得的一种疏松多孔的蠕虫状新型全碳素材料，又称石墨蠕虫(worm-like graphite)[1-3]，拥有独特的网络型微孔结构、较大的比表面积和较多的活性点，质地柔软，易延伸，不需要任何黏结剂，就可压制成结构致密的箔(纸)或板，这种箔或板就是柔性石墨(flexible graphite,FG)[4]。亦即，膨胀石墨和柔性石墨二者均为石墨的衍生物，兼具石墨的本征特性：高的化学稳定性，耐高、低温，自润滑、耐腐蚀，导电、导热，安全无毒等。由于二者结构的差异，各自又拥有独特的优异性质和不同的应用领域。比如，膨胀石墨除作为柔性石墨的母体外，还是一种极有发展潜力的新型环境材料，广泛用于环境替代、环境修复等领域[5]；而柔性石墨则是一种称之为"密封之王"的新型密封材料，广泛用于高温、高压、耐腐蚀介质下的阀门、泵、反应釜的密封等[4,6]。近来，用柔性石墨制备双极板已见报道，用这种材料制备的燃料电池双极板，除了保持石墨的导电、导热和耐腐蚀性能外，制备工艺也较简单，是降低双极板成本的上佳材料[7]。

4.1 发展简史

自1859年Brodie[8]完善酸化石墨的工艺，到工程上应用，膨胀石墨材料走过了百余年的漫长岁月。1963年美国联合碳化物公司(UCC)首次研制出一种膨胀石墨密封材料，并于1968年在工业上试用成功，1970年以"Grafoil"的商品名投入市场[9-11]。从此，众多国家就相继展开了膨胀石墨的研究和开发。

我国于1978年开始研制膨胀石墨及其制品[11-12]，发展速度很快。如，湖南大学于1988年在国内首次研制成功一条柔性石墨生产线，包括氧化酸液浸泡法插层工艺设备、分选系统、膨胀炉和辊压机等。利用这条生产线可以生产成卷的柔性石墨纸和大张的石墨板[13]。1992年，清华大学(作者的课题组)和河北南宫市华凤联碳试验厂合作开发成功"阳极氧化法制造可膨胀石墨新技术和新产品”项目，申请了发明专利[14-16]，通过国家教委和河北省科委联合组织的该项新技术和新产品的鉴定[17]，在南宫市建成了国内第一条 700t/a 生产线，产品质量指标达到国际标准，并荣获了 1993 年国家技术发明三等奖。

4.2 制备工艺

石墨晶体具有由碳元素组成的六角网平面层状结构，层平面上的碳原子以强有力的共价键结合，而层与层间以范德华力结合，结合非常弱，而且层间距离较大。在适当的条件下，酸、碱金属、盐类等多种化学物质可插入石墨层间，并与碳原子结合形成新的化学相——石墨层间化合物（详见第 3 章）。这种层间化合物加热到适当温度时，可瞬间迅速分解，产生大量气体，进而形成强大推力，增大石墨层与层之间的距离，使得石墨碳层沿 c 轴方向膨化形成蠕虫状的新物质——膨胀石墨，亦称“石墨蠕虫”。这种未膨胀的石墨层间化合物，通常称为“可膨胀石墨”。

目前，膨胀石墨与柔性石墨的制备工艺均基于“石墨插层→可膨胀石墨→膨化→膨胀石墨→压延→柔性石墨”的基本原理。其中，柔性石墨是膨胀石墨压延产品，而可膨胀石墨的制备则是整体工艺的关键环节。

4.2.1 可膨胀石墨的制备

根据不同插层剂引入方法的差异，可膨胀石墨的制备主要包括化学氧化法、电化学法，微波法、爆炸法和气相挥发法等[18-22]。其中，化学氧化法和电化学法是常用的方法，均已工业化。

1. 化学氧化法

化学氧化法（简称化学法）是天然鳞片石墨在氧化剂的作用下，进行有机或无机酸的插层反应，得到可膨胀石墨（石墨层间化合物）；然后对可膨胀石墨加热膨化，获得膨胀石墨。该方法工艺简便，容易控制，易于规模化，因此，化学氧化法是工业生产可膨胀石墨应用最多和最成熟的方法。

由于石墨是一种非极性材料，单独采用极性小的有机或无机酸很难进行插层，但在强氧化剂的作用下，可首先在石墨表面和石墨层边缘形成含氧官能团，进而打开石墨层，使得插层剂进入（插入）石墨层间[21]，获得可膨胀石墨。显然，在化学氧化法制备可膨胀石墨的工艺中必须使用氧化剂和插层剂。

氧化剂一般分为固体氧化剂和液体氧化剂。其中，固体氧化剂主要有高氯酸钾($KClO_4$)、高锰酸钾($KMnO_4$)、重铬酸钾(K_2CrO_7)、焦硫酸铵($(NH_4)_2S_2O_7$)等,液体氧化剂通常用硝酸(HNO_3)、硫酸(H_2SO_4)、高氯酸($HClO_4$)、双氧水(H_2O_2)等[21-26]。固体氧化剂一般反应剧烈,有危险性,价格高,产品灰分大,且污染环境。液体氧化剂 HNO_3、H_2SO_4 等操作环境要求高,易污染水体;而 H_2O_2 却因其反应温和、对环境污染小,在可膨胀石墨的制备中得到广泛应用[25]。

制备可膨胀石墨常用的氧化剂和插层剂汇总于表 4-1。

表 4-1　石墨插层常用的氧化剂和插层剂[22]

氧化剂		插层剂	
固体	液体	固体	液体
高氯酸钾($KClO_4$)	硝酸(HNO_3)	硝酸铵(NH_4NO_3)	硫酸(H_2SO_4)
高锰酸钾($KMnO_4$)	硫酸(H_2SO_4)	高氯酸铵(NH_4ClO_4)	四氯化钛($TiCl_4$)
重铬酸钾(K_2CrO_7)	高氯酸($HClO_4$)	三氯化铁($FeCl_3$)	乙酸(CH_3COOH)
硝酸钠($NaNO_3$)	双氧水(H_2O_2)	三氯化铝($AlCl_3$)	高氯酸($HClO_4$)
氯酸钠($NaClO_3$)		三氧化铬(CrO_3)	磷酸(H_3PO_4)
焦硫酸钠($(NH_4)_2S_2O_7$)		硼酸(H_3BO_3)	乙酸酐($C_4H_6O_3$)
		2-丙基-1-庚醇($C_{10}H_{22}O$)	甲酸($HCOOH$)

实用示例一[27]]:采用 32 目(即 560μm)鳞片石墨做原料,经 98%的浓硫酸插层后,水洗、烘干,在 1000℃高温膨化,可获得膨化容积为 220～250mL/g 的典型膨胀石墨蠕虫。

实用示例二[28]:以 50 目(即 300μm)高碳鳞片石墨为原料,浓硫酸与浓硝酸质量比为 2∶1 的混合酸为插层剂,高锰酸钾(化学纯)为氧化剂,混合酸与石墨质量比为 3∶1,高锰酸钾与石墨质量比为 8%,在 25℃-0.5h 插层条件下制得可膨胀石墨,经 1000℃高温膨化,获得膨胀石墨的膨化容积为 375mL/g。

2. 电化学氧化法

电化学氧化法(简称电化学法)是利用石墨所具有的导电性,使原料石墨在阳极电流作用下发生层间氧化,以致酸根离子等插入石墨层间,制得可膨胀石墨[14-16]。亦即将石墨悬浮在电解液中,在电解液中插入阳极板和阴极板,通入直流电;在阳极电流的作用下,处于阳极区悬浮于电解液中的石墨层被逐渐氧化,石墨片层上碳原子失去电子变成带有正电荷的平面大分子，在同性电荷相排斥的作用下，石墨碳层间距逐渐加大。同时，在外加电场的作用下，酸根离子或其他极性插入剂离子不断向石墨阳极周围集中，在浓差推动力和静电引力的作用下浸入石墨层间并在层间扩散，形成石墨层间化合物[18-19,29]，而后经过水洗、抽滤、干燥，获得可膨胀石墨。

同化学氧化法相比，电化学氧化法合成设备较简单，可不用或少用氧化剂，酸液可回收多次利用，环境污染小、成本低；可通过调节电流强度控制产物的插层效果，使插层物在石墨片层间的分布均匀，产物的可膨胀性更稳定。

可膨胀石墨的电化学法制备工艺通常依据电解液的种类分为：无机酸法、有机酸法、混酸法、硫酸-氧化剂法、铵盐法等；也可按电流的施加方式，分为普通直流法、脉冲直流法、定时换向直流法；此外，还有电解-气体搅拌法、电解-超声振动法等。

作者所在课题组依据电化学氧化插层原理设计了一种电化学法可膨胀石墨制备装置[14-15]，如图 4-1 所示，它包括电化学反应槽，槽中装有电解液和电极（阳极和阴极）；靠阳极一侧装有可渗透板制成的框架，框中装有待插层的原料鳞片石墨。反应槽中的各极板相互平行，极板间距（阴极板和阳极板之间的距离）与极板短边的线性尺寸之比小于 0.35。其中，电化学反应槽和可渗透隔离框两端开口，一端用于推入待插层的石墨，另一端用于推出

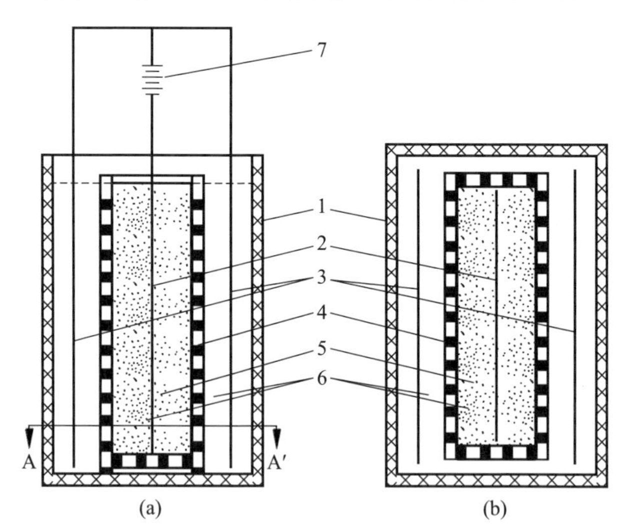

图 4-1 电化学氧化插层装置[15]

(a) 正剖视图；(b) AA′剖视图

1—电化学反应槽；2—阳极板；3—阴极板；4—可渗透隔离板框架；5—石墨；6—电解液；7—直流电

插层后的石墨（石墨层间化合物），实现连续生产。

该装置特点：极间距（阴阳极板间距）较小，电极板面积较大，只通直流电就可在两极板间形成较大范围的均匀电化学场，使得所有“待插层石墨粒子”具有等同的氧化插层反应条件，相同的反应速度。不仅简化了工艺，如，可以省去搅拌、加压等改善“石墨粒子氧化插层反应均匀化”的外力场，而且还能获得品质优良、性能均匀的可膨胀石墨。电化学法制备的可膨胀石墨挥发分低，膨胀倍率高，膨化后残余硫分低。

实用示例一[14]：以粒度 300μm 的天然鳞片石墨（纯度>99%）为原料，质量分数 97%的硫酸为电解液。采用这一电化学法可膨胀石墨制备装置，极板（阳极与阴极）均为尺寸 50cm×40cm 的不锈钢板材，极板间距为 7.5cm；渗透隔板由塑料带编制。将 5kg 天然石墨装入可渗透隔板框中，置框子于电化学反应槽中，插入极板，通电，控制电流密度 15mA/cm^2。本实例中，在电压 3.5V、电流 60A 条件下，电解（电化学插层反应）3h，耗电量（电量密度）45(A·h)/kg，反应完毕，从框中取出石墨产物，水洗，干燥，获得可膨胀石墨成品。该成品的硫含量<2.5%（质量分数），挥发分<12%（质量分数），950℃的膨胀体积为 210mL/g。放置 3 个月后，膨胀容积降低率<15%。制备的 1000mm×0.38mm 的成卷柔性石墨纸，在密度为 1.01g/cm^3 时，拉伸强度达 5.0MPa，硫含量<1×10^{-3}。

实用示例二[15]：采用这一电化学法制备可膨胀石墨，选用 25cm×20cm 的不锈钢板做极板，极板间距为 5cm；原料石墨和电解液同上述示例一。将 1kg 天然石墨装入可渗透隔板框中，然后将框子置于电化学反应槽中，插入极板，通 500Hz 的脉冲电流，峰值电流密度为 35mA/cm^2，占空系数为 30%，电解 2h，耗电量 30(A·h)/kg。反应完毕，从框中取出石墨产物，水洗，干燥，获得可膨胀石墨成品。该成品的硫含量 S<2.0%（质量分数），挥发分<10%（质量分数），950℃的膨胀体积为 200mL/g。与使用直流电源相比，利用脉冲电流，达到与上述同样的膨胀体积，可省电约 30%，即用直流电源的耗电量为 40(A·h)/kg。

研究发现，使用脉冲电源比普通直流电源具有更高的插层效率。

4.2.2　膨化与压延工艺

1. 膨化工艺

膨化工艺是制备膨胀石墨的最后工序，是使可膨胀石墨在高温下实现层间化合物的分解，形成膨胀石墨的过程。膨化技术的关键在于膨化温度，目前使用的温度通常为600～1500℃，具体依据插入物的热分解性能而定。在该温度范围内，可膨胀石墨的膨胀倍数随温度的增加而增大，相应的膨化时间随温度的增加而减少；同时，提高膨化温度有利于降低硫含量。但膨化温度过高会造成膨胀石墨的高温氧化，而且耗能高，对设备的要求也高。

膨化装置按结构有立式炉、卧式炉和混合式炉三种；按工艺有间歇式和连续式两种。连续混合炉的生产效率高，耗能小，产品质量易控制。

按照膨化炉的加热方式可将膨化工艺分为：传统高温膨化法和微波膨化法。与传统高温膨化法比较，微波膨化法可使物料内外同时受热，不需要热传导的过程，升温极快，大大缩短了加热时间[30]。此外，微波法开停方便，具有高效和节能的优点。通过控制微波加热的功率、时间等参数，利用微波膨化瞬时作用使物料内外同时受热，简化并改善了石墨膨化效果以及膨化工艺的可控性。

2. 成型工艺

膨化石墨的成型工艺主要采用模压成型与压延成型。由于膨化后的蠕虫状石墨(膨胀石墨)大大增加了比表面积，在压制中不需要添加任何黏结剂就能成型。

(1) 模压成型

模压成型即直接成型，是将膨胀石墨蠕虫粒子装填于模具中，直接压制成型即可获得各种柔性石墨元件。在压制过程中，通过模具的作用，向特定方向施加一个压力，膨胀石墨蠕虫颗粒在压力的作用下转向垂直于压力作用的方向，从而得到在特定平面内形成具有定向排列结构的材料，如图4-2

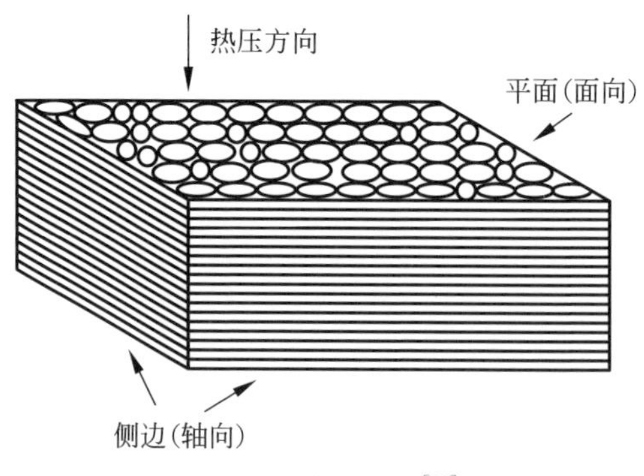

图4-2 模压成型[31]

所示。模压成型的缺点在于基体颗粒相互作用增大转向阻力，使得转向不够彻底，定向排列程度很难做到很高。

(2) 压延成型

压延成型是采用连续辊轧装置将膨胀石墨蠕虫压制成各种柔性石墨板材、片材、带材、波纹带、润滑带等柔性石墨材料，再进一步按需要加工成各种柔性石墨元件。亦即，将膨胀石墨蠕虫颗粒通过轧机，在轧辊垂直方向压力和水平方向的剪切力的协同作用下，使得具有各向异性形状的膨胀石墨蠕虫颗粒沿水平方向排列，如图 4-3 所示。压延成型的不足之处是对原料的工艺性要求高，并容易出现粘辊等问题。

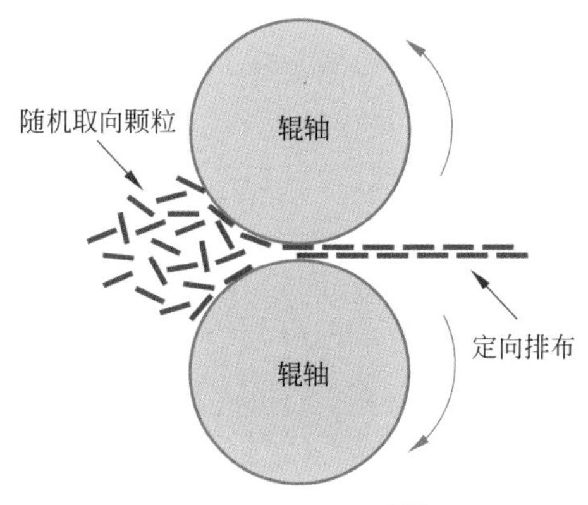

图 4-3　压延成型[31]

早在“八五”期间，作者所在课题组[32]就采用压延成型工艺完成了国家攻关项目“高强柔性石墨、缓蚀柔性石墨、超低硫柔性石墨及高温柔性石墨注射式填料栓”和四种新材料、新产品的开发，并建成了国内第一条计算机控制且幅宽为 1m 的柔性石墨板带材生产线。

4.3　增强技术

柔性石墨作为一种新型密封材料，具有较好的回弹性、自润滑性以及耐高温性能，已被广泛地应用在工农业生产的各个部门。但因柔性石墨制品是在机械压力作用下，依靠蠕虫状石墨相互啮合而形成的，这种蠕虫间的啮合，只是一种机械的结合而非化学键合，所以柔性石墨制品的机械强度较低，只能在较低的压力下使用。亦即“柔性石墨的抗拉强度比较低”这个突出弱点，使其作为密封材料应用时受到一定的限制[34]。

提高柔性石墨强度的方法主要包括：①加入有效的添加剂。如通过复合插入磷酸、硼酸、钼酸或三者的盐类提高其强度指标，但是收效并不明显[35-37]。②以纤维作为增强体，制备柔性石墨复合材料，这是近年来科学家们研究的热点[38-41]。

下面以作者所在课题组相关的研究项目[39]为例，主要介绍以耐高温耐腐蚀的碳纤维和膨胀碳纤维作为增强体的柔性石墨复合材料制备，分析纤维的长度、种类与含量对复合材料力学性能的影响，并依据纤维和柔性石墨基体的界面状况，对膨胀碳纤维增强柔性石墨抗拉强度的机理进行探讨。

4.3.1 纤维增强体的选择

如果以合成纤维为增强体，在制备过程中需选用树脂作为黏结剂，易使复合材料制品的耐腐蚀性和耐高温性受到较大影响。为了克服这些缺点，作者所在课题组[40]以柔性石墨片(flexible graphite sheet，FGS)为基体，分别选用具有耐高温耐腐蚀特性的短切碳纤维(carbon fiber，CF)和短切膨胀碳纤维(exfoliated carbon fiber，ECF)作为增强体，其力学性能与形貌结构分别见表 4-2 和图 4-4。

表 4-2 增强体纤维的力学性能[40]

纤维类型	直径/μm	抗拉强度/MPa	弹性模量/MPa
碳纤维	8	4060	857
膨胀碳纤维	30	740	146

(a)

(b)

图 4-4 纤维增强体的形貌[40]

(a) 碳纤维；(b) 膨胀碳纤维

4.3.2　纤维/柔性石墨复合材料的制备

纤维/柔性石墨复合材料的制备有两种途径：①将一定比例增强体纤维和膨胀石墨混合，再轧制成柔性石墨复合材料。该方法简单易行，不足之处是难以实现纤维与膨胀石墨的均匀混合，且在混合过程中，极易把膨胀石墨蠕虫打碎，使得复合材料的强度降低。②将不同比例增强体纤维和膨胀石墨混于溶剂(乙醇等)中，通过超声波将纤维充分分散、烘干，再经过压轧处理后制成所需的柔性石墨复合材料。为了保证纤维在基体柔性石墨中的分散性，作者所在课题组在研究中采用途径②进行纤维/柔性石墨复合材料的制备。

4.3.3　纤维含量对柔性石墨复合材料抗拉强度的影响

纤维增强体含量对柔性石墨复合材料抗拉强度的影响如图 4-5 所示，可以看到：分别以 1mm 和 3mm 膨胀碳纤维作为增强体制备的柔性石墨(ECF/FGS)复合材料，在纤维含量低于质量分数 1%时，随着纤维添加量的增加，ECF/FGS 复合材料的抗拉强度逐渐增加；但当纤维含量超过质量分数 1%后，却随着纤维含量继续增加，ECF/FGS 复合材料的抗拉强度反而降低。说明纤维添加量低于质量分数 1%区域，纤维在基体柔性石墨中的分散均匀，随着纤维添加量增加，ECF/FGS 复合材料在断裂过程中界面破坏所吸收的能量越高，对基体柔性石墨中的裂纹扩展阻碍作用越大。而当纤维添加量超过质量分数 1%后，纤维在基体柔性石墨中的分散性变差，易产生纤维聚集的现象，在基体柔性石墨中形成新的薄弱环节，在应力作用

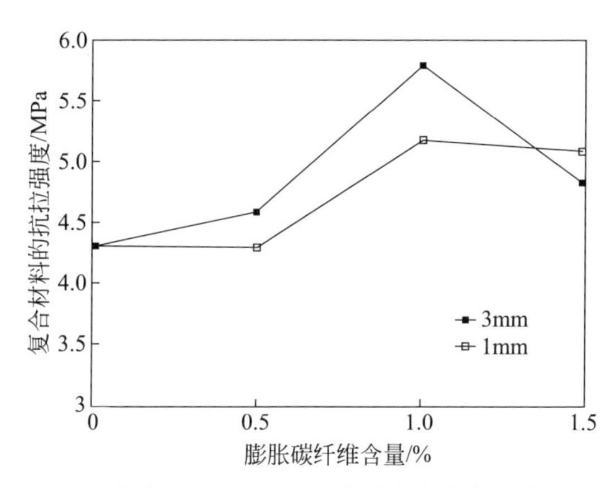

图 4-5　ECF 的含量对 ECF/FGS 复合材料抗拉强度的影响[40]

下该处很容易破坏。因此，在ECF/FGS复合材料中，膨胀碳纤维的含量超过1%后，随着纤维含量的增加，复合材料的抗拉强度反而降低。同时，由图4-3发现：在ECF/FGS复合材料中膨胀碳纤维含量相同的情况下，以3mm长的纤维为增强体所制复合材料的抗拉强度优于以长度1mm的纤维制备的复合材料。这意味着纤维作为增强体，不仅纤维的添加量影响复合材料的抗拉强度，纤维长度也很重要。

4.3.4 纤维长度对柔性石墨复合材料抗拉强度的影响

纤维增强体在基体中起着传递应力的作用，增强纤维的长度必须达到临界长度以上才能起到增强作用。当纤维与基体的黏结强度大于等于纤维本身的抗拉强度时，增强效果最佳；但纤维也不能太长，过长的纤维会增加其在基体中的分散难度，且易在复合体中产生缺陷，导致其抗拉强度降低[40-42]。

图4-6展示纯柔性石墨(FGS)、膨胀碳纤维/柔性石墨(ECF/FGS)复合材料与碳纤维/柔性石墨(CF/FGS)复合材料的抗拉强度和纤维长度的关系。可以看到：膨胀碳纤维对ECF/FGS复合材料增强作用明显，且在纤维长度为3mm时，增强效果最好。这里，ECF/FGS和CF/FGS中纤维(ECF和CF)的质量分数均为1%。

另外，从图4-6还发现，碳纤维增强柔性石墨CF/FGS复合材料的抗拉强度略低于未添加任何纤维的纯FGS，且随碳纤维长度的增加，与纯FGS抗拉强度的差距越大。这是由于碳纤维表面光滑而且呈惰性，与基体柔性石墨的相容性很差，在外力的作用下，纤维易拔出，导致断裂。而对于膨胀碳纤维，则因膨化后的碳纤维表面变得粗糙，形成大量的微皱褶，单根纤维

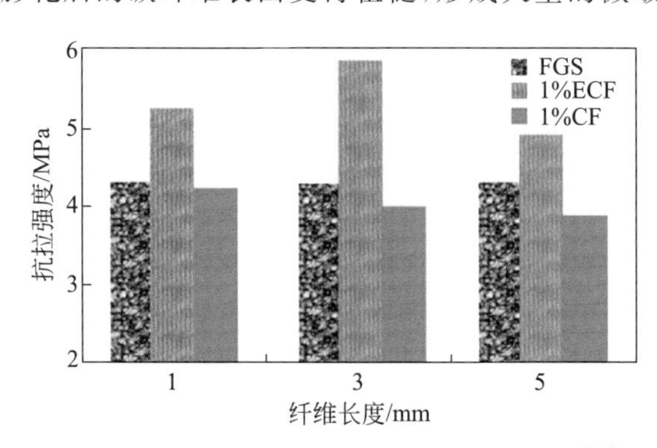

图4-6 纤维长度对于复合材料抗拉强度影响[40]

分裂成微纤维束(见图4-4)并与柔性石墨基体中的石墨的解理面相互锁合,形成具有较高结合强度的柔性石墨基复合材料[33,43]。

4.4　低硫膨胀石墨的生产

传统的化学氧化法多以浓H_2SO_4作为插层剂,HNO_3为氧化剂,由于HNO_3与H_2SO_4作用后,容易产生对人体有害的NO_2等气体,造成环境污染,同时所制膨化石墨的含硫量也往往过高(质量分数3%~4%),往往不能适应膨胀石墨和柔性石墨的应用要求[21]。

因此,氧化剂与插层剂的选择,是绿色制备低硫、无硫膨胀石墨的关键;当然基体石墨的纯度与可膨胀石墨后处理工艺的拟定,对制取高品质膨胀石墨也很重要。

下面介绍几种有代表性的化学氧化法制备低硫膨胀石墨、无硫膨胀石墨和温可膨胀石墨的实例。

4.4.1　低硫膨胀石墨

1. H_2O_2-H_2SO_4法

针对传统氧化法中氧化剂HNO_3与插层剂H_2SO_4在插层过程中易造成环境污染的问题,作者所在课题组[24-25]选用质量分数30%~60%的双氧水(H_2O_2)作氧化剂,质量分数98%的浓硫酸(H_2SO_4)为插层剂,以碳质量分数为99%、平均粒径为0.18mm的天然鳞片石墨为基体,在室温下进行氧化插层反应,反应时间为1h。研究了H_2O_2浓度、H_2SO_4/H_2O_2配比、水洗液pH值、烘干温度、水分含量和膨化温度对合成可膨胀石墨的膨胀容积和所制膨胀石墨硫含量(质量分数)的影响,研究结果见图4-7。

(1) H_2O_2浓度

在H_2SO_4/H_2O_2体积比为20的条件下,随H_2O_2质量分数的增加,合成可膨胀石墨(插层石墨)的硫含量和膨胀容积均增大(见图4-7(a))。

(2) H_2SO_4/H_2O_2配比

采用质量分数50%的H_2O_2作氧化剂,H_2SO_4/H_2O_2体积比对合成的可膨胀石墨影响较为复杂(见图4-7(b))。当H_2SO_4/H_2O_2体积比为20时,获得可膨胀石墨的硫含量(0.14%)和膨胀容积(200mL/g)均达峰值,而在H_2SO_4/H_2O_2体积比大于或小于20时,可膨胀石墨的硫含量和膨胀容积都降低,说明石墨在氧化插层反应过程中,氧化剂H_2O_2的量既不能太

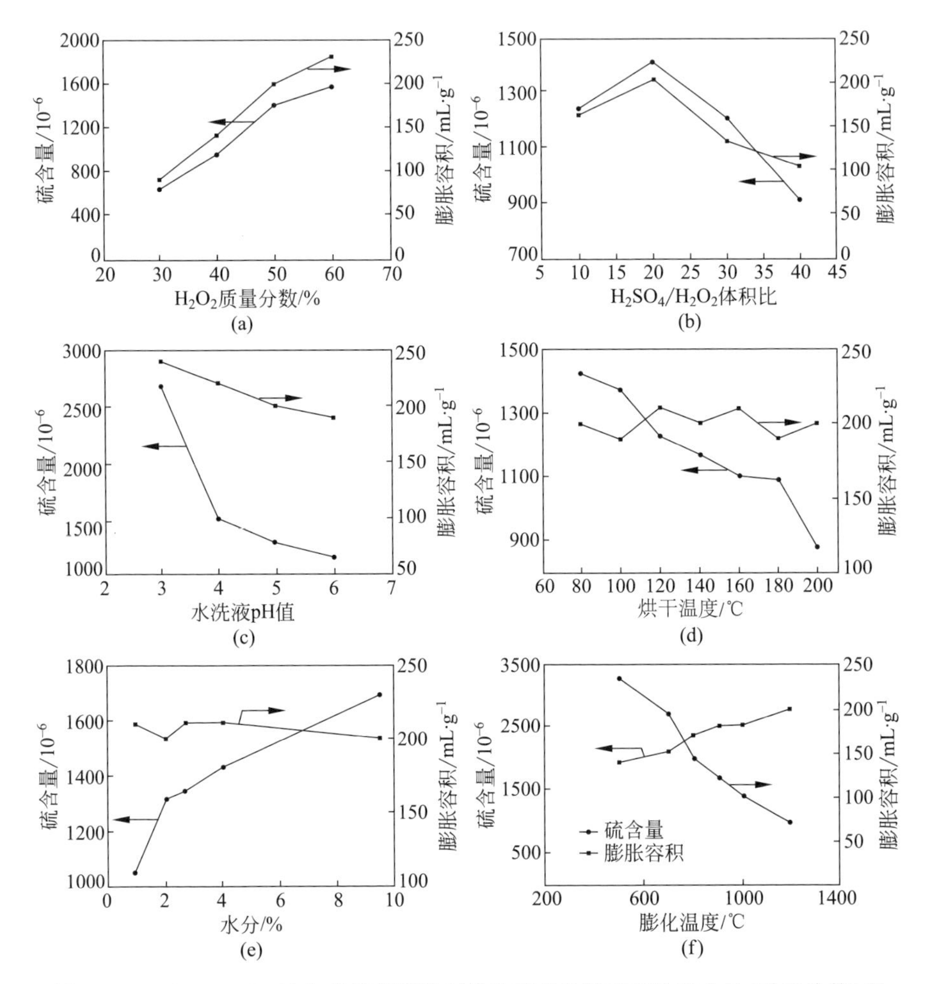

图 4-7　H_2O_2-H_2SO_4 法合成低硫膨胀石墨的工艺参数对产品硫含量(质量分数)和膨胀容积的影响[25]

(a) H_2O_2 的质量分数；(b) H_2SO_4/H_2O_2 体积比；(c) 水洗液的 pH 值；(d) 烘干温度；(e) 水分含量；(f) 膨化温度

大，也不能太小，太大会稀释 H_2SO_4，降低其插层和扩散的驱动力，太小又又会使 H_2O_2 氧化作用下降。

(3) 水洗液 pH 值

分别以质量分数 98%的 H_2SO_4 和 50%的 H_2O_2 作插层剂与氧化剂，在 H_2SO_4/H_2O_2 体积比为 20 条件下合成可膨胀石墨，随着水洗液 pH 值的增大，水洗的充分进行，硫含量和膨胀容积均单调减小，但变化的幅度有所不同(见图4-7(c))。在水洗液的pH值为3时，硫含量为2676×10^{-6}(0.27%)；增加pH值为4，硫含量急剧减小到1498×10^{-6}(0.15%)；继续增加pH值，硫含量持续减小，但变化速率减缓。而水洗液的pH值变化对其膨胀容积的影响较小，如水洗液的pH值从3增加到6，膨胀容积由240mL/g降低至190mL/g，变化幅度较小。显然，水洗过程采用"长时间浸泡，保持水溶液的pH值略高于4"的工艺条件，比较经济省时。

(4) 烘干温度

烘干温度对可膨胀石墨硫含量和膨胀容积的影响见图4-7(d)，随着烘干温度的升高，硫含量呈单调下降趋势，且幅度较大；而膨胀容积随烘干温度的变化却不明显。从降硫的角度出发，应尽可能提高烘干温度，但温度不宜高于160℃，以防可膨胀石墨发生分解。

(5) 水分含量

可膨胀石墨中的水分对膨胀容积的影响较小；而对硫含量影响却很显著，随着水分的降低，硫含量明显降低(见图4-7(e))。虽然降低可膨胀石墨中的水分可以促进降硫，但将水分降得很低(如<0.5%)，既耗能又费时，极不经济。因此，国内一般要求可膨胀石墨中的水分<2%(质量分数)，国外则要求<1%。

(6) 膨化温度

膨化工艺是制备膨胀石墨的最后工序，对膨胀石墨的性能有着重要的影响(见图4-7(f))。随着膨化温度的升高，所得膨胀石墨的硫含量降低，膨胀体积增加。在膨化温度由500℃提高到1200℃后，硫含量由3285×10^{-6}(0.33%)下降为1004×10^{-6}(0.10%)，而膨胀容积则由140mL/g增加至200mL/g。

与传统HNO_3-H_2SO_4法相比，H_2O_2-H_2SO_4法选用具有较高的还原电位的H_2O_2取代HNO_3氧化剂，不仅能够使鳞片石墨边缘氧化，促进H_2SO_4插入到石墨层间，而且H_2O_2与H_2SO_4反应过程比较温和，合成的可膨胀石墨结构也比较均匀，同时对环境的污染很小，对应的反应方程[24]为：

$$H_2O_2 \longrightarrow H_2O + O \tag{1}$$

$$24nC + mH_2SO_4 + 1/2O \longrightarrow C_{24n}^{+}(HSO_4)^{-}(m-1)H_2SO_4 + 1/2H_2O \tag{2}$$

另外，H_2O_2的价格适中，宜于作为氧化剂工业化生产低硫可膨胀石墨。

2. 混酸法

采用有机酸或有机溶剂作为辅助插层剂，减少主插层剂 H_2SO_4 的用量是降低可膨胀石墨产品及其膨胀石墨产品硫含量的有效措施。

(1) $CH_3COOH/H_2SO_4/K_2Cr_2O_7$ 体系

李冀辉等[26]以 50 目（即>300μm）的天然鳞片石墨为原料，选用重铬酸钾（$K_2Cr_2O_7$）为氧化剂，质量分数 98%浓硫酸（H_2SO_4）和冰醋酸（CH_3COOH）为插层剂，在石墨：CH_3COOH：H_2SO_4：$K_2Cr_2O_7$ = 1：0.7：0.4：0.22（质量比）、插层温度 25℃、插层时间 50min 的条件下，制备出硫含量 0.68%（质量分数）的可膨胀石墨，膨化后可获得膨胀容积为 260mL/g、硫含量为质量分数 0.08%的膨胀石墨。

(2) $HClO_4/H_2SO_4/KMnO_4/CH_3COOH$ 体系

林雪梅等[44-45]以纯度 99%天然鳞片石墨（50 目或>300μm）为原料，选用高锰酸钾（$KMnO_4$）为氧化剂，高氯酸（$HClO_4$）和浓硫酸（H_2SO_4）为插层剂（兼具氧化剂的作用），冰醋酸（CH_3COOH）为辅助插层剂，采用 $HClO_4/H_2SO_4/KMnO_4/CH_3COOH$ 多元氧化插层体系，在石墨：混酸（$HClO_4/H_2SO_4=1/1.5$）：CH_3COOH：$KMnO_4$=1：2：1：0.1（质量比）、插层温度 30℃、插层时间 1h 的条件下，进行低硫可膨胀石墨的制备（见图 4-8），并对合成产物的结构与性能通过红外光谱、X 射线衍射、紫外吸收光谱与热失重等手段进行表征与研究。

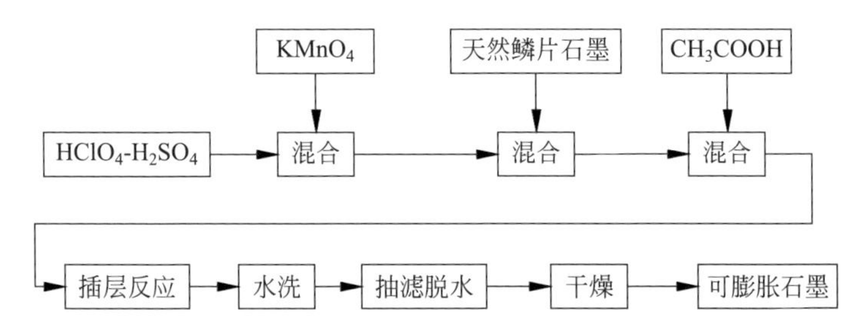

图 4-8　$HClO_4/H_2SO_4$ 多元氧化插层体系制备低硫可膨胀石墨的工艺流程[45]

研究表明，合成的低硫可膨胀石墨具有以下特征：①在石墨层间存在 SO_2^{-4}、ClO^{-4}、CH_3COO^- 阴离子插层物和 H_2SO_4、$HClO_4$、CH_3COOH 中性分子插层物，说明所选插层物已插入石墨层间，形成了可膨胀石墨层间化合物（可膨胀石墨）。②石墨的层间距增大，在一定程度上破坏了石墨原有的晶体结构，晶粒变小，晶体中的缺陷增多，结晶度有所下降。这再次佐证原料石墨在 $HClO_4/H_2SO_4$ 混酸多元氧化插层体系中已形成了可膨胀石墨。③热失重开始温度约 71℃，快速失重温度区间 181～301℃，301℃以后，随温度的升高失重速度平缓，越来越小；其中，在 71～181℃温度区间的失重率约为 1.38%，181～301℃温度区间的失重率约达 8.47%。可以认为，71～181℃区间的失重为可膨胀石墨内的水分汽化挥发所致，181～301℃区间的失重则源于插层物的分解气化。这说明在 301℃左右可膨胀石墨中的插层物几乎全部分解气化逸出，这就意味着合成的可膨胀石墨膨化温度必须高于 300℃，才能表现出明显的膨化。显然，合成的可膨胀石墨具有低温膨胀性能。④300℃时的膨胀容积为 115mL/g，400℃时膨胀容积可达 263mL/g；随膨胀温度的升高，膨胀容积增大，尤其在 300～400℃温度区间，随膨胀温度升高，膨胀容积增大速率很快。

依据石墨氧化插层原理和合成低硫可膨胀石墨结构与性能的表征结果，他们[44-45]认为在采用多元氧化插层（$HClO_4/H_2SO_4/KMnO_4/CH_3COOH$）体系制备低硫可膨胀石墨时，其形成过程可以分为“石墨氧化”和“插层反应形成石墨层间化合物”两步。

① 石墨氧化

在 $HClO_4/H_2SO_4/KMnO_4/CH_3COOH$ 多元氧化插层体系中，$KMnO_4$、$HClO_4$ 和 H_2SO_4 与石墨发生的氧化反应主要有：

$$\text{石墨} + MnO_4^- + 4H^+ = \text{石墨}\ n^+ + MnO_2^+ + 2H_2O \tag{3}$$

$$\text{石墨} + H_2SO_4 = \text{石墨}\ n^+ + SO_4^{2-} + H_2 \tag{4}$$

$$\text{石墨} + HClO_4 = \text{石墨}\ n^+ + ClO_4^- + 0.5H_2 \tag{5}$$

$KMnO_4$ 在 $HClO_4$ 和浓 H_2SO_4 的 H^+ 存在下具有很强的氧化能力，$HClO_4$ 和浓 H_2SO_4 本体也发挥氧化作用，可使石墨氧化，拉大石墨的层间距，有利于各种插层物插入石墨层间。

② 插层反应形成石墨层间化合物

硫酸根（SO_4^{2-}）、高氯酸根（ClO_4^-）和醋酸根（CH_3COO^-）离子带负电荷，且体积较小，在氧化石墨片层分子正电荷的相吸作用下，很容易插入石墨层间。同时，由于 $HClO_4$、H_2SO_4 和 CH_3COOH 为极性分子，易与石墨阳离子形成离子-偶极的键合，因此也可插入石墨层间，即

$$\text{石墨}\ n^+ + mSO_4^{2-} + aH_2SO_4 = \text{石墨}\ n^+ \cdot mSO_4^{2-} \cdot aH_2SO_4 \tag{6}$$

$$\text{石墨}\ n^+ + nClO_4^- + bHClO_4 = \text{石墨}\ n^+ \cdot nClO_4^- \cdot bHClO_4 \tag{7}$$

$$石墨\ n^{+} + pCH_3COO^{-} + xCH_3COOH$$
$$=\!=\!=\ 石墨\ n^{+} \cdot pCH_3COO^{-} \cdot xCH_3COOH \quad (8)$$

插入石墨层间的插层物包括 SO_2^{-4}、ClO^{-4}、CH_3COO^{-}、H_2SO_4、$HClO_4$ 和 CH_3COOH，它们在石墨层间随机分布，与红外表征结果相印证。

3. 金属卤化物法

采用金属卤化物作为辅助插层剂也是降低可膨胀石墨产品含硫量的方法之一。其中，采用金属卤化物作为辅助插层剂研究最多的是三氯化铁($FeCl_3$)[21]。

金秋云[46]以黑龙江鸡西柳毛石墨矿 899 石墨为原料，过二硫酸铵($(NH_4)_2S_2O_8$)与浓硫酸混合物为氧化插层剂，三氯化铁为辅助插层剂。在$(NH_4)_2S_2O_8$: H_2SO_4(质量比)=1 : 3，$FeCl_3$: 石墨(质量比)=1 : 6，固液比为 1 : 3，插层温度 50℃，插层时间为 20min，水洗至 pH 值为 6，干燥温度为 60℃的条件下，可制备出膨胀容积为 245mL/g(膨化温度 950℃，膨化时间 10s)的可膨胀石墨。该法不产生有害的 NO_x 气体，环境污染小。

王慎敏等[47]用高锰酸钾和浓硫酸作混合氧化剂，三氯化铁作插层剂，在天然磷片石墨 : H_2SO_4 : $KMnO_4$: $FeCl_3$(质量比)=1.0 : 3.0 : 0.8 : 0.2，插层温度 50℃，插层时间为 60min，膨化温度 950℃条件下，可制得膨胀容积为 230mL/g 的膨胀石墨，含硫量仅为 0.48%，远低于传统方法所制膨胀石墨的含硫量 3%～4%[21]。王立松等[48-49]进行的同样研究也得到类似的结果。

张兴华等[50]采用高氯酸/溴酸钠/高锰酸钾/三氧化铬/三氯化铁($HClO_4/NaBrO_3/KMnO_4/CrO_3/FeCl_3$)氧化插层体系，进行可膨胀石墨的制备。在石墨 : $HClO_4$: $NaBrO_3$: $KMnO_4$: CrO_3 : $FeCl_3$(质量比)=1 : 4 : 0.15 : 0.15 : 0.13 : 0.03 的条件下，常温插层(反应)40min，制得可膨胀石墨的膨胀容积为 201mL/g。这里，$NaBrO_3$、$KMnO_4$ 和 CrO_3 为氧化剂，$HClO_4$ 既是主插层剂又是氧化剂，$FeCl_3$ 不仅为辅助插层剂还具有催化作用。依据所制可膨胀石墨的 XRD 图谱分析结果，他们概括该氧化插层体系的插层反应过程为：在 $KMnO_4$、CrO_3 等氧化剂作用下，鳞片石墨中的碳原子变成碳正离子，进而使得 $HClO_4$ 插入石墨层间，方程式如下：

$$nC + [O] + mHClO_4 \longrightarrow C^{3+} \cdot 3ClO^{4-} \cdot nHClO_4 \quad (9)$$

值得一提的是：由于研究所用插层剂 $HClO_4$ 的分解温度远低于传统

法插层剂硫酸，使得所制可膨胀石墨的膨化温度只有220℃，比传统方法的900～1000℃低很多；加之研究中未使用任何含硫的试剂，所以制备的可膨胀石墨不含硫。因此，该法制备的可膨胀石墨又可称为"低温无硫可膨胀石墨"。

4.4.2 无硫膨胀石墨的生产

硫酸价廉，不易挥发，氧化能力中等，插层能力强，所制可膨胀石墨产品膨胀性能稳定。但因采用硫酸氧化插层体系制备的可膨胀石墨产品及其后续产品，均不可避免地含有硫，尽管上述制备低硫可膨胀石墨的各种方法可以降低产品中的含硫量，但也不可能根除产品中的硫。显然，只有在插层体系中完全不使用含有硫元素的物质，并使用高纯度石墨原料时，制备的可膨胀石墨才会完全不含硫，获得无硫可膨胀石墨。近年来，无硫膨胀石墨的研究很多，并取得了实用化的成果。

无硫膨胀石墨的制备通常以硝酸(HNO_3)、磷酸(H_3PO_4)、高氯酸($HClO_4$)、硼酸(H_3BO_3)或它们的混合酸兼作氧化剂和插层剂，同时采用高锰酸钾($KMnO_4$)、重铬酸钾($K_2Cr_2O_7$)、焦硫酸铵($(NH_4)_2S_2O_7$)等固体氧化剂，含碳数小于4的有机酸及有机溶剂(甲酸($HCOOH$)、冰醋酸(CH_3COOH)、乙酸酐($(CH_3CO)_2O$)、丙酸(CH_3CH_2COOH)和草酸($HOOCCOOH$)等有机酸)作为辅助插层剂。

下面是几种制备无硫膨胀石墨常用的插层体系。

1. $HNO_3/KMnO_4$ 体系

苗常岚等[51]以天然鳞片石墨为原料，$KMnO_4$ 或 H_2O_2 为氧化剂，质量分数50%～80%的 HNO_3 溶液为插层剂(兼具氧化功能)，在鳞片石墨：HNO_3(质量比)=1～3，鳞片石墨：氧化剂(质量比)=0.03～0.06的条件下，可获得膨胀倍数达250倍以上的无硫可膨胀石墨产品。涂文懋等[52]以浓 HNO_3 为插入剂，$KMnO_4$ 为氧化剂制备无硫可膨胀石墨，对相关影响因素做了详细的探讨，得出最佳工艺条件：天然鳞片石墨(g)：HNO_3(mL)：$KMnO_4$(g)=1.0：2.0：0.15，反应温度20℃，反应时间75min。该工艺制备出的无硫可膨胀石墨，膨胀体积可达500倍。

这种单独采用硝酸为氧化插层剂制备无硫可膨胀石墨的方法尽管简单，但因硝酸氧化性太强，很容易出现过氧化问题，生产上常常因过氧化而无法得到高膨胀容积的无硫可膨胀石墨；同时，硝酸的挥发性高，生产环境恶劣。

2. $P_2O_5/HNO_3/KMnO_4$ 体系

石墨插层反应对水非常敏感，反应体系的含水量过大，会使已形成的石墨层间化合物分解。磷酸酐(P_2O_5)和浓 H_2SO_4 都有很强的吸水性，既可吸收 HNO_3 中的水分，促使 HNO_3 与被氧化的石墨生成石墨盐，同时自身也会插入石墨层间。因此，选择 P_2O_5 取代浓 H_2SO_4 作为无硫可膨胀石墨的插层剂，非常有利于插层反应的进行。

金为群等[53]以 P_2O_5 和 HNO_3 的混合体作为插层剂，$KMnO_4$ 为氧化剂，在最佳插层条件石墨∶HNO_3∶P_2O_5∶$KMnO_4$(质量比)=1.0∶0.5∶(0.5～0.6)∶0.07 下，制备的无硫可膨胀石墨在 900℃，膨化 0.5min，膨胀容积可达 231mL/g。

$P_2O_5/HNO_3/KMnO_4$ 体系的插层反应式为：

$$n\ \text{石墨} + n\ NNO_3 + n/2P_2O_5 + n/2[O] \\ = [\text{石墨}^+ \cdot mNO_3 \cdot P_2O_5] + n/2H_2O \tag{10}$$

式中，(O)表示氧化剂 $KMnO_4$。

当所制无硫可膨胀石墨在高温处理(膨胀)时，插入石墨层间的化合物[石墨$^+$ · mNO_3^- · P_2O_5]快速分解，同时产生一种推动力。这种推动力足以克服石墨层间 c 轴方向 C—C 键的作用力，使石墨沿 c 轴方向迅速扩张，形成膨胀石墨。

需要说明的是：由于 P_2O_5 在空气中极易吸湿，较难准确称量，估算石墨与 P_2O_5 的质量比为 1∶(0.5～0.6)。

3. $H_3PO_4/HNO_3/KMnO_4$ 体系

采用 H_3PO_4 与 HNO_3 的混合体(酸)作为氧化插层剂也是一种制备无硫可膨胀石墨较好的方法，插层废液较易处理，制品也具有较高的膨胀体积。

赵正平[54]选用吸水性比较温和的 H_3PO_4 取代 P_2O_5，石墨∶HNO_3∶H_3PO_4∶$KMnO_4$(质量比)=1∶0.75∶0.75∶0.08，常温下插层 40～60min，获得的可膨胀石墨，1000℃时的膨胀容积可达 280mL/g，不含硫，氮含量低于质量分数 1.15%。

与 $P_2O_5/HNO_3/KMnO_4$ 体系相比，$H_3PO_4/HNO_3/KMnO_4$ 体系插层反应温和、易操作，产生的有害气体少，质量稳定，易于规模化生产。产品膨胀倍率高，水份、挥发份低，不含硫，氮含量小于 1.15%。

$H_3PO_4/HNO_3/KMnO_4$ 体系的插层反应式如下：

$$n\,石墨 + n\mathrm{HNO_3} + n\mathrm{H_3PO_4} + n(\mathrm{O}) \longrightarrow [石墨^{3+}\cdot \mathrm{NO_3^-} \cdot \mathrm{H_2PO_4^{2-}}]_n + n\mathrm{H_2O} \tag{11}$$

$$n\,石墨 + n\mathrm{HNO_3} + n\mathrm{H_3PO_4} + 2n(\mathrm{O}) \longrightarrow [石墨^{4+}\cdot \mathrm{NO_3^-} \cdot \mathrm{PO_4^{3-}}]_n + 2n\mathrm{H_2O} \tag{12}$$

式中,(O)表示 $KMnO_4$。

4. $(CH_3CO)_2O/HNO_3/KMnO_4$ 体系

魏兴海等[55]以高纯天然鳞片石墨为原料,硝酸(HNO_3,质量分数65%,分析纯)为插层剂(兼具氧化功能),乙酸酐($(CH_3CO)_2O$,质量分数98.5%,分析纯)为辅助插层剂,$KMnO_4$ 为氧化剂,采用正交试验方法确定最佳插层条件,并对相关影响因素及插层机理进行探讨。

(1) 最佳插层条件

鳞片石墨∶HNO_3∶$(CH_3CO)_2O$∶$KMnO_4$(质量比)=1∶0.7∶1.5∶0.4,插层温度30~40℃,插层时间90min。

在最佳插层条件下,可以制备出膨胀体积达478mL/g的无硫可膨胀石墨(膨化温度900℃)。

(2) 相关因素的影响程度排序

$KMnO_4$>HNO_3>插层时间>$(CH_3CO)_2O$,其中高锰酸钾的影响程度远大于其他三个因素。

值得一提的是:使用含碳数小于4的乙酸酐等有机酸作为辅助插层剂,可使体系的过氧化问题得到缓解,工艺易于控制,有利于提高产品无硫可膨胀石墨的膨胀容积。

5. $HClO_4/HNO_3$ 体系

魏兴海等[56-57]又采用天然鳞片石墨(灰分质量分数0.3%,平均粒径约0.5mm)、硝酸(HNO_3,质量分数65%,分析纯)、高氯酸($HClO_4$,质量分数70%~72%,分析纯)为原料,在最佳原料配比鳞片石墨∶$HClO_4$∶HNO_3(质量比)=1∶4∶0.15,较宽的插层温度范围(室温~100℃)和插层时间(15~60min)条件下,制备出了膨胀体积为241~540mL/g无硫可膨胀石墨(见表4-3)。

表4-3 插层温度和时间对膨化性能的影响[56]

插层温度/℃	插层时间/min	膨胀体积/mL·g^{-1}
25	15	93
25	30	241

续表

插层温度/℃	插层时间/min	膨胀体积/$mL \cdot g^{-1}$
25	60	289
30	15	280
30	30	375
30	60	382
50	15	405
50	30	414
50	60	535
100	15	540
100	20	540
100	60	540

注：膨化温度900℃。

值得一提的是：由于在插层体系中没有使用$KMnO_4$等固体氧化剂，因此制备的无硫膨胀石墨不含有害的金属元素，避免了有害金属元素的污染。

6. $H_3BO_3/HNO_3/KMnO_4$插层体系

田金星等[58]选用H_3BO_3/HNO插层体系，$KMnO_4$为氧化剂，在石墨：HNO_3：H_3BO_3：$KMnO_4$(质量比)＝3：8：1：0.4，插层温度45℃，插层时间60min的条件下，获得了膨胀容积为228mL/g的无硫可膨胀石墨。

该产品在空气中性能稳定，不吸湿，并具有很好的阻燃性能，这是由于插层体系中的H_3BO_3组分，可提高膨胀石墨的高温抗氧化性能和抗拉强度[35]。同时，硼酸的加入，也可使硝酸的用量大大减少，加之硼酸是一种弱酸性的物质，该制备工艺水洗废液对环境的污染较小。

4.5　低温制备技术

传统可膨胀石墨的膨化温度较高，一般在900～1000℃时才能膨胀完全，不仅能耗大、成本高，而且还限制了其在低温阻燃、环境保护等方面的应用。因此，低温可膨胀石墨的制备是近年来膨胀石墨研发的新方向。

低温膨胀石墨的制备，通常选用分解温度较低的物质作为插层剂，如高氯酸($HClO_4$)、硝酸(HNO_3)、磷酸(H_3PO_4)、乙酸酐($(CH_3CO)_2O$)等单酸或混合酸，在保证合成可膨胀石墨具有较高膨胀容积的前提下，将其起始膨胀温度降至300℃左右。

下面是几种制备低温可膨胀石墨常用的插层体系实例。

1. $HClO_4$ 体系

魏兴海等[59-60]采用 $HClO_4$ 体系(单一高氯酸浸泡法)，以天然鳞片石墨(灰分质量分数0.3%，平均粒径0.5mm)、高氯酸($HClO_4$，质量分数70%～72%，分析纯)为原料，进行无硫可膨胀石墨的制备。研究了天然鳞片石墨：$HClO_4$(质量比)=1：4条件下，浸泡(插层)温度、浸泡(插层)时间、膨化温度对合成无硫可膨胀石墨膨化性能的影响，结果见表4-4～表4-6。

表4-4 插层温度对膨化性能的影响[59]

插层温度/℃	100	110	120	130	140	150
膨胀体积/$mL \cdot g^{-1}$	390	490	550	530	200	180

注：插层时间30min；膨化温度900℃。

表4-5 插层时间对膨化性能的影响[59]

插层时间/min	5	15	30	45	60
膨胀体积/$mL \cdot g^{-1}$	300	400	550	550	550

注：插层温度120℃；膨化温度900℃。

表4-6 膨化温度对膨化性能的影响[59]

膨化温度/℃	200	300	400	500	600	700	800	900
膨胀体积/$mL \cdot g^{-1}$	360	458	513	513	525	535	550	550

注：插层温度120℃；插层时间30min。

纵观表4-4～表4-6可知：在单一 $HClO_4$ 插层体系中，石墨/$HClO_4$ 质量比为1/4时，随插层温度、插层时间以及膨化温度的提高或延长，制备的无硫可膨胀石墨的膨胀体积存在一最大值，即原料天然鳞片石墨在高氯酸溶液中120℃下浸泡30min，可以获得膨胀体积为550mL/g的无硫可膨胀石墨。

高氯酸浸泡法的特点是：①无硫可膨胀石墨具有低温膨化性能。在200℃(高氯酸恒沸化合物的沸点)下膨化，就能获得膨胀体积360mL/g无硫膨胀石墨。②产物分离简单。反应体系中只有两种不同状态(液、固)的物质即高氯酸液和无硫可膨胀石墨(石墨层间化合物)，很容易分离。③酸液的回收与再利用性。在氧化插层过程中仅有少量的高氯酸插入石墨层间，而大量的高氯酸则作为反应介质存在，因此反应分离后的酸可以回收再利用。实验表明：利用回收的高氯酸，在石墨/$HClO_4$ 质量比为 1/4，120℃-30min 条件下插层，获得产物在 900℃的膨胀体积与新高氯酸的效果同样为 550mL/g。这里回收的高氯酸指的是水洗前离心分离出的酸液，而水洗后回收的酸液必须经蒸馏浓缩后才能使用。④体系中没有高锰酸钾等固体氧化剂，制备的无硫膨胀石墨不含有害的金属元素。⑤制备环境友好。化学法制备可膨胀石墨引起的污染主要是水洗时产生的废液，而以单一的高氯酸作为氧化插层剂，制备工艺简单，产物分离容易，加之酸液的回收及再利用，说明单一高氯酸浸泡法制备无硫可膨胀石墨，简单易行，成本低，环境友好。

2. $HClO_4/HNO_3$ 体系

魏兴海等[56-57]研究表明：高氯酸/硝酸（$HClO_4/HNO_3$）插层体系合成的可膨胀石墨具有低温膨胀的特性。在石墨∶$HClO_4$∶HNO_3（质量比）＝1∶4∶0.15，100℃-15min 条件下制备的无硫可膨胀石墨，低温 200℃下膨化，膨胀体积可达到 360mL/g；300℃下膨化，膨胀体积上升为 450mL/g；400℃的膨胀体积高达 500mL/g（见图 4-9）。

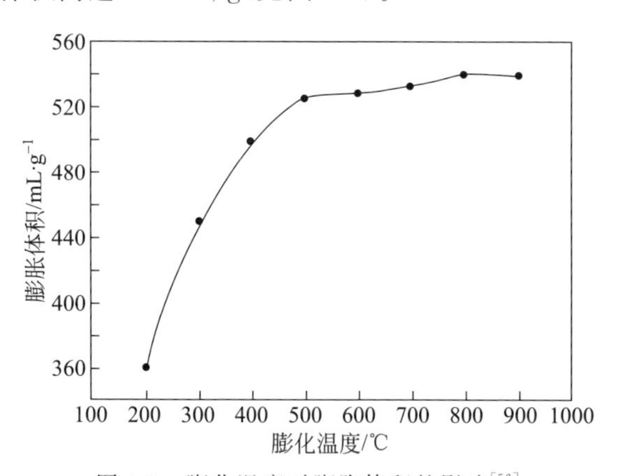

图 4-9　膨化温度对膨胀体积的影响[56]

3. $HClO_4/KMnO_4$ 体系

周丹凤[61]以碳含量 99％的天然鳞片石墨为原料，高氯酸为插层剂，高锰酸钾为氧化剂，采用正交试验法研究可膨胀石墨在不同因素和不同水平下的膨胀效果，确定合成低温可膨胀石墨的最佳工艺条件。

试验简述：首先量取一定量的 $HClO_4$ 注入烧杯中，接着加入一定量的 $KMnO_4$ 并搅拌均匀；再称取一定量的纯化石墨加入配好的 $HClO_4+KMnO_4$ 溶液中，然后将装有反应物料的烧杯置入一定温度的恒温水浴锅中停留一定的时间，使之进行插层反应；反应结束后，向烧杯中加入少量双氧水对反应液进行脱色；再将反应液水洗至 pH＝6～7，抽滤；随后将得到的石墨产品放入烘箱中，在 50℃下烘干，获得可膨胀石墨；并测定其在 400℃的膨胀体积。

表 4-7 列出了正交试验中的影响因素与水平划分，正交试验结果见表 4-8。

表 4-7　因素与水平[61]

水平	因素			
	A(石墨/$HClO_4$)	B(石墨/$KMnO_4$)	C(插层温度/℃)	D(插层时间/min)
1	1/4	1/0.08	25	40
2	1/5	1/0.10	35	60
3	1/6	1/0.12	45	80

表 4-8　正交试验结果[61]

序号	因素				400℃的膨胀体积/$mL \cdot g^{-1}$
	A	B	C	D	
1	1/4	1/0.08	25	40	290
2	1/4	1/0.10	35	60	326
3	1/4	1/0.12	45	80	317
4	1/5	1/0.08	35	80	350
5	1/5	1/0.10	45	60	360
6	1/5	1/0.12	25	40	320
7	1/6	1/0.08	45	60	296
8	1/6	1/0.10	35	40	315
9	1/6	1/0.12	25	80	360
ΣⅠ/3	311	312	323	308	
ΣⅡ/3	343	334	330	327	
ΣⅢ/3	324	332	324	342	
MD	32	22	7	34	
优水平	A_2	B_2	C_2	D_3	

依据表 4-8，可以确定最佳插层条件为：石墨(g)：$HClO_4$(mL)：$KMnO_4$(g)=1：5：0.1，插层温度 35℃，插层时间 80min。在该插层条件下，获得可膨胀石墨的起始膨化温度为 110℃，300℃的膨胀容积为 230mL/g，400℃的膨胀容积可达 380mL/g。

由表 4-8 还可知：插层时间对膨胀容积的影响最大，其次是石墨/$HClO_4$ 的固液比，石墨/$KMnO_4$ 的质量比再次之，插层温度对膨胀容积的影响最小。

4. $HClO_4/H_3PO_4/KMnO_4$ 体系

林雪梅[62]采用红外光谱、热失重和 X 射线衍射等方法研究了高氯酸/磷酸/高锰酸钾($HClO_4/H_3PO_4/KMnO_4$)体系合成低温可膨胀石墨的结构与膨化性能，并分析了制备过程中的氧化插层历程与机理。

研究表明：$HClO_4/H_3PO_4/KMnO_4$ 体系合成的低温可膨胀石墨，在 60～250℃温度区间的热失重约 27%，在 300℃和 400℃的膨胀容积分别为 240mL/g 和 350mL/g，在石墨层间的插入物有阴离子 $H_2PO_4^-$、HPO_4^{2-}、PO_4^{3-}、ClO_4^- 和中性分子 H_3PO_4、$HClO_4$。

依据合成低温可膨胀石墨层间的插入物种类和石墨层间化合物的插层原理[2,18,29]，在插层反应过程中，$KMnO_4$ 是纯粹氧化剂，$HClO_4$ 和 H_3PO_4 既是插层剂，也具有氧化功能。其中，$KMnO_4$ 在 $HClO_4$ 和 H_3PO_4 中的 H^+ 存在下具有很强的氧化能力，可使石墨氧化-石墨层的网状平面大分子变成带有正电荷的平面大分子。由于带有正电荷的平面大分子层间同性正电荷的排斥作用，石墨层间距离加大，使得 $H_2PO_4^-$、HPO_4^{2-}、PO_4^{3-}、ClO_4^- 阴离子和 H_3PO_4 和 $HClO_4$ 极性分子插入石墨层间，在石墨层间随机分布。亦即，$HClO_4/H_3PO_4/KMnO_4$ 体系中低温可膨胀石墨的形成分两步进行：

(1) 石墨氧化

$$C + MnO_4^- + 4H^+ = C^{3+} + MnO_2 + 2H_2O \tag{13}$$

(2) 主要插层反应

$$C^{n+} + a\,HPO_4^- + b\,HPO_4^{2-} + c\,PO_4^{3-} + m\,H_3PO_4 = C^{n+} \cdot a\,H_2PO_4^- \cdot b\,HPO_4^{2-} \cdot c\,PO_4^{3-} \cdot m\,H_3PO_4 \tag{14}$$

$$C^{n+} + d\,ClO_4^- + n\,HClO_4 = C^{n+} \cdot d\,ClO_4^- \cdot n\,HClO_4 \tag{15}$$

5. $HClO_4/NH_4NO_3/KMnO_4$ 体系

罗立群等[63]以高氯酸/硝酸铵/高锰酸钾($HClO_4/NH_4NO_3/KMnO_4$)作为氧化插层体系，50 目(>300μm)的天然石墨鳞片为原料，通过正交试验法和优选法探索低温高倍率可膨胀石墨的制备工艺，采用 SEM、XRD 和 IR 对鳞片石墨、可膨胀石墨及膨胀石墨的形貌与结构进行表征和分析，解析低温高倍率膨胀石墨的形成机理。

（1）插层工艺

最佳插层工艺：石墨∶$HClO_4$∶NH_4NO_3∶$KMnO_4$（质量比）＝1∶8∶0.12∶0.45，插层温度 30℃，插层时间 15min，连续搅拌（200r/min）。在最佳工艺条件下，制备出的可膨胀石墨，起始膨胀温度为 150℃，400℃时的膨胀容积为 430mL/g。

（2）形貌与结构

鳞片石墨、合成可膨胀石墨及膨胀石墨的 SEM 图像、XRD 图谱和 IR 图谱分别见图 4-10～图 4-12。

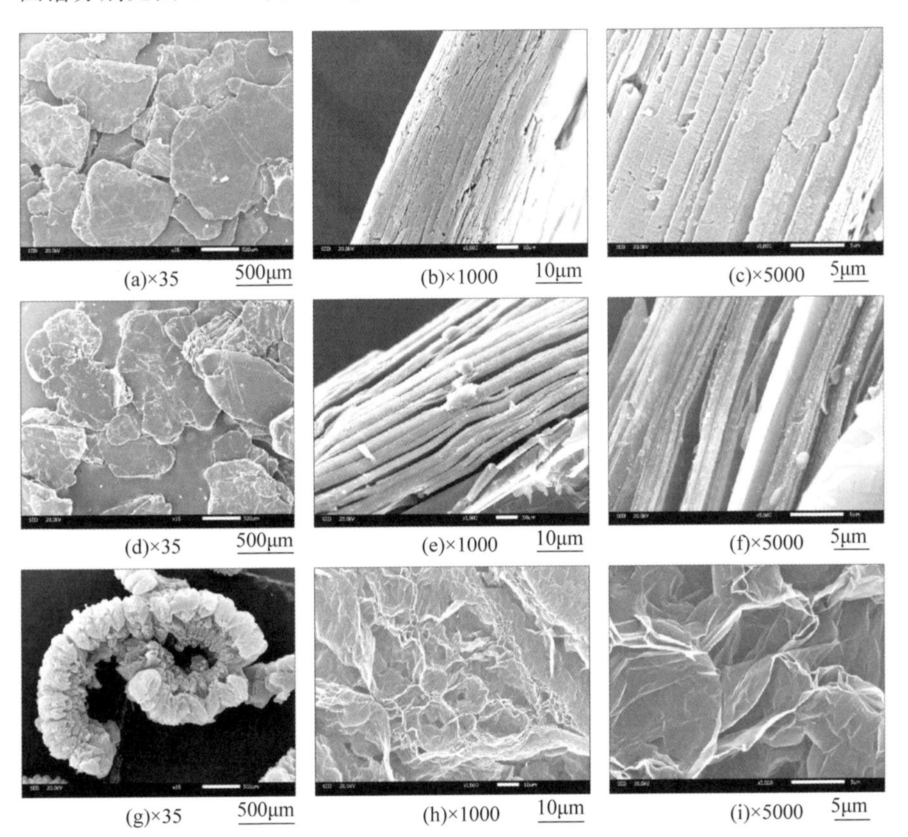

图 4-10　鳞片石墨、可膨胀石墨和膨胀石墨的 SEM 图像[63]

(a)～(c) 鳞片石墨；(d)～(f) 可膨胀石墨；(g)～(i) 膨胀石墨

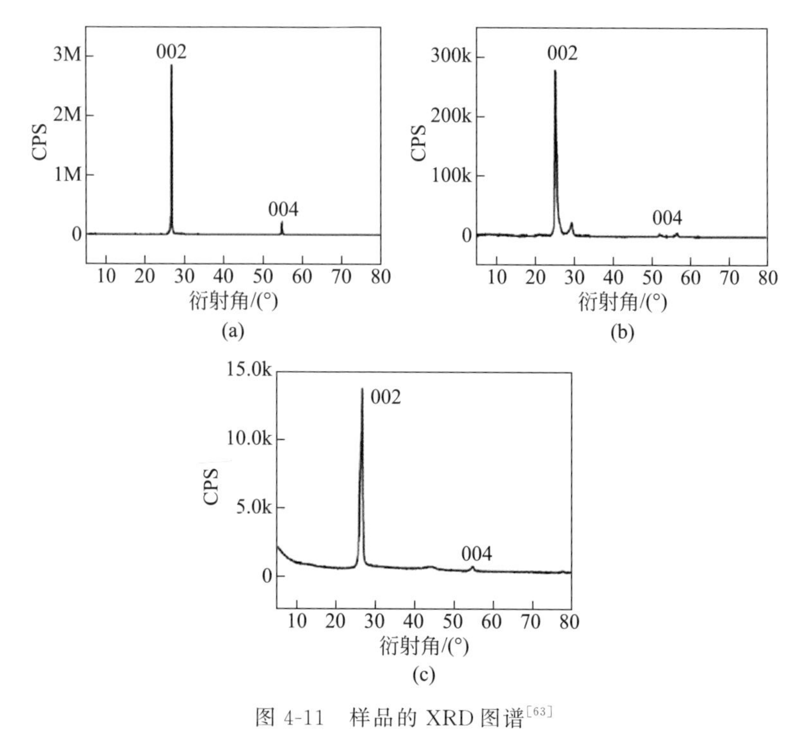

图 4-11 样品的 XRD 图谱[63]

(a) 天然石墨鳞片；(b) 可膨胀石墨；(c) 膨胀石墨

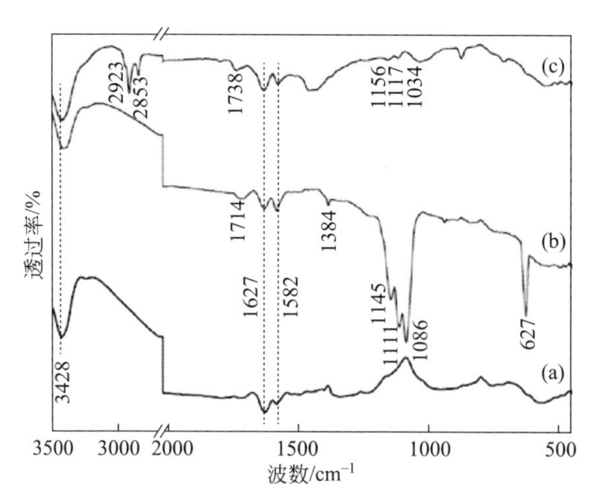

图 4-12 鳞片石墨、可膨胀石墨和膨胀石墨的 IR 图谱[63]

(a) 鳞片石墨；(b) 可膨胀石墨；(c) 膨胀石墨

从图 4-10 中的三组 SEM 图像可以明显看到：天然鳞片石墨层间的原始状态呈层片状结构(见图 4-10(a))，片层堆叠十分紧密，几乎无缝隙(见图 4-10(b)，(c))。可膨胀石墨外形较为规则，亦呈片状结构(见图 4-10(d))，但层间距明显增大，紧密排列的石墨片层被分成了厚度为几百纳米的石墨片，且层间边缘发生卷曲现象，有明显的凸出和胀裂的迹象(见图 4-10(e)，(f))。图 4-10(g)～(i)清晰地展现了膨胀石墨的微观形貌，石墨层间化合物(可膨胀石墨)在高温下沿 c 轴发生膨化，形成蠕虫状疏松多孔的膨胀石墨(见图 4-10(g))，膨化后的石墨片在可膨胀石墨的基础上进一步剥离成网状交叉石墨小片层，石墨原有的晶体结构遭到破坏，看不到原有整齐排列的石墨层，与膨化前相比，体积明显增大；其内部孔隙大小不一，呈开放与半开放状，多为狭缝形和狭缝楔形并互相连接(见图 4-10(h)，(i))[64-65]。

依据可膨胀石墨(石墨层间化合物)的合成及其膨化机制，解析鳞片石墨、可膨胀石墨和膨胀石墨的 SEM 结构的变化，可以认为：与鳞片石墨相比，可膨胀石墨层间距的增大归因于插层剂进入石墨层间，而石墨层边缘发生卷曲、凸出和胀裂的现象，则是氧化作用打开碳层大门的标志。这正是可膨胀石墨的氧化插层机制的宏观体现，即在氧化剂的作用下，碳层间的碳键发生断裂，使得插层剂进入石墨层间，形成石墨层间化合物(可膨胀石墨)。至于膨胀石墨蠕虫状疏松狭缝形和狭缝楔形多孔结构，无疑源于膨化过程中插层物的气化逸出所致。

由图 4-11 中三组 XRD 图谱可以看出：鳞片石墨的特征衍射峰为 002 峰(衍射角＝26.57°，$d_{002}=0.335$nm)和 004 峰(衍射角＝54.69°，$d_{004}=0.168$nm)，衍射峰强度大，峰形尖锐(见图 4-11(a))；说明天然鳞片石墨微晶片层的空间排列非常完整，结晶度高，与 SEM 形貌吻合(见图 4-10(b)、(c))。可膨胀石墨的特征衍射峰强度比鳞片石墨显著降低，且出现宽化(见图 4-11(b))，而且 002 峰分裂为三个衍射峰(衍射角＝25.46°，$d_{002}=0.349$nm；衍射角＝26.57°，$d_{002}=0.335$nm；衍射角＝29.48°，$d_{002}=0.301$nm)，004 峰分裂成两个衍射峰(衍射角＝52.22°，$d_{004}=0.175$nm 和衍射角＝56.63°，$d_{004}=0.162$nm)，标志着插层剂进入石墨层间，层间距变大，结晶度变差，石墨微晶单元叠层减少[66-67]，亦与 SEM 形貌吻合(见图 4-10(e)、(f))。膨胀石墨特征衍射峰形(见图 4-11(c))与鳞片石墨(见图 4-11(a))基本一致，但衍射峰强度远低于鳞片石墨，而峰半高宽($\beta=0.558$)却略大于鳞片石墨($\beta=0.251$)，这表明，尽管可膨胀石墨膨化后沿 c 轴形成蠕虫状疏松多孔的膨胀石墨(见图 4-10(g)～(i))，石墨微晶单元叠层进一步减小，但膨胀石墨的基本组成单元——碳晶层的结构没有发生变化[68-69]。

仔细观察图 4-12 中的三组 IR 图谱，不难发现：与鳞片石墨的 IR 图谱相比，可膨胀石墨的 IR 图谱在 $1100cm^{-1}$ 和 $630cm^{-1}$ 附近出现了很强的特征峰，其中 1145～$1086cm^{-1}$ 为 ClO_4^- 特征吸收峰，$627cm^{-1}$ 为 O—Cl 的吸收峰[63,69]，说明可膨胀石墨中含有 ClO_4^- 和 $HClO_4$；$1384cm^{-1}$ 特征吸收峰的出现，亦表明可膨胀石墨中还存在硝酸根离子 NO_3^-；而 $1714cm^{-1}$ 特征吸收峰的产生，则意味着石墨被高锰酸钾氧化形成了羧基(—COOH)类含氧基团[70]。膨胀石墨 IR 图谱中的 ClO_4^- 和 NO_3^- 特征吸收峰比可膨胀石墨明显减弱，表明可膨胀石墨中的酸根离子在膨化过程中大部分热解形成气体逸出；新出现的 $1738cm^{-1}$ 特征吸收峰为羰基(—C ═O)伸缩振动峰[71]，$2923cm^{-1}$、$2853cm^{-1}$、$1452cm^{-1}$分别对应亚甲基的反对称伸缩振动、对称伸缩振动和弯曲振动，可能是在加热膨化过程中，可膨胀石墨的表面基团氧化形成的表面功能团[72-73]。在鳞片石墨、可膨胀石墨和膨胀石墨的 IR 图谱中共有的特征峰有三个，其中，$1582cm^{-1}$ 特征峰为石墨碳六方环中 sp^2 杂化 C═C 伸缩振动峰[74]，$1627cm^{-1}$ 为芳环骨架振动[75]，这再次佐证原料石墨、可膨胀石墨和膨胀石墨的基本组成单元——碳晶层结构相同；$3428cm^{-1}$吸收峰附近出现了较宽的吸收带，这是样品本身游离水或压片时 KBr 带有的微量水分 O—H 伸缩振动[76]。

(3) 膨胀石墨的形成机理

关联图 4-10～图 4-12，可将 $HClO_4/NH_4NO_3/KMnO_4$ 体系低温高倍率膨胀石墨的形成机理描述为：①氧化插层。在氧化剂($KMnO_4$)的作用下首先在石墨表面形成羧基(—COOH)类含氧官能团，同时在石墨层边缘和层间接枝插层剂的含氧基团(ClO_4^-，NO_3^- 等)，打开石墨层，使得高氯酸根离子 ClO_4^-、$HClO_4$ 和硝酸根离子 NO_3^- 插入层间，造成石墨的晶体结构完整性下降，层间距增大；②加热膨化。在一定的膨化温度下，可膨胀石墨的层间插层剂 ClO_4^-，NO_3^- 等热解气化逸出，撑开并破坏了原有的石墨片层结构，无序度增加，形成丰富的孔隙结构，石墨的结晶度进一步降低，但其基本组成单元——碳晶层的结构不会改变。

显然，可膨胀石墨的结晶度变差归因于插层作用，而膨胀石墨的结晶度变差则是由于石墨片层结构的破坏与缝状网络孔隙结构的形成。

6. $HClO_4/H_3PO_4/(CH_3CO)_2O/CrO_3$ 体系

徐铭等[77-78]以不同粒度的天然鳞片石墨(纯度>99%)为原料，采用高氯酸($HClO_4$)、磷酸(H_3PO_4)和乙酸酐($(CH_3CO)_2O$)为插层剂，三氧化铬

(CrO_3)为氧化剂，研究了石墨粒度以及插层剂种类对合成低温可膨胀石墨膨化性能的影响。

(1) 石墨粒度对膨化性能的影响

采用 $HClO_4/H_3PO_4/(CH_3CO)_2O/CrO_3$ 氧化插层体系，在石墨：$HClO_4$：H_3PO_4：$(CH_3CO)_2O$：CrO_3(质量比)=1：3：2.3：1.4：0.18，插层温度 40℃、插层时间 70min 插层条件下，合成的可膨胀石墨，具有低温易膨胀性能。如表 4-9 所示，170℃开始膨胀，膨胀体积随膨化温度的上升逐步提高；在同一膨化温度下，膨胀体积随鳞片石墨粒度的增加而提高，其中粒度 30 目(>600μm)的鳞片石墨所制可膨胀石墨，在 300℃的膨胀体积达到 350mL/g，而 80 目(>180μm)鳞片石墨获得可膨胀石墨的膨胀体积只有 240mL/g。

表 4-9　不同粒度鳞片石墨所制可膨胀石墨在不同温度下的膨化体积[77]

膨化温度/℃	膨化体积/mL·g^{-1}		
	30 目(>600μm)	50 目(>300μm)	80 目(>180μm)
170	80	60	55
200	120	100	90
230	170	150	115
260	230	205	160
280	285	250	200
300	350	300	240

(2) 插层剂种类对膨化性能的影响

分别以 $HClO_4$，$HClO_4/H_3PO_4$ 和 $HClO_4/H_3PO_4/(CH_3CO)_2O$ 为插层剂，取 30 目(>600μm)、50 目(>300μm)和 80 目(>180μm)天然鳞片石墨各 3g，插层剂总量为 15mL，插层温度 40℃，插层时间 60min，膨化温度 300℃，其他因素固定不变，研究插层剂种类对膨胀体积的影响，结果见表 4-10。

表 4-10　插层剂种类对可膨胀石墨膨化体积的影响[63]

插层剂	膨化体积/mL·g^{-1}		
	30 目(>600μm)	50 目(>300μm)	80 目(>180μm)
$HClO_4$	310	260	200
$HClO_4/H_3PO_4$	325	270	210
$HClO_4/H_3PO_4/(CH_3CO)_2O$	340	290	230

从表4-10即可发现，复合插层剂的插层效果优于单一插层剂，采用复合插层剂 $HClO_4/H_3PO_4/(CH_3CO)_2O$，不仅能够制备出具有低温易膨胀特性的可膨胀石墨，而且还在一定程度上可提高可膨胀石墨的抗氧化性。其因在于，有机酸 $(CH_3CO)_2O$ 具有明显低温易分解的特点，而 H_3PO_4 可以增强膨胀石墨的抗氧化能力[79-80]，复合酸的协同作用有利于提高无硫可膨胀石墨的膨化体积。

值得一提的是：该工艺用 CrO_3 取代了常用的氧化剂 $KMnO_4$，既保证了合成可膨胀石墨的膨化倍率，又解决了可膨胀石墨水洗过程中难以脱色的困惑。这是因为 CrO_3 和 $KMnO_4$ 作为氧化剂，合成可膨胀石墨的膨化体积差别不大，但是 $KMnO_4$ 的热稳定性较差，受热易分解并产生 MnO_2 等难溶物，会造成水洗过程中难以脱色等缺点，故而选择 CrO_3 作为氧化剂。

7. $HClO_4/NaClO_3/KMnO_4$ 体系

为了降低插层反应中产生的重金属离子锰离子的量，减轻重金属污染，同时减少洗涤工艺中所需双氧水的用量，使得反应后的废液更易处理，反应的安全性更好，周丹凤[61]以高锰酸钾（$KMnO_4$）和氯酸钠（$NaClO_3$）的混合物为氧化剂，在石墨(g)∶$HClO_4$(mL)∶$NaClO_3$(g)∶$KMnO_4$(g)＝1∶4∶0.2∶0.08，插层温度35℃，插层时间80min插层条件下，进行低温可膨胀石墨的制备，获得了起始膨胀温度110℃，300℃的膨胀容积为360mL/g，400℃的膨胀容积可达590mL/g的可膨胀石墨。

4.6 流延成型技术

流延成型是一种常用的成型方法，在陶瓷生产中已广泛应用，但在特定取向的石墨制品的工业生产中却鲜有报道。

4.6.1 流延工艺及其特征

流延工艺是将基料粉体与专用调配的试剂混合，使之形成具有一定黏性的浆料，然后通过挤出或用刮刀使浆料均匀涂布在聚酯薄膜上，待浆料中的溶剂挥发后，形成一定厚度的层片。流延成型法具有高效、稳定的特点，广泛用于薄膜、电路基板、片式电容电感的工业化生产。

流延工艺除起到成型作用外，还具有使特定形状的晶体基料在浆料中定向排列的作用。这种作用是通过流延刀口对浆料的剪切力实现的，浆料在快速通过刀口时，浆料中原本杂乱排列的晶体基料粉粒在剪切力的作用下转向或倒伏，沿剪切力的方向定向排列，如图4-13所示。流延工艺定向的优点在于晶体基料粉粒在液态浆料中的转向阻力小，因而易形成较好的定向排列结构。

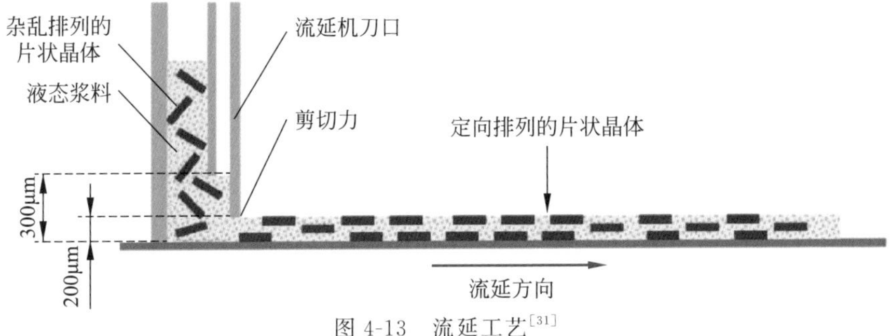

图4-13 流延工艺[31]

鳞片石墨具有理想的层片状结构，十分适合在流延工艺中作为片状晶体而定向排列；膨胀石墨不仅保持了鳞片石墨的片层状结构，还因插层膨化拉大了片层间距，减弱了石墨片层间的作用，使得石墨片层更容易在流延工艺中定向排列。因此，以鳞片石墨和膨胀石墨为基料，通过流延成型工艺均可以制备出高热导率的定向石墨基片层材料。

与压延成型法相比，流延成型法更适宜于制备较薄的高定向(片、纸、膜)石墨基复合材料。

4.6.2 流延体系的组成

流延体系主要包括溶剂、黏结剂以及用来改善浆料整体工艺性能的其他添加剂。

1. 溶剂

用于流延体系的溶剂，要求易挥发、无污染并与体系黏结剂有较好的相容性。流延体系通常要求基料固形物的含量越高越好，以提高产品的密度，因此需尽量减少溶剂的用量，并要求黏结剂在溶剂中的溶解度尽可能高，同时流动性要好。

溶剂一般分为水系和有机体系两大类，水系指水或水溶液为溶剂，常用的有机体系溶剂主要有无水乙醇、丁酮、N-甲基吡咯烷酮(N-methylpyrrolidone，NMP)等。

2. 黏结剂

在流延体系中，黏结剂不但要与溶剂以较大比例相溶，而且还需与基料晶粒以及基体/基板材料有很好的结合性能。基于黏结剂多为长链高分子有机物,往往还需要兼具分散和对基料晶粒表面改性的作用,因此黏结剂还需与基料晶粒表面有良好的相互作用。

常用的水系黏结剂有聚乙烯醇(polyvinyl alcohol,PVA)、丁苯橡胶(styrene butadiene rubber,SBR)乳液等;有机体系常用的黏结剂有聚乙烯醇缩丁醛(polyvinyl butyral,PVB)、聚偏氟乙烯(polyvinylidene fluoride,PVDF)、聚四氟乙烯(polytetrafluoroethylene,PTFE)等。对于一些后期可能需要进行热处理的制品,有时也选用沥青、环氧树脂、酚醛树脂等高残炭物质作为浆料的黏结剂。

3. 其他添加剂

对于流延体系的浆料,不仅其中的基料固形物必须分散均匀,以保证最终产品的一致性,而且还要求浆料有一定的黏度,同时浆料还必须有好的流动性。因此,要制备高品质的流延产品,浆料中的固体基料往往需要有良好的分散性,必要时还需要辅以额外的分散剂。

由于流延体系的剪切力随浆料黏度增大而上升,而浆料黏度太大会造成流动性降低,使得基料晶体颗粒无法顺利通过刀口,难以保证流延产品的均一性。加入少量的增塑剂可以明显改善浆料的工艺性能。另外,在浆料的混合过程中有可能产生大量的气泡,当气泡特别细小时,后期的真空除泡效果有可能会不理想,此时可以通过添加少量的除泡剂来减少混合过程中产生的气泡。

用于流延体系的添加剂主要有:SBR、羧甲基纤维素钠(sodium carboxymethylcellulose,Na-CMC)、PVB、液体石蜡和沥青等。

4. 几种流延体系的比较

周少鑫[31]对可供选择的黏结剂/溶剂体系进行了多种组合试验,同时对分散剂、除泡剂的种类和用量以及固形物含量进行了反复研究,最终确定了几种有效的流延体系,结果见表4-11。

表 4-11 几种有效的流延体系[31]

指标	水系	有机体系	
溶剂	水	乙醇-丁酮共沸溶液	甲苯
黏结剂	丁苯橡胶乳液	PVB	浸渍剂沥青
分散剂	羧甲基纤维素钠	液体石蜡	无

续表

指标	水系	有机体系	
固形物基料含量	质量分数 40%	质量分数 40%	质量分数 33%
性能比较	水清洁、便宜、易清理 挥发过程无污染 玻璃基板浸润良好 聚丙烯膜难浸润 干燥时间 3h	丁酮相对较贵 乙醇挥发存在安全隐患 玻璃基板浸润良好 聚丙烯膜浸润良好 干燥时间 0.5h	甲苯有刺激性 挥发物对健康危害大 玻璃基板浸润良好 聚丙烯膜浸润一般 干燥时间 3h

相比之下，水系流延工艺成本最低，且整个制备过程安全、无污染，是理想的流延工艺体系。同时水系流延样品与玻璃基板浸润良好，结合力强，可以直接应用于工业生产。也正是由于水系流延样品与玻璃基板的结合力强，以致无法完成其从玻璃基板上的剥离。而水系流延样品与流延膜带（聚丙烯膜）的浸润性很差，因而很难在流延膜带上有效形成均匀的薄膜。

以乙醇-丁酮共沸溶液/PVB 胶为基础的有机体系流延样品工艺性能优良，与玻璃基板和流延膜带均有良好的浸润效果，可以在流延膜带上形成可完整剥离的均匀薄膜。

而甲苯/沥青体系的有机流延工艺，是基于流延制品后期的炭化石墨化处理预期设计的。黏结剂在溶剂中的溶解度要求很高，只有甲苯才能符合沥青的要求。但因甲苯具有很强的刺激性和较大的毒性，大量采用甲苯作为流延溶剂会造成严重污染，因此该流延体系在实际生产中基本不采用。

4.6.3　流延法制备高热导率定向石墨/高分子复合片层材料

作者所在的课题组[81]以天然鳞片石墨为基料，PVB 为黏结剂，聚乙二醇（polyethylene glycol，PEG）和邻苯二甲酸二丁酯（dibutyl phthalate，DBP）混合物为增塑剂，采用流延工艺在室温下制备出高热导率定向天然鳞片石墨复合材料。图 4-14 和图 4-15 分别为流延法天然鳞片石墨复合材料的 SEM 形貌和 XRD 图谱。这里复合材料试样中天然鳞片石墨的含量为质量分数 93%。

比较图 4-14 和图 4-15 可以看出，在流延天然鳞片石墨复合物中，绝大部分片层石墨颗粒向流延方向平行倾斜（见图 4-14(a)），表明浆料在通过流延机刀口时受到剪切力的作用，其中的片层石墨颗粒倒伏转向平行排列；而

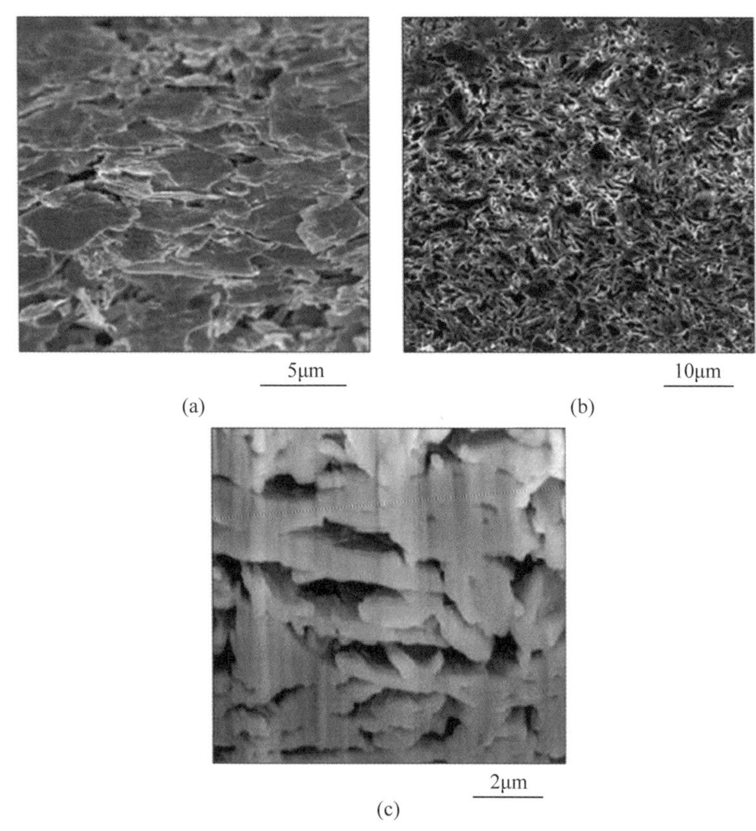

图 4-14　流延法天然鳞片石墨复合材料的 SEM 形貌[81]

(a) 平行于流延方向的表面；(b) 垂直于流延方向的截面(离子束切割制样)；

(c) 垂直于流延方向的截面(FIB-SEM)

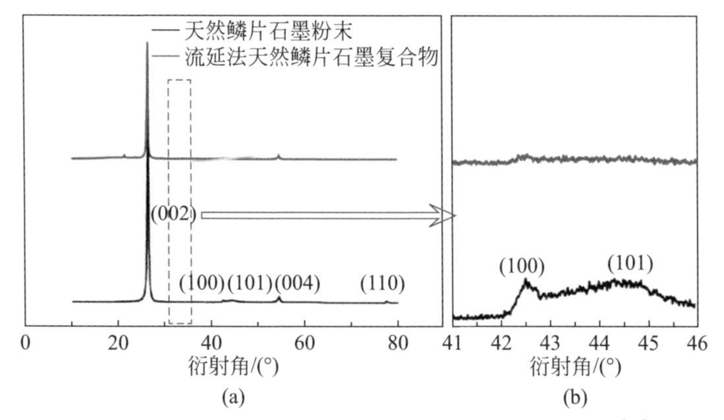

图 4-15　流延法天然鳞片石墨复合材料的 XRD 谱图[81]

垂直于流延方向的石墨颗粒截面，除小部分石墨颗粒处于杂乱无序状态外，大部分的石墨颗粒的片层面亦趋于倾斜或平行于流延方向（见图 4-14(b)和(c)）。比较流延法制备天然鳞片石墨复合物与天然鳞片石墨粉末的 XRD 谱图可以发现，天然鳞片石墨粉末与流延法天然鳞片石墨复合物中石墨晶体的基平面(002)衍射峰均非常强（见图 4-15(a)），而流延法天然鳞片石墨复合物在(100、101)峰位的衍射强度则比石墨晶粒随机取向的天然鳞片石墨粉末呈现出非常明显的弱化（见图 4-15(b)），这说明流延法制备天然鳞片石墨复合物中与(100、101)晶面平行的石墨颗粒数量减少了，而与(002)晶面平行的石墨颗粒数量增加了。关联图 4-14 和图 4-15，即可说明采用流延法可以制备高取向的石墨复合材料。

进行热导率测试发现[81]，片层复合材料的热导率随着定向排列程度的提高而增大。清华大学课题组[31,81]通过优化黏结剂用量（PVB 质量分数 7%）和流延刀口高度（300μm）制备的天然鳞片石墨复合材料，热导率最高可达 490W/(m·K)，且在 25～100℃温度区间的变化率很小（见图 4-16）。

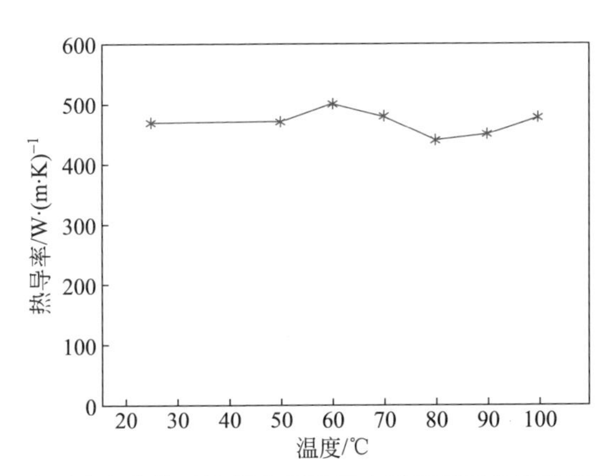

图 4-16　采用流延法生产的天然鳞片石墨复合材料平面热导率随温度的变化[81]

4.7　膨胀石墨产品的应用

4.7.1　密封

膨胀石墨最大的用途是作为柔性石墨密封材料，与传统的密封衬料（如石棉、橡胶、纤维素及其复合衬料）相比，柔性石墨具有一系列优点[82]。

1. 耐热性能优良

柔性石墨在空气中适用范围为－200～450℃，在真空或还原性气氛中可用到3000℃，且热膨胀系数极小，在低温下发脆、不炸裂，在高温下不软化、不蠕变。

2. 密封性能优良

柔性石墨具有较高压缩回弹性，一般压缩率可达50%，回弹率不低于20%；当压缩率为12%时，回弹率可达70%。应力松弛率低，一般仅为石棉板的1/3，即使在100℃-22h的处理条件下，其应力松弛率一般也不超过5%。同时，柔性石墨还具有不渗透性。

3. 耐化学腐蚀性

柔性石墨几乎对所有的酸、碱、盐、有机溶剂、油类、海水均有较好的稳定性，但在王水、铬酸、浓硫酸和浓硝酸中会有腐蚀。

4. 耐辐射性

柔性石墨在各种放射线的长期照射下不变质，性能也不发生变化，可以用作核工业和宇航器件中的密封材料。

自从1963年由美国联合碳化物公司（UCC）研制成柔性石墨密封材料，并于1968年成功地应用于原子能工业以来，世界各国都开始了这一新型材料的研究和开发[83]。我国于1978年开始研制柔性石墨密封材料，上海材料研究所和北京电碳厂率先研制成功[84-85]。其中，上海材料研究所[86]制备的柔性石墨密封材料试用于上海炼油厂催化裂化烟气能量回收、热裂化装置等。试用结果表明：①在催化裂化烟气能量回收中，用作耐温640℃以上（短时可达740℃）、压力2.5kg/cm^2（绝对压力，相当于2.5×10^5Pa）、口径800mm闸阀的高温弹性密封材料。经冷、热态试验无泄漏，开关灵活。②用于热裂化装置6个关键部位的阀门填料函，使用温度270～450℃、压力25kg/cm^2（即2.5×10^6Pa），密封效果较好。③用作热裂化、催化、酚精制、丙烷脱沥青等装置7只仪表气体鼓膜调节阀阀门填料，操作温度－10～450℃，压力6～44kg/cm^2（即0.6～4.4MPa），经实际使用考察，符合要求。④石蜡车间30余只蜡油蒸气阀用作密封填料，润滑性好且不泄漏。北京电碳厂可以生产规格为500mm×200mm的各种厚度（1.5～0.3mm）的柔性石墨片。这些柔性石墨密封件均已成功地应用于高温气动阀的填料环和其他高低温密封装置上[85]。

目前，柔性石墨及其复合材料已在石油化工、机械、冶金、电力、原子能和航空等部门得到了广泛应用，效益十分显著。随着世界各国对含石棉密封材料越来越严格的限制，柔性石墨作为一种性能优异的非石棉密封材料，受到了越来越广泛的重视。

4.7.2　散热

锂离子电池拥有高放电电压、高能量密度、高功率密度以及良好的循环性能，已经在手机、相机、手提电脑等便携式电子设备中得到广泛应用[87]，也是新一代混合动力汽车和电动汽车的优秀动力源[88]。但是锂离子电池在工作过程中产生的热量如果不能及时散出，不仅会降低电池的容量，还有可能因为高温触发电池内部的放热反应，造成热失控，引发火灾、爆炸等危险[89-90]，因此必须对锂离子电池组进行相应的热管理。

锂离子电池组的热管理，不仅需要将温度控制在合理范围，而且体系内电池与电池的温差也不能过大，否则部分电池容量过早耗尽，会影响整个电池组放电的稳定性。多数相变材料的热导率比较低，利用膨胀石墨吸附相变材料不仅可以大大提高相变材料的热导率，同时可以保证相变前后相变材料不发生泄漏，保持形态的完整，应用前景非常广阔。

张国庆等[91]将膨胀石墨与石蜡进行复合，并经过压制工艺制成板状膨胀石墨/石蜡复合材料，而后应用在动力电池热管理中，对单体电池和电池模块在1.0C和1.5C放电倍率下进行散热，并与相同条件下采用空气散热的效果进行对比。结果表明，在1.0C和1.5C放电倍率下，采用膨胀石墨/石蜡复合材料散热，单体电池和电池模块的电池最高温度与最大温差均低于空气散热的温度。这表明膨胀石墨/石蜡复合材料对动力电池具有较好的散热效果，并且能对电池温度的均衡性进行较好的控制。

孙滔[92]分别选用膨胀石墨/石蜡和膨胀石墨/聚乙二醇1000复合材料用于电子器件散热器中，研究散热器填充复合相变材料后的散热性能和抗热冲击性能。结果表明：填充膨胀石墨/聚乙二醇1000复合相变材料的散热器在发热功率为5～10W时就可发生相变，储存热量，控制模拟芯片升温速率。填充石蜡/膨胀石墨复合相变材料散热器对模拟芯片温度升高的反应略慢，需发热功率达到10W以上才能发生相变，但因其相变焓值高，因而可储存更多热量，控温持久性更强。这说明以膨胀石墨为基体，制备适宜的膨胀石墨基复合相变材料，进行电子相变温控装置的结构优化，利用相变材料拥有较高的相变潜热和恒定的相变温度等特点,可以实现对电子器件的有效温度控制。

4.7.3 其他

基于膨胀石墨的多孔、低密度和母体石墨的本征性能[93],这种材料在吸油和环保[94-95]、烧伤治疗[96-97]、隐身屏蔽[98-99]、燃料电池双极板[100-101]等方面均得到了广泛的应用。

参考文献

[1] Chung D D L. Exfoliation of graphite[J]. Journal of Materials Science, 1987, 22(12): 4190-4198.

[2] 康飞宇. 石墨层间化合物和膨胀石墨[J]. 新型碳材料, 2000, 15(4): 80.

[3] Chung D D L. A review of exfoliated graphite[J]. Journal of Materials Science, 2016, 51(1): 554-568.

[4] 康飞宇. 柔性石墨的生产和发展[J]. 新型碳材料, 1993, 8(3): 15-17.

[5] 任京成, 沈万慈, 杨赞中, 陈从喜. 膨胀石墨——一种新型环境材料[J]. 中国非金属矿工业导刊, 1999(3): 25-26.

[6] 沈万慈. 柔性石墨——一个新产业的发展与展望[J]. 新型碳材料, 1996, 11(4): 24-27.

[7] 康飞宇, 干林, 吕伟. 储能用碳基纳米材料[M]. 北京: 科学出版社, 2020.

[8] Brodie B C. Sur le poids atomique du graphite[J]. Annales de Chimie et de Physique. 1860, 59: 466-472.

[9] 沈万慈, 祝力, 侯涛, 刘英杰. 石墨层间化合物(GICs)材料的研究动向与展望[J]. 炭素技术, 1993(5): 22-28.

[10] 董永利, 周国江, 丁慧贤, 袁福龙. 膨胀石墨的制备工艺与应用[J]. 黑龙江水专学报, 2010, 37(3): 59-63.

[11] 樊邦棠. 一种新颖工程材料——膨胀石墨[J]. 化学通报, 1987(10): 34 39.

[12] 赵正平. 可膨胀石墨及其制品的应用及发展趋势[J]. 中国非金属矿工业导刊, 2003(1): 7-9.

[13] 曾庆森. 介绍一种国内首创的石墨制品生产设备——柔性石墨纸、板生产线[J]. 湖南大学学报, 1988(3): 130.

[14] 刘秀瀛, 陈景国, 康飞宇, 沈万慈, 李凤华. 可膨胀石墨制造方法及其装置[P]. CN1061387. 1992-05-27.

[15] 沈万慈, 康飞宇, 刘英杰, 李友国, 刘秀瀛. 可膨胀石墨的制造方法[P]. CN1061388A. 1992-05-27.

[16] 刘英杰，李友国，刘旋，沈万慈，刘秀瀛，康飞宇. 可膨胀石墨制造装置及其方法[P]. CN1070889. 1993-04-14.
[17] 沈万慈. 阳极氧化法制造可膨胀石墨新技术和新产品通过国家部委级鉴定[J]. 新型碳材料,1992, 7(1): 79.
[18] 康飞宇. 石墨层间化合物的研究与应用前景[J]. 新型碳材料,1991, 6(3-4): 89-97.
[19] Dresselhaus M S, Dresselhaus G. Intercalation compounds of graphite[J]. Advances in Physics, 2002,51(1): 1-186.
[20] 郜攀，张连红，单晓宇. 膨胀石墨制备方法的研究进展[J]. 合成化学，2016, 24(9): 832-836.
[21] 林雪梅. 可膨胀石墨的化学氧化法制备研究进展[J]. 炭素，2005(4): 44-48.
[22] 罗立群，安峰文，田金星. 石墨插层技术的筛选和应用现状[J]. 现代化工，2016, 36(11): 32-36.
[23] Yaroshenko A P, Savos'kin M V, Magazinskii A N, Shologon V I, Mysyk R D. Synthesis and properties of thermally expandable residual graphite hydrosulfite obtained in the system HNO_3-H_2SO_4[J]. Russian Journal of Applied Chemistry, 2002,75(6): 861-865.
[24] Kang F Y, Leng Y, Zhang T Y. Influences of H_2O_2 on synthesis of H_2SO_4-GICs[J]. Journal of Physics and Chemistry of Solids, 1996, 57(6-8): 889-892.
[25] 杨东兴，康飞宇，郑永平. 用 H_2O_2-H_2SO_4 合成低硫 GIC 的研究[J]. 炭素技术,2000(2): 6-10.
[26] 李冀辉，黎梅，扈海英，高凤格. 制备低硫可膨胀石墨的新方法[J]. 新型碳材料，1999, 14(1): 65-68.
[27] 周伟，董建，兆恒，沈万慈，康飞宇. 膨胀石墨结构的研究[J]. 炭素技术，2000(4): 26-30.
[28] 靳通收，马艳然，李强. 可膨胀石墨的制备[J]. 无机化学学报，1997, 13(2): 231-233.
[29] Michio Inagaki, Feiyu Kang. Carbon Materials Science and Engineering—From Fundamentals to Applications[M]. Beijing: Tsinghua University Press, 2006.
[30] 马烽，程立媛，杨晓勇. 石墨层间化合物的合成及微波膨化工艺研究[J]. 山东轻工业学院学报，2009, 23(3): 13-16.
[31] 周绍鑫. 碳基平面导热材料的设计、制备与表征[D]. 北京：清华大学,2013.
[32] 沈万慈. 新型柔性石墨"八五"攻关成果通过国家鉴定[J]. 新型碳材料，1996, 11(2): 42.
[33] 应道宴. 柔性石墨垫片的性能和要求[J]. 石油化工设备技术，1993, 14(2): 11-12.
[34] 顾家琳，高勇，康飞宇，沈万慈. 柔性石墨板的力学性能与微观结构的关系[J]. 新型碳材料，2001, 16(1): 53-58.
[35] 赵云霞. 添加剂——磷酸对柔性石墨材料性能的影响[J]. 非金属矿，2014, 37(6): 17-18.

[36] 张红波，刘洪波，许章色．添加剂——硼酸对柔性石墨性能的影响[J]．非金属矿，1994(2)：34-35.
[37] 赵云霞，任京成，周立娟．钼酸铵改善柔性石墨材料性能的研究[J]．非金属矿，2015，38(2)：32-34.
[38] 谢苏江，蔡仁良．纤维增强柔性石墨——橡胶密封材料的制备及性能研究[J]．新型碳材料，1997，12(4)：56-60.
[39] 刘洪波，胡贵春，张红波．短切碳纤维增强柔性石墨复合材料研究[J]．非金属矿，1999，22(6)：5-6+12.
[40] 颜华，顾家琳，豊田昌宏，高勇，康飞宇．膨胀碳纤维增强柔性石墨复合材料力学性能研究[J]．材料科学与工程学报，2003，21(2)：157-161.
[41] Fu S Y, Lauke B. Effects of fiber length and fiber orientation distributions on the tensile strength of short-fiber-reinforced polymers[J]. Composites Science and Technology, 1996, 56(10): 1179-1190.
[42] Rezaei F, Yunus R, Ibrahim N A. Effect of fiber length on thermomechanical properties of short carbon fiber reinforced polypropylene composites [J]. Materials & Design, 2009, 30(2): 260-263.
[43] Dowell M B, Howard R A. Tensile and compressive properties of flexible graphite foils[J]. Carbon, 1986, 24(3): 311-323.
[44] 林雪梅，潘功配．$HClO_4/H_2SO_4$ 混酸体系制备低硫可膨胀石墨的研究[J]．精细石油化工，2005，22(6)：48-51.
[45] 林雪梅，潘功配．$HClO_4/H_2SO_4$ 体系制备的低硫可膨胀石墨的结构与性能[J]．非金属矿，2005，28(5)：8-10.
[46] 金秋云．过二硫酸铵氧化制备柔性石墨[J]．哈尔滨理工大学学报，2001，6(3)：105-106+109.
[47] 王慎敏，周群，乔英杰．低硫可膨胀石墨制备新工艺[J]．应用化学，2000，17(1)：93-95.
[48] 王立松．抗氧化低硫柔性石墨材料的研究[J]．炭素，2004(1)：22-24.
[49] 乔英杰，吴培莲，武湛君，王慎敏，王殿富．高抗氧化低硫柔性石墨复合密封材料研究[J]．哈尔滨工业大学学报，2002，34(1)：19-21.
[50] 吴会兰，张兴华．低温可膨胀石墨的制备[J]．非金属矿，2011，34(1)：26-28.
[51] 苗常岚，孔风文，张洪建．无硫可膨胀石墨生产方法：中国，140146[P]．1997-01-15.
[52] 涂文懋，邹琴，潘群，李妍妍，罗健铭．无硫高膨胀倍数可膨胀石墨的制备研究[J]．武汉理工大学学报，2012．34(4)：72-75.
[53] 金为群，权新军，蒋引珊，赵丽影．用磷酸酐制备无硫可膨胀石墨的研究[J]．非金属矿，2000，23(1)：18.
[54] 赵正平．混酸系(HNO_3/H_3PO_4)制备无硫可膨胀石墨[J]．非金属矿，2002，25(4)：26-28.
[55] 魏兴海，张金喜，史景利，郭全贵，要立中．无硫高倍膨胀石墨的制备及影响因素探讨[J]．新型碳材料，2004，19(1)：45-48.

[56] 魏兴海，刘朗，张金喜，史景利，郭全贵. $HClO_4$-GIC的制备及其柔性石墨的性能[J]. 新型碳材料，2007，22(4)：342-348.
[57] Wei X H, Liu L, Zhang J X, Shi J L, Guo Q G. $HClO_4$-graphite intercalation compound and its thermally exfoliated graphite[J]. Materials Letters, 2009, 63(18-19)：1618-1620.
[58] 田金星，周丹凤. 复合插层剂制备低温可膨胀石墨研究[J]. 武汉理工大学学报，2012，34(6)：87-90.
[59] 魏兴海，刘朗，张金喜，史景利，郭全贵. $HClO_4$-GIC的膨化性能[J]. 材料工程，2007(增刊1)：33-35.
[60] 魏兴海，刘朗，张金喜，史景利，郭全贵. 一种制备膨胀石墨的新方法及其压制品的性能研究[J]. 材料工程，2007(增刊1)：156-159.
[61] 周丹凤. 低温可膨胀石墨的制备研究[D]. 武汉：武汉理工大学，2012.
[62] 林雪梅. 低温可膨胀石墨的结构与性能研究[J]. 火工品，2006(5)：1-4.
[63] 罗立群，刘斌，王召，魏金明，安峰文. 低温可膨胀石墨的制备及插层过程特性[J]. 化工进展，2017，36(10)：3778-3785.
[64] 焦春磊，王会丽，张聪，邬娇娇，李姝谚，徐从斌，刘拓，张傑，林爱军. 低温电炉法制备膨胀石墨及其在染料废水处理中的应用[J]. 北京化工大学学报(自然科学版)，2015，42(5)：53-59.
[65] 罗立群，刘斌，安峰文. 膨胀石墨孔隙结构及表征方法研究进展[J]. 化工进展，2017，36(2)：611-617.
[66] 黄火根，张鹏国，陈向林，王勤国，郎定木. 膨胀石墨的形貌、成分与结构变化研究[J]. 材料导报，2015，29(8)：72-78.
[67] Kang F Y, Zheng Y P, Wang H N, Nishi Y, Inagaki M. Effect of preparation conditions on the characteristics of exfoliated graphite[J]. Carbon, 2002, 40(9)：1575-1581.
[68] 吴翠玲，翁文桂，陈国华. 膨胀石墨的多层次结构[J]. 华侨大学学报（自然科学版)，2003，24(2)：147-150.
[69] Ying Z R, Lin X M, Qi Y, Luo J. Preparation and characterization of low-temperature expandable graphite[J]. Materials Research Bulletin, 2008, 43(10)：2677-2686.
[70] 赵静，张红. 氧化石墨烯的可控还原及表征[J]. 化工进展，2015，34(9)：3383-3387.
[71] 蒋文俊，方劲，李哲罂，杨绪杰，陆路德，查培法，浦龙娟. 可膨胀石墨的制备及谱学特性研究[J]. 功能材料，2010，41(2)：200-203.
[72] 杨建国，吴承佩. 膨胀石墨的形貌结构与表面功能基团的XPS研究[J]. 材料科学与工程学报，2007，25(2)：294-297.
[73] Vermisoglou E C, Giannakopoulou T, Romanos G E, Boukos N, Giannouri M, Lei C, Lekakou C, Trapalis C. Non-activated high surface area expanded graphite oxide for supercapacitors[J]. Applied Surface Science, 2015, 358(A)：110-121.

[74] Stankovich S, Piner R D, Nguyen S T, Ruoff R S. Synthesis and exfoliation of isocyanate-treated graphene oxide nanoplatelets[J]. Carbon, 2006, 44(15): 3342-3347.

[75] 翁诗甫，徐怡庄. 傅里叶变换红外光谱分析[M]. 3 版. 北京：化学工业出版社，2017.

[76] 罗立群，谭旭升，田金星，舒伟，程琪林. 碱酸法提纯天然石墨的纯化过程与杂质演变特性[J]. 过程工程学报，2016，16(6)：987-994.

[77] 郭垒，张大志，徐铭. 低温易膨胀石墨的制备工艺研究[J]. 非金属矿，2011，34(4)：29-31.

[78] 郭垒. 可膨胀石墨的制备工艺及毫米波动态衰减性能[D]. 南京：南京理工大学，2012.

[79] 金为群，权新军，蒋引珊，肖丽，马丽艳. 无硫高抗氧化性可膨胀石墨制备[J]. 非金属矿，203，26(3)：25-26.

[80] 宫象亮，牟春博，张慧. 不同氧化剂制备无硫抗氧化可膨胀石墨的研究[J]. 中国非金属矿工业导刊，2007(6)：26-28.

[81] Zhou S X, Zhu Y, Du H D, Li B H, Kang F Y. Preparation of oriented graphite/polymer composite sheets with high thermal conductivities by tape casting[J]. New Carbon Materials, 2012, 27(4): 241-249.

[82] 康飞宇. 柔性石墨的生产和发展[J]. 新型碳材料，1993,8(3)：15-17.

[83] 谢苏江. 柔性石墨及其复合密封材料的研究和发展[J]. 化工设备与防腐蚀，2004(4)：50-52.

[84] 《机械工程材料》通讯员. 柔性石墨密封材料鉴定会在沪召开[J]. 机械工程材料，1979(6)：97.

[85] 《北京机械编辑部》. 北京电碳厂试制成功新型机械密封材料——柔性石墨[J]. 北京机械，1980(3)：50.

[86] 钱伯章. 柔性石墨密封材料[J]. 石油冶炼，1980(4)：43.

[87] Zhou J, Notten P H L. Studies on the degradation of Li-ion batteries by the use of microreference electrodes[J]. Journal of Power Sources, 2008, 177(2): 553-560.

[88] Kizilel R, Sabbah R, Selman J R, Al-Hallaj S. An alternative cooling system to enhance the safety of Li-ion battery packs[J]. Journal of Power Sources, 2009, 194(2): 1105-1112.

[89] 凌子夜，方晓明，汪双凤，张正国，刘晓红. 相变材料用于锂离子电池热管理系统的研究进展[J]. 储能科学与技术，2013，2(5)：451-459.

[90] Sabbah R, Kizilel R, Selman J R, Al-Hallaj S. Active (air-cooled) vs. passive (phase change material) thermal management of high power lithium-ion packs: Limitation of temperature rise and uniformity of temperature distribution[J]. Journal of Power Sources, 2008, 182(2): 630-638.

[91] 刘臣臻，张国庆，王子缘，吴伟雄，苏攀. 膨胀石墨/石蜡复合材料的制备及其在动力电池热管理系统中的散热特性[J]. 新能源进展，2014，2(3)：233-238.

[92] 孙滔. 膨胀石墨基复合相变材料电子芯片控温散热器的性能研究[D]. 广州：华南理工大学，2011.

[93] 康飞宇. 石墨层间化合物和膨胀石墨[J]. 新型碳材料，2000，15(4)：80.

[94] Kang F Y，Zheng Y P，Zhao H，Wang H N，Wang L N，Shen W C，Inagaki M. Sorption of heavy oils and biomedical liquids into exfoliated graphite—Research in China[J]. New Carbon Materials，2003，18(3)：161-173.

[95] 王鲁宁，陈希，郑永平，康飞宇，陈嘉封，沈万慈. 膨胀石墨处理毛纺厂印染废水的应用研究[J]. 中国非金属矿工业导刊，2004 (5)：59-62.

[96] 吕建中，于爱香，史绯绯，王肖蓉，申焕霞，沈万慈，曹乃珍，吕洛，宫耀宇. 膨胀石墨用于烧伤创面的研究[J]. 中国烧伤杂志，2002，18(2)：119-

[97] 郑路. 膨胀石墨生物医学敷料成型工艺和吸附性能研究[D]. 北京：清华大学，1999.

[98] 任慧，康飞宇，焦清介，崔庆忠. 掺杂磁性铁粒子膨胀石墨的制备及其对毫米波的干扰作用[J]. 新型碳材料，2006，21(1)：24-29.

[99] 任慧，焦清介，沈万慈，张同来. 干扰毫米波的膨胀型石墨层间化合物[J]. 弹箭与制导学报，2004，24(2)：373-375.

[100] 武涛. 柔性石墨质子交换膜燃料电池双极板的制备和表征[D]. 北京：清华大学，2004.

[101] 郑永平，武涛，沈万慈，康飞宇. 一种柔性石墨双极板及其制备方法[P/OL]. 中国，200410008461. X. 2004-03-12.

第5章　锂离子电池应用

锂离子电池是继铅酸电池、镍镉电池、镍氢电池之后出现的可充电电池[1]。1980年Mizushima等[2]首次发现了具有良好性能的锂离子电池正极材料钴酸锂($LiCoO_2$)，但是直到1990年索尼公司发现碳材料可以作为一种高安全性和稳定的负极材料，锂离子电池的商品化才真正得到推动。目前，锂离子电池已经广泛应用于电子信息产品、电动汽车、电动工具以及储能电站等领域。

5.1　锂离子电池中的天然石墨材料

5.1.1　锂离子电池的构成及其工作原理

锂离子电池的工作原理如图5-1所示，它主要包括正极、负极、电解液以及隔膜四个部分[1]。以$LiCoO_2$/石墨电池为例，在充电过程中Li^+从

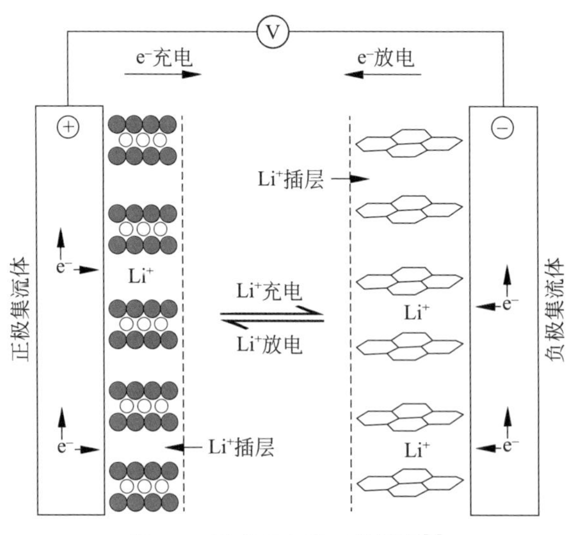

图5-1　锂离子电池工作原理[2]

$LiCoO_2$ 中脱出，形成 $Li_{1-x}CoO_2$，Li^+ 经过电解液后扩散到石墨负极表面，然后插入石墨层间，形成石墨层间化合物。在放电过程中，Li^+ 从石墨层间脱出，经过电解液扩散到正极表面，嵌入 $Li_{1-x}CoO_2$ 的晶格中形成 $LiCoO_2$。

上述过程的电极反应分别为：

正极：$LiCoO_2 \rightleftharpoons Li_{1-x}CoO_2 + xLi^+ + xe^-$

负极：$6C + xLi^+ + xe^- \rightleftharpoons Li_xC_6$

电池总反应：$LiCoO_2 + 6C \rightleftharpoons Li_{1-x}CoO_2 + Li_xC_6$

5.1.2 锂离子电池电极材料

1. 正极材料

锂离子电池正极材料一般应具备以下几个特点：(1)具有较高的氧化还原电位(相对于 Li^+/Li)，并具有稳定的充放电电压平台和高的比容量；(2)在脱嵌锂过程中具有良好的晶体结构稳定性；(3)与有机电解液的相容性好；(4)具有高的电子和离子电导率；(5)成本较低，对环境友好。

目前，商业化的正极材料主要包括层状的钴酸锂($LiCoO_2$，LCO)、镍酸锂($LiNiO_2$，LNO)，尖晶石型的锰酸锂($LiMn_2O_4$，LMO)、三元材料($LiNi_xCo_yMn_{1-x-y}O_2$，NCM)以及橄榄石型的磷酸铁锂($LiFePO_4$，LFP)等[3]。

2. 负极材料

与正极材料的多样性不同，目前商用化的锂离子电池负极材料仍是以碳材料为主，主要分为石墨类材料和非石墨类材料[4]。石墨类材料主要包括天然石墨、人造石墨和中间相炭微球(MCMB)，具有电压平台稳定和无电压滞后等优点；非石墨类碳材料主要包括硬炭和软炭材料。硬炭是指将具有特殊结构的高分子在1000℃左右热分解得到的一种碳材料，这类材料在2500℃以上也难以石墨化；软炭是指本身不具有石墨化结构，但是热处理温度达到石墨化温度后，可以形成良好石墨化结构的一类碳材料。近年来，碳纳米管、纳米碳纤维及石墨烯等纳米碳材料作为潜在的负极材料也引起了较多的关注[6-8]。虽然纳米材料相对传统负极材料表现出较高的储锂容量，但是由于其比表面积大、活性位点多，往往会造成较低的库仑效率和较差的循环稳定性。

理想的锂离子电池负极材料需要具备以下特点[9]：(1)锂离子可以在材料中可逆地嵌入脱出并具有较高的可逆容量和充放电平台；(2)具有良好

的电子导电性和离子导电性；(3)嵌脱锂电势较低，电压滞后小；(4)比表面积小，不可逆容量小，首次库仑效率高；(5)结构稳定性好；(6)与电解液的相容性好，安全性高；(7)成本低，环境友好。

5.1.3 天然石墨负极材料

1. 石墨的电化学性能

(1) 比容量

石墨是由石墨烯片层以ABAB…方式(2H)或ABCABC…方式(3R)堆叠，形成的具有层状结构的材料(见图5-2和图5-3)[10-11]。

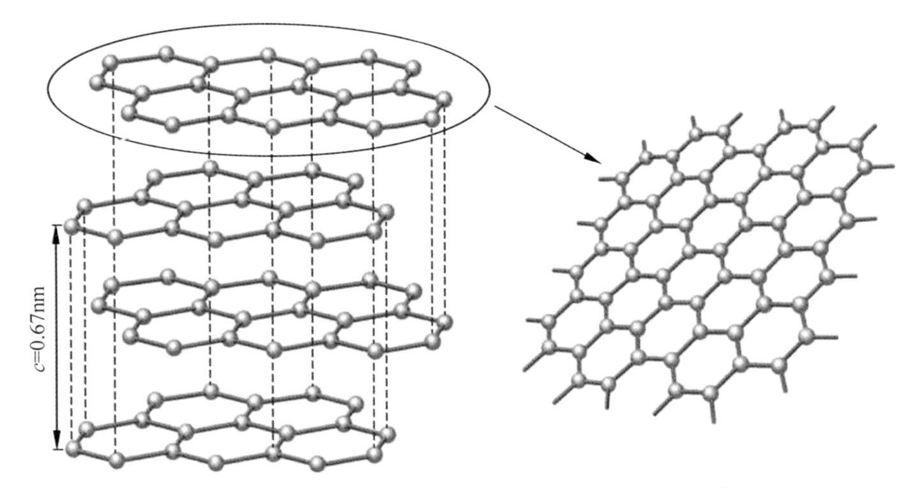

图5-2 六元环碳层结构及其堆积构成的石墨结构[10]

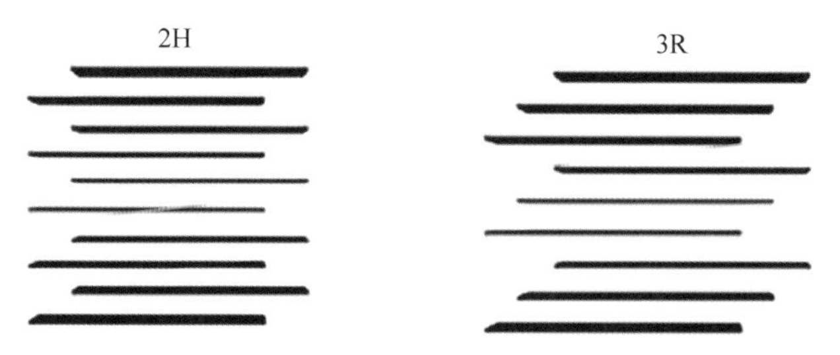

图5-3 六方结构(2H)和棱形结构(3R)堆积的天然石墨[11]

石墨既具有较高的电子导电性、高的结晶度，又适合锂离子可逆嵌入/脱出，还可以形成锂/石墨层间化合物Li_xC_6(见图5-4)[12]，x最大值为1，对应的理论比容量为372(mA·h)/g，是一种性能优异的锂离子电池负极

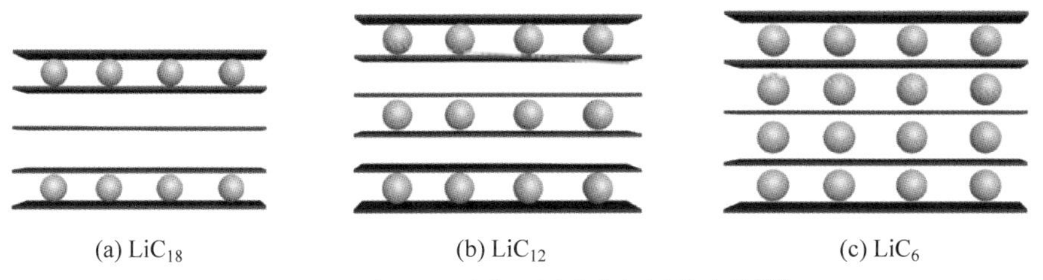

图5-4 锂与石墨形成不同阶数插层化合物[12]

材料，也是目前锂离子电池中应用最多的负极材料。石墨负极与 $LiCoO_2$、$LiNiO_2$、$LiMn_2O_4$ 等正极材料匹配组成的电池输出电压较高，在实际应用中，可逆充放电比容量一般都可达到 300 (mA·h)/g 以上。石墨的嵌锂和脱锂反应主要发生在 0～0.25V 区间(相对于 Li^+/Li)，嵌锂后的层间距可增大到 0.37nm[13]。

(2) 循环性能

在充放电过程中，石墨的层间距会随着锂离子持续的插入和脱出不断地增大、减小，而且锂与电解质溶剂——碳酸丙烯酯也会在石墨中发生共嵌入现象[1]，二者协同作用的结果往往会造成石墨在循环过程中产生片层的剥离-脱落-粉化，导致循环稳定性下降。此外，石墨与电解质溶剂的相容性差，也会使得其高倍率充放电能力并不理想。还有，石墨表面通常存在着一些含氧官能团和吸附杂质，不利于形成稳定的固体电解质界面膜(solid electrolyte interface，SEI)，会造成容量不可逆损失增大。

2. 天然石墨负极材料的种类与特点

依据天然石墨的两种结晶形态——鳞片石墨和微晶石墨，天然石墨负极材料分为鳞片石墨负极材料和天然微晶石墨负极材料。其中，鳞片石墨的结晶度高、片层结构单元大($L_a>1\mu m$)，具有明显的各向异性，在锂插入和脱出的过程中会产生较大的体积变化，易引起片层结构破坏，造成较大的不可逆容量损失，并导致循环性能恶化；而微晶石墨，由于其晶体结构单元小($L_a<1\mu m$)，在锂插入和脱出的过程中体积变化远小于鳞片石墨，片层结构的稳定性高于鳞片石墨，循环性能亦优于鳞片石墨。作为锂离子电池的负极材料，鳞片石墨和天然微晶石墨均存在首次循环不可逆容量大的缺点，鳞片石墨负极材料的循环寿命和大电流充放电特性尤其差。因此，用于锂离子电池负极材料的天然石墨，还需要首先进行颗粒整形与表面改性等预处理[14-19]。

5.2 天然石墨负极材料的制备技术

针对天然石墨负极材料首次循环不可逆容量大、循环稳定性和大电流充放电特性较差的不足，人们发展了颗粒整形、表面包覆、表面处理、微膨胀等改性的方法和技术，以期提高天然石墨的电化学性能和使用安全性，制备出高品质的锂离子电池天然石墨负极材料。本节主要介绍天然石墨的球形化技术和碳包覆技术。

5.2.1 球形化技术

1. 天然石墨微粒的球形度与其电化学性能的关系

研究表明[15,19-25]天然石墨微粒的球形度与其电化学性能相关。如表 5-1 和表 5-2 所示，对于中位径(5～35μm)相同，球形度不同的天然鳞片石墨微粒而言，其振实密度、首次充放电容量、充放电速度、倍率性能等均随石墨粒子球形度的增加而提高；只有比表面积随球形度的提高而下降。

表 5-1 天然鳞片石墨微粒的球形度与振实密度、比表面积和电化学性能的关系[21]

示例	球形度	振实密度 $/(g/cm^3)$	比表面积 $/(m^2/g)$	首次放电容量 $/(mA \cdot h) \cdot g^{-1}$	充放电速度	安全性
实施例 1	0.985	1.010	6.26	361	较快	好
对比例 1	0.910	1.000	7.35	352	一般	一般
实施例 2	0.950	1.000	6.35	364	较快	好
对比例 2	0.920	0.985	7.52	347	一般	一般

表 5-2 天然鳞片石墨微粒的球形度对充放电性能和倍率性能的影响[21]

<table>
<tr><th colspan="2">项目</th><th>实施例 1</th><th>对比例 1</th><th>实施例 2</th><th>对比例 2</th></tr>
<tr><td colspan="2">天然鳞片石墨微粒的球形度</td><td>0.985</td><td>0.910</td><td>0.950</td><td>0.920</td></tr>
<tr><td rowspan="4">首次循环</td><td>充电容量/(mA·h)·g⁻¹</td><td>382</td><td>375</td><td>383</td><td>372</td></tr>
<tr><td>放电容量/(mA·h)·g⁻¹</td><td>361</td><td>352</td><td>364</td><td>347</td></tr>
<tr><td>不可逆容量/(mA·h)·g⁻¹</td><td>21</td><td>33</td><td>19</td><td>25</td></tr>
<tr><td>库仑效率/%</td><td>94.5</td><td>91.2</td><td>95.0</td><td>93.3</td></tr>
</table>

续表

项目		实施例1	对比例1	实施例2	对比例2
快速充放电性能	300mA 放电容量/(mA·h)·g^{-1}	866.6	638.02	801.2	630.98
	500mA 放电容量/(mA·h)·g^{-1}	807	602	792	598
	750mA 放电容量/(mA·h)·g^{-1}	746	529	719	519
	900mA 放电容量/(mA·h)·g^{-1}	676	453	689	448
500次循环容量保持率/%		89	70	90	73
倍率放电	0.2C 放电容量/(mA·h)·g^{-1}	359	314	362	303
	0.8C 放电容量/(mA·h)·g^{-1}	335	276	346	261
	1.6C 放电容量/(mA·h)·g^{-1}	323	214	338	206
	2.0C 放电容量/(mA·h)·g^{-1}	319	167	326	144

2. 高能球磨与特殊粉碎整形技术

为了改善天然石墨的形貌，作者所在课题组[19]选用纯度99.8%，粒径400目(大于38μm)的湖南郴州天然微晶石墨，分别采用高能球磨和特殊粉碎整形技术对天然微晶石墨进行颗粒整形。

(1) 高能球磨

对天然微晶石墨的球磨，在WL-1型行星式微粒球磨机上进行。使用3种不同的磨球：钢球(密度为7.8g/cm^2)、氧化锆球(密度为6.0g/cm^2)，玛瑙球(密度为2.2g/cm^2)。磨球与天然微晶石墨的质量比为20∶1，改变球磨时间等参数进行球磨，达到拟定的天然微晶石墨的粒度。

(2) 特殊粉碎整形

对天然微晶石墨的特殊粉碎整形工艺包括：粉碎研磨、风选和分级。即，对天然微晶石墨原料首先采用搅拌磨研磨，并在粉碎过程中添加助磨剂；而后将粉碎的天然微晶石墨粉末进行风选和分级，获得拟定的粒径范围（<19μm）的石墨颗粒。研磨条件：使用玛瑙球，天然微晶石墨原料和磨球的质量比为1∶6，搅拌磨时间为30min；助磨剂为聚丙烯酸铵（或六偏磷酸钠），添加比例为0.3%（相对于石墨的质量）。所用搅拌磨和风选设备均为清华大学粉体中心自制。

（3）高能球磨与特殊粉碎整形天然微晶石墨的形貌与结构

图5-5为天然微晶石墨、高能球磨和特殊粉碎整形后天然微晶石墨的扫描电镜（SEM）图，可以看出：普通粉碎后的原料天然微晶石墨为不均匀的大小颗粒（见图5-5(a)）；经过高能球磨得到的石墨颗粒形貌虽然有些改观，但存在较多很碎的细屑（见图5-5(b)）；经过特殊粉碎整形后的石墨颗粒趋于均匀，呈近似卵石状（见图5-5(c)、(d)），平均粒径接近10μm，颗粒表面无粘附细屑。

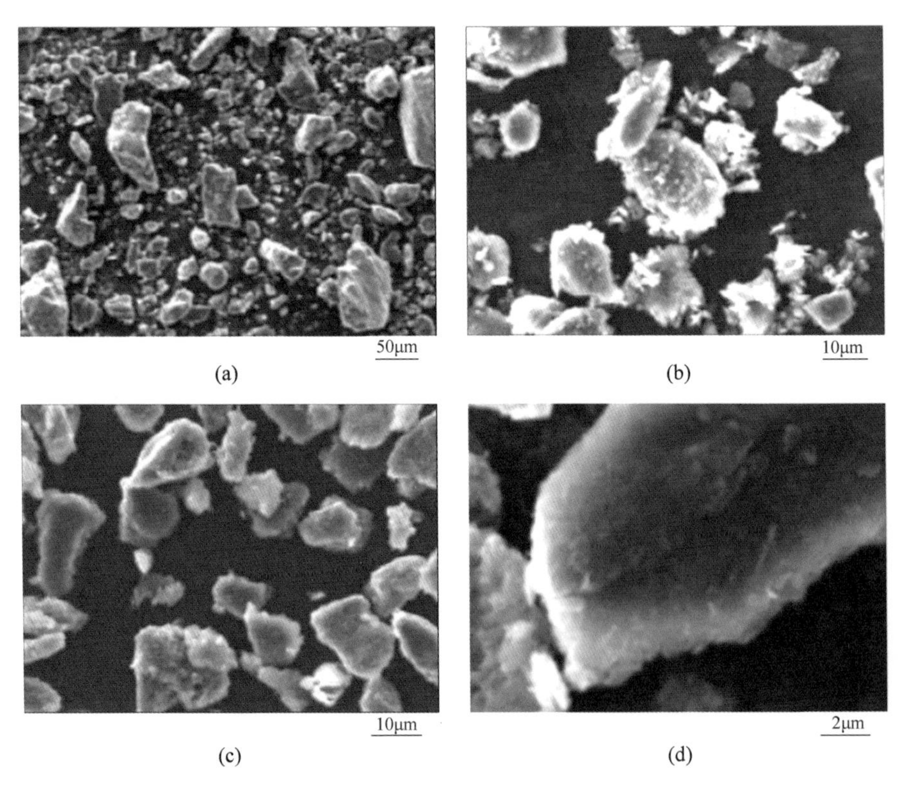

图5-5　天然微晶石墨、高能球磨和特殊粉碎整形后微晶石墨的SEM图[15]

(a) 天然石墨；(b) 高能球磨石墨颗粒；(c)，(d) 特殊粉碎整形的石墨颗粒天然微晶石墨、高能球磨和特殊粉碎整形后石墨的XRD图谱如图5-6所示。与普通粉碎的天然石墨微晶(见图5-6(a))相比,高能球磨的天然微晶石墨随着球磨时间的延长,石墨特征峰逐渐变弱,乃至消失(见图5-6(b))。球磨8h后,(004)峰消失,同时(002)峰左侧开始出现增高,这表明石墨微晶沿c轴的排列也开始发生混乱;球磨16h后,(002)峰已不再尖锐,意味着天然微晶石墨的原有结构已转化为无定形或乱层结构。这说明高能球磨会破坏石墨的晶体结构,造成石墨的非晶化。而通过特殊粉碎整形工艺获得的天然微晶石墨的XRD衍射曲线(见图5-6(c))与天然微晶石墨(见图5-6(a))基本雷同,没有出现类似高能球磨引起的非晶化趋势,说明特殊粉碎整形工艺可保持天然微晶石墨的本征晶体结构。

值得一提的是:高能球磨中采用高密度球(钢球和氧化锆球)球磨,容易造成天然微晶石墨晶格破坏;而在特殊粉碎整形工艺中采用低密度球(玛瑙球)球磨,容易保持天然微晶石墨的晶体结构。

表5-3列出了天然微晶石墨、高能球磨和整形工艺天然微晶石墨恒电流充放电性能。天然微晶石墨可逆容量达到350(mA·h)/g,接近其理论容量372(mA·h)/g(LiC_6);但不可逆容量高,首次不可逆容量为25%。高能球磨16h的天然微晶石墨充放电效果类似于石油焦等非石墨化碳材料,可逆容量高于372(mA·h)/g,接近400(mA·h)/g,但不可逆容量非常高,首次不可逆容量竟高达60%。经过特殊粉碎整形的天然微晶石墨的充放电可逆容量与原料天然微晶石墨相同,亦为350(mA·h)/g,不可逆容量较低,首次不可逆容量为12%,循环稳定性较好。

表5-3 天然微晶石墨、高能球磨和特殊粉碎整形天然微晶石墨的充放电性能[15]

石墨类型	可逆容量/(mA·h)·g^{-1}	首次不可逆容量/%
天然微晶石墨	350	25
高能球磨16h的天然微晶石墨	400	60
特殊粉碎整形的天然微晶石墨	350	12

关联图5-5,图5-6和表5-1~表5-3,可以认为:①天然微晶石墨作为锂离子电池负极材料是可行的,循环稳定性亦可。不足之处是:石墨颗粒形状不规则,球形度低,比表面积大;粒度分布范围广,细屑石墨易粘附于石墨颗粒表面,亦会使比表面积进一步增大,造成较高的首次不可逆容量。②高能球磨16h的天然微晶石墨不宜作为锂离子电池负极材料。原因在于,高能球磨破坏了石墨的本征结构,导致了高的首次不可逆容量。③经特

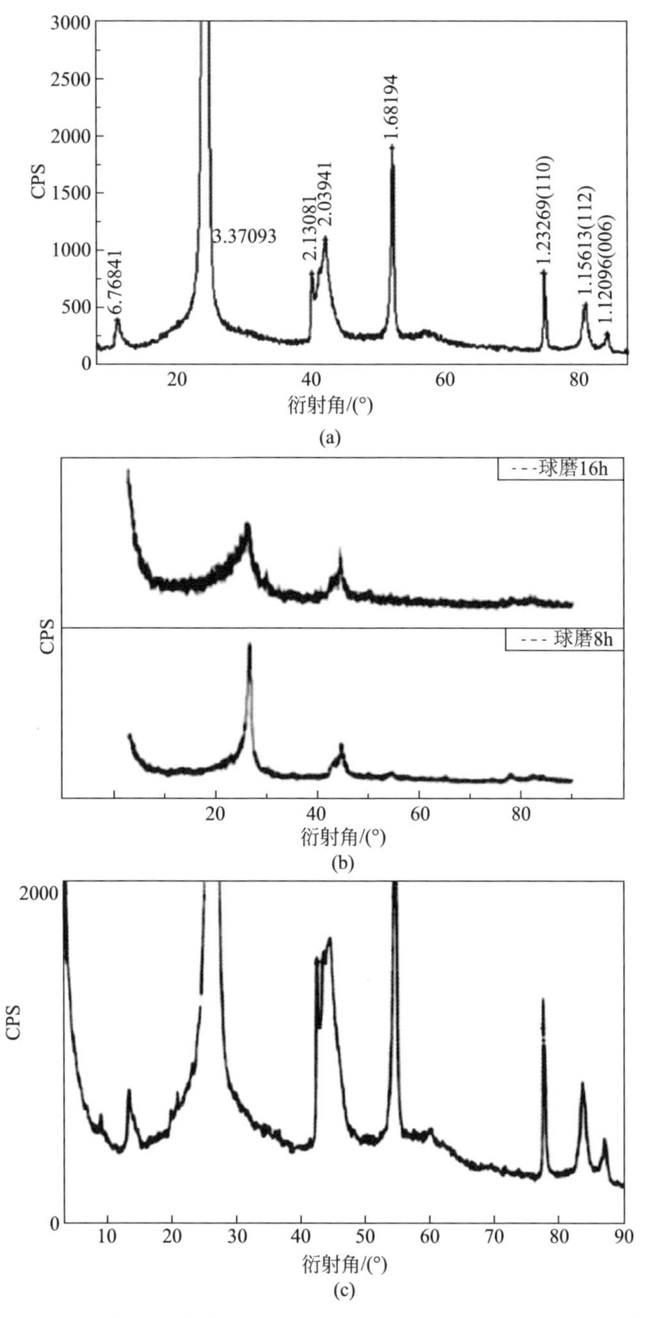

图 5-6 天然微晶石墨、高能球磨和特殊粉碎整形微晶石墨的 XRD 谱图[15]

(a) 天然石墨；(b) 高能球磨石墨颗粒；(c) 特殊粉碎整形的石墨颗粒

殊粉碎整形的天然微晶石墨是一种较好的锂离子电池负极材料，首次不可逆容量只有12%，可逆容量可达350(mA·h)/g，可以作为锂离子电池负极材料。

3. 中位径3～10μm球形石墨的制备技术

侯玉奇[26]发明了一种“中位径3～10μm球形石墨的制备技术”。该技术采用气流涡旋粉体细化机(QWJ-60型气流涡旋微粉机)和旋风分离器组成的五级粉体细化机组，与气流涡旋球化机(QWJ-30型气流涡旋微粉机)和球化分级装置组成的14级球化机组顺序串接；原料即天然鳞片石墨的粒径为325～50目(45～270μm)、含碳量60%(质量分数)以上，由第一个粉体细化机组进入，依次流经5个粉体细化机组和14个球化机组后，由最后一个球化机组流出，获得中位径3～10μm球形石墨粉粒产品。这种球形石墨粉粒的球形度高，具有表面闭合的端部结构，比表面积为8～12m^2/g，表面的开口数量为9～80个/μm。与传统制备法相比，该制备法可提高球形石墨粉粒的产率90%以上，成本降低50%，耗电量节约60%，粉尘回收率可达100%。

(1) 工艺概述

“中位径3～10μm球形石墨”制备历程由石墨的细化、球化与分级三部分组成，在制备过程中依据拟定目标——球形石墨的中位径，适当调节细化、球化与分级阶段的工艺参数，通过对设备各部件转速的调整，利用湍流、涡流的作用先实施原料石墨颗粒的粉碎细化，使其粒径降低到一定程度后，再实施球化，即可制得所需中位径的球形石墨。

(2) 实施案例：中位径10μm球形石墨的制备

原料：粒径45～270μm、含碳量60%以上的天然鳞片石墨。

细化阶段工艺参数：

细化1，细化机组转速为2600r/min，细化机组内分级机叶轮的转速为200r/min，细化时间为50s。旋风分离出粒径3～80μm的石墨。

细化2，细化机组转速为2600r/min，细化机组内分级机叶轮的转速为400r/min，细化时间为50s。旋风分离出粒径3～72μm的石墨。

细化3，细化机组转速为2500r/min，细化机组内分级机叶轮的转速为500r/min，细化时间为70s。分离出粒径3～63μm的石墨。

细化4，细化机组转速为2500r/min，细化机组内分级机叶轮的转速为400r/min，细化时间为55s。分离出粒径3～54μm的石墨。

细化5，细化机组转速为2500r/min，细化机组内分级机叶轮的转速为

400r/min，细化时间为70s。分离出粒径3～45μm的石墨。

球化-分级阶段工艺参数：

球化-分级1，球化条件：球化机的转速为3000r/min，内分级机叶轮转速为400r/min，球化时间为45s。分级条件：分级机内叶轮转速为4500r/min，分级时间为20s，分离出粒径>3μm的石墨粉体。

球化-分级2，球化条件：球化机的转速为3400r/min，内分级机叶轮转速为400r/min，球化时间为45s。分级条件：分级机内叶轮转速为4300r/min，分级时间为20s，分离出粒径>3μm的石墨粉体。

球化-分级3，球化条件：球化机的转速为3000r/min，内分级机叶轮转速为400r/min，球化时间为60s。分级条件：分级机内叶轮转速为4300r/min，分级时间为20s，分离出粒径>3μm的石墨粉体。

球化-分级4～13，球化-分级工艺参数均与球化-分级3相同。

球化-分级14，球化条件：球化机的转速为3500r/min，内分级机叶轮转速为400r/min，球化时间为10s。分级条件：分级机内叶轮转速为4500r/min，分级时间为20s，分离出粒径>3μm的石墨粉体流入料仓，获得具有表面闭合的端部结构，球形度高，比表面积8m^2/g，表面的开口数量30～65个/μm，中位径为10μm的球形天然鳞片石墨产品。

5.2.2 包覆技术

包覆可以改善天然石墨的表面性质，提高电极的电化学嵌脱锂性能，从而实现电极与电解液的相容性[27-29]。自从1995年Kuribayashi等[30]制备出"核壳结构"的包覆碳材料，提高了石墨电极的可逆容量以来，石墨的表面包覆技术得到了迅速发展[31-32]。用于石墨颗粒表面包覆的材料很多，如纳米锡或镍颗粒[33]，但更普遍的是热解炭[34-38]。包覆的方式主要有化学气相沉积[36]、有机溶剂热分解法[33]和混合法[39-41]。由于前两种工艺要求较高，成本高昂，因此通常使用混合法。

包覆容易引起材料比表面积的增加，有时反而会造成首次循环效率降低。例如，在石墨外包覆无定形结构的热解炭，可避免溶剂与石墨的直接接触，阻止溶剂分子共嵌入引起的层状结构破坏剥离，提高石墨负极的循环稳定性；但由于包覆的热解炭会造成石墨的比表面积增加，同时引入较多缺陷，致使首次充放电效率下降。因此，包覆方法、包覆量以及包覆后的后处理工艺都需要根据实际情况进行优化[14]。除炭包覆外，也可以通过在石墨表面沉积金属或金属氧化物形成包覆层。

本节主要介绍树脂炭包覆工艺和沥青炭包覆工艺。

1. 树脂炭包覆

作者所在课题组[27]选用液态的线性酚醛树脂为包覆剂，对平均粒径20.3μm、纯度为99%的天然微晶石墨粉粒进行包覆。包覆工艺采用先混合后分散的方式，即首先将酚醛树脂、石墨粉粒、酒精按照体积比1∶1∶1混合均匀成浆体，让混合均匀的浆体经恒流阀流出，再高速喷射至高温气流中，使石墨粉粒表面包覆一层酚醛树脂液膜。随着高温气流中酚醛树脂溶剂和酒精挥发，酚醛树脂-石墨粉粒包覆体就会形成球形或者近似球形(见图5-7(a))。随后，经固化和1000℃碳化就可获得树脂炭包覆石墨粉粒。经SEM等手段分析，表明采用先混合后分散方法制备的树脂炭包覆石墨，具有核壳结构，内部为天然微晶石墨，外部为1～2μm厚的酚醛树脂热解炭层。

(a)　(b)

图5-7　酚醛树脂包覆天然微晶石墨粉粒固化前后的形貌[27]

(a) 固化前；(b) 固化后

实验所用线性酚醛树脂的型号为917，是福瑞达树脂厂的中间产品；原料为湖南郴州天然微晶石墨，并经过实验室自行整形加工。酚醛树脂、石墨和酒精的体积比，根据石墨粉粒的尺寸、外壳预期的尺寸和酚醛树脂的碳化收率计算而得。

树脂炭包覆石墨的充放电性能采用Land-BT-10测试系统。测试条件：放电的最低电压0V，充电的最高电压3V。恒电流充放电，电流0.2mA/cm^2。

1) 树脂炭包覆石墨的形貌

图5-7展示了酚醛树脂包覆天然微晶石墨粉粒固化前后的SEM图，可以看到，固化前，酚醛树脂-石墨粉粒包覆体呈球形或近似球形，这是由于粘附在石墨粉粒表面的液态酚醛树脂在表面张力的作用下，收缩成球形或近似球形；固化后，酚醛树脂-石墨粉粒包覆体的形貌类同于天然微晶石墨原

料粉粒的形貌(见图 5-7(b)),球形度减弱,这是因为外层酚醛树脂的固化,使得酚醛树脂与石墨粉粒表面结合得更紧密所致。

对固化后的酚醛树脂包覆天然微晶石墨粉粒在 1000℃下进行高温碳化处理,外壳酚醛树脂可转变为树脂炭。亦即,高温碳化处理脱除了酚醛树脂中的小分子物质,如 H_2O、CO、CO_2 等,同时又使酚醛树脂芳构化,形成三维的碳材料结构,随之酚醛树脂包覆石墨转变为树脂炭包覆石墨。

酚醛树脂包覆天然微晶石墨碳化后的形貌见图 5-8,可以看到,树脂炭包覆石墨的形貌为近似球形(见图 5-8(a)),球体表面呈现大小不一的各种

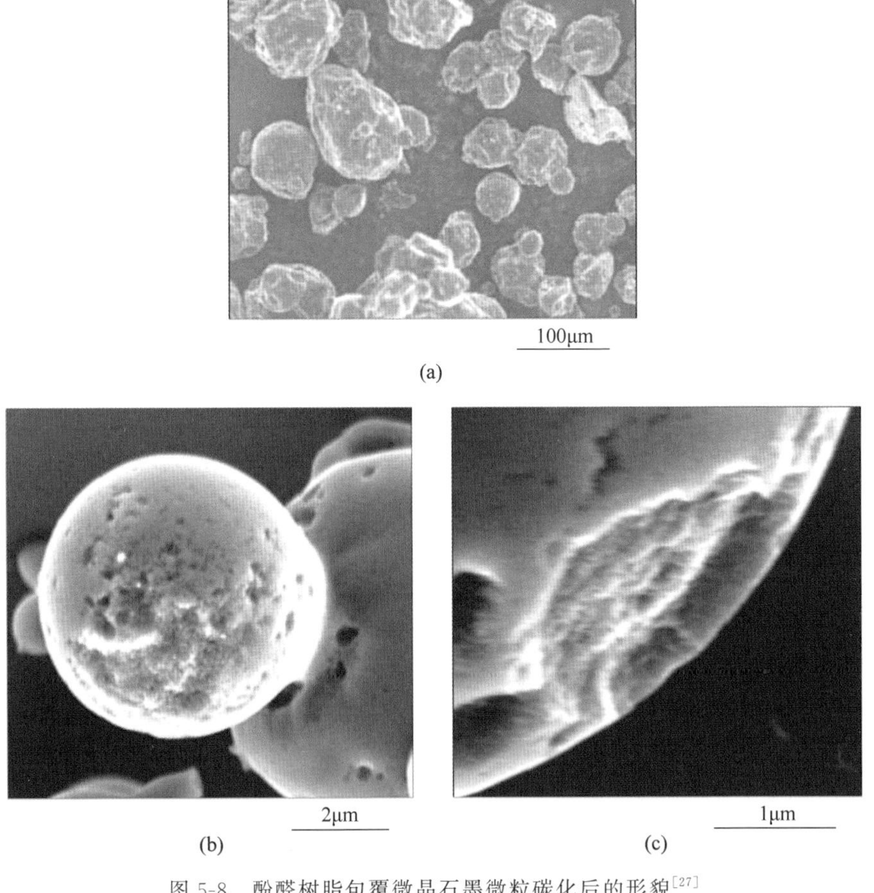

图 5-8 酚醛树脂包覆微晶石墨微粒碳化后的形貌[27]

(a) 接近球形的包覆微粒;(b) 气孔与表面剥落;(c) 微粒表面

微孔，并有少量表面剥落发生(见图 5-8(b))；在石墨粉粒表面包覆了一层一定厚度的热解树脂炭(见图 5-8(c))。这里，树脂炭包覆石墨粉粒表面微孔的形成源于碳化过程中酚醛树脂中的小分子逸出；而其部分表面剥落，则是包覆于石墨粉粒表面的树脂炭热胀冷缩的结果。

2) 树脂炭包覆石墨的结构

图 5-9 是树脂炭包覆天然微晶石墨粉粒的截面图，可以非常清晰地看到这种球状包覆物具有核壳结构，核为不同取向的天然微晶石墨颗粒，壳为深黑色热解树脂炭层。

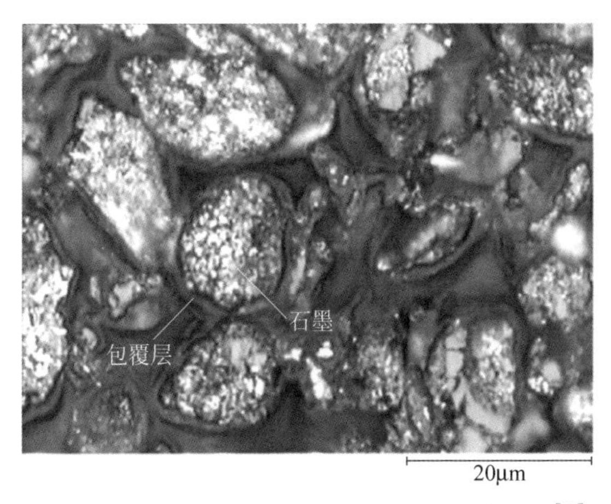

图 5-9　酚醛树脂包覆石墨微粒碳化后的截面图[27]

树脂炭包覆天然微晶石墨粉粒的壳体原材料酚醛树脂固化与碳化后的 XRD 图谱见图 5-10，可以看到，酚醛树脂固化后，无明显的特征峰值，说明

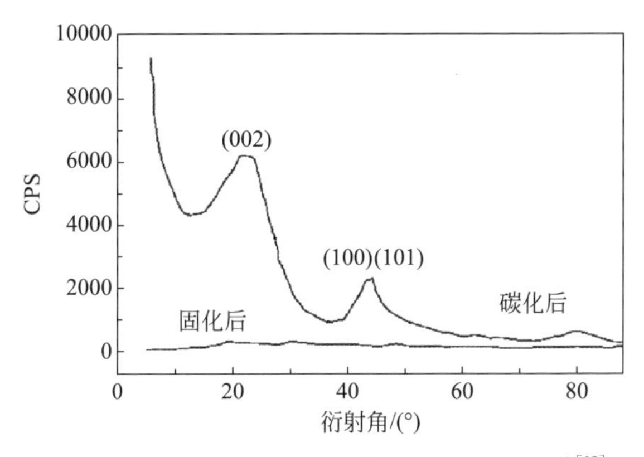

图 5-10　酚醛树脂固化后和碳化后的 XRD 图谱[27]

固态酚醛树脂为无序的排列，呈玻璃态。碳化后的酚醛树脂的 XRD 图谱具有明显热解炭的特征，有宽化的(002)峰，在(002)峰之前，还有不规则峰，这是无序的石墨片层的衍射造成的。由此可见，树脂炭包覆天然微晶石墨粉粒的壳体为乱层结构。

图 5-11 是天然微晶石墨及其酚醛树脂包覆、固化和碳化后的 XRD 图谱。可以看到，包覆层酚醛树脂可使石墨的(002)峰宽化，同时在石墨(002)峰前出现了 1 个明显的峰值，这是酚醛树脂的峰值，固化后酚醛树脂的峰值仍然存在。碳化后酚醛树脂的峰强度明显减弱，但在其峰前出现了明显的不规则峰谱线，这是形成热解炭结构的特征。

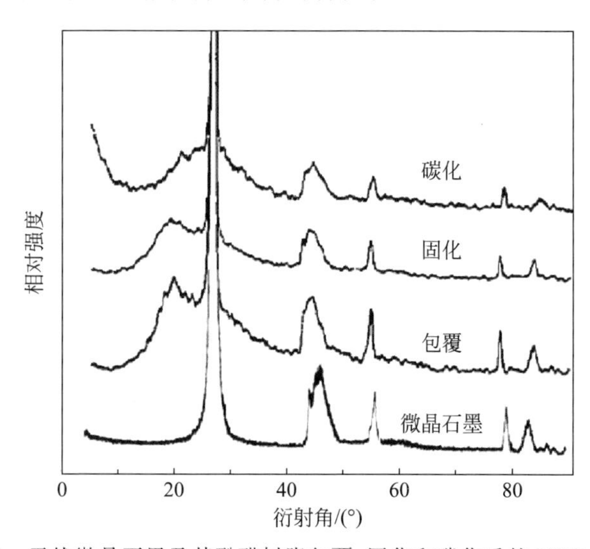

图 5-11　天然微晶石墨及其酚醛树脂包覆、固化和碳化后的 XRD 图谱[27]

关联图 5-10 和图 5-11 可以发现，未经碳化的酚醛树脂没有明显的 XRD 谱线峰值(见图 5-10)，而酚醛树脂包覆天然微晶石墨粉粒后，却在石墨特征峰(002)前出现了明显峰值(见图 5-11)。显然这是由于酚醛树脂和所包覆石墨相互作用的结果，意味着酚醛树脂包覆石墨并非简单的混合。

3) 树脂炭包覆石墨的充放电性能

树脂炭包覆天然微晶石墨的首次充放电曲线如图 5-12 所示，可以看到，经树脂炭包覆后，天然微晶石墨的首次不可逆容量损失约 7%，可逆容量在 330(mA·h)/g 左右，具有很长的充放电平台，锂离子的嵌入和脱出几乎在同一电压下进行。

图 5-13 为树脂炭包覆天然微晶石墨的循环充放电曲线，由此可知，虽

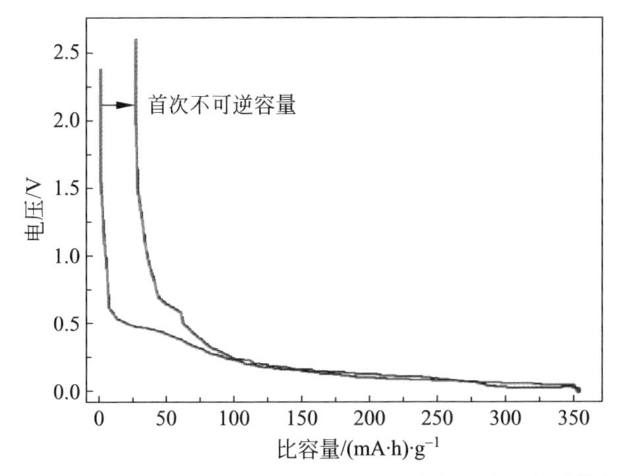

图 5-12　树脂炭包覆天然微晶石墨的首次充放电曲线[27]

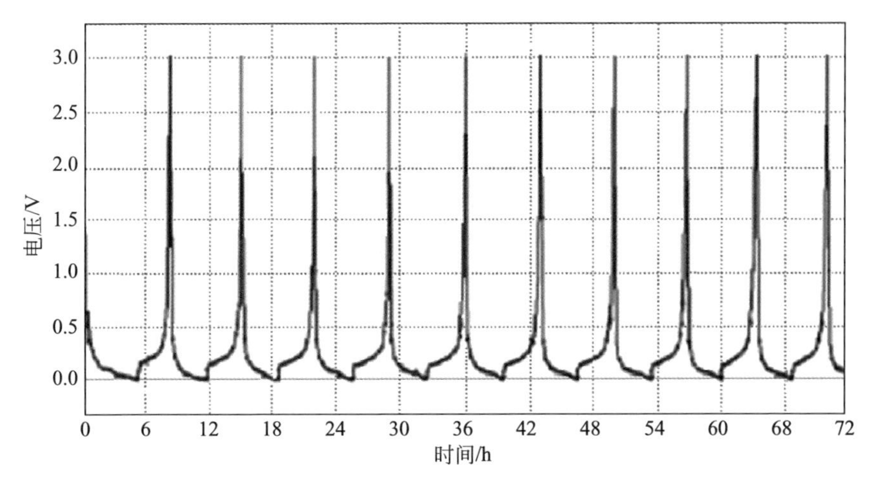

图 5-13　树脂炭包覆天然微晶石墨的循环充放电曲线[27]

然树脂炭包覆后的天然微晶石墨在首次放电过程中呈现较倾斜的放电曲线，但还是有较长的石墨放电平台。首次循环后充放电比较平稳。

4）树脂炭包覆石墨的核壳结构模型及其电化学性能改善机制

（1）核壳结构模型

树脂炭包覆微晶石墨的核壳结构模型如图 5-14 所示，其中核为天然微晶石墨粉粒，具有石墨的电化学特征；壳为热解酚醛树脂炭，可改善石墨的电化学性能。作为树脂炭前驱体的物质可以是酚醛树脂、环氧树脂、糠醛树脂等。

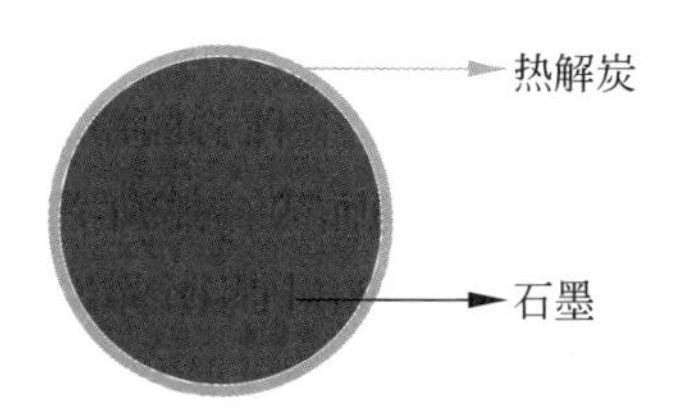

图 5-14 热解炭包覆天然微晶石墨的核壳模型[27]

(2) 电化学性能改善机制

在充放电过程中影响石墨不可逆容量的因素主要有：① 电解质或有机溶剂在石墨表面发生电化学或化学反应，生成 SEI 膜；② 有机溶剂分子参与锂离子共插层，与石墨片层发生电化学反应；③ 石墨内部结构缺陷造成不可逆的锂离子。一般来说，前二项是主要影响因素。

树脂炭包覆石墨可以避免有机溶剂与石墨片层直接接触，而且壳体热解树脂炭对有机溶剂也不敏感；加之树脂炭为乱层结构，有机溶剂分子难以插入热解炭的片层中。另外，树脂炭的包覆还会造成石墨粉粒表面积的减小。这些因素协同作用的结果是使树脂炭包覆石墨的首次不可逆容量大大降低。例如，石墨在含聚碳酸酯(polycarbonate，PC)的有机溶剂中的循环寿命很短[32]，而在采用碳酸乙烯酯(ethylene carbonate，EC)或碳酸二乙酯(diethylene carbonate，DEC)作为有机溶剂的电解液时，通常也会因"共插层"产生一定程度的体积膨胀收缩，导致石墨片层剥落，循环性能降低。而树脂炭包覆石墨的核壳结构可有效制约石墨核体的胀缩，减少石墨片层的剥落，提高其循环性能。在实验室的锂离子电池中测得天然微晶石墨的不可逆容量为 14%[27]，酚醛树脂炭包覆石墨的不可逆容量为 7%(见图 5-12)，这说明在天然微晶石墨微粒表面包覆一层树脂炭可以降低天然微晶石墨的首次不可逆容量，提高石墨的结构稳定性和循环稳定性；同时，这也佐证乱层结构热解树脂炭表面的 SEI 膜稳定性高于层状结构石墨表面的 SEI 膜。因此，具有核壳结构的树脂炭包覆石墨是一种具有优良性能的负极材料，有商业化运用的潜力。

2. 沥青炭包覆

刘洪波等[28]选用高温煤沥青(碳化收率为 80%)为包覆剂，采用真空浸渍-碳化法对中位径 14.68μm、含碳量 99.9%的天然微晶石墨粉粒进行包覆，研究了沥青炭包覆对天然微晶石墨结构、表面形貌、振实密度和电化学性能的影响。

（1）沥青炭包覆石墨的工艺

称取20g天然微晶石墨置于三口烧瓶中，抽真空至−0.1MPa。准确称取1.316g高温煤沥青（碳化收率为80%）于烧杯中，加入50mL四氢呋喃（分析纯），用玻璃棒搅拌均匀，随后超声振荡30min使沥青充分溶解。通过分液漏斗将沥青溶液加入三口烧瓶中，保持抽真空状态进行磁力搅拌10min。将真空浸渍后的样品在常压下加热除去溶剂四氢呋喃，然后经900℃热处理得到理论上包覆量为5%的沥青炭包覆天然微晶石墨样品。

（2）沥青炭包覆石墨的形貌与结构

沥青炭包覆天然微晶石墨粉粒前后的SEM照片见图5-15，可以看到，沥青炭包覆石墨粉粒前后石墨形状未发生改变（见图5-15(a)和(c)），但包覆后石墨粉粒的边缘和表面变得光滑（见图5-15(c)）。由图5-15(b)可以发现，石墨粉粒由大量1μm左右随机取向、疏松堆积的石墨晶粒构成，晶粒的边缘比较尖锐，片状晶粒之间存在大量的狭缝型孔隙，而沥青炭包覆石墨粉粒表面的孔隙明显减少，并变得致密和光滑（见图5-15(d)），这显然是沥

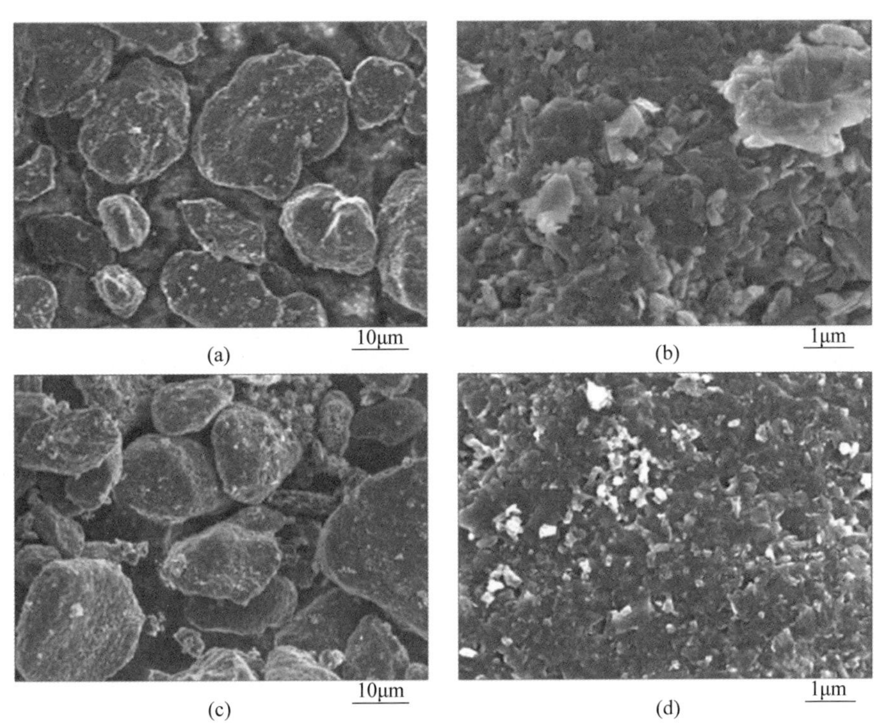

图5-15　沥青炭包覆天然微晶石墨粉粒前后的形貌[28]

(a)、(b) 包覆前；(c)、(d) 包覆后

青炭填充在石墨粉粒微孔中和包覆在其表面造成的。

表 5-4 列出了沥青炭包覆石墨前后的粒径、振实密度、比表面积和总孔容。由该表可知，沥青炭包覆天然微晶石墨粉粒 BET 比表面积比包覆前的天然微晶石墨减小了近 $1m^2/g$，振实密度也从 $0.95g/cm^3$ 提高到 $1.08g/cm^3$，总孔容减小至包覆前的 40%。这显然是由于石墨颗粒表面包覆了一层沥青炭所致，同时说明真空浸渍有利于沥青溶液有效地渗入石墨颗粒内部的孔隙中，使得石墨内部的孔隙充分被沥青炭填充。需要说明的是，沥青炭包覆后天然微晶石墨粉粒的中位径从 14.68μm 增大到 17.31μm，这不完全是表面包覆一薄层沥青炭的贡献，其中颗粒尺寸较小的石墨粉粒通过沥青炭黏结在一起形成二次颗粒也是导致中位径增大的原因之一。

表 5-4 沥青炭包覆天然微晶石墨前后的基本性质[28]

石墨类型	中位径 /μm	振实密度 /$g \cdot cm^{-3}$	BET 比表面积 /$m^2 \cdot g^{-1}$	总孔容 /$cm^3 \cdot g^{-1}$
天然微晶石墨	14.68	0.95	8.13	0.05
沥青炭包覆天然微晶石墨	17.31	1.08	7.23	0.02

沥青炭包覆天然微晶石墨粉粒前后的 XRD 图谱和拉曼光谱如图 5-16 所示。从图 5-16(a)可以看到，沥青炭包覆天然微晶石墨和天然微晶石墨的 XRD 图谱基本相同，均显示很强的石墨结构的(002)晶面衍射峰。依据 XRD 图谱(002)衍射峰位和半高宽，分别经布拉格公式和谢乐公式可以算出，包覆前，天然微晶石墨的 $d_{002}=0.33601nm$，石墨化度 $G=92.9\%$，平均晶粒尺寸 $L_c=29.7nm$；包覆后，沥青炭包覆天然微晶石墨的 $d_{002}=0.33606nm$，$G=92.3\%$，$L_c=27.0nm$。这表明沥青炭包覆后，天然微晶石墨的平均层间距略有增大，而石墨化程度和平均晶粒尺寸 L_c 稍许减小。实际上，在实验条件下的沥青炭包覆不可能改变天然微晶石墨的晶体结构，出现上述结果的原因是 XRD 反映的是材料晶体结构的平均值，由于包覆在天然微晶石墨颗粒表面的沥青炭为无定形结构，层间距较大，微晶尺寸较小，因而表现为沥青炭包覆天然微晶石墨的平均层间距 d_{002} 增大，石墨化度降低，而平均晶粒尺寸 L_c 减小。这也间接证明天然微晶石墨粉粒的表面确实包覆了一层无定形结构的沥青炭。由图 5-16(b)可知，沥青炭包覆天然微晶石墨粉粒前后，在 $1360cm^{-1}$ 和 $1580cm^{-1}$ 处都出现了含有无序结构碳的拉曼特征吸收峰 D 峰和石墨的拉曼特征吸收峰 G 峰，说明在二者皆

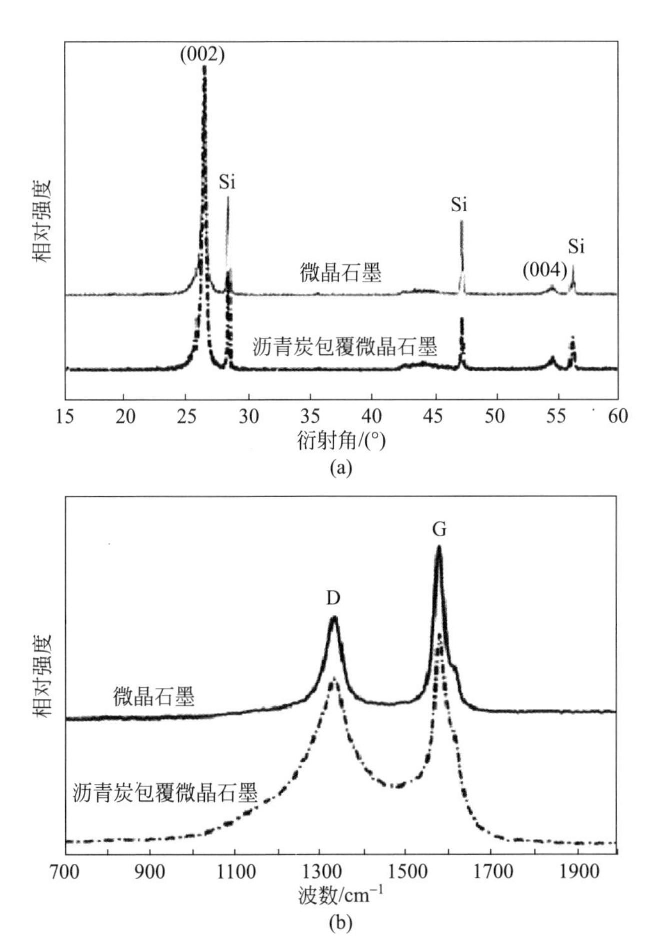

图 5-16　沥青炭包覆天然微晶石墨粉粒前后的 XRD 图谱(a)和拉曼光谱(b)[28]

含有一定量的无序结构碳；与包覆前的天然微晶石墨相比，沥青炭包覆天然微晶石墨的 D 峰强度大幅度增加，无序度 R 值从包覆前的 0.63 增加到包覆后的 0.85，这表明沥青炭包覆天然微晶石墨粉粒近表面区域的无序度大于天然微晶石墨，这显然是无序结构的沥青炭包覆于天然微晶石墨表面的结果。

在拉曼光谱的表征中，通常用 R 值($R=I_D/I_G$，I_D 和 I_G 分别为拉曼光谱 D 峰和 G 峰的强度)表征材料近表面区域的无序度[42]。

(3) 沥青炭包覆石墨的充放电性能

在测定沥青炭包覆天然微晶石墨前后的充放电性能时，分别采用：①上海辰华 CHI660A 型电化学工作站进行扫描循环伏安测试，扫描速率

0.1mV/s，扫描范围为0～1.5V(vs Li/Li^+)；②CT2100A型LAND电池测试系统，在0.1C倍率的条件下，进行恒电流充放电测试。

沥青炭包覆天然微晶石墨前后的充放电性能如图5-17所示。从图5-17(a)可以看到，在负向扫描过程中，包覆前，天然微晶石墨的首次循环伏安曲线在0.5～0.8V出现了SEI膜生成的还原峰；而包覆后，在相应电位范围内则没有明显的还原峰。这表明沥青炭包覆可以降低天然微晶石墨首次充电过程中电解液在其表面还原分解生成SEI膜的反应剧烈程度，与电解液的相容性得到明显改善[43]。正向扫描对应的是锂离子从石墨中脱出的过程，包覆前天然微晶石墨的氧化峰位约为0.275V，包覆后沥青炭包覆天然微晶石墨的氧化峰位降低至0.235V，表明包覆可以使得首次脱嵌锂电位更低，锂离子更容易从石墨中脱出。由图5-17(b)不难发现，天然微晶石墨在0.7V附近有一个明显的电位平台，而经过沥青炭包覆处理后，该电位平台基本消失，与循环伏安测试的结果(见图5-17(a))相吻合。此平台表征的是电解液在石墨表面分解生成SEI膜的不可逆反应，也是造成首次不可逆

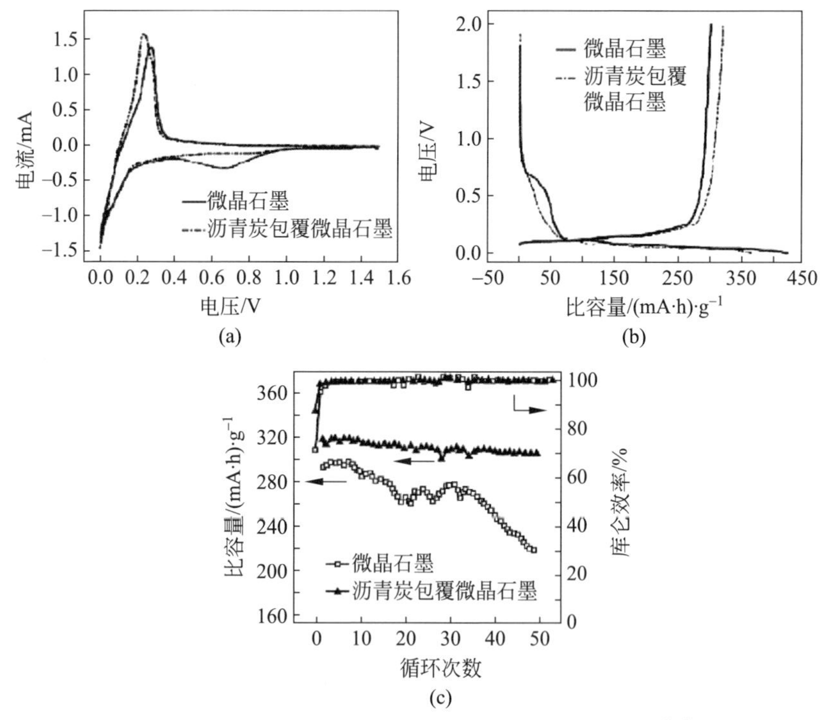

图5-17　沥青炭包覆天然微晶石墨前后的充放电性能[28]：

(a)首次扫描循环伏安曲线；(b)首次恒流充放电曲线；(c)循环寿命曲线

容量损失的原因。而由图5-17(c)则可获悉，沥青炭包覆处理可使天然微晶石墨的首次充放电可逆容量从300(mA·h)/g提高到320(mA·h)/g，首次库仑效率也从71.2%提高到87.4%，证明沥青炭包覆处理后“天然微晶石墨的孔隙减少，比表面积降低”是其首次库仑效率提高的主要原因(见表5-4)[44-45]。

纵观图5-15～图5-17和表5-4即可看出，采用真空浸渍-碳化工艺可使沥青炭填充在天然微晶石墨微孔中和包覆在其表面上。经过炭包覆处理的天然微晶石墨，表面更加致密和光滑，比表面积减小，振实密度提高，大幅度提升了微晶石墨的电化学循环稳定性。因此，沥青炭包覆石墨与树脂炭包覆石墨一样，亦是一种具有优良性能的锂离子电池负极材料。

5.3 鳞片石墨负极材料

5.3.1 鳞片石墨的形貌与结构

图5-18为三种不同粒径球形天然鳞片石墨的SEM图像[46]，可以看出

图5-18　三种不同粒径球形天然鳞片石墨的SEM图像[46]

(a) SG11；(b) SG17；(c) SG20

鳞片石墨的粒径分布比较均匀，大多数呈现土豆状结构，且在高放大倍率下可以明显观察到石墨表面的鳞片状结构。天然鳞片石墨来自深圳贝特瑞新能源材料有限公司，平均粒径分别为 11μm、17μm 和 20μm，分别用 SG11、SG17 和 SG20 表示。

三种不同粒径鳞片石墨的粒径分布如图 5-19 所示，SG11、SG17 和 SG20 鳞片石墨的粒径分布范围分别为 3.80～26.31μm、5.75～34.67μm 和 2.62～52.55μm。SG17 鳞片石墨颗粒的粒径分布范围最窄，SG20 鳞片石墨颗粒的粒径分布范围最大，但是大部分石墨颗粒的尺寸在 17μm 左右。

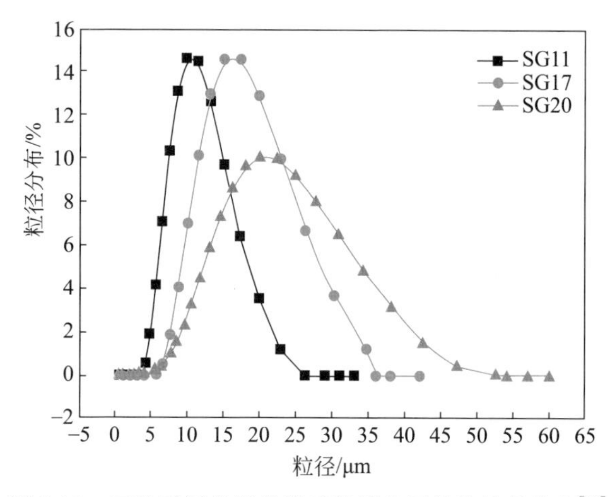

图 5-19 三种不同粒径球形天然鳞片石墨的粒径分布[46]

图 5-20 为三种不同粒径球形天然鳞片石墨的 X 射线衍射图谱，可以看到，位于 26.5°附近非常尖锐的(002)衍射峰、位于 54.5°的(004)衍射峰、位于 44.5°的(101)2H 的衍射峰和位于 43.5°的(101)3R 的衍射峰。这表明这三种鳞片石墨均具有良好的结晶度，石墨的粒径对其结构并无影响。

5.3.2 鳞片石墨的电化学性能

1. 循环伏安曲线

图 5-21 是扫描速度为 0.5mV/s 时三种不同粒径的球形天然鳞片石墨的循环伏安曲线。可以看到，三种不同粒径石墨的循环伏安曲线非常相似。

(1) 在首次循环的负向扫描过程中，在 0.2～0.8V 范围内均存在一个还原峰，此峰为石墨表面形成 SEI 膜的峰。SEI 膜的形成原因主要有两个：

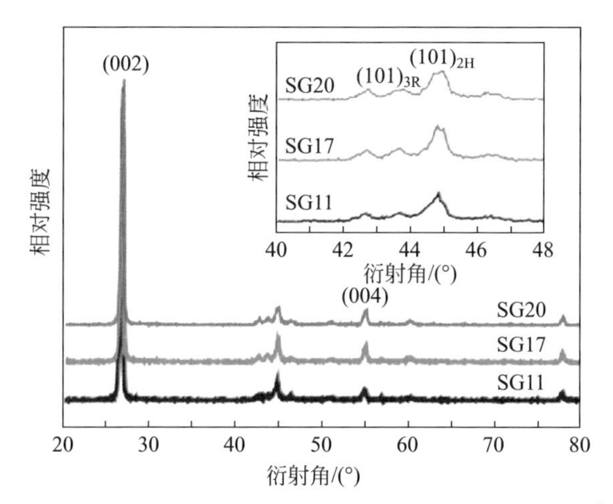

图 5-20　三种不同粒径的球形天然鳞片石墨的 XRD 图谱[46]

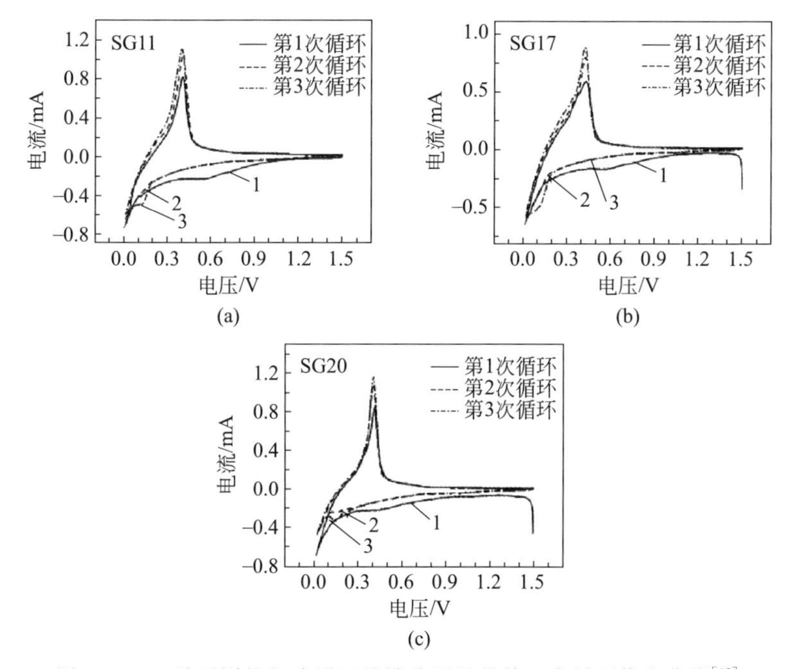

图 5-21　三种不同粒径球形天然鳞片石墨的前三次循环伏安曲线[46]

其一，电解液或电解质分子在石墨表面还原分解形成 SEI 膜并包覆在石墨的表面；其二，溶剂化锂离子嵌入石墨层中，在石墨层间还原造成不可逆容量损失。形成 SEI 膜的峰值越小，在首次循环过程中形成此膜需要消耗的锂离子就越少，不可逆容量损失亦越小，充放电效率则越高。在第二次和之后的循环过程中，此峰不再出现，表明 SEI 膜主要是在首次嵌锂过程中形成的。

(2) 随着循环过程的进行，在 0～0.2V 范围内逐渐形成了一个越来越尖锐的峰，这是锂离子的嵌入峰，此峰值电位随着循环的进行不断负移，最终趋于稳定。

(3) 在 0.4V 左右出现的氧化峰是锂离子的脱出峰，随着循环过程的进行，锂离子的嵌脱峰值电位差越来越小，表明锂离子电池的可逆性越来越好。

2. 恒流充放电性能

在 0.1C 充放电条件下三种不同粒径的球形天然鳞片石墨的首次充放电曲线如图 5-22 所示，石墨的平均粒径不同，其电化学性能也有所不同。鳞片石墨 SG11、SG17 和 SG20 的首次脱锂容量分别是 362.4、353.0 和 348.9(mA・h)/g，表明在所选粒径范围内，石墨的可逆容量随着石墨粒径的增大而减小。三条曲线在 0.75V 左右都存在一个电压平台，此平台对应着天然鳞片石墨首次嵌锂时形成 SEI 膜的过程，与图 5-21 循环伏安曲线中形成 SEI 膜的电压平台相吻合。石墨的平均粒径不同，此平台的长短亦不同；平台越长，在放电过程中形成 SEI 膜，造成的不可逆容量损失就越大，锂离子电池首次充放电效率就越低；SG20 的电压平台最短，说明在三种石墨中 SG20 的首次充放电效率是最高的，其次是 SG17，最后是 SG11。究其

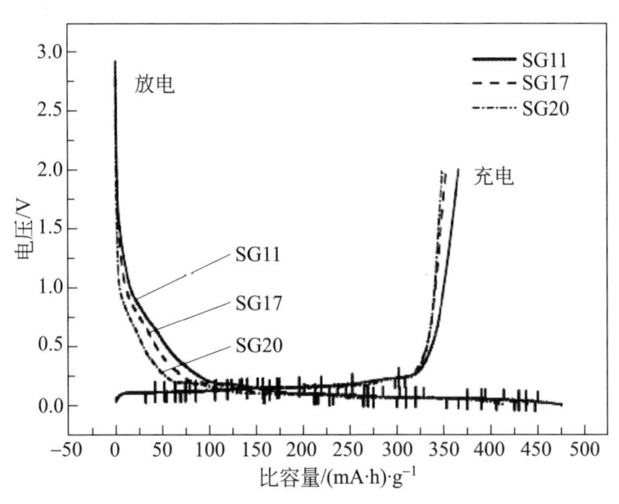

图 5-22　三种不同粒径球形天然鳞片石墨在 0.1C 倍率下的首次充放电曲线[46]

缘由，可以认为，石墨的粒径越小，其比表面积就越大，而比表面积越大，首次充放电过程中形成的 SEI 膜就越多，直接导致首次库仑效率的降低。

表 5-5 列出了三种不同粒径球形天然鳞片石墨在 0.1C 充放电条件下前三次充放电的容量和效率，可以看到，SG20 的首次充放电效率最高，与图 5-22 一致。在所选石墨粒径的范围内，石墨的首次充放电效率随着石墨粒径的增大而增大。而对于同一粒度的石墨来说，第二次充放电效率比第一次高一些，第三次充放电效率比第二次又高一些，这表明形成 SEI 膜的过程主要是在首次充放电过程中发生的，在第一次充放电结束之后，因形成 SEI 膜而导致的不可逆容量损失几乎不存在，因此充放电效率会越来越高。

表 5-5　三种不同粒径球形天然鳞片石墨在 0.1C 倍率下前三次充放电的容量和效率[46]

石墨样品	循环次数	充电容量 /(mA・h)・g^{-1}	放电容量 /(mA・h)・g^{-1}	效率 /%
SG11	1	362.4	459.7	78.8
	2	362.3	375.5	96.5
	3	361.1	370.5	97.5
SG17	1	353.1	438.6	80.5
	2	354.3	363.5	97.5
	3	357.5	364.5	98.1
SG20	1	348.9	412.7	84.5
	2	348.3	357.0	97.6
	3	348.0	354.1	98.3

3. 倍率性能

三种不同粒径球形天然鳞片石墨在不同倍率下充放电的循环性能曲线及其可逆容量的平均值分别见图 5-23 和表 5-6。

表 5-6　三种不同粒径球形天然鳞片石墨在不同倍率下的可逆容量[46]

石墨样品	可逆容量/(mA・h)・g^{-1}					
	0.1C	0.2C	0.5C	1.0C	2.0C	5.0C
SG11	362.4	331.7	282.2	134.5	88.3	29.9
SG17	350.2	322.6	243.6	120.1	77.0	26.8
SG20	342.4	309.4	224.3	93.0	65.2	26.0

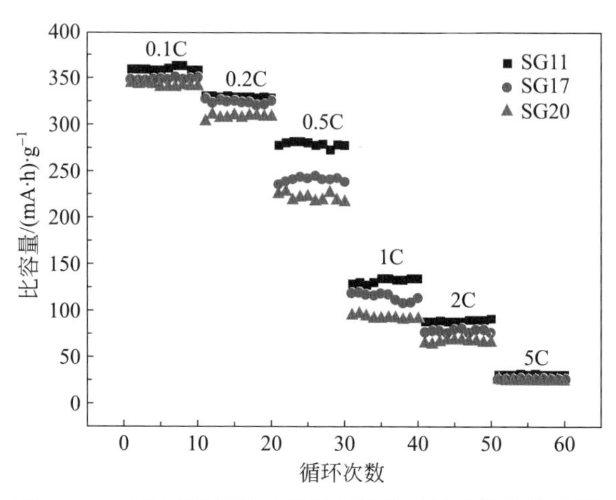

图 5-23 三种不同粒径球形天然鳞片石墨的倍率性能[46]

由图 5-23 可以看到，在同一倍率下，SG11 具有最高的可逆容量。由表 5-6 可知，在 6 个不同倍率下，相对于 SG17，SG11 的可逆容量分别高出了 12.2、9.1、38.6、14.4、11.3 和 3.1(mA·h)/g；相对于 SG20，SG11 的可逆容量分别高出了 20.0、22.3、57.9、41.5、23.1 和 3.9(mA·h)/g。不难发现，随着石墨粒径的增大，在 0.1、0.2 和 0.5C 倍率下，可逆容量随倍率的增加，降低的幅度越来越大；但是在 1、2 和 5C 充放电倍率下，石墨可逆容量的下降却随倍率增加，下降的幅度越来越小。亦即，在所选石墨粒径(11～20μm)范围内，石墨的倍率性能随着其粒径的增大而变差。究其缘由，主要是因为锂离子在石墨层间脱嵌的难易不同。

5.3.3 鳞片石墨的微膨

作者所在课题组[47]通过对天然鳞片石墨的结构特点和碳材料储锂机制的分析，首次提出了石墨的微膨改性方法。亦即，对石墨进行微膨，在石墨晶体内引入微纳米级缺陷，使石墨的层间距略微增大，提高锂离子在石墨层间的扩散速率，缓解石墨负极在嵌脱锂过程中的体积变化，进而提高其循环稳定性[46-51]。石墨的微膨改性原理如图 5-24 所示，其中插层反应与微膨脱插机理可参见第 3 章有关石墨层间化合物和第 4 章有关膨胀石墨与柔性石墨的论述。

值得一提的是，微膨石墨和膨胀石墨的本质区别。膨胀石墨的宏观形貌呈蠕虫状，其制备机制是以获得尽可能大的膨胀倍率为目标；而微膨石墨是以引入尽可能多的微纳米缺陷为目的，在保持石墨结构的同时，宏观体积

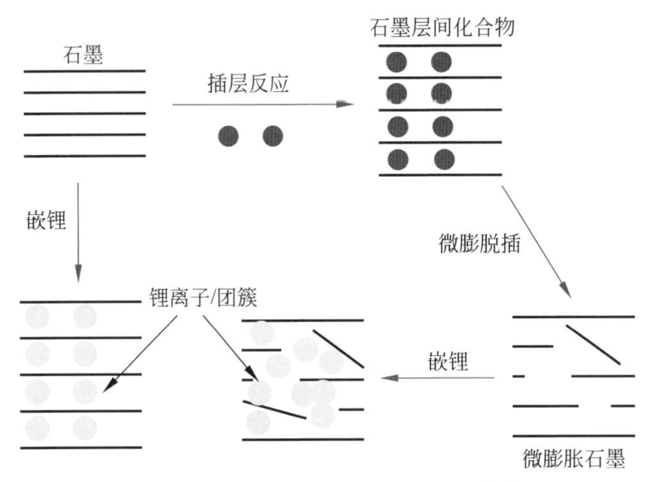

图 5-24　石墨负极的微膨改性原理[47]

越小越好。因此，微膨石墨制备的关键在于控制石墨层间化合物(GICs)的微膨脱插过程，使其缓慢脱插，将石墨的体积膨胀率控制在较低水平，一般应小于 50%。

1. 微膨鳞片石墨的制备

将鳞片石墨粉粒($D_{50}=15\mu m$)、98%的浓硫酸和 30%双氧水按质量比为 2.5∶10∶1 加入反应容器，置容器于冰水混合物中，持续搅拌约 5～10min，直至混合物呈黏稠糊状；水洗黏稠糊状物至 pH 值为 4，然后在 100℃烘干，获得石墨层间化合物(H_2SO_4-H_2O_2-GICs)。再将 H_2SO_4-H_2O_2-GICs 置于膨化炉中，以 1.5℃/min 升温速度升至 360℃，恒温 24h，获得微膨石墨。这里之所以将反应容器置于冰水混合物中，是为了防止石墨在氧化插层反应过程中释放的反应热造成双氧水分解。

2. 微膨鳞片石墨的形貌与结构

原料即球形天然鳞片石墨微膨前后的表面形貌如图 5-25 所示，可以看出，球形天然鳞片石墨表面较光滑，形状亦较规整；经微膨处理后，表面发生破裂，呈鳞片状，并产生较多碎末。表面形貌变化引起其比表面积的增加，微膨前石墨的比表面积为 6.75m^2/g，微膨后增加到 9.36m^2/g。比表面积增大会形成更多的 SEI 膜，降低石墨的首次循环效率；但同时也会提供更多的锂离子嵌入和脱出的通道，提高大电流充放电性能。

由天然鳞片石墨微膨前后的 XRD 曲线(见图 5-26)可知，微膨天然鳞

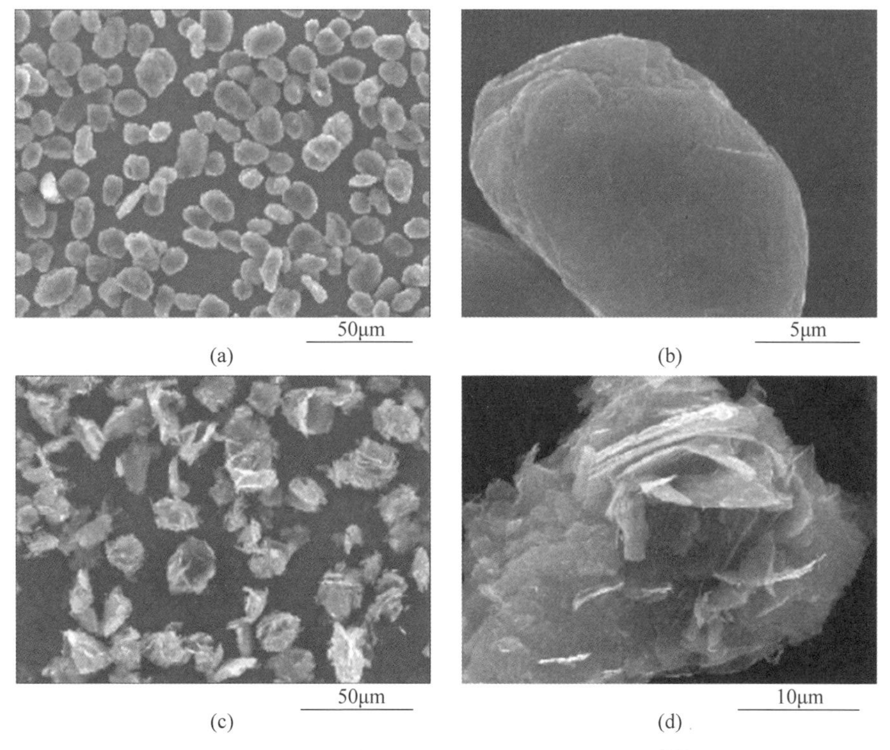

图 5-25 球形鳞片石墨微膨前后的 SEM 图像[47]

(a)、(b) 鳞片石墨；(c)、(d) 微膨鳞片石墨

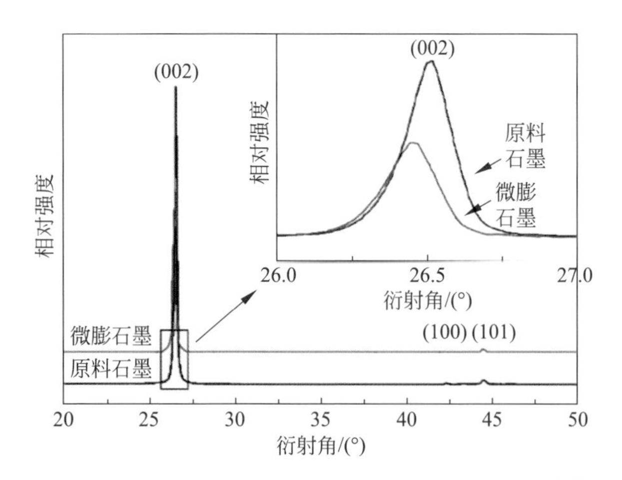

图 5-26 原料鳞片石墨和微膨鳞片石墨的 XRD 曲线[47]

片石墨仍然是典型的石墨结构，没有杂峰出现。相比之下，微膨石墨较原料石墨的(002)峰向低角度偏移。

依据 XRD 分析结果，分别通过 Bragg 方程和 Scherrer 公式可以计算出微膨前后天然鳞片石墨的层间距 d_{002} 和石墨在 c 轴方向的粒径 L_c，计算结果见表 5-7。可以看出，微膨后石墨的层间距略微加大，而 c 轴方向粒径却明显减小。前者是石墨层间化合物插入物在微膨过程中分解的结果，后者可归因于原料鳞片石墨表层粘附的石墨微粒和较小的石墨片层经氧化插层和微膨处理，引起了脱落和剥离。

表 5-7　天然鳞片石墨微膨前后的 d_{002} 和 L_c[47]

鳞片石墨	d_{002}/nm	L_c/nm
原料鳞片石墨	0.3356	51.3
微膨鳞片石墨	0.3370	44.6

微膨鳞片石墨的 TEM 和 HRTEM 照片见图 5-27，可以看到：①微膨鳞片石墨的片层上呈现纳米孔，比较清晰的孔径约 5～20nm，同时在微膨鳞片石墨上还可看到很多细小的浅色区域属于细小微孔(见图 5-27(a)和(b))。这些孔可能是在氧化插层过程中，插层剂对石墨片层的氧化刻蚀所致。②微膨后的鳞片石墨片层不再是平整的结构，而是有很多沟壑和凸起(见图 5-27(c))；③微膨鳞片石墨的部分片层也不再是规则与平行的，而是产生了很多卷曲、断裂和错位(见图 5-27(d))。

利用图像分析工具在图 5-27(d)中片层结构较为明显的地方(即图 5-27(d)右上角)做图，图中的峰表示 TEM 照片中颜色较深的部分，即石墨片层。这样就可以从图中直接量取石墨的层间距，约为 0.337nm，这与 XRD 分析结果(见表 5-7)是一致的。

由图 5-28 给出的微膨鳞片石墨的孔径分布图，可以看到微膨鳞片石墨的孔结构以孔径 3nm 左右的孔为主，这就意味着微膨鳞片石墨的孔结构并不发达，主要是分布在石墨层间的纳米孔。

关联图 5-25～图 5-28 和表 5-7，可以认为，微膨鳞片石墨仍然具有典型的石墨结构，但通过微膨处理，鳞片石墨的层间距略微加大，同时在鳞片石墨晶体内引入了多种缺陷，诸如纳米孔、石墨片层上的沟壑与突起、石墨片层的卷曲及错位等，这些缺陷能够形成特殊的三维多孔结构。

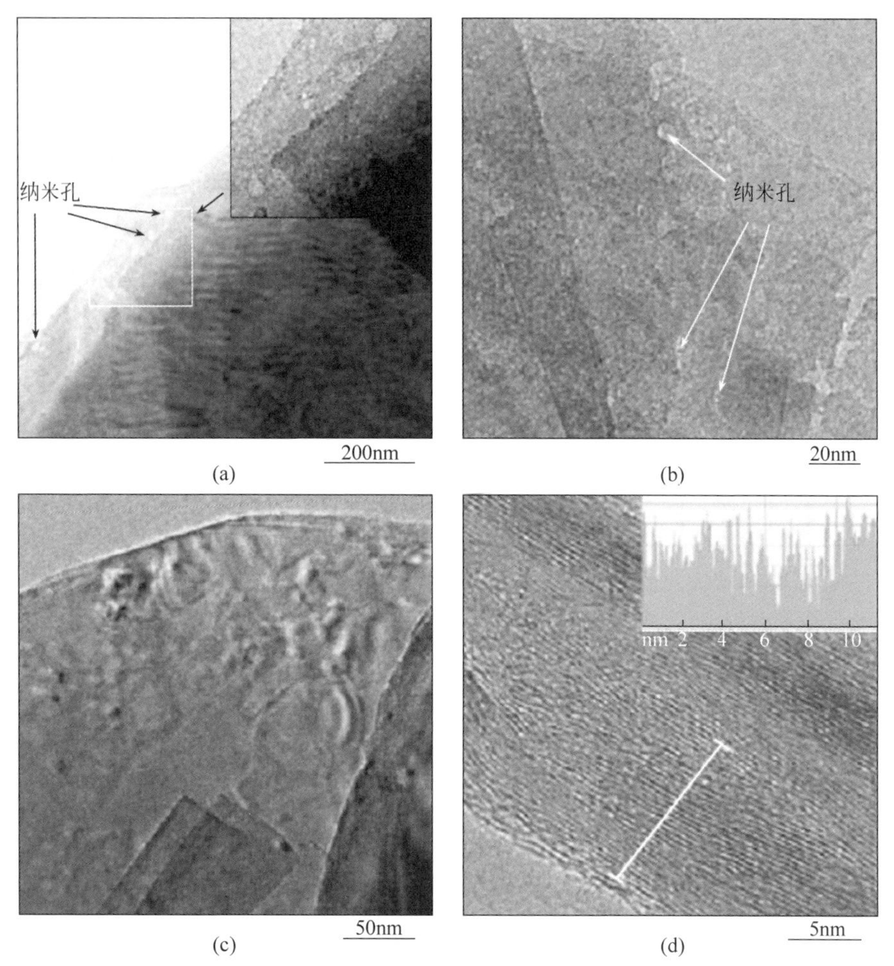

图 5-27 微膨鳞片石墨的微观结构[47]

(a)、(b)、(c) 石墨片层的 TEM 照片；(d) 横截面的 HRTEM 照片及层间距测量

5.3.4 鳞片石墨的微膨胀-炭包覆

通过 SEM 表征(见图 5-25(c)、(d))发现，微膨鳞片石墨表面开裂不平滑，比表面积较大。如果直接用作负极材料，首次充放电效率会比较低。因此，需要对微膨鳞片石墨进行无定形炭包覆。无定形炭包覆是最常用的天然石墨改性方法，可以提高石墨负极材料的首次效率和循环寿命[27-28,52]。

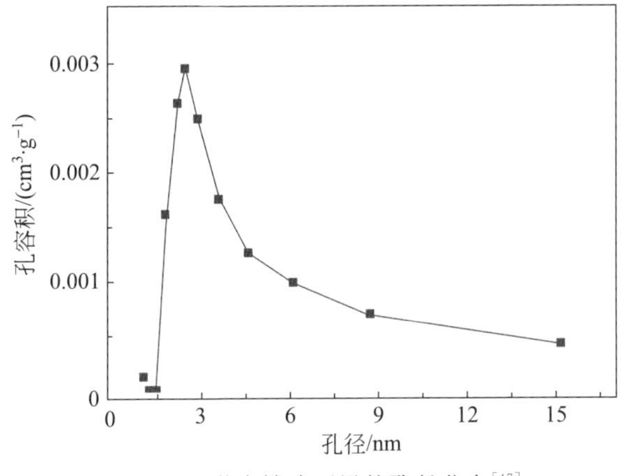

图 5-28 微膨鳞片石墨的孔径分布[47]

1. 微膨-炭包覆鳞片石墨的制备

将 5.3.3 制备的微膨石墨与酚醛树脂按质量比 20∶1 混合，在乙醇溶液中搅拌均匀，并于 80℃烘干；然后在 N_2 气氛中，1000℃恒温 4h 进行碳化，获得无定形炭包覆的微膨鳞片石墨。作为对比，对原料球形鳞片石墨也进行了同样的无定形炭包覆处理。包覆后的样品均过 180 目(85μm)筛。

微膨-炭包覆鳞片石墨的半电池电化学性能测试在实验室进行。其中：测试电极的配比为“微膨-炭包覆鳞片石墨∶聚偏氟乙烯(PVDF)＝90∶10(质量比)”，对电极为锂片；电解液组成为“碳酸二甲酯(DMC)∶碳酸甲乙脂(EMC)＝1∶1(体积比)”，锂盐($LiPF_6$)浓度 1mol/L；电流密度 0.2C。全电池测试在广东东莞新能源科技有限公司进行。

2. 微膨-炭包覆鳞片石墨的电化学性能

1) 充放电性能

微膨-炭包覆、炭包覆和原料三种鳞片石墨的充放电性能如图 5-29 和表 5-8 所示，可以看到，三者均具有典型的石墨充放电平台。经过微膨改性后，再进行炭包覆处理所获微膨-炭包覆鳞片石墨的首次充放电容量(见图 5-29(a))，显著高于直接炭包覆鳞片石墨和原料鳞片石墨，这表明通过微膨改性，可以显著提高鳞片石墨的比容量。而与直接炭包覆改性相比，微膨-炭包覆鳞片石墨首次循环效率有所下降，这也说明炭包覆改性可以有效提高原料鳞片石墨的首次循环效率。与首次循环相比，第 30 次循环(见图 5-29(b))，

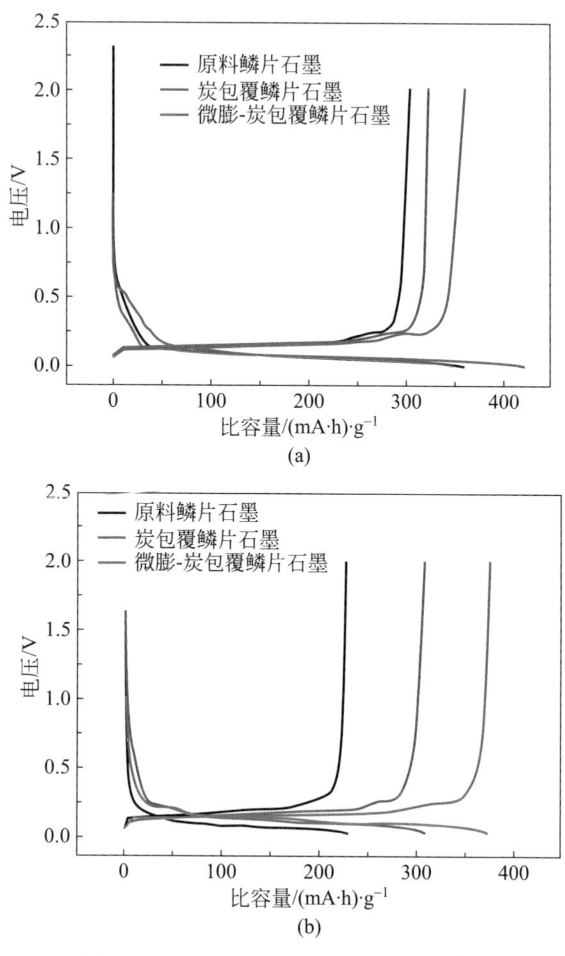

图 5-29 三种鳞片石墨的充放电性能[47]

(a) 首次循环；(b) 第 30 次循环

表 5-8 微膨-炭包覆鳞片石墨和炭包覆鳞片石墨前后的首次充放电性能[47]

鳞片石墨	放电容量/(mA·h)·g^{-1}	充电容量/(mA·h)·g^{-1}	循环效率/%
微膨-炭包覆	419	361	86.2
炭包覆	350	322	92.0
原料	360	304	84.4

炭包覆鳞片石墨和原料鳞片石墨的放电容量分别由350(mA·h)/g衰减为308(mA·h)/g、360(mA·h)/g衰减为230 (mA·h)/g，而微膨-炭包覆鳞片石墨的放电容量为378(mA·h)/g，仍大于原料鳞片石墨的首次充电容量360(mA·h)/g。因此，微膨-炭包覆改性确实是提高鳞片石墨充放电性能的一种有效方法。

2）循环性能

在电流密度0.2C条件下，微膨-炭包覆、炭包覆和原料三种鳞片石墨的循环性能如图5-30所示。可以看出，原料鳞片石墨的循环稳定性很差，经炭包覆后，循环稳定性有所提高，但经过50次循环后放电比容量仍衰减至260(mA·h)/g。而微膨-炭包覆鳞片石墨经过100次循环后仍具有378(mA·h)/g的比容量，与循环30次相比，保持率为100%。由此可以认为，虽然炭包覆可以提高鳞片石墨的电化学性能，但微膨-炭包覆鳞片石墨电化学性能的显著提高主要是微膨改性的贡献。

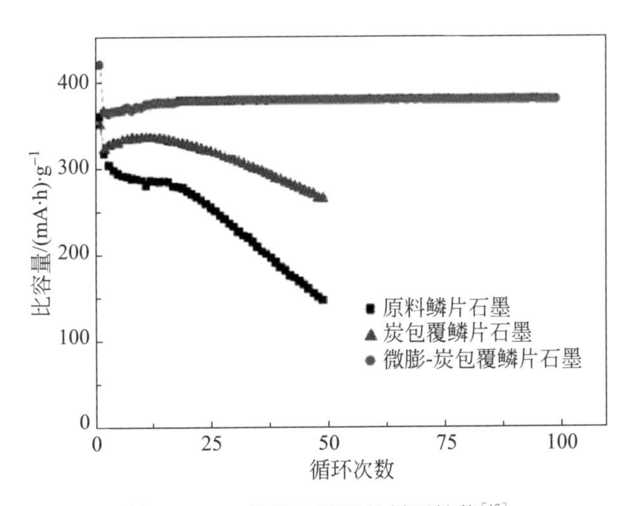

图5-30　三种鳞片石墨的循环性能[47]

3）循环伏安特征

利用循环伏安特征的分析，可以进一步研究微膨-炭包覆、炭包覆和原料三种鳞片石墨电化学反应机理的差异。三种鳞片石墨的第50次循环伏安曲线（扫描速率0.1mV/s）如图5-31所示，可以看出：炭包覆前后，鳞片石墨的氧化还原峰位一致，说明炭包覆改性，不影响鳞片石墨的电化学反应机制；与前两者相比，微膨-炭包覆鳞片石墨在0.05V处出现

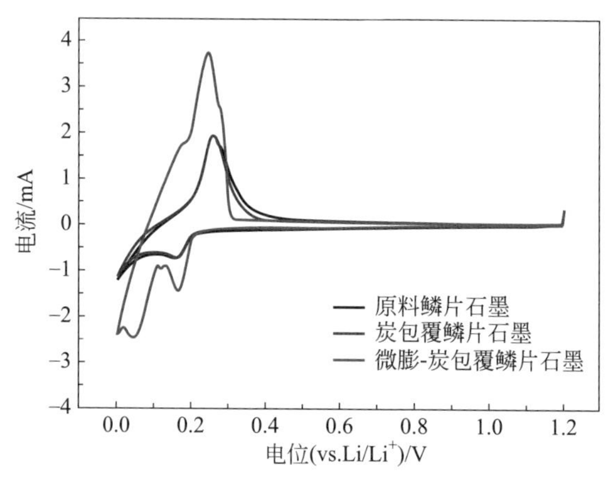

图 5-31 三种鳞片石墨的第 50 次循环伏安曲线[47]

了一个明显的还原峰，意味着鳞片石墨的微膨改性产生了一些新的氧化还原特性。

不同的还原峰对应不同的 Li-GICs 阶转变。Funabiki 等[53]研究发现，0.21V、0.12V 和 0.09V 处的还原峰，分别对应无序高阶 Li-GICs 向 4 阶 Li-GICs，准 2 阶 Li-GICs 向 2 阶 Li-GICs，以及 2 阶 Li-GICs 向 1 阶 Li-GICs 的转变。除此之外，Dahn 等[54]还发现了 0.16V 处的还原峰，并将其归类于其他的一些 Li-GICs 转变。亦即，在 0～0.09V 区间是 2 阶 Li-GICs 向 1 阶 Li-GICs 转变的过程[55-56]；在该区间内，不会再出现由 Li-GICs 阶转变产生的还原峰。由此可以认为，微膨-炭包覆鳞片石墨循环伏安曲线在 0.05V 处出现的还原峰源于微膨石墨孔结构的贡献；该还原峰的峰值和较大的积分面积亦表明微膨改性可以显著提高鳞片石墨的放电容量。也正是由于微膨石墨的特殊多孔结构，能够缓冲循环过程中石墨的体积变化，进而提高石墨负极的循环稳定性。同时，根据微孔储锂机理，锂离子能够以团簇形式储存在这些纳米孔洞内，使得石墨负极具有更高的比容量。

4）微膨改性对鳞片石墨负极膜片体积变化的缓冲效应

在半电池测试中，微膨改性对循环过程中石墨体积变化的缓冲效应，主要通过增强循环稳定性体现。在实际应用中，石墨体积的变化会引起负极膜片内应力的变化，尤其是对卷绕电池会产生较大的影响。如果电芯设计不合理，甚至可能导致极片断裂。

为了进一步考察微膨改性石墨的性能，作者所在课题组按照本节相同的工艺条件制备了 10kg 微膨-炭包覆鳞片石墨，并在广东东莞新能源科技有限公司进行了全电池实验，电池型号 383450，共生产 300 只，负极活性物质为质量分数 94.5%的微膨-炭包覆鳞片石墨。着重考察了微膨-炭包覆鳞片石墨负极膜片在电芯中的整个制备过程以及与 Li 反应过程中厚度的变化，并与炭包覆鳞片石墨商品负极材料进行了对比。

(1) 负极膜片的形貌与孔隙率

采用冷压法制备系列不同密度的微膨-炭包覆鳞片石墨负极膜片，相应膜片的孔隙率与正视(上)及横截面(下)SEM 照片分别见表 5-9 和图 5-32。可以看到，1.7g/cm^3 的石墨负极膜片(见图 5-32(d))的孔隙率最低，这与普通商品负极石墨的粉体和成膜特性类似。

表 5-9　不同密度微膨-炭包覆鳞片石墨负极膜片的孔隙率[47]

密度/$g \cdot cm^{-3}$	孔容积/$cm^3 \cdot g^{-1}$	孔隙率/%
1.40	0.1905	26.7
1.50	0.1666	25.0
1.60	0.1550	24.8
1.70	0.0877	14.9

由于微膨石墨仍然具有发达的片层结构，在冷压过程中会发生择优取向。石墨颗粒的择优取向可以通过 XRD 表征，如图 5-33 所示，(004)峰与(110)峰的强度之比随冷压密度的增加而提高，表明石墨片层趋向于与集流体(铜箔)方向平行，c 轴方向趋向于与集流体方向垂直。因此，石墨颗粒体积的收缩与膨胀引起负极膜片体积的变化主要体现为厚度变化。亦即，可以通过膜片厚度的变化分析微膨-炭包覆鳞片石墨对材料整体的体积变化产生的缓冲作用。

微膨-炭包覆鳞片石墨与商品负极材料所制负极膜片在电芯的整个制备过程以及与锂反应过程中厚度的变化如表 5-10 所示。可以看出，微膨-炭包覆鳞片石墨负极膜片的厚度变化率明显低于商品负极材料膜片，说明微膨石墨的特殊结构能够减少负极膜片的体积变化。这里，商品负极材料为炭包覆球形天然鳞片石墨，数据来自企业生产线的实测数据；微膨-炭包覆鳞片石墨膜片的厚度变化率为扣除铜箔厚度后的计算数据，铜箔的厚度为 0.009mm。

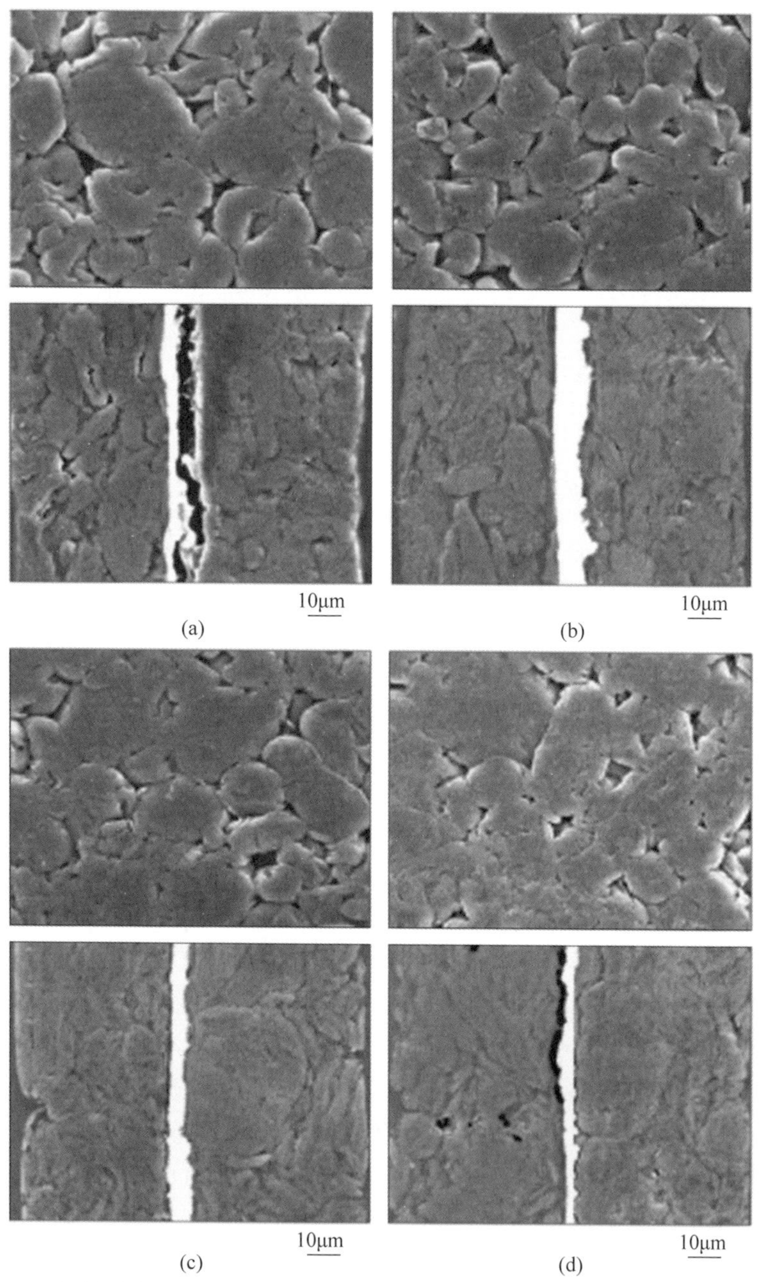

图 5-32 不同密度微膨-炭包覆鳞片石墨负极膜片的正视(上)和横截面(下)SEM 照片[47]

(a) 1.40g/cm^3；(b) 1.50g/cm^3；(c) 1.60g/cm^3；(d) 1.70g/cm^3

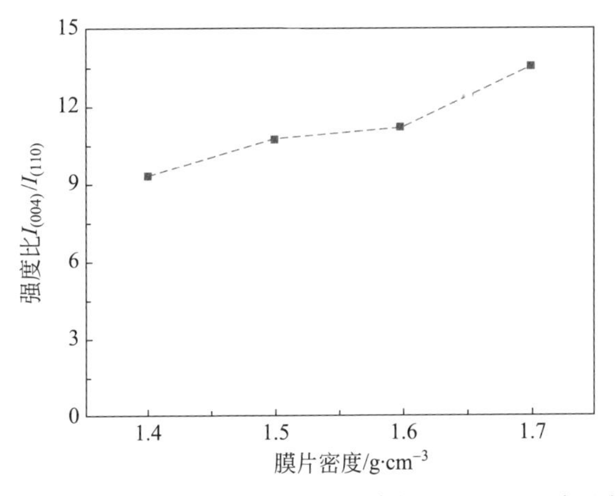

图5-33 微膨-炭包覆鳞片石墨XRD图谱中(004)/(110)峰强之比与负极膜片密度的关系[47]

表5-10 微膨-炭包覆鳞片石墨与商品负极膜片的厚度变化[47]

膜片状态	负极膜片厚度变化率/%	
	微膨-炭包覆鳞片石墨	商品负极材料
冷压后	0.0	0.0
烘烤后	0.9	
卷绕前	1.7	3.1
开路电压3.0V	5.2	11.6
开路电压3.8V	10.4	
开路电压4.2V	12.2	21.4

5.4 微晶石墨负极材料

天然微晶石墨是石墨微晶的集合体,亦即众多石墨微晶的堆叠物。其中每个石墨微晶的尺寸都较小,不存在类似天然鳞片石墨中较大的鳞片状石墨层结构,加之各个微晶石墨颗粒堆叠没有明显的取向性,因而在宏观上呈现明显的各向同性的特征。这与天然鳞片石墨在c轴方向和石墨平面方向相互垂直而体现出的各向异性特点显然不同。通常将天然微晶石墨结构特征描述为:微观上呈现石墨的本征特性——各向异性,而在宏观上却表现出明显的各向同性。

相对于天然鳞片石墨负极材料,天然微晶石墨负极材料的优点和缺点都相当突出。一方面,由于微晶石墨自身的特点,在充放电循环的过程中,因锂离子反复嵌入和脱出造成基体石墨体积膨胀的应力被各个石墨微晶体取向不同所缓解,加之其各向同性的特点,天然微晶石墨的体积膨胀率仅为3%左右,大大低于天然鳞片石墨在 c 轴方向 10%左右的膨胀率[57-58]。因此,天然微晶石墨的循环性能和倍率性能均显著高于天然鳞片石墨。

但是,天然微晶石墨的缺点也不容忽视。首先,天然微晶石墨本身强度偏低,在提纯和改性的过程中,很容易粉碎,加大了其提纯过程的难度;同时也使得一些适合天然鳞片石墨的传统改性手段不一定适用于天然微晶石墨。其次,天然微晶石墨的表面往往很不平整,增大了石墨颗粒的比表面积,会在首次循环中生成更多的 SEI 膜,影响其首次效率。

为了制备高品质的锂离子电池天然微晶石墨负极材料,与天然鳞片石墨相同,采用颗粒整形、表面包覆、微膨胀工艺等亦是天然微晶石墨改性常用的方法。其中,天然微晶石墨的形貌、结构与电化学特性及其颗粒整形、表面包覆工艺等详见 5.2 节,这里主要介绍天然微晶石墨的微膨改性技术。

5.4.1 微膨天然微晶石墨的制备

微膨天然微晶石墨的制备工艺流程及改性原理,与微膨天然鳞片石墨相同(见图 5-24)。但对不同的插层剂,其原料配比、反应温度以及热处理温度有所差异。作者所在课题组在原有工作[47,57]的基础上,选用纯度99%、平均粒径 13.96μm 的内蒙古巴彦淖尔产天然微晶石墨为原料,分别以高氯酸和浓硫酸为插层剂进行微膨天然微晶石墨的制备,具体条件是:①高氯酸插层-微膨天然微晶石墨的制备条件:高氯酸∶微晶石墨=4∶1(质量比);插层温度 120℃,插层时间 30min;水洗至中性烘干,200℃下脱插。② 浓硫酸插层-微膨天然微晶石墨的制备条件:浓硫酸∶石墨∶双氧水=10∶2.5∶1(质量比);插层温度 0℃(反应容器置于冰水混合浴中),插层时间 20min;水洗至中性烘干,360℃下脱插。

5.4.2 微膨天然微晶石墨的形貌与充放电循环性能

图 5-34 为原料天然微晶石墨、高氯酸插层-微膨天然微晶石墨以及浓硫酸插层-微膨天然微晶石墨的 SEM 照片,可以看到,天然微晶石墨是由很多小的石墨微晶组成的集合体,表面存在细小的石墨微颗粒(见图 5-34(a));经高氯酸插层制备的微膨天然微晶石墨,较微膨前天然微晶石墨表面的微

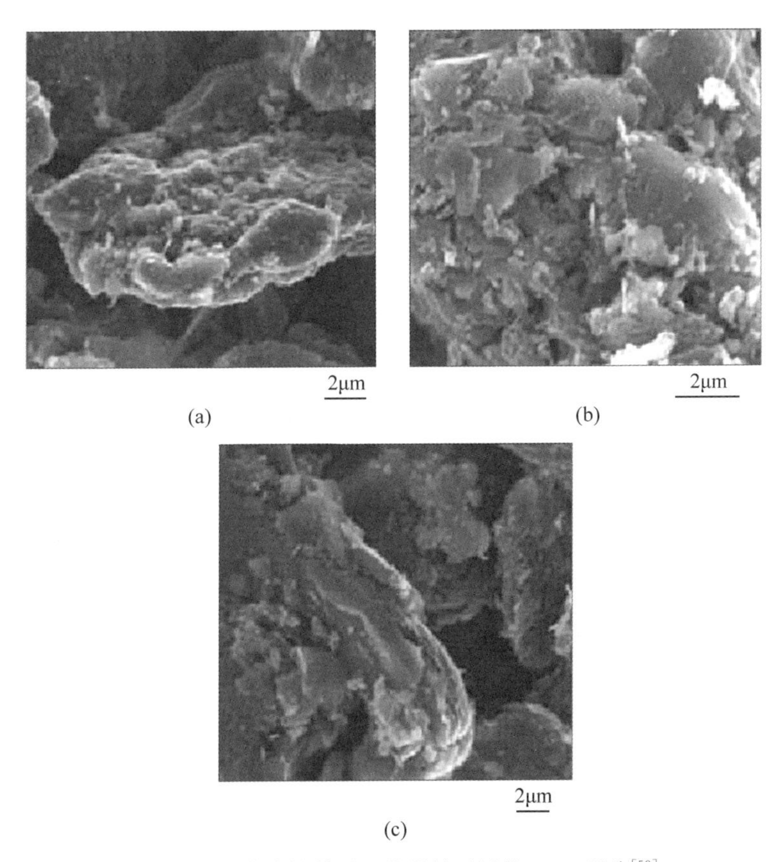

图5-34 微膨改性前后天然微晶石墨的SEM照片[58]
(a) 天然微晶石墨；(b) 高氯酸插层-微膨天然微晶石墨；(c) 浓硫酸插层-微膨天然微晶石墨

粒减少，体积密度从0.97mL/g增加至1.22mL/g，但表面的裂痕和褶皱不明显(见图5-34(b))；而以硫酸为插层剂制备的微膨天然微晶石墨，不仅表面的石墨微粒减少，而且还出现了一些褶皱和裂痕(见图5-34(c))，体积密度从0.97mL/g增加至1.28mL/g，高于高氯酸插层的微膨天然微晶石墨。

天然微晶石墨原料和两种微膨微晶石墨充放电循环性能如图5-35所示，可以看到，高氯酸插层-微膨石墨与原料天然微晶石墨的循环性能差别不大，而浓硫酸插层-微膨天然微晶石墨的循环性能明显优于微膨改性前的天然微晶石墨。关联图5-34和图5-35，可以发现，高氯酸对天然微晶石墨的氧化插层反应活性较差，引入微晶石墨缺陷较少，因而未能明显提升天然微晶石墨的电化学性能。而采用浓硫酸为插层剂制备的微膨天然微晶石墨

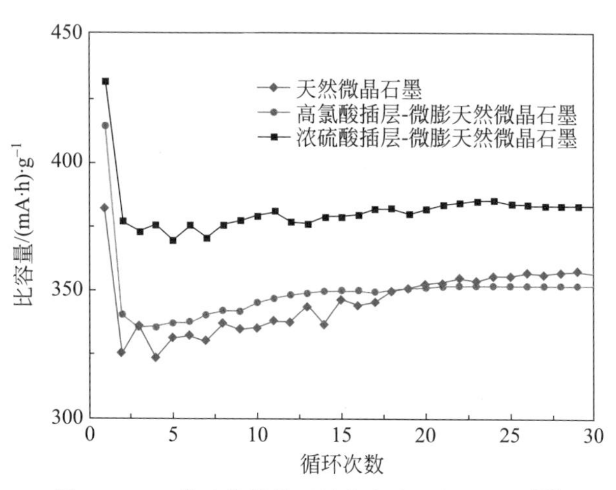

图 5-35 三种天然微晶石墨的充放电循环性能[58]

可以显著提升天然微晶石墨的电化学性能。

值得一提的是，清华大学课题组在高氯酸插层剂制备微膨天然石墨的研究中发现[57]，在相同的制备条件下（如上节所述），高氯酸与天然鳞片石墨氧化插层反应结束后，产物呈现较为黏稠的浆料状混合物；微膨后，天然微晶石墨的表面出现了较大、较多、较深的褶皱（见图 5-36），体积密度由原料天然微晶石墨的 0.97mL/g 增加至 3.89mL/g。而高氯酸与天然微晶石墨反应结束后，产物仍保持较明显的液态，同时所获得的微膨天然微晶石墨的表面的裂痕和褶皱不明显（见图 5-34(b)），体积密度也较小（1.22mL/g），说

图 5-36 高氯酸插层-微膨改性天然鳞片石墨的形貌[57]

明高氯酸与天然微晶石墨的氧化插层反应程度较低,微膨改性效果不明显。究其缘由,这可能与微晶石墨与鳞片石墨的结构不同有关。

5.4.3 浓硫酸插层-微膨天然微晶石墨的结构与电化学性能

1. 浓硫酸插层-微膨天然微晶石墨的结构

原料天然微晶石墨和浓硫酸插层-微膨天然微晶石墨的 TEM 照片如图 5-37 所示,可以看出,与原料天然微晶石墨相比,经过插层-微膨改性后,微晶石墨内部的缺陷以及孔洞结构明显增多。无疑,这些孔洞是在热脱插-微膨胀过程中插层剂的分解所造成的。

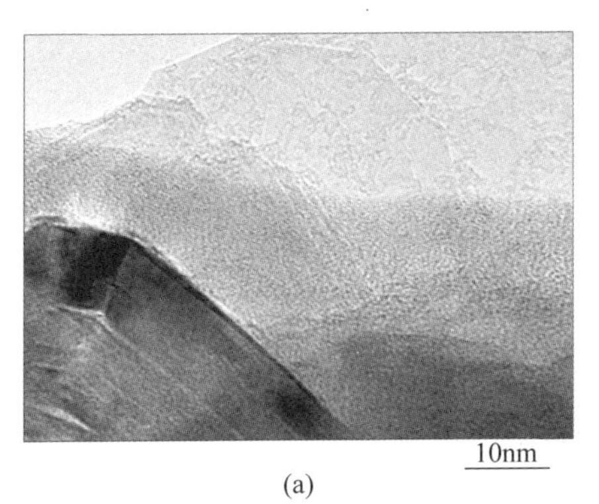

(a)

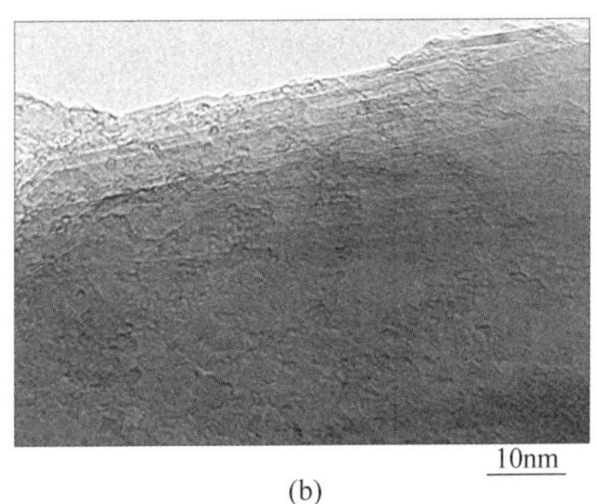

(b)

图 5-37 微膨改性前后天然微晶石墨的 TEM 照片[58]

(a) 天然微晶石墨;(b) 浓硫酸插层-微膨天然微晶石墨

利用浓硫酸插层-微膨天然微晶石墨中间产物(浓硫酸-石墨层间化合物)的 TGA/DSC 曲线(见图 5-38),可以验证热脱插微膨胀过程中插层剂浓硫酸的分解情况,其中 250℃时出现的明显的质量损失和放热峰,对应于插层剂硫酸的气化过程;120℃时出现的质量损失和放热峰,则对应着残余氧化剂双氧水的气化过程。

原料天然微晶石墨和浓硫酸插层-微膨天然微晶石墨的 XRD 图谱见图 5-39,可以看到,两者的石墨特征吸收峰位大体一致,即位于 26.5°的(002)峰、54°的(004)峰以及 45°的微晶石墨细小石墨片层的宽化峰。这说明微膨改性不会破坏微晶石墨的主要结构,微晶石墨的细小石墨片层结构在微膨处理后仍然得到了保存。

经过计算,微膨改性后,微晶尺寸从 48.6nm 减小至 44.1nm。这表明在微膨改性过程中,部分微晶存在破裂的情况。微晶的破裂可缩短锂离子

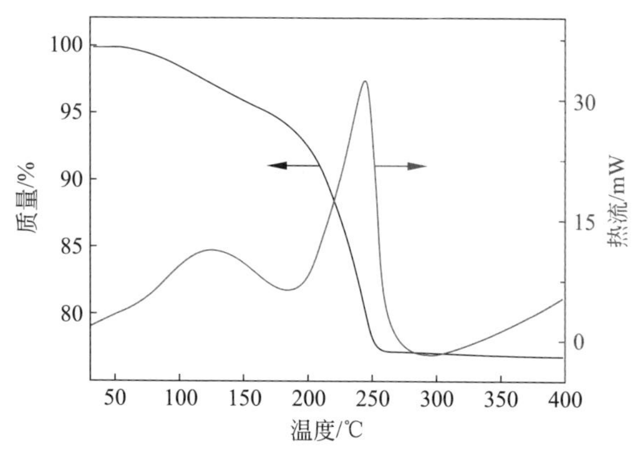

图 5-38 浓硫酸插层-微膨天然微晶石墨中间产物的 TGA/DSC 曲线[58]

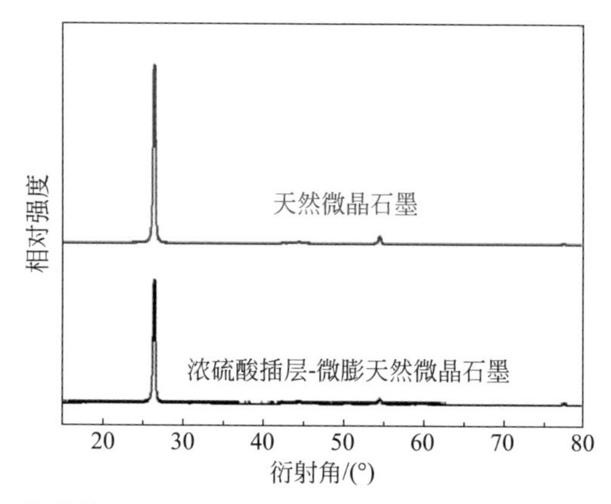

图 5-39 天然微晶石墨和浓硫酸插层-微膨天然微晶石墨的 XRD 图谱[58]

传输的距离,有利于提升其倍率性能,同时也能使微晶间的空隙增大,提供额外的储锂空间,有益于其比容量的提高。

2. 浓硫酸插层-微膨天然微晶石墨的电化学性能

原料天然微晶石墨和浓硫酸插层-微膨天然微晶石墨的电化学性能如图 5-40 所示。原料天然微晶石墨的首次充放电比容量分别为 323.6(mA·h)/g 以及 397(mA·h)/g,首次库仑效率为 81.5%;而浓硫酸插层-微膨天然微晶石墨的首次充放电比容量为 366.6(mA·h)/g 和 432(mA·h)/g,首次库仑效率为 84.8%。30 次循环以后,后者的比容量仍然具有 385(mA·h)/g,明显高于原料天然微晶石墨的 355(mA·h)/g。同样,在倍率性能方面,微膨微晶石墨也明显优于微晶石墨原料,在 1.6C

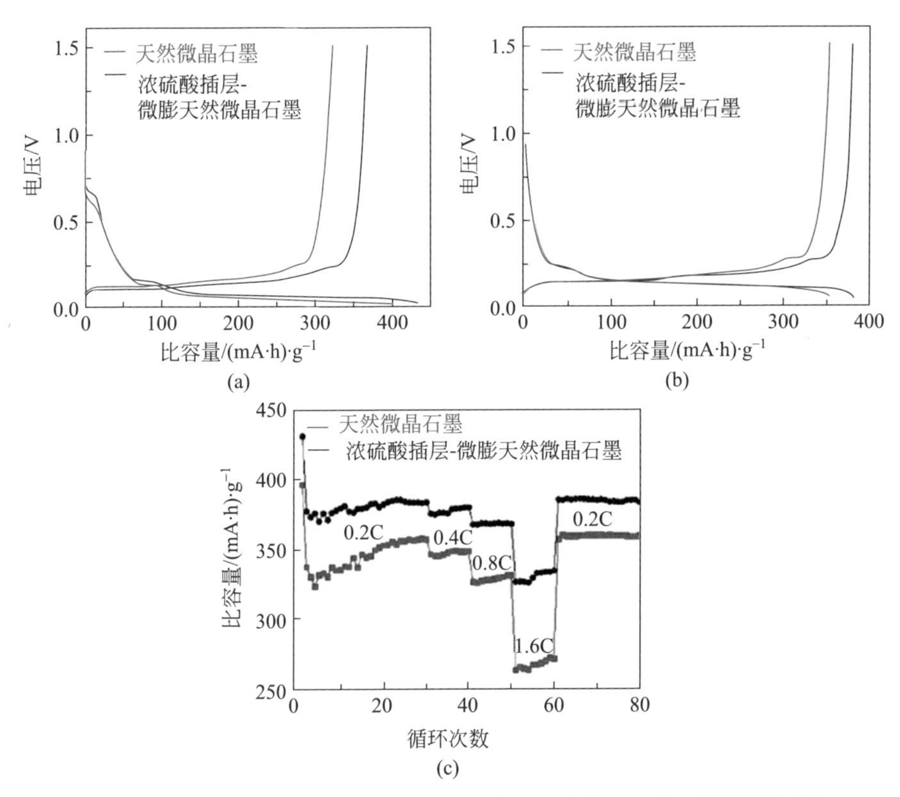

图5-40 天然微晶石墨和浓硫酸插层-微膨天然微晶石墨的电化学性能[58]

(a) 首次充放电性能；(b) 第30次充放电性能；(c) 倍率性能

的电流密度下，浓硫酸插层-微膨天然微晶石墨的比容量为330(mA·h)/g，依然高于原料天然微晶石墨的270(mA·h)/g。

5.5 硅碳复合负极材料

迄今为止，硅是理论比容量最大的负极材料，并被认为是极具应用潜力的新一代高能量锂离子电池负极材料。但在充放电过程中，硅电极体积易过度膨胀粉化，导致容量衰减快，成为其作为商用负极材料的最大障碍。基于锂可以嵌入石墨的层间形成石墨层间化合物 Li_xC_6，锂的脱嵌反应发生在0～0.25V，且具有良好的电压平台，尤其是石墨具有的层片状结构，能减慢充放电过程中的结构重建过程，从而避免负极材料结构的崩塌，这就非常适合作为硅电极的“缓冲基体”。因此，结合两者的性能，有可能制备出具有高容量和优良循环性能的硅碳复合负极材料[59-60]。

硅碳复合负极材料的制备通常采用球磨法、CVD法、溶胶凝胶法和静电纺丝法等。这里主要介绍球磨法和CVD法。

5.5.1 球磨法制备硅碳复合负极材料

球磨法是利用球磨机的转动或振动使硬球对原料进行强烈的撞击、研磨和搅拌，使晶格缺陷不断在大晶粒内部大量产生，导致颗粒中大角度晶界的重新组合，使得颗粒破碎，其晶粒尺寸可下降 10^3～10^4 个数量级，从而可以把粉末粉碎成纳米级颗粒。

球磨法可用于制备多种纳米合金材料及其复合材料，特别是用常规方法难以获得的高熔点合金纳米材料。采用球磨法制备的合金粉末，其组织和成分分布比较均匀，与其他物理方法相比，该方法简单实用，可以在比较温和的条件下制备纳米晶金属合金。球磨法的主要缺点是容易引入某些杂质，特别是杂质氧的存在，使得纳米合金在球磨过程中表面极易被氧化。杂质氧的引入易导致合金材料在嵌锂过程中发生不可逆的还原分解反应，从而带来较大的不可逆容量。另外，由于球磨的较大能量，可能会破坏原料的结构，如原料可由晶态变为非晶态，使原有性能发生变化。

球磨法亦是制备Si/C复合锂电池负极材料的主要方法之一。早在1999年，Wu等[61]就通过高能球磨方式制备出硅/石墨纳米复合物 $C_{1-x}Si_x$ ($x=0,0.1,0.2,0.25$)。球磨不仅可使Si/C颗粒尺寸减小到纳米级[62]，还可抑制小尺寸的Si颗粒团聚；加之硅与基体间具有很高的黏结力，从而使得硅/石墨纳米复合物拥有优异的导电性能[63]。但是，Datta等[64]发现高能球磨5h后，硅和石墨可形成非活性物质SiC，其可逆容量比球磨2h没有形成SiC时降低了很多，这说明球磨参数若设置不当，就会产生SiC，进而影响电极性能。另外，Dong等[65]报道称在高能球磨后，延性石墨颗粒很容易在剧烈碰撞过程中剥落，从而不可避免地形成晶粒边界和活性表面，且颗粒变小使比表面积增加，这些都会导致石墨表面SEI膜的形成，使得不可逆容量增加。因此，球磨法作为一种常用的Si/C复合材料的制备方法，亦需选择合适的球磨参数，并有效地与其他方法相结合，才能大幅改进Si/C复合材料的电化学性能。

1. 硅-石墨-热解炭复合负极材料

石墨和聚合物热解炭共同作为缓冲骨架是现今较为流行也是最早受到关注的三元复合体系。制备这种复合材料最常用的方法是通过机械混合法

(球磨或搅拌)-高温热解法制备。聚合物在高能球磨过程中能有效阻止因石墨和硅之间的界面反应而生成非活性物 SiC,同时也能在球磨中保护石墨层片结构不被破坏[64]。

理想型的"硅-石墨-热解炭"复合材料的结构如图 5-41 所示。这种硅-石墨-热解炭复合负极材料具有三大特点:①球磨后的小尺寸硅颗粒和小颗粒的石墨均匀分散于有机前驱体(酚醛树脂等)中,通过高温处理使有机物碳化,得到硅均匀分散于碳载体中的复合材料;②硅与碳之间有足够强的结合力,结合紧密,在充放电过程中能防止硅颗粒由于体积变化造成的机械不稳定而与碳载体脱开;③复合材料中的硅提供高的比容量,基体炭则为硅提供反应通道,缓冲硅嵌锂时的体积膨胀,同时防止硅与电解液的直接接触,这种有效的复合可使负极材料具有较高的容量和相对长的循环寿命。

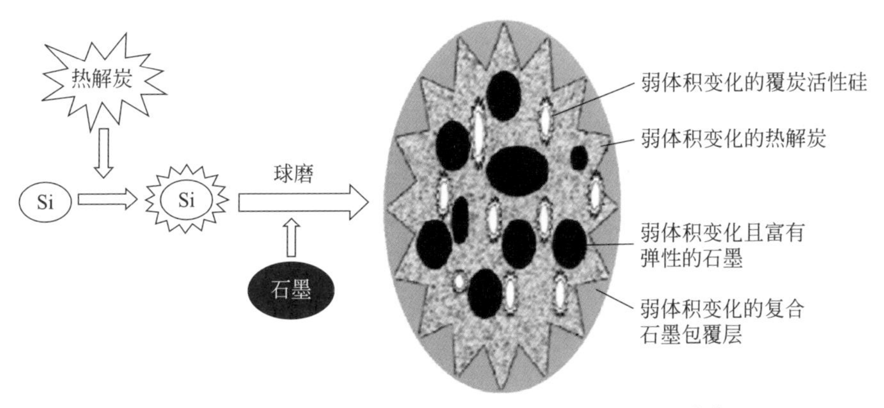

图 5-41 理想型的"硅-石墨-热解炭"复合材料的结构[66]

樊星[66]以硅粉(30 μm)、天然微晶石墨(20 μm)、酚醛树脂为原料,酒精为分散剂,通过高能球磨(ZrO_2 球)-高温热解联合法,制备了硅-石墨-热解炭复合负极材料,并研究了所制材料的电化学性能。

在电压 0～2.0V,放电倍率 0.2C 条件下,硅粉、天然微晶石墨和硅-石墨-热解炭复合负极材料的循环性能见图 5-42 和表 5-11。

表 5-11 硅粉、天然微晶石墨和硅-石墨-热解炭复合材料的首次库仑效率[66]

样品	首次库仑效率/%
硅粉	74.7
天然微晶石墨	78.2
硅-石墨-热解炭复合材料	81.1

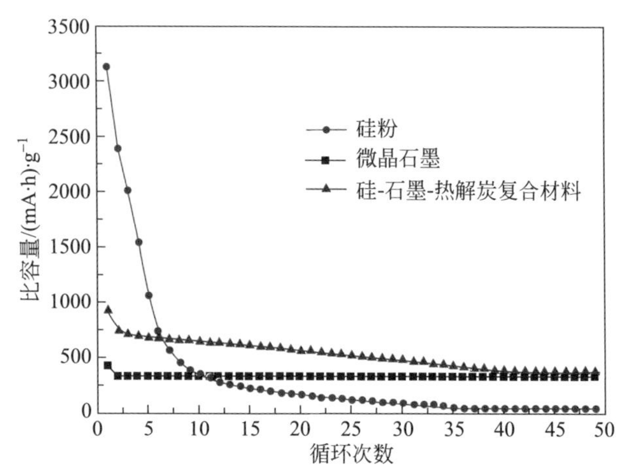

图 5-42 硅粉、天然微晶石墨和硅-石墨-热解炭复合材料的循环性能[66]

由图 5-42 可以看到，在容量达到稳定后，硅-石墨-热解炭复合材料较天然微晶石墨的容量提高幅度较小，而相对于硅粉，容量与稳定性均显著提高。同时由表 5-10 可知，与硅粉和天然微晶石墨相比，硅-石墨-热解炭复合材料的首次库仑效率最高，说明硅-石墨-热解炭复合可以改善石墨和硅粉的电化学性能。但是，以上结果和文献[67-68]相比较，所制硅-石墨-热解炭复合负极材料的性能并不突出，这可能是因为高能球磨在空气中进行，而不是在氩气气氛下进行，使得硅粉和天然微晶石墨表面在球磨过程中发生氧化，导致硅-石墨-热解炭复合材料在嵌锂过程中发生不可逆的还原分解反应，进而造成较大的不可逆容量。

2. 硅-石墨-多壁碳纳米管复合负极材料

Cheng 等[69]采用球磨法制备了硅-石墨-多壁碳纳米管复合锂离子电池负极材料。该复合负极材料第一次循环放电容量为 2274(mA·h)/g，经过 20 次充放电循环后，可逆容量仍保持在 584(mA·h)/g，远高于硅-石墨复合负极材料的 218(mA·h)/g(见图 5-43)。研究结果表明，硅-石墨-多壁碳纳米管复合材料之所以有如此优异的电化学性能，源于其中的硅颗粒均匀地嵌入片状石墨颗粒的“层状结构”中(见图 5-44(c)～(e))，而硅-石墨复合体又被具有优异的弹性和韧性的多壁碳纳米管包裹形成导电网络(见图 5-44(f))。

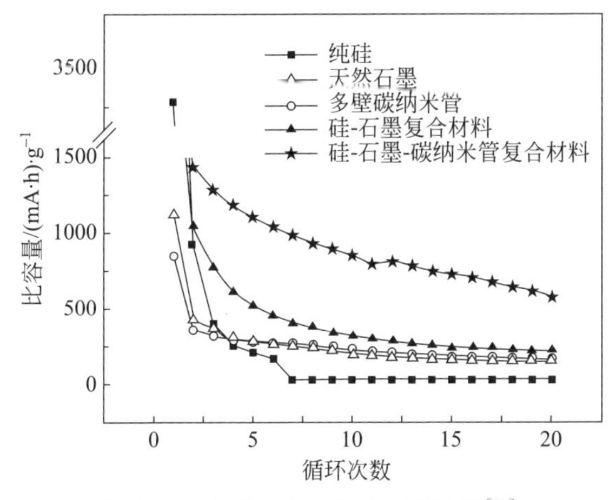

图5-43 各种负极材料的循环性能[69]

5.5.2 CVD法制备硅碳复合负极材料

化学气相沉积(chemical vapor deposition, CVD)指的是把含有构成产物元素的气态反应剂或液态反应剂的蒸气及反应所需其他气体引入反应室,在衬底表面发生化学反应,并把固体产物沉积到基体表面的过程。CVD法具有很多优点,比如设备简单、低成本、低的合成温度、制备条件可控以及容易实现批量化生产等,因而得到了广泛的应用[59-60,70-72]。

Holzapfel等[70-71]以单硅烷(SiH_4)为硅源,采用CVD法制备了硅-石墨复合材料,如图5-45所示:纳米硅颗粒沉积在石墨中,硅颗粒形成长团聚体,与较大的石墨颗粒连接良好。当沉积硅的质量分数为20%时,制备的硅-石墨复合电极的首次充放电容量为1350(mA·h)/g,后续的循环容量为1000(mA·h)/g(见图5-46(a))。在限容530(mA·h)/g(相当于约1.5倍的石墨容量)模式下的循环行为如图5-46(b)所示,首次放电容量相对较低(不可逆容量为44%),但随后循环的不可逆容量很快就降至2%以下,并可稳定循环170余次。研究所用电解质的配比为:碳酸乙烯酯(ethylene carbonate, EC):碳酸二甲酯(dimethyl carbonate, DMC)=1:1(质量比),外加1mol/L的$LiPF_6$和质量分数2%的碳酸亚乙烯酯(vinylene carbonate, VC)。

在限容即530(mA·h)/g状态下循环75次后,采用CVD法制备的硅-碳复合电极的SEM图像如图5-47所示,可以看到,电极的完整性未变,只是在其表面形成了均匀的钝化膜。

纵观图5-45~图5-47,可以认为,CVD法制备的硅碳复合电极之所以

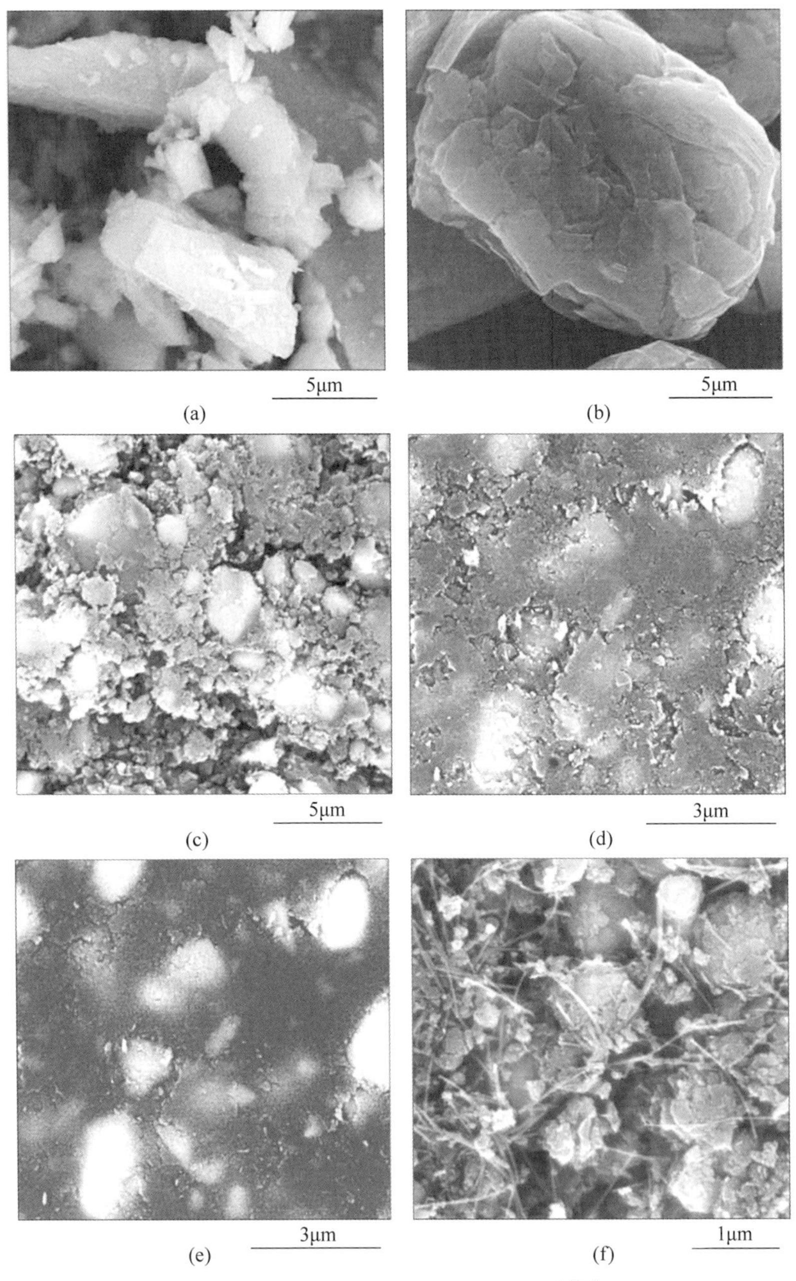

图 5-44 各种负极材料的 SEM 图像[69]

(a) 纯硅；(b) 天然石墨；(c)～(e) 硅-石墨复合材料；(f) 硅-石墨-多壁碳纳米管复合材料
[其中(a)～(d)和(f) 为二次电子图像；(e) 为硅-石墨复合材料抛光截面的背散射电子图像]

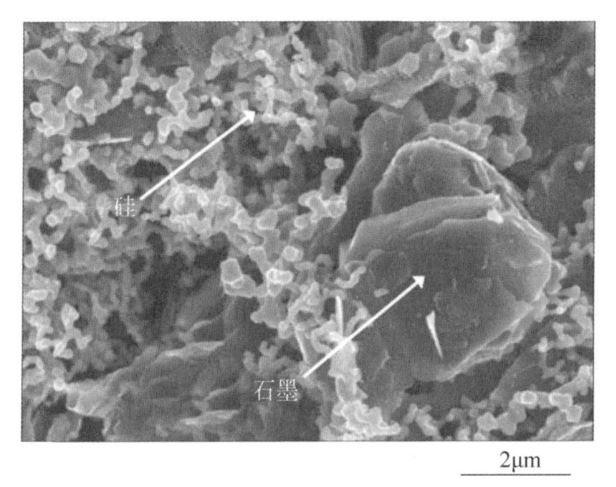

图 5-45　CVD 法制备的纳米硅-石墨复合材料 SEM 图像[71]

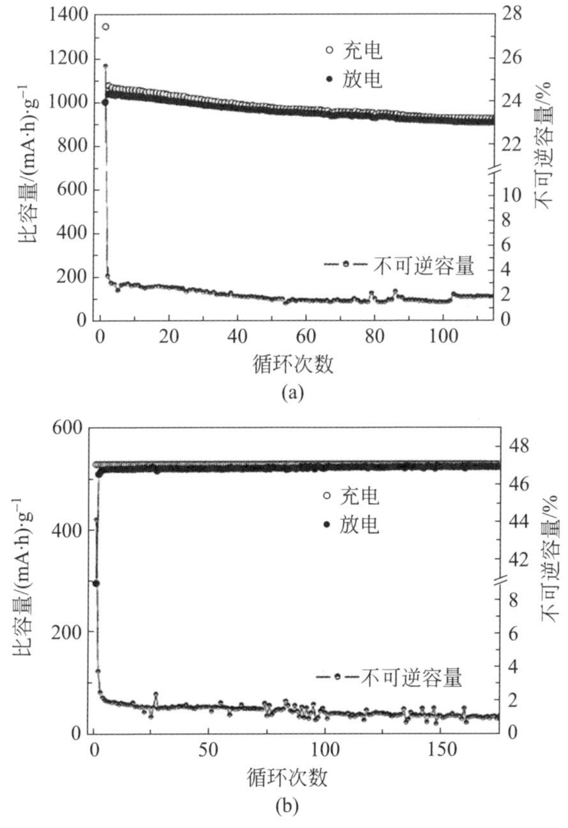

图 5-46　CVD 法制备的硅-石墨复合材料循环性能[71]

(a) 非限制循环行为；(b) 限容模式下的循环行为

图 5-47 采用 CVD 法制备的硅-石墨复合电极的 SEM 图像[71]

具有高容量和优异循环性能是由于纳米尺寸的硅颗粒与石墨基体结合紧密，形成了稳定均匀的二元体系；在充放电过程中，硅为电化学反应的活性中心，石墨载体除具有脱嵌锂的性能外，还起着离子、电子的传输通道和结构支撑体的作用。

5.6 导电添加剂

锂离子电池的正极材料一般为半导体材料，电子传导性较差，例如，磷酸铁锂($LiFePO_4$，LFP)的电子电导率只有 10^{-9}S/cm[1]，这无疑会导致严重的极化，影响电池性能的发挥。因此，在电池正极的制备过程中通常会添加一些具有高导电特性的导电剂，使之在正极材料颗粒间构建电子传输网络，为电子传输提供快速通道，进而保证正极材料在高倍率条件下容量性能的充分发挥[1,73-75]。此外，导电剂的加入还可以有效提高电极对电解液的吸附能力，促进电极中锂离子的扩散[74]。目前作为导电添加剂使用的主要物质是结晶度较高的 sp^2 杂化碳材料，如导电石墨、导电炭黑、石墨烯、碳纳米管、纳米碳纤维等，这里主要介绍导电石墨和石墨烯。

5.6.1 导电石墨

1. 导电石墨的基本性质

在石墨晶体结构中，碳原子最外层有四个碳原子，其中三个碳原子之间以 sp^2 杂化轨道形成共价键，并形成稳定的六边形网状结构。另外一个碳原子沿着石墨层共享一个价电子，形成离域大 π 键，在平行于石墨层的方向上表现出金属特性。最初用于锂离子电池的导电石墨在锂离子电池中充当导电网络的节点，其粒径接近正极活性物质的粒径。将石墨用于负极，不仅可以提高电极的导电性，而且还能增加负极的容量。导电剂与活性物质之间是点对点或者点对面接触，具体的接触方式跟导电剂的具体形貌有关，目前常用的导电石墨有 KS、SFG、MX 等系列，如表 5-12 所示。

表 5-12　导电石墨的基本性质[73]

导电石墨种类	粒径 D_{90}/μm	粒子形状	比表面积/$m^2 \cdot g^{-1}$
KS-6	6.5	鳞片状	20
KS-15	17.0	鳞片状	12
SFG-6	6.5	非等轴薄片	16
MX-15	18.8	坚固非等轴薄片	9

* D_{90} 指 90%的石墨粒子的粒径。

2. 导电添加剂的形貌对锂离子电池电化学性能的影响

卢世刚等[76-78]在锰酸锂（$LiMn_2O_4$）正极材料中，分别添加质量分数10%的片状导电石墨 KS-6 和质量分数 5%球状导电炭黑 Super-P，制成两种正极极片与电池（均以人造石墨为负极材料），对比研究了两种不同形貌导电添加剂在 $LiMn_2O_4$ 中的分布状态及其对锂离子电池倍率放电性能的影响。

1）导电添加剂的形貌及其在 $LiMn_2O_4$ 正极材料中的分布状态

两种导电添加剂和添加相应导电剂后 $LiMn_2O_4$ 正极材料的形貌如图 5-48 所示，可以看到：①导电石墨 KS-6 形貌为片状颗粒（见图 5-48(a)），粒径较大（约为 6μm）；在以导电石墨 KS-6 为导电添加剂的 $LiMn_2O_4$ 正极材料中，导电 KS-6 石墨片状粒子多数以相互平行的方式排列，活性颗粒 $LiMn_2O_4$ 的部分表面与片状 KS-6 石墨颗粒没有接触（见图 5-48(c)中的实线圆圈）、部分与 $LiMn_2O_4$ 表面接触的片状 KS-6 石墨颗粒和其他 KS-6 石墨颗粒物理隔离（见图 5-48(c)中的虚线圆圈）；导电石墨 KS-6 颗粒在 $LiMn_2O_4$ 正极材料中没有形成有效的导电网络。②导电炭黑 Super-P 的颗粒接近球型（见图 5-48(b)），粒径很小（30nm），在以 Super-P 为导电添加剂的电极中，$LiMn_2O_4$ 颗粒的表面与球形 Super-P 粒子接触良好，没有发现 Super-P 颗粒的物理隔离现象，尽管其添加量只有导电石墨 KS-6 的 1/2，

图 5-48 两类导电剂和添加相应导电剂 $LiMn_2O_4$ 正极材料的 SEM 图像[76]

(a) 导电石墨 KS-6；(b) 导电炭黑 Super-P；(c) 正极材料[(KS-6)+$LiMn_2O_4$]；(d) 正极材料[(Super-P)+$LiMn_2O_4$]

但在电极中仍形成了相互连通的电子导电网络(见图 5-48(d))。显然，粒径小的球状导电炭黑 Super-P 添加剂容易在 $LiMn_2O_4$ 颗粒间构成电子传输网络。

另外，片状导电石墨 KS-6 在 $LiMn_2O_4$ 正极材料中与集流体相平行的排列方式也会使 Li^+ 的传输路径变长[77]，在宏观上表现为电极孔隙的曲折系数增大，电极孔隙中锂盐有效扩散系数及电解液有效电导率变小[79-80]。而导电炭黑 Super-P 颗粒形貌接近球形，且粒度较小，在电极中能够无特殊取向地随机排列，对孔隙曲折系数的影响较小，因而电极孔隙内锂盐有效扩散系数及电解液有效电导率较大。

2) 导电添加剂的形貌对锂离子电池倍率性能的影响

研究表明[76]：在 $LiMn_2O_4$ 中添加 KS-6 导电石墨为正极材料制成的

电池，放电容量随放电电流的增大而迅速下降，在15C条件下的放电容量仅为1C容量的21.8%；而添加Super-P导电剂$LiMn_2O_4$为正极材料制成的电池具有良好的倍率放电性能，在15C条件下放电容量是1C容量的84.3%。

对比两种导电添加剂的形貌及其在$LiMn_2O_4$正极材料中导电网络的形成状态与制成的电池的倍率性能，可以看出，粒径小的球形导电炭黑Super-P，易于在$LiMn_2O_4$颗粒之间构建完善的导电网络，获得孔隙曲折系数小的(Super-P)+ $LiMn_2O_4$正极材料，制成的电池具有良好的倍率性能。而粒径较大的片状导电石墨，难以在$LiMn_2O_4$颗粒之间构建完整的导电网络，(KS-6)+$LiMn_2O_4$正极材料的孔隙曲折系数较大，制成的电池倍率性能较差。亦即，导电剂的形貌直接影响电池的电化学性能。因此，在使用导电石墨等作为锂离子电池正极材料的导电添加剂时，其形貌的选择与预加工也非常重要，例如，使用纳米石墨片，尤其是单层石墨烯作为导电添加剂时，可以在电极中较大的范围内构建导电网络，获得高品质的锂离子电池正极材料[1]。

值得一提的是，在锂离子电池的正极材料中，导电添加剂(导电石墨等)在严格意义上应为电化学惰性材料，其存在的目的只是为了提高电导率。但实际上导电剂的添加必然会使电池正极中的活性材料(如，$LiMn_2O_4$、$LiFePO_4$等)减少，降低整体电池的比容量。因此，在满足电池倍率性能要求的前提下，导电剂的添加量应该越少越好。

5.6.2 石墨烯

纳米石墨片也是一种导电添加剂，可以在电极中较大范围内构建导电网络。当纳米石墨片被完全剥离为石墨烯后，形成的独特二维柔性结构可以更为高效地在电极中构建连续的导电网络。

1. 基于“点-面”接触模式的导电优势

石墨烯导电剂的高效性，除自身的物理性质(良好的电子电导率)及结构(平面二维)特点外，还与活性材料颗粒独特的接触模式有关。作者所在课题组[81-82]率先提出了如图5-49所示的石墨烯柔性“点-面”接触导电网络机理。在石墨烯导电网络中，石墨烯和活性物质$LiFePO_4$等颗粒之间通过“点-面”接触，相对于炭黑和活性物质$LiFePO_4$等颗粒之间的“点-点”接触，石墨烯具有更高的导电效率，因而能够在使用量更少条件下达到整个电极的导电阈值，使活性材料表现出更好的电化学性能。

图 5-49 两种导电模式的对比[81]

(a) 石墨烯导电网络；(b) 炭黑导电网络

图 5-50 展示了石墨烯导电剂对 $LiFePO_4$ 材料的改善作用。Su 等[81]以 $LiFePO_4$ 材料作为正极活性物质，分别以石墨烯(graphene nanosheet，GN)和导电炭黑 Super-P 为导电添加剂，在低倍率(≤0.1C)条件下，在 $LiFePO_4$ 中添加 2%(质量分数)石墨烯的充放电容量及循环性能优于添加 20%(质量分数)导电炭黑 Super-P 时的性能(见图 5-50)，证明用石墨烯导电剂取代导电炭黑能够显著提高 $LiFePO_4$ 材料的充放电容量。

Zhang 等[83]将石墨烯作为导电剂引入钛酸锂($Li_4Ti_5O_{12}$)负极，详细探讨了其导电阈值问题。当石墨烯用量为质量分数 5%时，钛酸锂的电化学性能高于使用质量分数 15%炭黑的性能。利用颗粒之间距离的概念通过模拟得出石墨烯的导电阈值为 0.54%，比炭黑低 1 个数量级，从定量的角度证明了石墨烯导电剂的良好效果。

石墨烯导电剂的使用可以在很大程度上减少导电剂的用量，从而有效提高锂离子电池体积能量密度。目前锂离子电池对体积能量密度的要求远

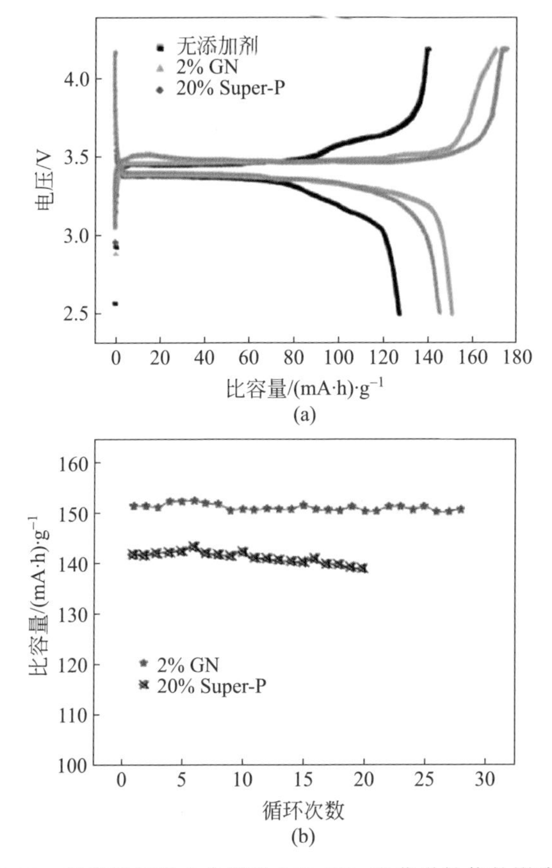

图 5-50　石墨烯与导电炭黑对 $LiFePO_4$ 电化学性能的影响[81]

(a) 充放电容量；(b) 循环性能

比质量能量密度迫切。由于导电剂在电池内部不能提供容量，加之其密度又较低，即使用量很小也会占据很大的电极空间，无疑会在很大程度上减少整个体系的体积能量密度。以导电炭黑为例，其密度一般为 0.4g/cm^3，远小于 $LiFePO_4$ 的 2.0～2.3g/cm^3 和 $LiCoO_2$ 的 3.8～4.0g/cm^3。从理论上讲，每减少质量分数 1%的导电炭黑就相当于增加了质量分数 5%的 $LiFePO_4$ 或 7%～10%的 $LiCoO_2$，可以大幅提高整个体系的体积能量密度[82]。

2. 电子/离子传导的均衡性

电化学反应过程同时涉及电子和离子的传递过程，两者同等重要，缺一不可。在实际电化学反应中，锂离子在电解液中的传递速率远低于电子，当锂离子电池在较大电流条件下工作时锂离子传输扩散速率往往成为主要的限制因素。

1）离子位阻效应

作者所在课题组[82,84]将石墨烯导电剂用于商品化锂离子电池，发现了石墨烯导电剂的另一种行为——离子位阻效应。

图 5-51 是分别使用 1%（质量分数）石墨烯导电剂＋1%（质量分数）炭黑导电剂和使用 10%（质量分数）传统导电剂（商业炭黑）的 LFP（10A・h）电池在不同放电倍率下的性能对比，可以看到，在 2C 及以下电流密度时，前者的容量明显高于后者；但当电流密度提升到 3C 时，前者的电池容量急剧降低，而后者没有太大的变化。

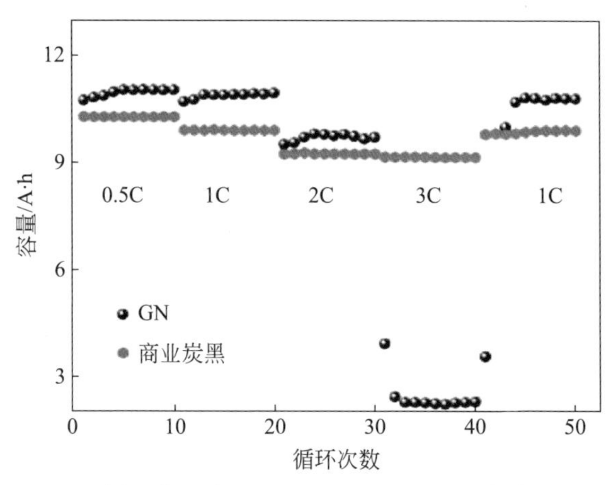

图 5-51 石墨烯和商业炭黑 LFP（10A・h）电池的倍率性能对比[84]

通过进一步的阻抗分析（见图 5-52）和模拟计算发现[84-86]，大电流条件下容量骤降的原因是石墨烯片层对电解液中锂离子传输的阻碍。这说明虽然添加石墨烯导电剂能够显著改善 $LiFePO_4$ 正极材料的容量性能，提高电池的能量密度，但由于石墨烯片层具有一定空间跨度，而锂离子难以穿过石墨烯的六元环。这种对离子扩散造成的阻碍，无疑会对锂离子的传输带来一定的负面影响，不利于电池在高倍率条件下的性能发挥，从而影响锂离子电池功率的输出。

换言之，当使用石墨烯作为导电剂时，电解液中的锂离子在扩散和迁移过程中，只能绕过石墨烯片层才能到达活性物质磷酸铁锂表面（见图 5-53(a)）；而在以炭黑作为导电剂的情况下，锂离子可以直接到达磷酸铁锂表面（见

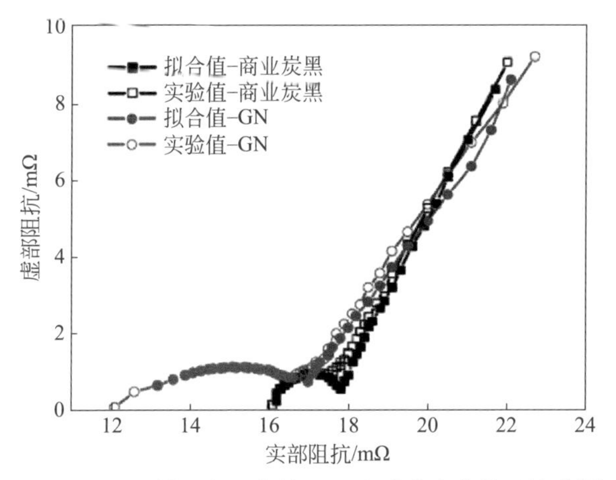

图 5-52　石墨烯和商业炭黑 LFP 电池的电化学阻抗谱[84]

图 5-53(b))。这就是说，石墨烯的二维片层会对离子扩散和迁移造成阻碍。

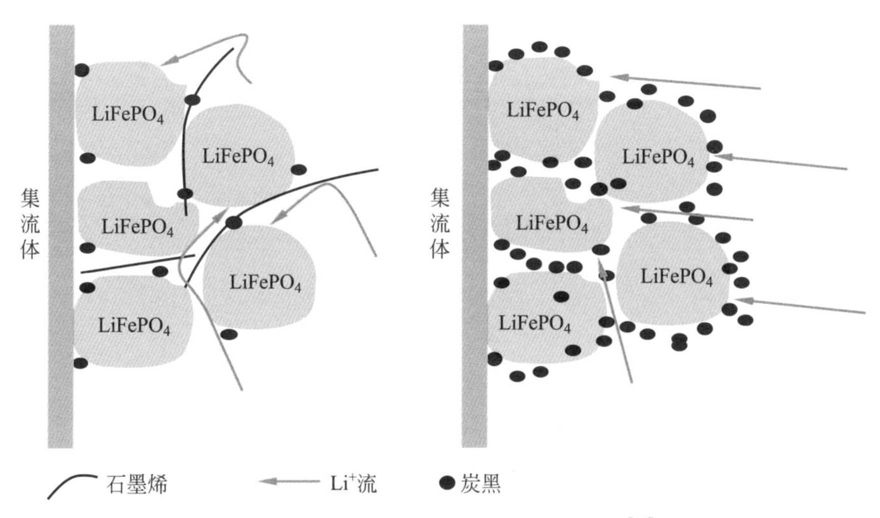

图 5-53　两种电极中锂离子的扩散模式[84]

(a) 石墨烯/$LiFePO_4$ 电极；(b) 炭黑/$LiFePO_4$ 电极

2）离子传输路径的长度与曲折度

不同锂离子电池正极材料的粒径具有很大差异，一般来讲，$LiCoO_2$，$LiNi_xCo_yMn_{1-x-y}O_2$ 等材料的粒径较大，通常为 10μm 左右；而 $LiFePO_4$ 的粒径普遍较小，500～800nm 居多。模拟计算结果表明[84-86]，石墨烯/活性物质($LiCoO_2$、$LiFePO_4$ 等)的"尺寸比"会影响电极孔隙的曲折度，并与锂离子传输路径的长短密切相关。当石墨烯片层尺寸小于活性物质或与活性物质相当时，石墨烯导电剂对锂离子的位阻效应可以忽略不计；但当前者明显大于后者时，锂离子传输路径的曲折度很大，离子传输路径亦很长。这就意味着，石墨烯用于功率型锂离子电池时，石墨烯的尺寸应明显小于电极中活性物质的尺寸。

作者所在课题组[87-88]分别在微米尺度的 $LiCoO_2$（LCO）和纳米尺度的 $LiFePO_4$（LFP）体系中，通过实验验证了上述模拟结论，具体结果见图 5-54。在活性物质为 10μm 左右的 LCO 体系中，使用片径 1～2μm 的石墨烯导电剂，在高达 5C 的放电电流下，LCO 电池仍然具有很好的倍率性能(见图 5-54(a))，未发现石墨烯的引入对锂离子传输造成位阻效应。而在纳米尺度的 LFP 体系中，在较低放电电流（<2C）条件下，使用石墨烯导电剂的电池性能和

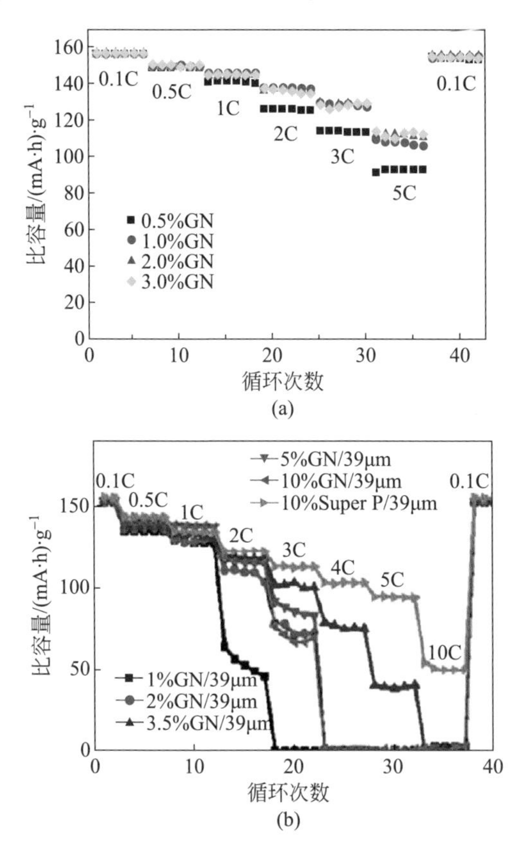

图 5-54 石墨烯/活性物质尺寸比对正极体系中锂离子传输行为的影响

(a) 粒径 10μm 的 LCO[88]；(b) 纳米尺度的 LFP[82]

使用传统导电剂炭黑的电池性能相当；但当放电电流提高到 3C 以上时，使用石墨烯导电剂的电池性能出现明显的衰减（见图 5-54(b)），与前述 LFP (10A・h)电池倍率性能一致（见图 5-51）。

据此，我们提出了不同“石墨烯/活性物质”尺寸比的正极体系中锂离子的传输模型（见图 5-55）。也就是说，在微米尺度的 LCO 体系中，石墨烯导电剂对锂离子传输的影响行为不明显；而 LCO 活性物质却会对锂离子传输造成一定的位阻效应[89]，因为此时主导正极体系内部锂离子传输路径的是活性物质。而对于纳米尺度的 LFP 体系而言，石墨烯对锂离子传输的位阻效应较大，因此需要采取对石墨烯进行多孔化处理[90-91]，或使用复合导电剂、降低石墨烯的添加量[88]等方法，有效减弱离子的位阻效应。

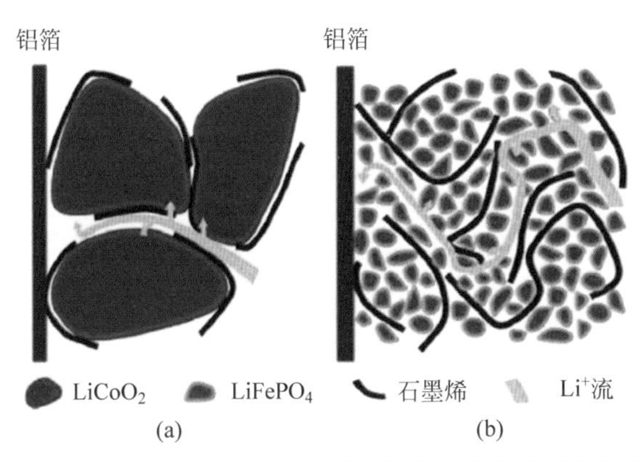

图 5-55　石墨烯/活性物质不同尺寸比的正极体系中锂离子的传输模型[1,88]

(a) $LiCoO_2$ 体系；(b) $LiFePO_4$ 体系

3. 多孔石墨烯导电剂

在石墨烯表面引入孔隙，可以开辟锂离子的传输通道，减小锂离子的传输位阻效应。清华大学课题组[90]采用 $KMnO_4$ 化学活化法，Piao 课题组[91]采用 KOH 化学活化法，在石墨烯表面引入丰富的孔隙（见图 5-56(a)、(b)）；然后将这种多孔石墨烯作为 $LiFePO_4$ 的导电剂，结果如图 5-56(c)所示。可以看出，使用多孔石墨烯作为导电剂的 $LiFePO_4$ 倍率性能大幅度提升，在电流密度为 5A/g 时，$LiFePO_4$ 容量仍有 60(mA・h)/g 以上，证明采用多孔石墨烯作为导电剂是减少离子位阻效应的有效方法之一。

因此，添加普通石墨烯导电剂，锂离子只能绕过石墨烯片层才能到达磷酸铁锂表面（见图 5-57(a)）；而使用多孔石墨烯导电剂，锂离子则可以穿过石墨烯孔直接到达磷酸铁锂表面（见图 5-57(b)）。

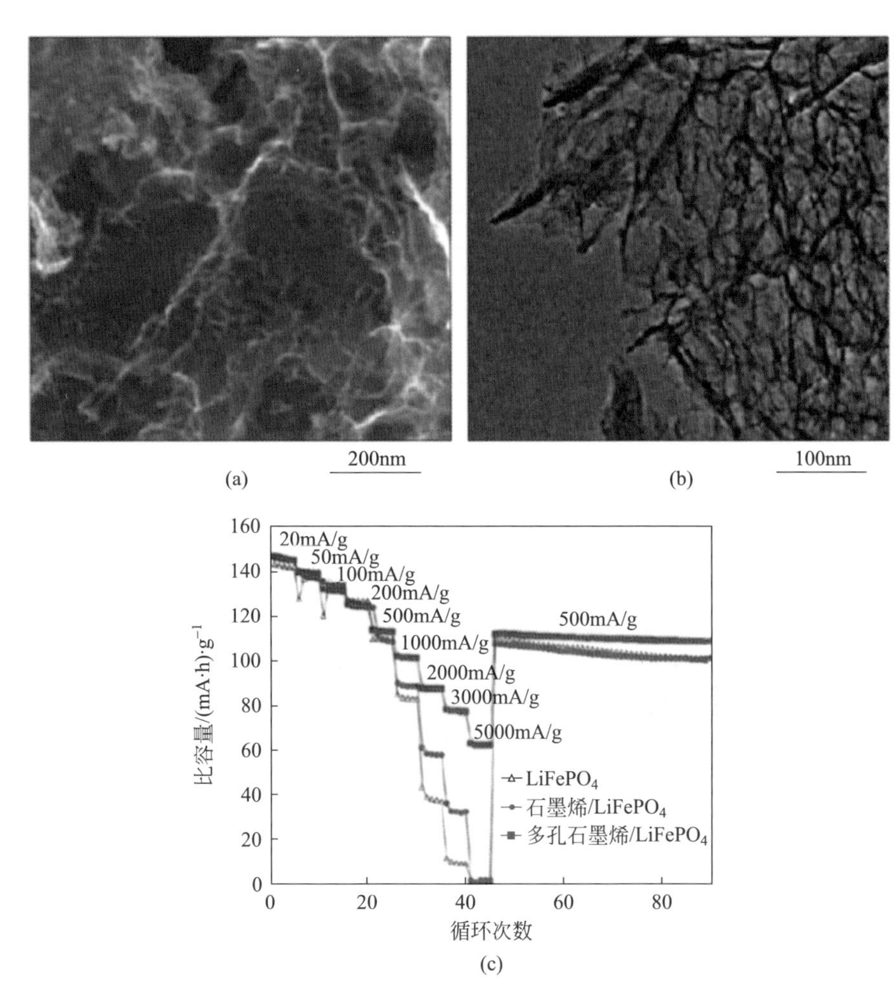

图 5-56 多孔石墨烯的微观图像及作为导电剂的 $LiFePO_4$ 的电化学性能[91]

(a) SEM 图像；(b) TEM；(c) 电化学性能

4. 复合导电剂

在电极内部构建导电网络时，如果能够综合利用石墨烯“面-点”接触模式与炭黑的“点-点”接触模式，将二维的石墨烯与零维的导电炭黑复合使用，利用前者构筑“长程”导电网络，利用后者附着在活性物质表面构筑“短程”导电网络，二者相互补充完善，则可使用较少石墨烯在正极材料中搭接并构建良好的导电网络，从而大幅度提高正极活性材料的性能。

作者所在课题组[74,84,88]在 LFP 和 LCO 正极体系中研究了石墨烯/炭

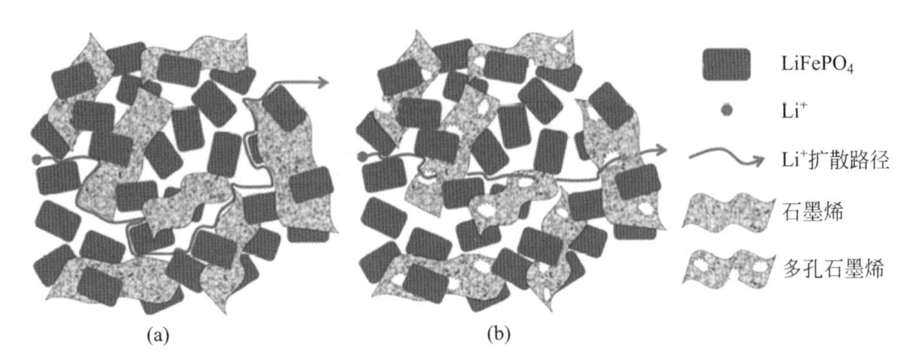

图 5-57　锂离子扩散模式[88]

(a) 普通石墨烯/$LiFePO_4$ 电极；(b) 多孔石墨烯/$LiFePO_4$ 电极

黑复合导电剂的协同导电机制。

(1) 石墨烯/导电炭黑复合导电剂在 LFP 正极体系中的使用

在 LFP 正极体系中，使用复合导电剂可以显著降低电池中的极化现象；而且相对于仅使用石墨烯导电剂的电池，石墨烯/炭黑复合导电剂能够大幅度降低所需石墨烯的用量[84]，有效减弱离子位阻效应。

石墨烯/导电炭黑复合导电剂对 LFP 正极体系性能的改善结果见图 5-58，其中，图 5-58(a)是添加 1%(质量分数)石墨烯＋3%(质量分数)导电炭黑复合导电剂的 $LiFePO_4$ 电极，在不同倍率下的充放电曲线。可以看到，添加这种复合导电剂后，$LiFePO_4$ 的充放电性能有了很大的提升，在 1C 倍率下的放电容量可达到 120(mA · h)/g，且放电曲线的平台基本上与理论放电电压 3.4V 基本一致；而在更大倍率下充放电时，仍然可以保持较好的形状和容量性能。相比之下，添加这种石墨烯＋导电炭黑复合导电剂的 $LiFePO_4$ 充放电性能与添加 1%石墨烯＋5%导电炭黑的 $LiFePO_4$ 充放电曲线平台的性能相似(见图 5-58(b))；而添加 6%导电炭黑的 $LiFePO_4$ 充放电曲线也与前二者相似，但充放电容量(约 110(mA · h)/g)降低(见图 5-58(c))。

比较添加三种导电剂 $LiFePO_4$ 倍率性能(见图 5-58(d))，在 1～3C 倍率下，使用 1%石墨烯＋5%导电炭黑和 1%石墨烯＋3%导电炭黑复合导电剂的 $LiFePO_4$ 容量，前者略高于后者，但二者的容量均显著高于使用 6%导电炭黑的 $LiFePO_4$ 容量，这说明 $LiFePO_4$ 在石墨烯与导电炭黑的协同作用下，电化学性能得到了更好的发挥。

而在电流较大时，随着导电剂中石墨烯含量的增加，电池的倍率性能逐步变差。即在 4C 倍率下三种导电剂 $LiFePO_4$ 之间的差距均明显缩小。提

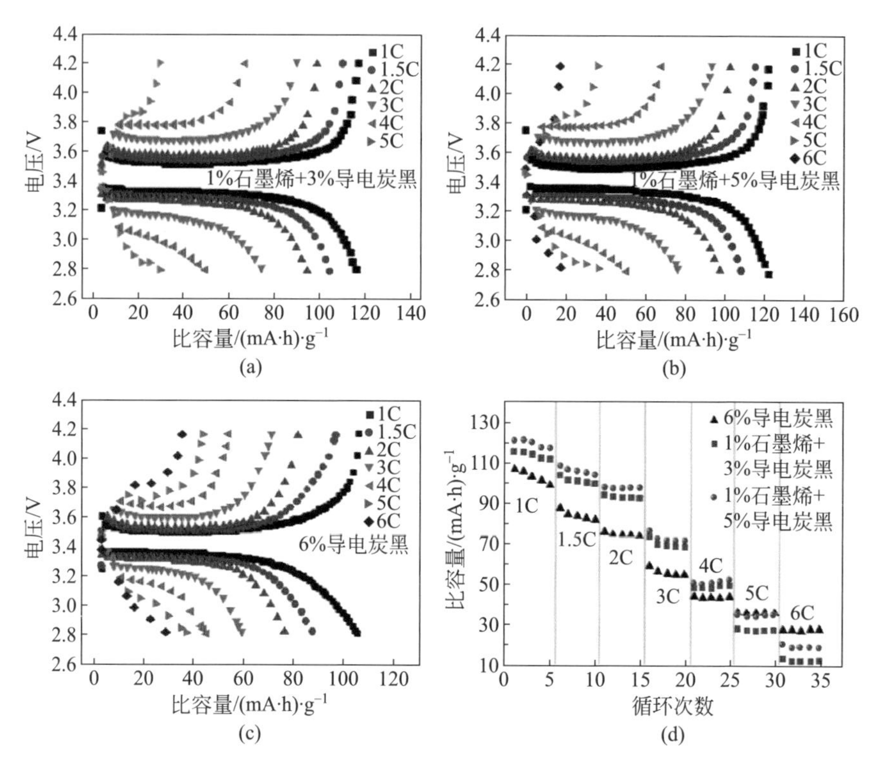

图 5-58 石墨烯/导电炭黑复合导电剂对 LFP 正极体系的性能改善结果[74]

(a)、(b)、(c) 充放电性能；(d) 倍率性能

高倍率至 5C 时，使用 6%导电炭黑的 $LiFePO_4$ 容量与添加 1%石墨烯+5%导电炭黑复合导电剂 $LiFePO_4$ 容量几乎等同，均高于 1%石墨烯+3%导电炭黑复合导电剂的 $LiFePO_4$ 容量。进一步增大倍率为 6C，却显示使用 6%导电炭黑的 $LiFePO_4$ 容量最高，1%石墨烯+5%导电炭黑复合导电剂 $LiFePO_4$ 的容量次之，1%石墨烯+3%导电炭黑复合导电剂的 $LiFePO_4$ 容量最低。这再次证明在大电流条件下，含有石墨烯导电剂的 LFP 正极体系的倍率性能与电子电导率关系不大，而主要与离子传递行为有关[82,84-86]。

为了确保锂离子电池良好的性能，电子和离子应同时抵达电化学反应点。在 LFP 正极体系中，在充放电速率较低时，体系中的锂离子能够按时离开或抵达反应的活性点，尽管此时体系中的石墨烯具有一个比较长的传递路径，但因为石墨烯/导电炭黑复合导电剂构建的优质电子导电网络，仍可使活性材料 $LiFePO_4$ 具有较高的容量性能。而在充放电速率提高后，虽然体系中电子传输仍非常高效，但因石墨烯片层的位阻效应突出，且这种位阻效应随体系中石墨烯含量的提高而增大，因而使得锂离子传递变得非常困难，电池充放电性能变差。

(2) 石墨烯/导电炭黑复合导电剂对 LCO 正极体系性能的改善

石墨烯/导电炭黑复合导电剂对 LCO 正极体系的性能改善结果见图 5-59[88]。以 0.2%(质量分数)石墨烯+1%(质量分数)的导电炭黑作为导电剂，电池显示良好的循环和效率性能，与添加 0.2%(质量分数)石墨烯+2%(质量分数)导电炭黑导电剂的电池性能相当。在 1C 的条件下，30 次循环后容量保持率为 96.4%；5C 条件下的容量保持率是 0.1C 下容量保持率的 73.8%，优于添加 3%(质量分数)导电炭黑电极的电池性能。在 1C 条件下，50 次循环后容量保持率为 95.2%；5C 条件下的容量保持率是 0.1C 下

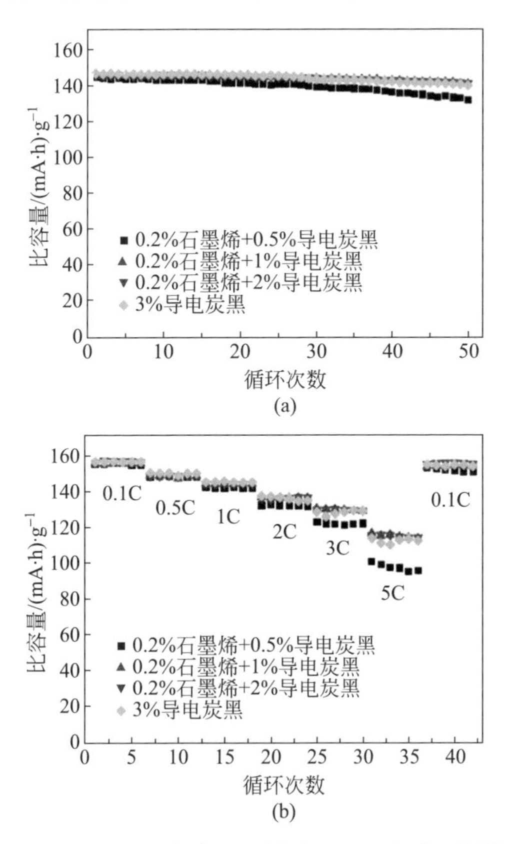

图 5-59 石墨烯/导电炭黑复合导电剂对 LCO 正极体系性能的改善[88]

(a) 1C 条件下的循环性能；(b) 倍率性能

容量保持率的71.7%。这说明,使用0.2%石墨烯+1%导电炭黑作为导电剂,足以在$LiCoO_2$电极中构建高效率的导电网络。

(3) 石墨烯/炭黑杂化材料——新型、高效锂离子电池二元导电剂

作者所在课题组[92]采用十六烷基三甲基溴化铵(cetyl trimethyl ammonium bromide,CTAB)为表面活性剂,将质量比为8∶1的氧化石墨烯和炭黑均匀分散,再经水热工艺将二者组装到一起,而后进行900℃热处理,制备出一种具有独特结构和良好性能的石墨烯/炭黑杂化二元导电剂。这种导电剂中的炭黑颗粒均匀分布在石墨烯表面(见图5-60),既可防止石墨烯片层团聚,又能进一步提高电子导电效率;加之炭黑可以增加对电解液的吸附,促进电极内部锂离子的传输过程,因而有利于提高锂离子电池的倍率性能。这种导电剂用于LFP体系时表现出良好的二元导电剂优势。例如,使用质量分数5%的石墨烯/炭黑杂化二元导电剂的$LiFePO_4$,在10C时的比容量为73(mA·h)/g,优于使用质量分数10%炭黑导电剂时的$LiFePO_4$(10C比容量为62(mA·h)/g),按照整个电极质量计算,前者的比容量性能比后者提高了近25%;同时在循环性能方面,前者的稳定性也优于后者,说明使用石墨烯/炭黑杂化二元导电剂可以在电极中搭建更为有效的导电网络,达到降低成本和提高能量密度的效果,具有很高的实用前景。

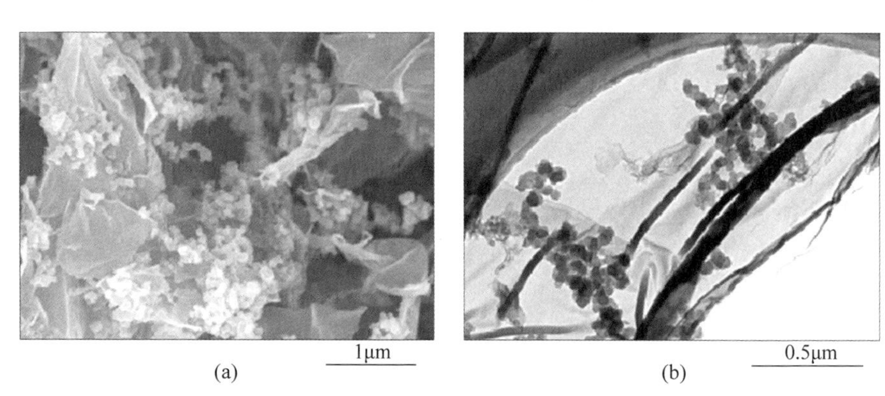

图5-60　石墨烯/炭黑杂化二元导电剂的微观形貌[92]

(a) SEM照片;(b) TEM照片

5. 石墨烯导电剂的特征与优势

基于石墨烯的柔性、二维、超薄结构特征和高的电导率,石墨烯作为导电剂已经表现出“至柔至薄至密”的特点。石墨烯用于锂离子电池的主要优势有:①电子电导率高。使用少量的石墨烯就可以有效降低电池内部的欧

姆极化;②二维片层结构。与零维的炭黑颗粒和一维的碳纳米管相比,石墨烯可以与活性物质(如 $LiCoO_2$ 等)实现“点-面”接触,具有更低的导电阈值,并且可以在更大的空间跨度上在极片中构建导电网络,实现整个电极的“长程导电”;③超薄特性。石墨烯是典型的表面性固体,相对于具有 sp^2 碳层的炭黑、导电石墨和多壁碳纳米管,石墨烯上所有碳原子都可以暴露出来进行电子传递,原子利用效率高,可以在最少的使用量下构成完整的导电网络,提高电池的能量密度;④高柔韧性。石墨烯能够与活性物质良好接触,缓冲充放电过程中活性物质材料出现的体积膨胀收缩,抑制极片的回弹效应,保证电池良好的循环性能。亦即,“至薄至柔”的石墨烯具有非常低的导电阈值——较少的使用量就可以有效提高电极的电子电导率,大幅度降低导电剂使用量,实现电池活性物质的“至密构建”,更为高效地在电极中构建连续导电网络,提高电池的能量密度[81]。换言之,石墨烯具有很高的电导率及柔性、二维和超薄的结构特性,是兼具“至薄至柔至密”特征、极具潜力的锂离子电池导电剂[81]。

5.6.3 石墨烯导电剂应用技术的开发

作者所在课题组[93-96]从改进 Hummers 法出发,通过系统的工艺分析,开发出全新的“半连续”式氧化石墨生产工艺,发明了“低温负压技术”石墨烯的宏量制备方法,并建成了具有自主知识产权的“年产 30 吨低温负压石墨烯生产线”。同时,研发制备出高效石墨烯基导电剂浆料,使用该浆料,生产出了高能量密度的锂离子电池。

1. 半连续式氧化石墨生产工艺的开发

通过工艺优化,对 Hummers 法制备高品质氧化石墨的传统工艺进行改进,开发出半连续式氧化石墨生产工艺,并独立设计、制造、安装、调试相应的中试线以及量产线。即,改进 Hummers 法为低温(4℃)、中温(35℃)、高温(98℃)反应;优化工艺,使三段反应时间相近(2h)。设计出三个相串联的独立的反应釜,并保证生产过程中三个独立的反应釜温度恒定不变(降低能耗),从而将之前的间歇式反应,提升为产能匹配、效率更高的半连续式生产,降低了成本。在生产过程中,三个独立的反应釜温度恒定不变,因此三段反应的温度可控性更强,连续生产时产品质量及批次稳定性更高。

2. 低温负压石墨烯生产线的建成

课题组提出了采用“低温负压技术”生产石墨烯的宏量制备方法(详见

第6章石墨烯粉末的制备),并独立完成了设计、制造、安装、调试等工作,形成了"分离提纯一体化,全程自动化控制"的石墨烯制备工艺,即"氧化石墨进料—低温负压解理—石墨烯产品收集打包"中试线以及量产线。同时,配合该工艺,开发了相应的石墨烯制备设备,包括进料系统、恒温(300℃)的低温负压(−70kPa)解理系统、石墨烯自动收集包装系统。

"低温负压技术"的工艺过程是:首先,利用氧化石墨的自身重力,向进料仓中自动进料,之后用惰性气体清洗进料仓;其次,打开进料仓出口,在氧化石墨重力作用下,氧化石墨自动通过低温负压反应系统,使其自身温度瞬间达到氧化石墨的剥离温度并实现快速剥离;再次,打开解理系统出料口,在负压(−85kPa)作用下,真空吸引剥离后的石墨烯产品,实现石墨烯产品的自动收集和包装。

"低温负压技术"的工艺控制要素有:通过"负压"作用,增加氧化石墨的剥离力,有效降低剥离温度。对于低温剥离而言,剥离温度越低,得到的石墨烯缺陷越少,性能更加优越。通过独特的工艺设计,即可实现氧化石墨连续的低温负压剥离,极大地提高生产效率,降低生产成本。

2016年11月,在内蒙古乌兰察布市大盛公司建成并正式投运年产30吨低温负压石墨烯生产线,全套设备具有自主知识产权。该项目可以大幅度降低石墨烯生产成本,使5层以内石墨烯的价格降低到1元以下,可望进一步拓展石墨烯的应用范围[95]。

3. 石墨烯导电浆料的制备与应用

通过工艺、配方优化,即可制备出稳定的石墨烯导电浆料。课题组随后又开发了基于石墨烯导电浆料的"捏合"生产工艺,实现了石墨烯片层与电极活性物质之间的均匀分散,将电极膜片电阻降低20%以上,同时导电剂用量降低50%(质量分数)以上,显著提高了电池的能量密度和功率密度。

通过系统的溶剂性能分析,结合实际应用,确定以水和*N*-甲基吡咯烷酮(*N*-methyl pyrrolidone,NMP)作为分散石墨烯的溶剂,再引入分散剂聚乙烯吡咯烷酮(polyvinyl pyrrolidone,PVP)等,增加分散效果;最后使用大功率、高效能的分散设备——高压均质机或高效砂磨机,将溶剂、石墨烯以及分散剂混合均匀,制备出石墨烯质量分数为1%～1.5%、石墨烯均匀分散于溶剂中的导电浆料。取该石墨烯导电浆料与活性物质、胶液,在行星式搅拌机中进行高固含量捏合(控制时间为3h),最后加入适当溶剂分散(持续1h),即可获得分布均匀的以石墨烯作为导电剂的电极浆料。这种捏合生产工艺比传统的"捏合搅拌分散"工艺的搅拌时间从8h降低至4h左右,极大地提高了生产效率，降低了生产成本。

4. 石墨烯与活性物质之间的"点-面"接触模型的提出

课题组率先提出了二维材料石墨烯与活性物质之间的"点-面"接触模型，构建了良好的导电网络机制。与零维材料传统导电炭黑与活性物质"点-点"接触方式和一维材料碳纳米管与活性材料的"点-线"接触方式构建的导电网络进行比较，从理论上阐明了在正极体系中，使用平面柔性的石墨烯导电添加剂构建的"点-面"导电网络的效率最高，在很少的石墨烯使用量下就可以使锂离子电池获得更优异的电化学性能，从而提高电池能量密度的原因。

5. 研究成果

上述研究工作成果已经在 *Advanced Materials*、*Carbon*、*Chemical Communications* 和 *Journal of Materials Chemistry A* 等期刊上发表，课题组还在国内外申请核心专利 21 项，已获得授权专利 4 项。此外，课题组完成的项目"高性能锂电池用石墨和石墨烯材料"还获得了 2017 年国家技术发明二等奖。

参考文献

[1] 康飞宇，干林，吕伟，等. 储能用碳基纳米材料[M]. 北京：科学出版社，2020.

[2] Mizushima K, Jones P C, Wiseman P J, Goodenough J B. Li_xCoO_2 ($0<x<1$): A new cathode material for batteries of high energy density[J]. Materials Research Bulletin, 1980, 15(6): 783-789.

[3] Fergus J W. Recent developments in cathode materials for lithium ion batteries [J]. Journal of Power Sources, 2010, 195(4): 939-954.

[4] Ferg E, Gummow R J, De Kock A, Thackeray M M. Spinel anodes for lithium ion batteries[J]. Journal of the Electrochemical Society, 1994, 141(11): L147-L150.

[5] Wang Y X, Nakamura S, Ue M, Balbuena P B. Theoretical studies to understand surface chemistry on carbon anodes for lithium-ion batteries: reduction mechanisms of ethylene carbonate[J]. Journal of the American Chemical Society, 2001, 123(47): 11708-11718.

[6] Leroux F, Metenier K, Gautier S, Frackowiak E, Bonnamy S, Beguin F. Electrochemical insertion of lithium in catalytic multi-walled carbon nanotubes[J]. Journal of Power Sources, 1999, 81: 317-322.

[7] Ji L W, Zhang X W. Fabrication of porous carbon nanofibers and their application as anode materials for rechargeable lithium-ion batteries[J]. Nanotechnology, 2009, 20(15): 155705.

[8] Wu Z S Ren W C, Xu L, Li F, Cheng H M. Doped graphene sheets as anode materials with superhigh rate and large capacity for lithium ion batteries[J]. ACS Nano, 2011, 5(7): 5463-5471.

[9] Nitta N, Wu F X, Lee J T, Yushin G. Li-ion battery materials: present and future[J]. Materials Today, 2015, 18(5): 252-264.

[10] Jaszczak J A. Unusual graphite crystals: from the lime crest quarry, sparta, New Jersey[J]. Rocks & Minerals, 1997, 72(5): 330-334.

[11] Shi H, Barker J, Saidi M Y, Koksbang R. Structure and lithium intercalation properties of synthetic and natural graphite[J]. Journal of the Electrochemical Society, 1996, 143(11): 3466-3472.

[12] 简志敏. 锂离子电池用扩层石墨负极材料的研究[D]. 长沙：湖南大学，2012.

[13] Whitehead A H, Edström K, Rao N, Owen J R. In situ X-ray diffraction studies of a graphite-based Li-ion battery negative electrode[J]. Journal of Power Sources, 1996, 63(1): 41-45.

[14] 邹麟，张静，郑永平，沈万慈. 天然石墨用于锂离子电池负极材料的研究进展[J]. 中国非金属矿工业导刊，2006(增刊)：42-47.

[15] 何明，盖国胜，刘旋，董建，沈万慈. 制粉工艺对微晶石墨结构与电性能的影响[J]. 电池，2002，32(4)：197-200.

[16] Zhang H Li, Li F, Liu C, Cheng H M. Poly(vinyl chloride) (PVC) coated idea revisited: influence of carbonization procedures on PVC-coated natural graphite as anode materials for lithium ion batteries[J]. The Journal of Physical Chemistry C, 2008, 112(20): 7767-7772.

[17] Lee J H, Lee H Y, Oh S M, Lee S J, Lee K Y, Lee S M. Effect of carbon coating on electrochemical performance of hard carbons as anode materials for lithium-ion batteries[J]. Journal of Power Sources, 2007, 166(1): 250-254.

[18] Mao W Q, Wang J M, Xu Z H, Niu Z X, Zhang J Q. Effects of the oxidation treatment with K_2FeO_4 on the physical properties and electrochemical performance of a natural graphite as electrode material for lithium ion batteries [J]. Electrochemistry Communications, 2006, 8(8): 1326-1330.

[19] 时迎迎. 天然碳材料作为锂离子电池负极材料的研究[D]. 北京：清华大学，2011.

[20] Wang X, Gai G S, Yang Y F, Shen W C. Preparation of natural microcrystalline graphite with high sphericity and narrow size distribution [J]. Powder Technology, 2008, 181: 51-56.

[21] 冯向阳，安军伟. 球形石墨及其制备方法[P/OL]. 中国，107768669 A. 2018-03-06.

[22] 杨玉芬，陈湘彪，盖国胜，沈万慈．天然石墨球形化工艺研究[J]．过程工程学报，2004，4(增刊)：309-313.

[23] 侯玉奇，侯旭异．晶体球化石墨的生产制备工艺[P/OL]．中国，1699479 5. 2005-11-23.

[24] 苏玉长，刘建永，禹萍，邹启凡．粒度对石墨材料电化学性能的影响[J]．电池工业，2003，8(3)：105-109.

[25] 陈继涛，周恒辉，常文保，慈云祥．粒度对石墨负极材料嵌锂性能的影响[J]．物理化学学报，2003，l9(3)：278-282.

[26] 侯玉奇．中位径 3～10μm 的球形石墨及其制备方法[P/OL]．中国，101850963A. 2010-10-06.

[27] 何明，刘旋，陈湘彪，康飞宇，沈万慈．树脂炭包覆微晶石墨的制备及其电化学性能[J]电池，2003，33(5)：281-284.

[28] 肖海河，刘洪波，何月德，简志敏，匡加才．沥青炭包覆微晶石墨用作锂离子电池负极材料的研究[J]．功能材料，2013，44(19)：2759-2763.

[29] 郑洪河，蒋凯，秦建华，徐仲榆.超声浸渍包覆石墨的嵌脱锂性能[J]．应用化学，2004，21(8)：801-805.

[30] Kuribyashi I，Yokoyama M，Yamashita M. Battery characteristics with various carbonaceous materials[J]. Journal of Power Sources，1995，54：1.

[31] 李新禄，杜坤，张育新，黄佳木．表面包覆技术对微晶石墨嵌锂行为的影响[J]．功能材料，2010，41(4)：674-676.

[32] 陈立泉．锂离子电池最新动态和进展[J]．电池，1998，28(6)：255-257.

[33] 师丽红．锂离子电池纳米合金/炭复合型负极材料研究[D]．北京：中国科学院物理研究所，2001.

[34] 马树华，郭汉举，李季，梁洪泽，景遐斌，王佛松．锂离子电池负极材料的表面改性与修饰Ⅱ．具有"核壳"结构的碳及其对电池的影响[J]．电化学，1997，3(1)：86-91.

[35] 马树华，郭汉举，王佛松．锂离子电池负极材料的表面改性与修饰Ⅲ．人工施加的固体电解质膜对锂碳负极电池性能的改善[J]．电化学．1997，3(3)：293-296.

[36] Wang H Y，Yoshio M. Carbon-coated natural graphite prepared by thermal vapor decomposition process，a candidate anode material for lithium-ion battery [J]. Journal of Power Sources，2001，93(1-2)：123-129.

[37] Yoon S，Kim H，Oh S M. Surface modification of graphite by coke coating for reduction of initial irreversible capacity in lithium secondary batteries[J]. Journal of Power Sources，2001，94(1)：68-73.

[38] Tokunaga K，Yoshida N，Noda N，Sogabe T，Kato T. High heat load properties of tungsten coated carbon materials[J]. Journal of Nuclear Materials，1998，258：998-1004.

[39] 李宝华，李开喜，吕春祥，吴东，凌立成，徐春明，王仁安．酚醛树脂炭/石墨复

合炭材料用作锂离子电池负极材料的考察[J]. 新型炭材料，2000，30(2)：28-33.

[40] 吴国良，杨新河，阚素荣，金维华. 锂离子电池及其电极材料的研制[J]. 电池，1998，28(6)：258-262.

[41] 杜翠薇，赵煜娟，陈彦彬，吴荫顺，刘庆国. 天然石墨的复合改性研究[J]. 电池，2002，31(1)：13-15.

[42] Cottinet D，Couderc P，Saintromain J L，Dhamelincourt P. Raman microprobe study of heat-treated pitches[J]. Carbon，1988，26(3)：339-344.

[43] Besenhard J O，Winter M，Yang J，Biberacher W. Filming mechanism of lithium-carbon anodes in organic and inorganic electrolytes[J]. Journal of Power Sources，1995，54(2)：228-231.

[44] Aurbach D. Electrode-solution interactions in Li-ion batteries：a short summary and new insights[J]. Journal of Power Sources，2003，119(SI)：497-503.

[45] Winter M，Novak P，Monnier A. Graphites for lithium-ion cells：the correlation of the first-cycle charge loss with the Brunauer-Emmett-Teller surface area[J]. Journal of the Electrochemical Society，1998，145(2)：428-436.

[46] 付丽霞. 鳞片石墨锂离子电池负极材料倍率性能研究[D]. 哈尔滨：哈尔滨工业大学，2013.

[47] 邹麟. 锂离子电池负极材料的微观结构设计、制备与表征[D]. 北京：清华大学，2010.

[48] Kinoshita K，Zaghib K. Negative electrodes for Li-ion batteries[J]. Journal of Power Sources，2002，110(2)：416-423.

[49] Zou L，Kang F Y，Li X L，Zheng Y P，Shen W C，Zhang J. Investigations on the modified natural graphite as anode materials in lithium ion battery[J]. Journal of Physics and Chemistry of Solids，2008，69(5-6)：1265-1271.

[50] Zou L，Kang F，Zheng Y P，Shen W. Modified natural flake graphite with high cycle performance as anode material in lithium ion batteries[J]. Electrochimica Acta，2009，54(15)：3930-3934.

[51] 何月德，简志敏，刘洪波，肖海河. 微扩层鳞片石墨负极材料的制备及电化学性能研究[J]. 无机材料学报，2013，28(9)：930-936.

[52] Fu L J，Liu H，Li C，Wu Y P，e Rahm E，Holze R，Wu Q. Surface modifications of electrode materilas for lithium ion batteries[J]. Solid State Sciences，2006，8(2)：113-128.

[53] Funabiki A，Inaba M，Ogumi Z，Yuasa S，Otsuji J，Tasaka A. et al. Impedance study on the electrochemical lithium intercalation into natural graphite powder[J]. Journal of the Electrochemical Society，1998，145(1)：172-178.

[54] Dahn J R. Phase diagram of Li_xC_6[J]. Physical Review B，1991，44(3)：9170-9177.

[55] Ohzuku T, Iwakoshi Y, Sawai K. J. Formation of lithium-graphite intercalation compounds in nonaqueous electrolytes and their application as a negative electrode for a lithium ion (shuttlecock) cell[J]. Journal of the Electrochemical Society, 1993, 140(9): 2490-2498.

[56] 黄可龙，王兆翔，刘素琴. 锂离子电池原理与关键技术[M]. 北京：化学工业出版社,2016.

[57] Lin Y X, Huang Z H, Yu X L, Shen W C, Zheng Y P, Kang F Y. Mildly expanded graphite for anode materials of lithium ion battery synthesized with perchloric acid[J]. Electrochimica Acta, 2014, 116: 170-174.

[58] 林雨潇. 石墨的微膨处理工艺及其用作锂离子电池负极材料的研究[D]. 北京：清华大学，2014.

[59] 周德凤，赵艳玲，郝婕，马越，王荣顺. 锂离子电池纳米级负极材料的研究[J]. 化学进展，2003, 15(6): 45-50.

[60] 樊星，郑永平，沈万慈. 锂离子电池硅/碳复合负极材料的研究进展[J]. 材料导报，2009, 23(10): 104-108.

[61] Wu G T, Wang C S, Zhang X B, Yang H S, Qi Z F, He P M, Li W Z. Structure and lithium insertion properties of carbon nanotubes [J]. Journal of the Electrochemical Society, 1999, 146 (5): 1696-1701.

[62] Zhang Y, Zhang X G, Zhang H L, Zhao Z G, Li F, Liu C, Cheng H M. Composite anode material of silicon/graphite/carbon nanotubes for Li-ion batteries[J]. Electrochimica Acta, 2006, 51(23): 4994-5000.

[63] Hanai K, Liu Y, Imanishi N, Hirano A, Matsumura M, Ichikawa T, Takeda Y. Electrochemical studies of the Si-based composites with large capacity and good cycling stability as anode materials for rechargeable lithium ion batteries[J]. Journal of Power Sources, 2005, 146(1-2): 156-160.

[64] Datta M K, Kumta P N. Silicon and carbon based composite anodes for lithium ion batteries[J]. Journal of Power Sources, 2006, 158(1): 557-563.

[65] Dong H, Feng R X, Ai X P, Cao Y L, Yang H X. Structural and electrochemical characterization of Fe/Si/C composite anodes for Li-ion batteries synthesized by mechanical alloying[J]. Electrochimica Acta, 2004, 49(28): 5217-5222.

[66] 樊星. 锂离子电池硅碳复合负极材料的制备与性能[D]. 北京：清华大学，2009.

[67] Zhang X W, Patil P K, Wang C S, Appleby A J, Little F E, Cocke D L. Electrochemical performance of lithium ion battery, nano-silicon-based, disordered carbon composite anodes with different microstructures[J]. Journal of Power Sources, 2004, 125(2): 206-213.

[68] Guo Z P, Milin E, Wang J Z, Chen J, Liu H K. Silicon/disordered carbon nanocomposites for lithium-ion battery anodes[J]. Journal of the Electrochemical Society, 2005, 152(11): A2211-A2216.

[69] Zhang Y, Zhang X G, Zhang H L, Zhao Z G, Li F, Liu C, Cheng H M. Composite anode material of silicon/graphite/carbon nanotubes for Li-ion batteries[J]. Electrochimica Acta, 2006, 51(23): 4994-5000.

[70] Holzapfel M, Buqa H, Krumeich F, Novak P, Petrat F M, Veit C. Chemical vapor deposited silicon/graphite compound material as negative electrode for lithium-ion batteries[J]. Electrochem and Solid-State Letters, 2005, 8(10): A516-A520.

[71] Holzapfel M, Buqa H, Scheifele W, Novak P, Petrat F M. A new type of nano-sized silicon/carbon composite electrode for reversible lithium insertion[J]. Chemical Communications, 2005, 12: 1566-1568.

[72] Wilson A M, Dahn J R. Lithium insertion in carbon containing nanodispersed silicon[J]. Journal of the Electrochemical Society, 1995, 142(2): 326-332.

[73] 陈志金，张一鸣，田爽，刘兆平. 锂离子电池导电剂的研究进展[J]. 电源技术，2019，43(2): 333-337.

[74] 苏方远. 基于石墨烯的锂离子电池导电网络构建及其规模化应用[D]. 天津：天津大学，2012.

[75] 杨中发，王庆杰，石斌，张云鹏. 导电剂对锂离子电池正极性能的影响[J]. 电池，2015，45(1): 34-36.

[76] 靳尉仁，卢世刚，庞静. 导电剂形貌对锂离子电池倍率性能的影响[J]. 电源技术，2011(5): 499-502.

[77] 靳尉仁，卢世刚，庞静. 数学模拟方法研究导电剂形貌对锂离子电池高倍率放电性能的影响[J]. 无机化学学报，2011，27(9): 1675-1684.

[78] 尹艳萍，王忠，王振尧，庄卫东，卢世刚. 导电剂形貌对富锂正极材料性能发挥的影响[J]. 电源技术，2017，141(3): 337-339.

[79] Buqa H, Goers D, Holzapfel M, Spahr M E, Novak P. High rate capability of graphite negative electrodes for lithium-ion batteries[J]. Journal of the Electrochemical Society, 2005, 152(2): A474-A481.

[80] Sawai K, Ohzuku T. Factors affecting rate capability of graphite electrodes for lithium-ion batteries[J]. Journal of the Electrochemical Society, 2003, 150(6): A674-A678.

[81] Su F Y, You C H, He Y B, Lv W, Cui W, Jin F M, Li B H, Yang Q H, Kang F Y. Flexible and planar graphene conductive additives for lithium-ion batteries[J]. Journal of Materials Chemistry, 2010, 20(43): 9644-9650.

[82] 苏方远，唐睿，贺艳兵，赵严，康飞宇，杨全红. 用于锂离子电池的石墨烯导电剂：缘起、现状及展望[J]. 科学通报，2017，62(32): 3743-3756.

[83] Zhang B, Yu Y, Liu Y S, Huang Z D, He Y B, Kim J K. Percolation threshold of graphene nanosheets as conductive additives in $Li_4Ti_5O_{12}$ anodes of Li-ion batteries[J]. Nanoscale, 2013, 5(5): 2100-2106.

[84] Su F Y, He Y B, Li B H,Chen X C, You C H, WeiW, Lv W, Yang Q H, Kang F Y. Could graphene construct an effective conducting network in a high-power lithium ion battery? [J]. Nano Energy, 2012, 1(3): 429-439.
[85] Wei W, Lv W, Wu M B, Su F Y, He Y B, Li B H, Kang F Y, Yang Q H. The effect of graphene wrapping on the performance of $LiFePO_4$ for a lithium ion battery[J]. Carbon, 2013, 57: 530-533.
[86] Yao F, Güneş F, Ta H Q, Lee S M, Chae S J, Sheem K Y, Cojocaru C S, Xie S S, Lee Y H. Diffusion mechanism of lithium ion through basal plane of layered graphene[J]. Journal of the American Chemical Society, 2012, 134(20): 8646-8654.
[87] Ke L, Lv W, Su F Y, He Y B, You C H, Li B H, Li Z J, Yang Q H, Kang F Y. Electrode thickness control: Precondition for quite different functions of graphene conductive additives in $LiFePO_4$ electrode[J]. Carbon, 2015, 92(SI): 311-317.
[88] Tang R, Yun Q B, Lv W, He Y B, You C H, Su F Y, Ke L, Li B H, Kang F Y, Yang Q H. How a very trace amount of graphene additive works for constructing an efficient conductive network in $LiCoO_2$-based lithium-ion batteries[J]. Carbon, 2016, 103: 356-362.
[89] Vijayaraghavan B, Ely D R, Chiang Y M,Garcia-Garcia R, Garcia R E. An analytical method to determine tortuosity in rechargeable battery electrodes[J]. Journal of the Electrochemical Society,2012, 159(5): A548-A552.
[90] 杨全红，苏方远，吕伟，吕小慧，李宝华，康飞宇. 一种多孔导电添加剂及其制备方法、锂离子电池[P/OL]. 中国,103050704 A. 2013-04-17.
[91] Ha J, Park S K, Yu S H, Jin A, Jang B, Bong S, Kim I, Sung Y E, Piao Y. A chemically activated graphene-encapsulated $LiFePO_4$ composite for high-performance lithium ion batteries[J]. Nanoscale, 2013, 5(18): 8647-8655.
[92] 李用，吕小慧，苏方远，贺艳兵，李宝华，杨全红，康飞宇. 石墨烯/炭黑杂化材料：新型、高效锂离子电池二元导电剂[J]. 新型炭材料，2015，30(2)：128-132.
[93] 吕伟，杨全红，贺艳兵，康飞宇，张彬，苏方远，游从辉，安军伟，时迎迎. 石墨烯的低温负压制备及导电剂应用技术开发[Z]. 科技成果，2019-04-12.
[94] 吕伟. 石墨烯的宏量制备、可控组装及电化学性能研究[D]. 天津：天津大学，2012.
[95] 全球首条低温负压石墨烯生产线正式投运[OL]. 2016-12-22. https://www.ybzhan.cn/news/Detail/61749.html.
[96] 杨全红，吕伟，贺艳兵，游从辉，陈学成. 以石墨烯为导电添加剂的电极及在锂离子电池中的应用[P]. 中国，101794874A. 2010-08-04.

第6章　石墨烯粉末的制备

6.1　自由态二维碳原子晶体——石墨烯

中国拥有丰富的天然石墨资源。石墨是由多层六角网状平面碳原子构成的规则堆砌体，利用化学或电化学的办法可以使得其他异类原子、分子或者分子团插入到石墨层间，形成石墨层间化合物[1]。这类插入物又可以在外力作用下脱插出来，使得石墨分离成多层或者单层石墨片；如果再进行还原处理，可以减少其缺陷，获得高品质的单层或多层石墨片[2]。

石墨烯(graphene)一词来自石墨(graphite)＋烯类的命名后缀(ene)，表示碳的单原子层无尽延展的原子尺寸网[3]，即单层石墨片。实际上，一层或者几层碳原子层(石墨片层)均可称为石墨烯。

完美的石墨烯具有理想的二维晶体结构，由六边形的晶格组成。每个碳原子通过很强的 σ 共价键与其他三个碳原子相连接，形成牢固的 C—C 键，并且每个碳原子都能贡献出一个未成键的 π 电子，这些 π 电子可以在与平面垂直的方向形成 π 轨道，π 电子可在晶体中自由移动，赋予石墨烯良好的机械强度和导电性(见图 6-1)[4-6]。因此，石墨烯是一种由碳原子以 sp^2 杂化轨道组成的六角形呈蜂巢晶格的二维碳纳米材料。

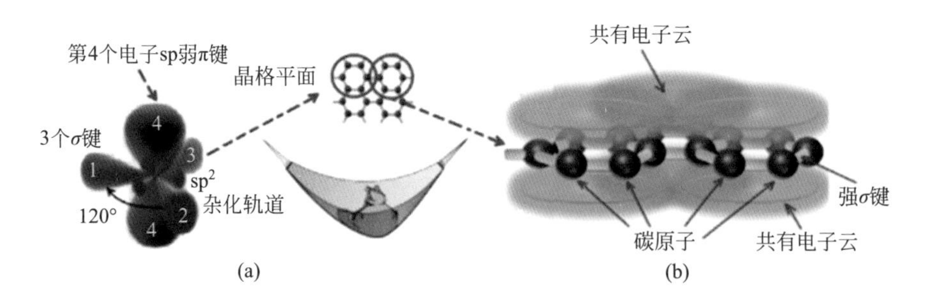

图 6-1　石墨烯的力学电学性质与杂化轨道的关系[6]

(a) 超强力学性质源于强 σ 键电子；(b) 良好导电导热性源于 π 电子

单个碳原子的厚度仅有 0.335nm，自由态的二维晶体结构——石墨烯是目前世界上人工制得的最薄物质。石墨烯的结构简单，正是这种“简单”衍生出很多迷人的物性，其优异的电子传导性和其他不断涌现的奇特性质激励着科学家们去求索。自从2004年曼彻斯特大学的Geim等[7]运用机械剥离法从高定向热解石墨中成功获得单层和2～3层石墨烯片层以来，在全球范围内形成了石墨烯研究热潮，吸引了众多科技工作者进一步探索碳质材料。

石墨烯的出现推翻了“完美二维晶体结构无法在非绝对零度下稳定存在”的论断，使得众多凝聚态物理中的理论有机会被验证；同时石墨烯表现出的奇特的电学、物理、化学、光学和热学等性质，使其成为碳纳米材料研究领域中一颗耀眼的明星，引起了产业界的极大关注。另外，石墨烯“二维蜂窝状晶格紧密堆积成的单层碳原子”的独特结构亦是组成其他碳质材料的基元材料，这又为实现碳质材料碳基结构的定向设计和可控组装提供了机遇。因此，石墨烯一出现便引起了科学界的研究热潮，成为现今新型碳质纳米材料的研究热点。

作为一种独特的二维晶体，石墨烯具有超大的比表面积，理论值超过$2630m^2/g$[8]；杨氏模量达1.0TPa[9]；热导率为5300W/(m·K)[10]，是铜的热导率的10多倍；几乎完全透明，对光只有2.3%的吸收[11-12]；在电和磁性方面具有很多奇特的性质，例如，室温量子霍尔效应[13-14]、双极性电场效应[7,15]、铁磁性[16-17]、超导性[18-19]以及高的电子迁移率[20]。这些优异的性质，使得石墨烯在晶体管、太阳能电池、传感器、超级电容、场发射管和催化剂载体等方面显示出良好的应用前景[21]。正是由于这些优异的物理性质和巨大的应用前景，石墨烯的发现者在2010年获得了诺贝尔物理学奖。

石墨烯作为一种严格的二维晶体，科学家及众多研究者期待发现二维极限结构的奇特性质[22]，同时希望以石墨烯作为源头材料组装特定结构的碳基材料，从而实现碳质结构的功能导向设计和碳质材料的可控制备和组装[22-23]。预计石墨烯衍生出的新型碳质材料不但可以继承其优异的性能，而且更有利于实际应用。因此，利用石墨烯的基元特性实现新型碳基结构的定向组装和碳质材料的功能性定制已经成为现今的一个新的研究重点。

6.2　石墨烯的研发简史

石墨作为一种矿物材料被发现已有近500年的历史，其早期主要应用于制造铅笔芯和润滑剂。1924年英国的Bernal[24]提出了石墨的层状结构：不同的碳原子层以ABAB的方式相互层叠，层间A-B层的距离为

0.3354nm,层间没有化学键连接,仅存有范德华力以保持石墨的层状结构,一层原子可以轻易地在另一层原子上滑动。这正是石墨可以用作润滑剂和铅笔芯的缘由,同时也为机械剥离法、电化学法、高温常压法和低温负压法制备石墨烯埋下了伏笔。

在石墨的层状结构被确定后,就不断有研究者试图将石墨的片层剥离以便得到很薄的石墨片层。早在1947年,一系列的理论分析就已提出,单片层的石墨将会具有非常奇特的电子特性[20],因此,人们对石墨片层剥离的研究从未间断。1962年,Boehm等[26]利用透射电子显微镜(TEM)观察还原氧化石墨溶液中的石墨片层时,发现最薄片层的厚度只有0.46nm;遗憾的是,他当时只将这个发现简单地归纳为这个最薄的碳片层可能是单层碳片层。1988年,Kyotani等[27]利用模板法在蒙脱土的层间形成了单层的石墨烯片层,但一旦脱除模板,这些片层就会自组装形成体相石墨。1999年,Ruoff等[28]通过原子力显微镜(atomic force mcroscope,AFM)探针得到了厚度约200nm的薄层石墨。随后日本的Enoki等[29]也制备出了厚度很薄的石墨片层。他们的努力已经离石墨烯只有一步之遥,但最后却与其失之交臂。2004年,英国科学家Geim的研究小组[7]第一次利用机械剥离法成功制备出单层石墨烯,推翻了存在70多年的一个论断——严格的二维晶体由于热力学不稳定而不可能存在,而且石墨烯的出现为凝聚态物理学中的很多理论提供了实验验证的平台。在短短的几年时间里,石墨烯已经向人们展示了许多奇特的性质,也因此成为材料研究领域的一个热点[30]。

"材料之王"石墨烯是21世纪极具颠覆性的二维新材料,在材料领域很少有像石墨烯这样能够在短时间内迅速引起人们强烈关注的材料。有关石墨烯研究的学术论文和专利技术,自2005年以来快速增长[31-33]。同时,在技术应用方面也正在掀起一场席卷全球的产业革命,欧盟在2013年年初宣布石墨烯入选"未来新兴技术旗舰项目";中国科技部和国家自然科学基金委从2007年开始,累计投资数亿人民币进行石墨烯的相关基础研究;2016年,随着国家"十三五"规划的全面出台,石墨烯已成为我国当今重点开发的战略性新兴材料[33-36]。

从论文、专利等主要指标看,我国目前石墨烯的知识供给主体有清华大学、北京大学、国家纳米中心、中国科学院金属研究所、中国科学院宁波材料技术与工程研究所等[31-33]。近年来,我国石墨烯产业化发展势头迅猛,据统计[31-36],我国各地已经成立了20余家石墨烯产业园/创新中心/生产基地,主要分布在北京、江苏、山东、浙江、黑龙江、重庆等多个省市,其中常州石墨烯科技产业园、青岛石墨烯产业园区、重庆石墨烯产业园、宁波石墨烯产业园区是较具代表性的石墨烯产业园。国内涉及石墨烯的企业也越来越多，包括主营其他业务但介入石墨烯的企业以及主营石墨烯的企业，这些企业都比较注重石墨烯技术研发，同时也积极拓展石墨烯产品应用领域，部分产品已经实现产业化。例如，作者所在研究团队发明了低温负压法制备石墨烯并在石墨烯片上打孔的技术，开发了可快速充放电锂离子电池的正极导电剂，可大幅降低导电剂的用量，提高了电池的体积能量密度。该项研究成果已在深圳翔丰华科技有限公司、内蒙古瑞盛新能源有限公司、鸿纳（东莞）新材料科技有限公司等实现了规模化生产和应用，相关产品与技术已应用于比亚迪股份有限公司、东莞新能源科技有限公司、宁德时代新能源科技有限公司等国内锂电池龙头企业和美国加利福尼亚州锂电池公司，取得了很好的经济和社会效益。清华大学牵头完成的“高性能锂电池用石墨和石墨烯材料”项目因此荣获 2017 年国家技术发明二等奖。

6.3　石墨烯粉体的制备

石墨烯的制备，一方面是要获得无限趋近于零缺陷的、用于发现奇特物化性质的完美二维晶体，组装趋近完美的碳纳米结构，这是石墨烯研究的终极目标；另一方面是需要低成本地批量获得石墨烯材料，使石墨烯这种新材料得到产业界认可、实现快速发展。

石墨烯的制备方法有很多，如图 6-2 所示，主要有机械剥离法、碳纳米管剖开法、外延晶体生长法、化学气相沉积法、还原氧化石墨法、有机合成法，电化学法、高温常压法和低温负压法等[21,35-41]。其中，机械剥离法、外延晶体生长法、化学气相沉积法虽然能制备缺陷较少的石墨烯，可以用于电子器件及理论研究，但是产能难以扩大；而电化学法和低温负压法是现今低成本批量获得石墨烯材料的极有前景的方法，可以用于容忍少量缺陷、甚至利用缺陷的某些应用领域，如储能、催化等领域。

本节主要介绍以天然鳞片石墨为原料，采用“插层-氧化-剥离”工艺，通过电化学法和低温负压法进行石墨烯粉末的制备。

6.3.1　电化学法

电化学法是在电解质溶液中，利用石墨的导电性将其作为工作电极（阳极或阴极），在电解液中对其施加一定的电压，在外加电压作用下，电

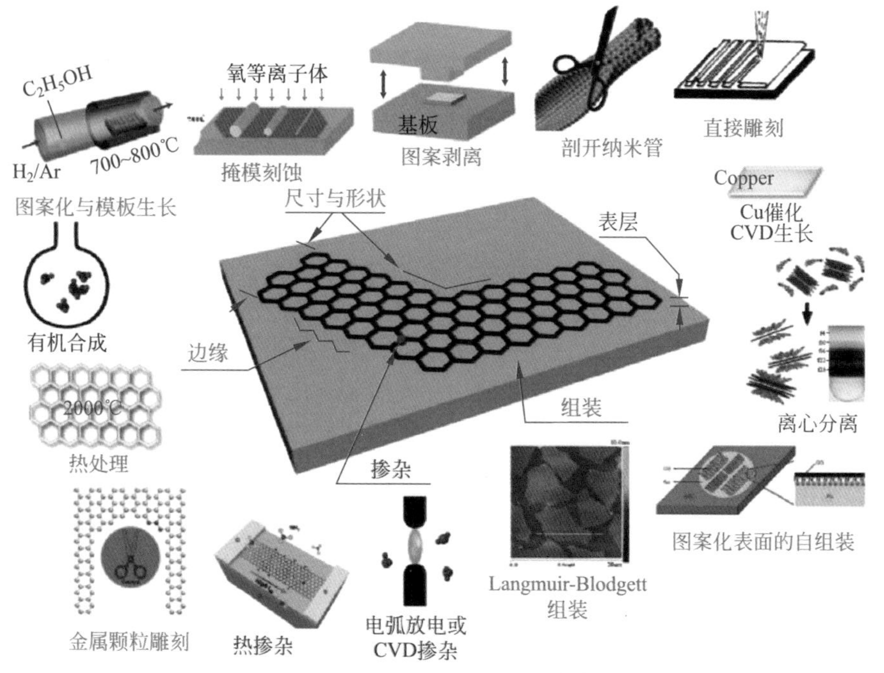

图 6-2 石墨烯的制备方法[21]

解液解离出的阴离子向阳极移动，插入石墨层间，使得石墨的本征层间距由 0.335nm 增至 0.4～1.2nm[41]，由此即可降低石墨层间的范德华力，电解过程中水和阴离子分解产生的气体也会促进石墨膨胀、剥离成片状单层或少层石墨烯（见图 6-3）[38-39]。相比于其他制备方法，电化学法是一种绿色、简单且容易重复操作的方法，具有电解剥离效率高、绿色环保等特点，被认为是最有可能实现石墨烯工业化生产的方法之一。

根据插层情况的不同，形成的石墨层间化合物具有不同的阶层结构，如图 3-1 所示。阶数越小，插层越充分。其中 1 阶石墨层间化合物的形成为制备单层石墨片（石墨烯）提供了可能的路线。

电化学"插层-氧化-剥离"工艺具有较高的石墨剥离效率和较好的剥离效果。常用的电化学"插层-氧化-剥离"工艺主要有"一步法"和"二步法"。这里"一步法"指石墨的电化学"插层-氧化-剥离"过程在同一电解液体系中进行，而"二步法"则是在两种不同电解液体系中进行。

1. 一步法

Su 等[42]采用一步法电化学"插层-氧化-剥离"工艺（见图 6-4），以天然

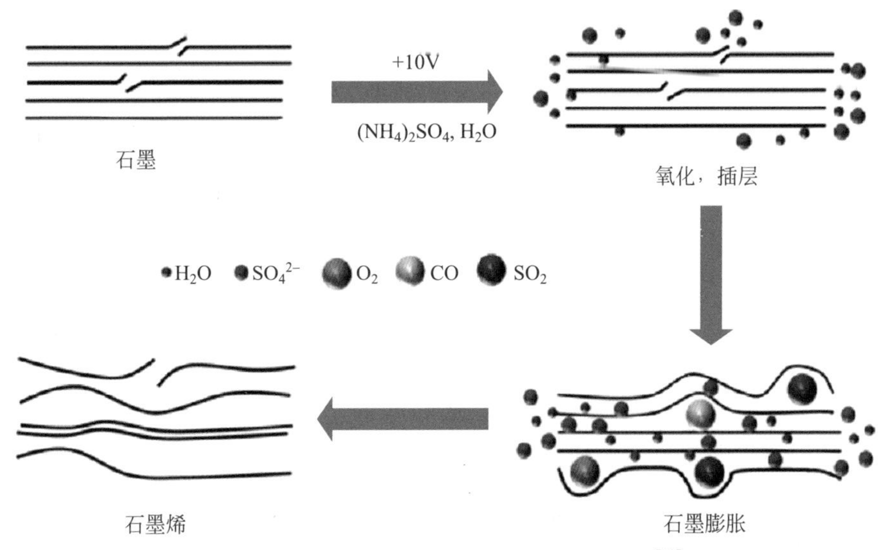

图6-3 石墨的电化学“插层-氧化-剥离”机理[38]

鳞片石墨或高定向热解石墨块(highly oriented pyrolytic graphite, HOPG)作为工作电极和用于电化学剥离石墨烯的石墨母本(原料)，铂丝为对电极，硫酸水溶液(将4.8g质量分数98%的硫酸加入100mL去离子水中)为电解液；首先施加1V的恒定电压，电解5～10min，电极石墨明显膨胀，但仍保持块状；然后将电压调到10V电解1min，电极石墨分解为小块，漂浮于电解液表面(见图6-4(a)右图)。这里，低电压的作用是将电极润湿并使硫酸根离子插入石墨层间，形成石墨层间化合物，在调高电压之前(剥离前)，形成的石墨层间化合物仍为块状；而一旦调高电压，石墨层间化合物块体很快就剥离分解为小块(薄片)并扩散在溶液表面(剥离后)。去除电解液，将剥离产物重新分散于二甲基甲酰胺(dimethyl-formamide, DMF)溶液中，可以形成稳定性较好的悬浮液(见图6-4(c))。

Su等[42]在研究中发现，虽然使用硫酸电解液进行石墨的电化学剥离具有高效快速的优点，但剥离产物石墨烯的缺陷密度较高，这是因为硫酸本身对石墨具有较强的氧化性。于是，他们通过向硫酸溶液中添加一定量的KOH调节电解液的pH值为1.2，同时进行插层-剥离条件的优化，即，插层阶段施加电压2.5V，电解1min；剥离阶段交替施加电压+10V/－10V(+10V,2s；－10V,5s)，直至获得较高质量的石墨烯薄膜。通过原子力显微镜测试发现，剥离产物呈现较高的双片层率，65%以上的石墨烯片厚度小

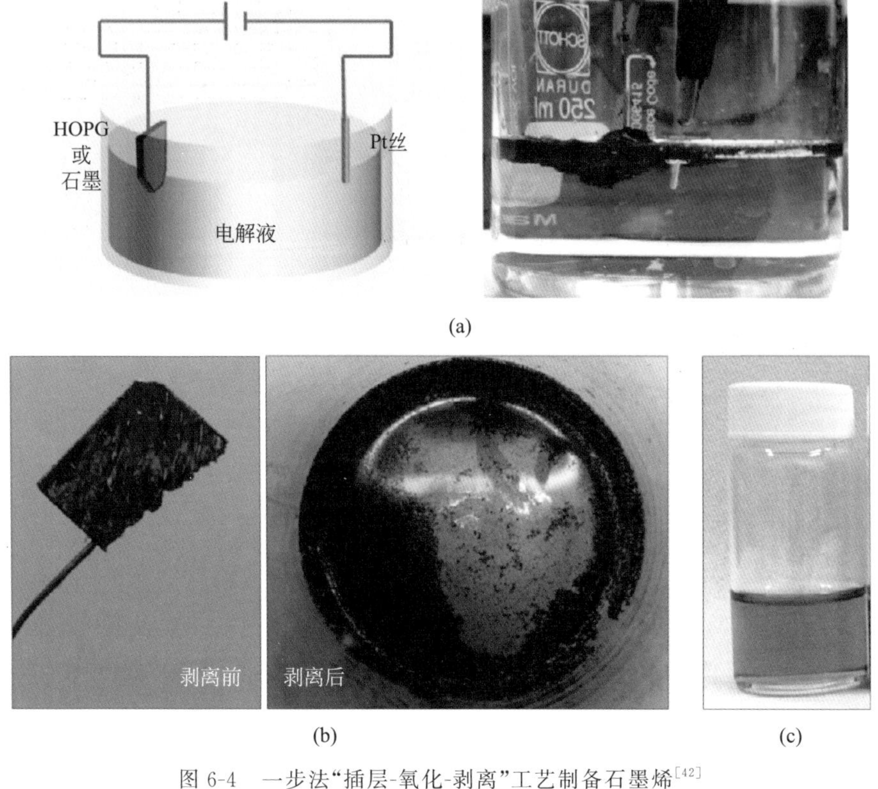

(a)

(b)　　(c)

图 6-4　一步法"插层-氧化-剥离"工艺制备石墨烯[42]

(a) 电化学剥离法的装置；(b) 样品石墨剥离前后的形貌；(c) 二甲基甲酰胺溶液中的石墨剥离产品

于 2nm，平均横向尺寸在 1～40μm，明显大于通过超声液相剥离获得的石墨烯片的尺寸[43-44]。这里，剥离阶段交替施加电压＋10V/－10V 的作用是："＋10V，2s"阶段，促进石墨片层的剥离与氧化；"－10V，5s"阶段，使剥离石墨烯片层上的含氧官能团还原[42]。

近来，Ding 等[45]通过优化电解液和提高工作电压制备出亲水性石墨烯，如图 6-5 所示。他们选用浓度 0.05mol/L 的 Oxone（过硫酸氢钾，$KHSO_5 \cdot 0.5KHSO_4 \cdot 0.5K_2SO_4$）溶液为电解液，石墨块为工作电极，铂箔为对电极，在工作电压＋50V、电解时间 4min 条件下，实施石墨的插层-氧化-剥离（见图 6-5(a)）；剥离产物石墨烯片随着剥离时间的延长，逐渐增加，在电解液中形成明显聚集的棕色悬浮液（见图 6-5(b)）；去除电解液后，通过超声波仍可使这些剥离产物石墨烯片在水中再次均匀分散，形成浓度

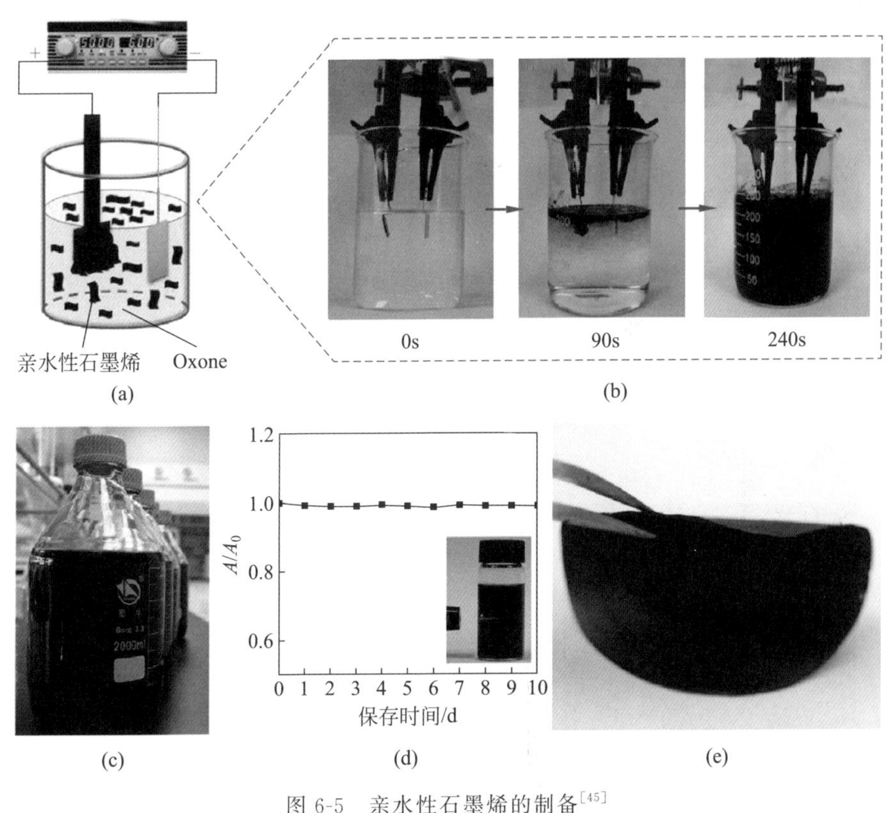

图 6-5　亲水性石墨烯的制备[45]

(a) 石墨块在电解液中；(b) 随电解时间延长的电化学进程；(c) 形成的水分散石墨烯悬浮液；(d) 石墨烯悬浮液在 266nm 处的紫外-可见光吸收峰强度之比与保存时间的关系；(e)过滤得到的石墨烯纸

为 1.04mg/mL 的稳定的水分散石墨烯悬浮液(见图 6-5(c)和(d))；过滤该水分散石墨烯悬浮液，可获得体积密度为 1.44g/cm^3、电导率为 11415.5S/m、平滑的柔性高导电石墨烯纸(见图 6-5(e))。

测试结果表明：剥离产物为 2～5 层的亲水性石墨烯片(氧化石墨烯片)，含氧量为 16.37%(质量分数)，收率为 60.1%，具有优异的水分散性和稳定性(见图 6-5(d))。在不加任何添加剂的条件下，剥离产物在水中浓度可达 1.04mg/mL。

2. 两步法

Cao 等[46]将石墨纸置于浓硫酸(质量分数＞95%)电解液中，在 2.2V 电压下，电解 20min，形成一阶 H_2SO_4-石墨层间化合物；随后，将其移入 0.1mol/L 的硫酸铵电解液中，在 10V 电压下，电解 5～10min，即可获得产率>71%、单层率>90%、氧含量为17.7%(原子分数)、平均横向尺寸为2~3μm、厚度约为1nm的氧化石墨烯片(见图6-6),这与文献报道的单层氧化石墨烯一致[47-48]。

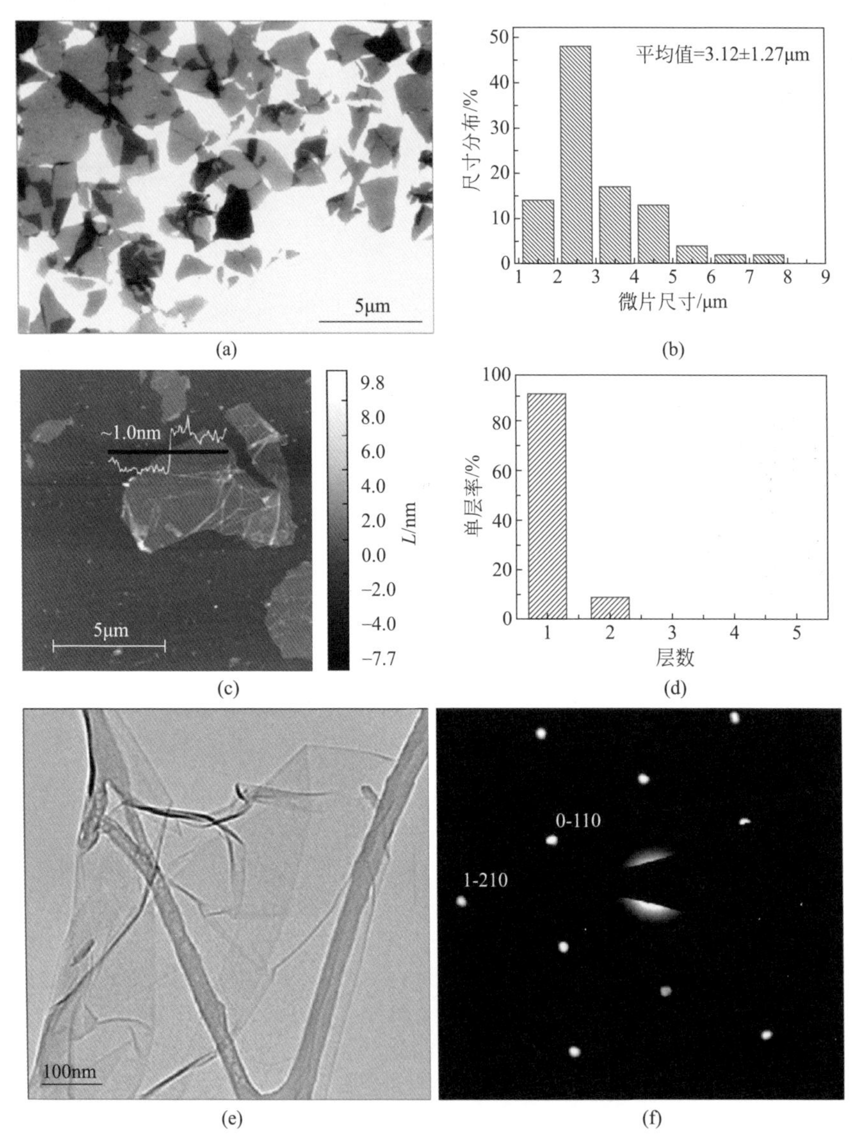

图6-6 氧化石墨烯片的形貌与结构[46]

(a) SEM; (b) 尺寸分布; (c) AEM; (d) 单层率; (e) TEM; (f) SAED

Ren 等[49]以商用柔性石墨纸为原料、不同浓度的硫酸为电解液，采用两步法“插层-氧化-剥离”工艺进行氧化石墨烯（亲水性石墨烯）的制备（见图 6-7(a)）。他们首先在较低的＋1.6V 电压下用浓硫酸（98%）对石墨纸进行插层，20min 后可观察到亮灰色的石墨纸（见图 6-7(b)）变蓝（见图 6-7(c)），表明已形成了石墨插层复合纸（石墨层间化合物）；随后将石墨插层复合纸移入 50%稀硫酸中用高电压（＋5.0V）进行剥离，30s 后可看到蓝色的石墨插层复合纸变为黄色（见图 6-7(d)），说明石墨插层复合纸已剥离为氧化石墨烯薄膜；随后将其在水中超声分散 5min，就可形成 5mg/mL 稳定的氧化石墨烯水溶液（见图 6-7(e)），获得剥离产率高达 96%的高品质氧化石墨烯。

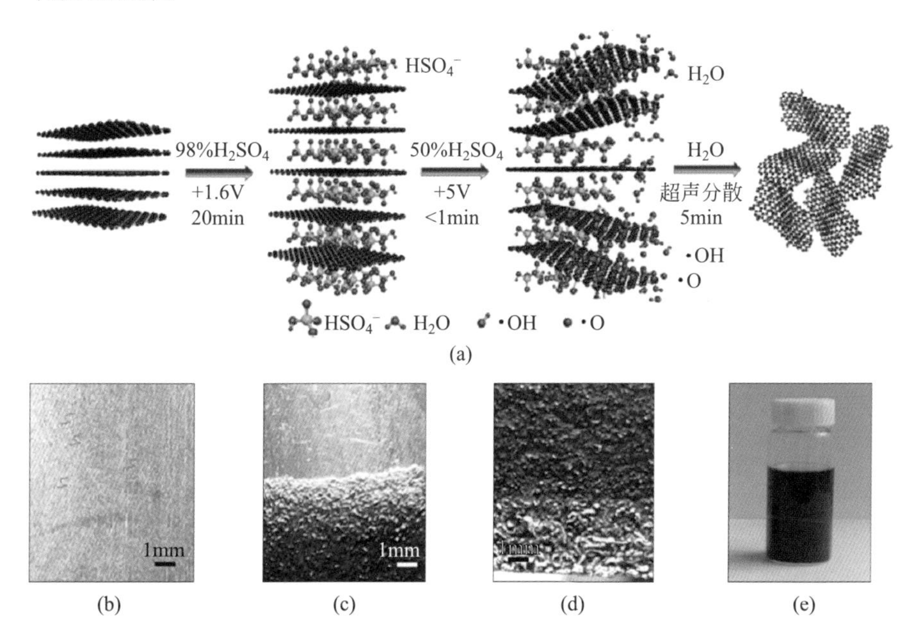

图 6-7　采用两步法“插层-氧化-剥离”工艺制备氧化石墨烯的原理以及原料和各阶段产品的形貌[49]

(a) 两步法“插层-氧化-剥离”原理；(b) 原料柔性石墨纸；(c) 石墨插层复合纸(蓝色区域)；(d) 氧化石墨烯(黄色区域)；(e) 氧化石墨烯水溶液

Ren 等[49]在研究中发现，在石墨插层复合纸的剥离阶段，通过简单地改变电解液（硫酸）的浓度就可调整剥离产物（石墨烯）的 C/O 原子比与相应的剥离速率（见图 6-8）。

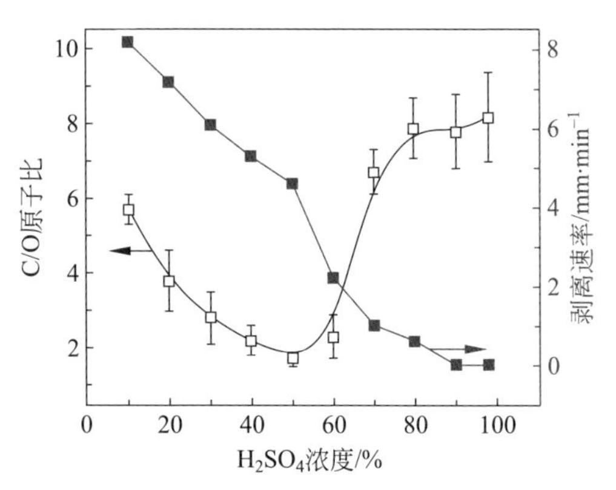

图 6-8 不同浓度 H_2SO_4 溶液中剥离产物的 C/O 原子比及相应的剥离速率[49]

由图 6-8 可以看到，在质量分数 40%～60%的硫酸电解液中进行石墨插层复合纸的剥离，获得石墨烯的 C/O 原子比为 1.5～1.8，其中硫酸浓度为 50%(质量分数)时，获得石墨烯的 C/O 原子比最低，氧化度最高；而低于或高于该范围的浓度，剥离产物的 C/O 原子比均大于 2。对石墨插层复合纸的剥离速度，均随硫酸浓度的增加逐渐下降。这一发现无疑为大规模可控制备不同 C/O 原子比的高品质氧化石墨烯提供了理论依据。至于氧化石墨烯层数，则由石墨插层化合(复合)物阶数控制，可参见第 3 章的相关论述。

6.3.2 低温负压法

低温负压法属热化学解理法。石墨的热化学解理(剥离)方法从 19 世纪开始发展，到 20 世纪 50 年代趋向成熟[26,50-52]。该法的原理是：通过石墨的氧化插层，在其层间引入含氧基团(SO_2^{-4}、ClO^{-4}、CH_3COO^- 等)，增大层间距、部分改变碳原子的杂化状态(增加 sp^3 成分)，从而减小石墨的层间相互作用；然后在常压下，将这种经氧化插层形成的石墨层间化合物——氧化石墨，通过快速高温处理，使石墨层间的含氧官能团受热以高压气体状态迅速释放，造成强大的内应力，导致石墨片层内外产生很大的压力差，进而引起石墨层的解理，实现石墨的层-层剥离，获得石墨烯。从理论上讲，这种基于快速加热的高温常压剥离石墨的方法，在热处理过程中，可同步实现石墨烯片层的解理(层-层剥离)和含氧基团的脱除(还原)，工艺简单，易于实现产业化[51]。但在实际生产中，这种氧化石墨的高温常压剥离一般在 1100℃进行，即在这样的高温下，才能实现氧化石墨的完全剥离[52]。

这种石墨的高温化学剥离制备条件相对苛刻，表现在：其一，快速升温和高温过程对设备的要求较高，耗能高，成本偏高；其二，快速升温、高温膨化这样的非稳态过程剥离会造成多缺陷的石墨烯产物，难以控制材料的结构，进而抑制石墨烯物性研究的深入及其应用。因此，发展条件较为“温和”的石墨热化学剥离工艺，对降低石墨烯成本、制备高品质石墨烯，实现石墨烯的可控产业化制备和规模化应用非常重要。

1. 低温负压法的提出——一张热重图谱带来的新发现

吕伟等[40,53]在表征氧化石墨的热行为时，发现氧化石墨主要的失重过程发生在很低的温度区间（150～230℃），即图 6-9 中的 TGA 曲线；且在失重的同时伴随一个很强的放热峰的出现，即图 6-9 中的 DSC 曲线。这说明氧化石墨中的含氧官能团的脱除主要发生在 150～230℃ 的温度区间。换言之，高温不是含氧官能团脱除和实现石墨热化学解理的必然选择。

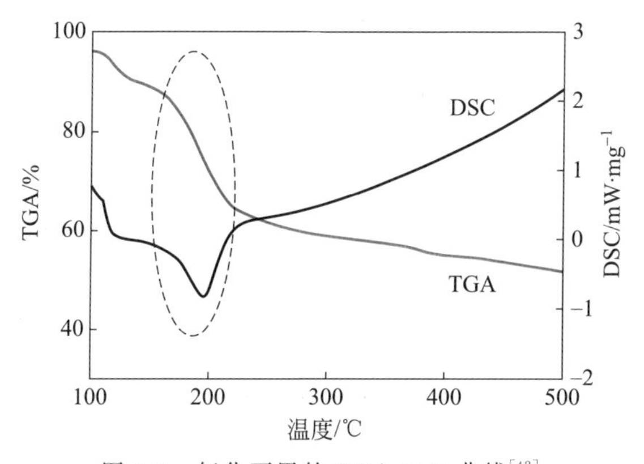

图 6-9　氧化石墨的 TGA-DSC 曲线[42]

可以参照日常生活中最常见的利用“压力差”的例子“传统爆米花的制作”。即，将米粒（玉米、大米等）装入爆米花铁炉，密封、加热，随着炉温的升高，玉米内的水分逐渐蒸发逸出，并在炉内聚积，使得炉内的气压升高；在炉内气压升高至 2～3 个大气压后，停止加热。此时在高气压的作用下，炉内玉米的水分蒸发受阻，米粒如同憋足了气的气球，但因炉内气压的约束，米粒不会爆开；而在打开炉盖的瞬间，由于高温高压态的米粒突然接触到气压较低的环境，便脱离了炉内气压的束缚，米粒内水分急骤气化逸出，同时在米粒内产生足以使米粒瞬间膨化的内应力，于是随着“砰”的一声巨响，“米”就变成了“米花”。

可以设想，如果在较低的温度下，借助氧化石墨层间官能团分解产生的内应力，辅助以外力，制造出足够的内外压力差，也应当可以实现石墨片层的剥离。

基于以上考虑，吕伟等[40,53]提出了氧化石墨的低温负压化学解离(剥离)法，简称低温负压法。即通过降低环境的压力(＜1Pa)，营造真空环境，形成氧化石墨内外的压力差；然后以 10～50℃/min 的升温速度，升至 200～400℃，使得含氧基团从氧化石墨层间受热脱除时仍能产生强大的内外压差，进而实现石墨烯片层的快速剥离。

氧化石墨的高温常压解离与低温负压解离机制如图 6-10 所示。研究表明，利用低温负压可以低成本、宏量获得低缺陷浓度、具有高电化学容量的高品质石墨烯粉体材料，在储能、催化等领域已经展现出很好的应用前景[40,53-63]。

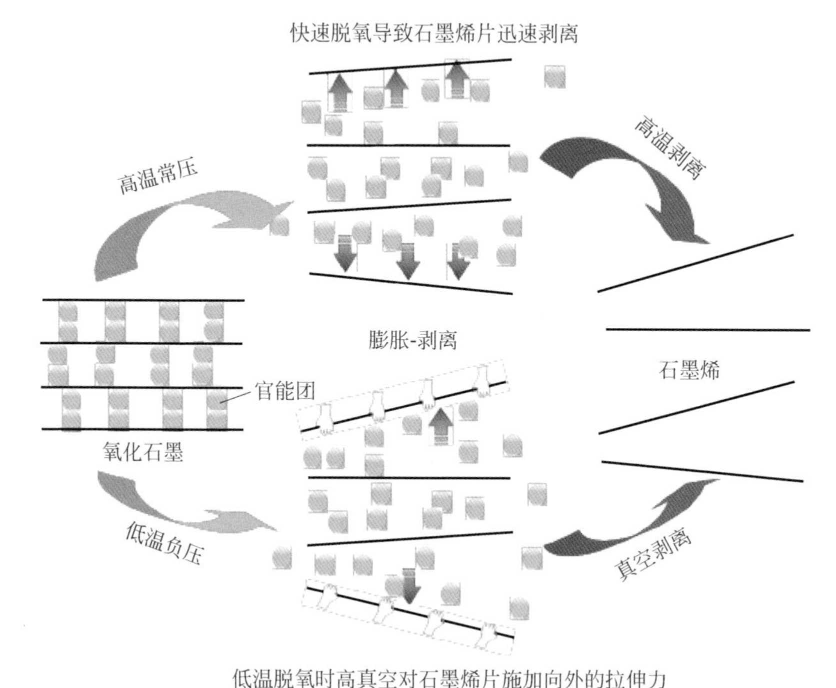

图 6-10 采用高温(＞1000℃)常压(上)和低温(低至 200℃)负压(下)工艺制备石墨烯的机制[40]

2. 石墨烯的低温负压制备

1) 氧化石墨的制备

采用三步化学氧化插层法进行氧化石墨(石墨层间化合物)的制备，工艺流程见图 6-11[53]。在干燥的烧杯中加入 230mL 浓硫酸(质量分数

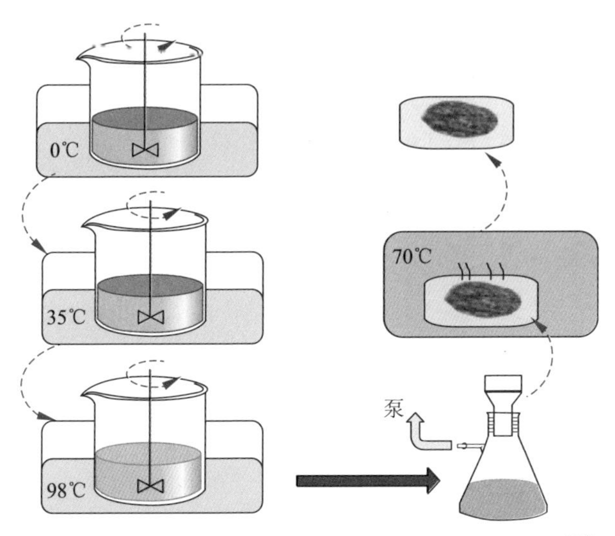

图 6-11　化学氧化三步法制备石墨层间化合物的流程[53]

98%)，用冰水冷却至 1℃；然后在搅拌中加入石墨(10g)和 $NaNO_3$(5g)的混合物，快速搅拌；再缓慢加入 $KMnO_4$(30g)，并在低温(1℃)反应 2h(低温反应)。将以上低温反应物移入 (35±2)℃水浴中反应 30min(中温反应)；随后往反应体系中缓慢注入 460mL 蒸馏水，同时将水浴温度调为 98℃，继续反应 180min(高温反应)，形成亮黄色的悬浮液。将这种悬浮液用温水稀释至 2000mL，再加入 30mL 质量分数 30%的 H_2O_2 溶液，趁热过滤；随后用质量分数 5%的 HCl 溶液清洗滤饼，再通过离心洗涤滤饼至离心上清液呈偏弱酸性，最后真空(50℃，−0.08MPa)干燥 48h 或在 70℃条件下干燥 3～5d，获得氧化石墨。

2) 石墨烯的低温负压剥离

将氧化石墨置于管式炉(石英管)中，然后抽真空。待真空度达到一定程度时，开始加热，升温速率为 10～50℃/min，确保石英管内压力在温度上升至 200℃之前达到 1Pa。在 195℃时，便可以观察到氧化石墨的体积瞬间爆炸式膨胀，同时伴随有大量气体放出。然后将样品在 200℃(或 300℃或 400℃)下恒定 2～3h，进一步除去残余的含氧官能团，获得石墨烯粉体(见图 6-12)。

3. 石墨烯的剥离程度

石墨、氧化石墨和各种石墨烯粉体的 XRD 图谱见图 6-13，其中，石墨

(a) (b)

图 6-12 低温负压法制备石墨烯[43]

(a) 小批量;(b) 宏量

样品在 31.1°很强的尖峰为石墨 002 特征峰(XRD 测试所用靶源为 Co 靶,与 Cu 靶得到的数据相比,其峰位置向右偏移),说明所用原料石墨具有很好的结晶度和层状结构,层间距为 0.335nm。氧化石墨的吸收峰位移到 12.3°,表明石墨的层状结构并未被破坏,仅仅是层间距从 0.335nm 扩大为 0.776nm,这意味着石墨已被充分氧化,大量的含氧官能团插入到石墨层间,使得层间距变大[64]。而在石墨烯粉体 G-200,G-300,G400 和 G-HT 的 XRD 图谱中,已经观察不到氧化石墨以及石墨的特征峰,说明氧化石墨层间的含氧官能团已基本去除,石墨片层亦已完全剥离,不再具有石墨或氧化石墨的层状结构[65]。这里,G-200,G-300,G400 和 G-HT,分别表示低温负压法(200℃,300℃和 400℃)和高温常压法(1000℃,30s)剥离获得的石墨烯粉体材料。

由图 6-13 还可以发现,采用低温负压法制得的石墨烯粉体 G200、G300、G400 与高温常压法制得的石墨烯粉体 G-HT 的 XRD 谱图没有太大差异,说明低温负压法 200℃下石墨片层的剥离程度可以与高温常压 1000℃条件下的剥离程度相媲美。也就是说,对于低温负压法而言,石墨烯的剥离温度拟定 200℃即可,无须选择更高的温度。

4. 石墨烯粉体的微观形貌

氧化石墨、石墨烯粉体 G-200、G-400 和 G-HT 的 SEM 图像见图 6-14,可以看到,氧化石墨为块状(见图 6-14(a));G-200 呈现半透明的薄层状,表

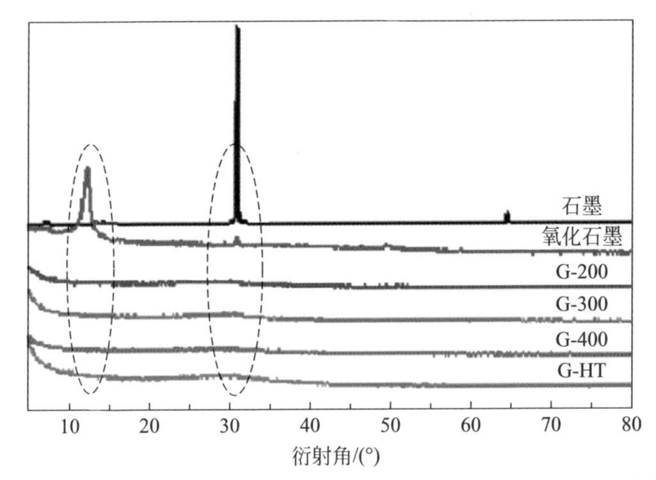

图 6-13 石墨、氧化石墨以及剥离产物石墨烯粉体的 XRD 图谱[40]

面存在许多褶皱(见图 6-14(b)),与石墨烯的特征相类似;G-400 片层与片层之间已经被完全剥离,且所有片层都很薄(见图 6-14(c));G-HT 片层与片层亦已互相分离(见图 6-14(d))。这说明在 200℃的低温下,氧化石墨的片层已经被完全剥离,得到的石墨烯粉体的微观形貌与高温法制备得到的样品没有太大区别。

值得一提的是[53],对氧化石墨样品需要喷金才能获得高倍率的清晰 SEM 图像,而剥离获得的石墨片(石墨烯片)则不需要喷金即可获得高倍率的清晰 SEM 图像,这也意味着氧化石墨解理剥离后,样品石墨的导电性得到了极大的恢复。

图 6-15 是采用低温负压法获得的石墨烯 G-200 的 TEM 图像及其层数分布的统计,从其低倍率图像((a)和(b))可以看到,石墨烯片层大小均为微米级,且片层的衬度较低,说明片层的厚度较小;而在高倍率下((c)、(d)和(e)),从片层的边缘即可清晰地观察到石墨烯的层数,单层((c))、双层((d))和七层((e))。同时,从图 6-15(c)中插图快速傅里叶变换(fast Fourier transform,FFT)衍射图谱还可看到,单层石墨烯的 FFT 衍射图样为清晰规整的六边形,表明剥离获得的单层石墨烯具有很好的结晶度[66]。由于石墨烯片层的堆叠形式一般为 AB 型,不会完全重合,因此可以从两层以上石墨烯片层边缘处观察到明显的层状结构,如图 6-15(d)和(e)所示。另外,由于多层石墨烯片层叠加造成的晶面取向不同,会导致 FFT 衍射斑点的分离,即图 6-15(e)中所示的七层石墨烯的 FFT 衍射。如果石墨烯片

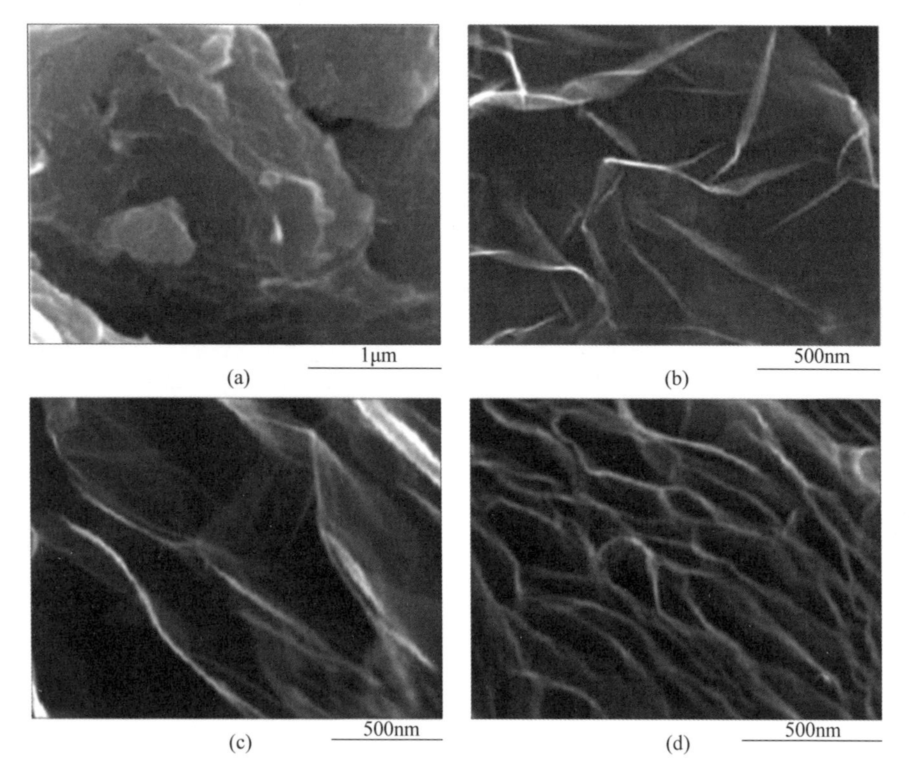

图 6-14　几种粉体样品的 SEM 图像[40]

(a) 氧化石墨；(b) 石墨烯 G-200；(c) 石墨烯 G-400；(d) 石墨烯 G-HT

叠加层数继续增多，衍射斑点则更为密集，石墨的 FFT 衍射图样呈现圆环状。通过对大量 G-200 样品 TEM 图的观察，将观察不到层状结构的边缘认定为单层，然后对得到的石墨烯层数进行统计分析，结果表明 G-200 石墨烯粉末中单层石墨烯所占比例可以达到 60%以上，如图 6-15(f)所示。

5. 石墨烯粉体的微观结构

石墨烯特殊的大 π 键共轭电子结构导致其具有很大的表面势能，当很多石墨烯片聚集在一起形成粉体材料时，就会发生片层的聚集，而这种石墨烯片层的聚集程度以及聚集状态在某些应用场合是不容忽视的。因此很有必要了解石墨烯粉体聚集状态的微观结构。

N_2 吸附作为表征碳材料微观结构的一种重要手段，不但可以给出碳材料的比表面积，还能给出其有效的孔径分布以及孔容等信息。

图 6-16 为石墨烯粉体的微观聚集结构分析，其中，图(a)给出了 G-200、

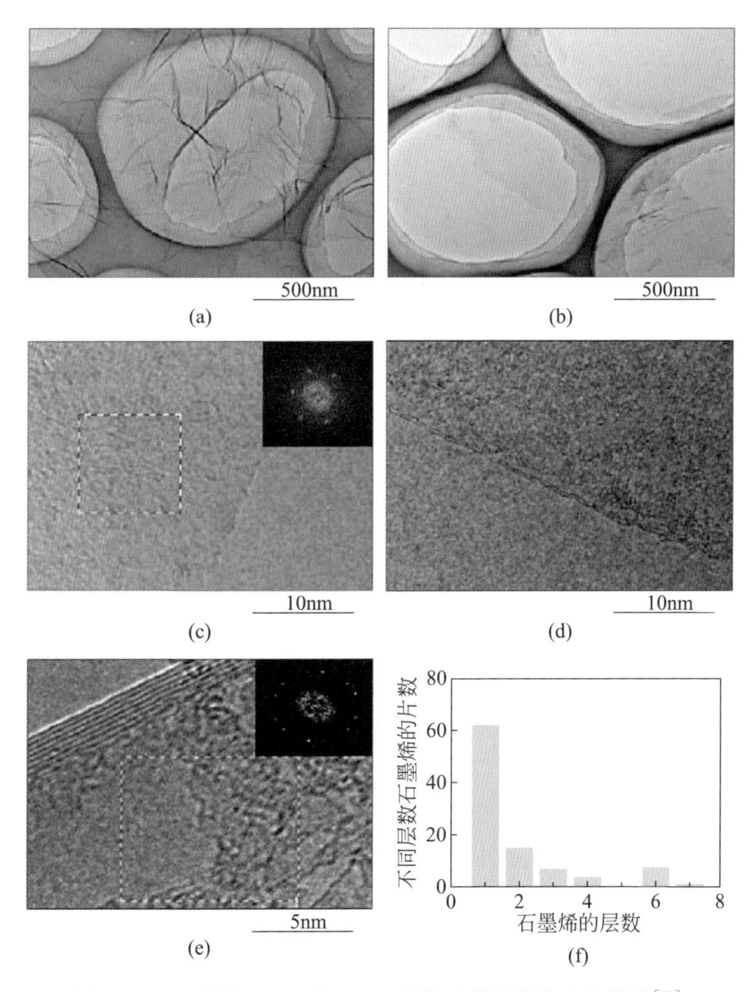

图 6-15 石墨烯 G-200 的 TEM 图像及其层数分布的统计[40]

(a)、(b) 低倍率的 TEM；(c)～(e) 高倍率的单层、双层和七层石墨烯片的 TEM 图像，其中(c)和(e)中插图为其 FFT 衍射图；(f)石墨烯 G-200 层数的统计分布

G-300、G-400 和 G-HT 的 N_2 吸附等温线，它们都属于Ⅱ型吸附等温线，并且都具有 H3 型的滞后回线。Ⅱ型吸附等温线意味着几种石墨烯粉体样品中均不存在微孔以及小中孔；在高压区吸附曲线的快速升高，则意味着材料内部都是由大孔组成，说明材料内部的大孔结构是由石墨烯片层的无规则堆积造成的。换言之，石墨烯本体的二维片状结构不存在孔结构，而当众多的石墨烯片层无规则地堆积在一起时，片层之间互相搭接就会产生很多空

隙，形成了所谓的“大孔”。同时，石墨烯片层的无规则搭接会降低粉体材料的有效比表面积，使得很多表面积无法与 N_2 分子相接触，进而导致用气体吸附方法测得的比表面积较低。通过 BET 法计算，石墨烯粉体 G-200、G-300、G-400 和 G-HT 的比表面积均在 380m²/g 左右，远远小于石墨烯的理论比表面积 2630m²/g。由此可以认为，石墨烯粉体材料的微观结构处于一个片层无规则搭接的状态，其模型如图 6-16(b)所示。石墨烯粉体 G-200 的 AFM 相图及相位曲线分别见图 6-16(c)和图 6-16(d)，可以清楚地看到石墨烯片层以不同的角度堆积在一起，形成粉体材料中一个小的聚集体。显然，这种堆积结构不利于吸附过程中气体分子的扩散以及气体分子与片层的充分接触，这时采用液相吸附则更有利于反映真实的比表面积。采用亚甲基蓝作为吸附质对石墨烯粉体进行液相吸附测试，结果表明，其比表面积

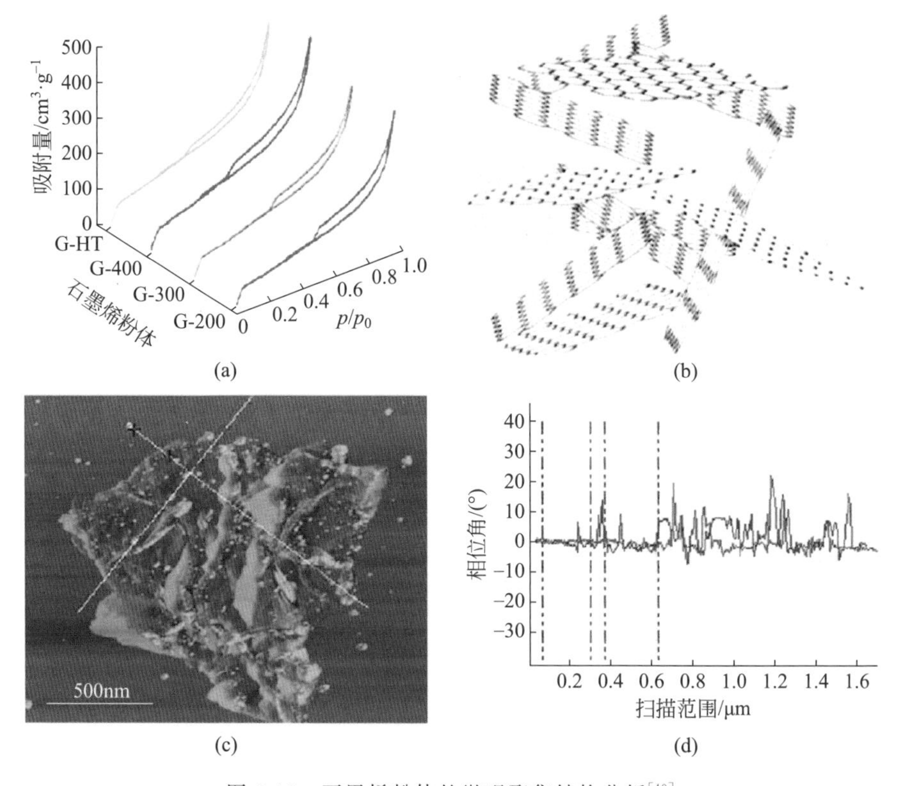

图 6-16 石墨烯粉体的微观聚集结构分析[40]

(a) G-200、G-300、G-400 和 G-HT 在 77K 的氮气吸附等温线；(b) 石墨烯粉体的聚集状态；(c)、(d) 石墨烯粉体 G-200 的 AFM 相图及相位曲线

可以达到 $1000m^2/g$ 左右，这再次佐证石墨烯粉体是由单层以及少层的石墨烯片层组成的。

比较图 6-14～图 6-16，可以得出这样的结论：采用低温负压法可以有效地实现石墨片层的剥离，制备得到的石墨烯以单层为主，并且具有很好的结晶度。

6. 石墨烯粉体的还原程度

对于以氧化石墨为母体解理剥离制备的石墨烯粉体而言，还原程度将会对其性质产生相当大的影响，因此 C/O 比也是衡量石墨烯质量的重要因素。

通过光电子能谱（X-ray photoelectron spectroscopy，XPS）测试得知，采用低温负压法获得石墨烯粉体 G-200 的 C/O 原子比为 10∶1，利用高温常压法制得的石墨烯粉体 G-HT 的 C/O 比为 11∶1。从 C/O 原子比看，G-200 的氧含量稍高于 G-HT，二者的 C^{1s} 谱图（见图 6-17(a)）基本类同，说明 G-200 的 sp^2 杂化结构已得到了很好的恢复；但是它们的 O^{1s} 谱图（见图 6-17(b)）则明显不同，G-HT 仅在 531.8eV 存在一个单峰，G-200 却在 531.8eV 和 533.6eV 均存在吸收峰，这就意味着采用低温负压工艺获得的石墨烯中的含氧官能团种类不同于高温常压工艺制备的石墨烯。由此可以认为，低温负压法石墨烯的还原程度与高温常压法石墨烯相近，但是二者的表面化学结构有着明显的不同。这里 531.8eV 的衍射特征峰由 C＝O 键引起，表明石墨烯中可能有羰基以及酯基存在；533.6eV 的峰由 C—OH 或 C—O—C 键引起，意味着石墨烯中也可能存在羧基、羟基或醚键[67]。

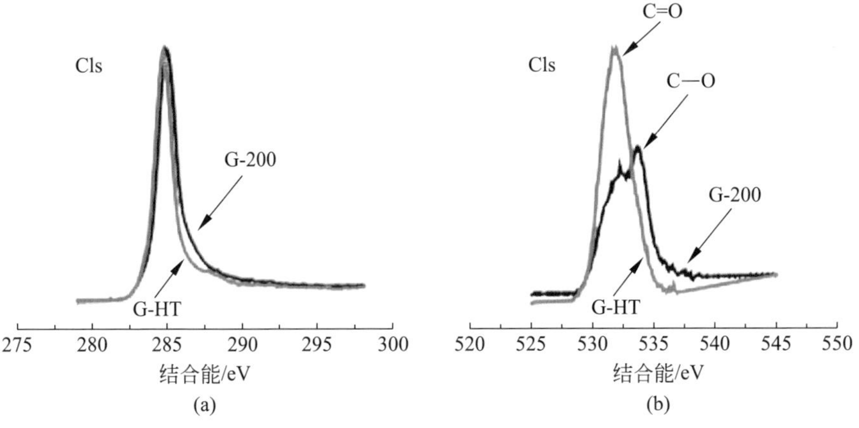

图 6-17　石墨烯粉体 G-200 和 G-HT 的 XPS 图谱[40]

(a) C^{1s} 图谱；(b) O^{1s} 图谱

7. 石墨烯粉末的电化学行为

低温负压法石墨烯粉末 G-200、G-300 和 G-400 的电化学行为见图 6-18。

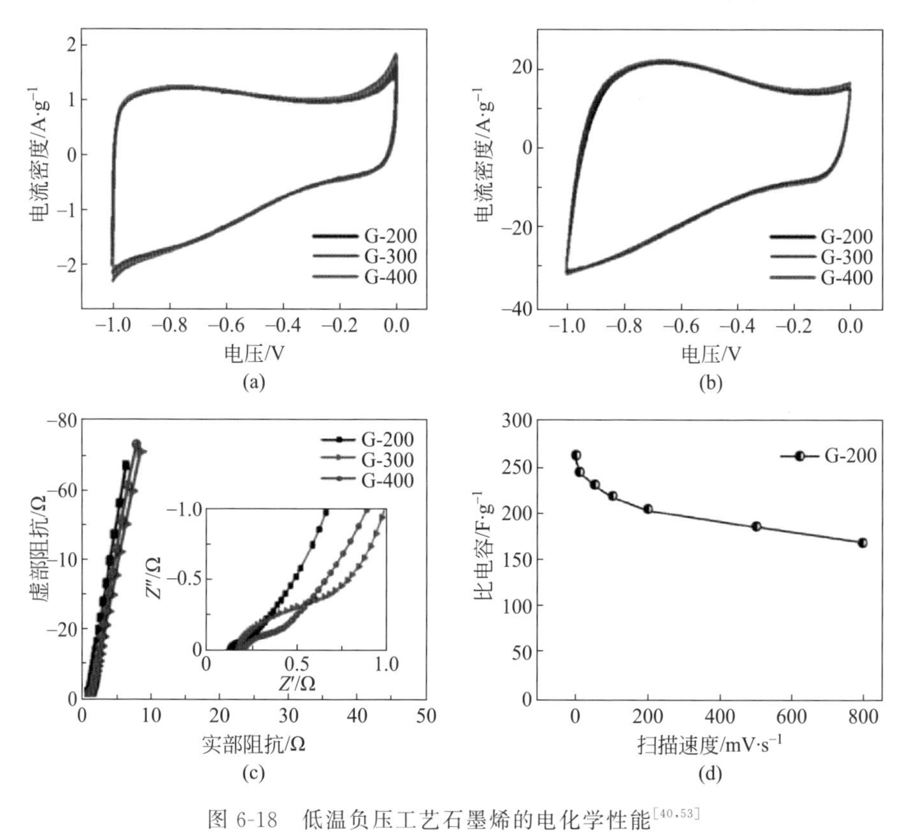

图 6-18 低温负压工艺石墨烯的电化学性能[40,53]

(a) 扫描速度 10mV/s 下的循环伏安曲线；(b) 扫描速度 200mV/s 下的循环伏安曲线；(c) 阻抗图谱；(d) 扫描速度与比电容的关系

由图 6-18 可以看到，在较低扫描速度 10mV/s 下，G-200、G-300 和 G-400 的循环伏安曲线表现出很好的矩形形状(见图 6-18(a))，说明石墨烯粉体的储能行为是依靠形成双电层电容实现的；提高扫描速度至 200mV/s，相应循环伏安曲线的形状没有出现大的形变(见图 6-18(b))，这与石墨烯粉末本身良好的导电性以及其开放的孔结构带来的低传质阻力密切相关。由图 6-18(c) 中 G-200、G-300 和 G-400 的阻抗图谱(electrical impedance spectroscopy，EIS)可知，三种样品的内阻都较小，最低可至 0.15Ω；以 G-200 为例，在扫描速度 800mV/s 下的电容值仍可达到 169F/g，是扫描速度 1mV/s 下电容值的 65%(见图 6-18(d)),远高于高温常压法所得到的石墨烯的电容值(约 130F/g)[53,68-70],同时具有很好的功率特性(见图 6-19)。

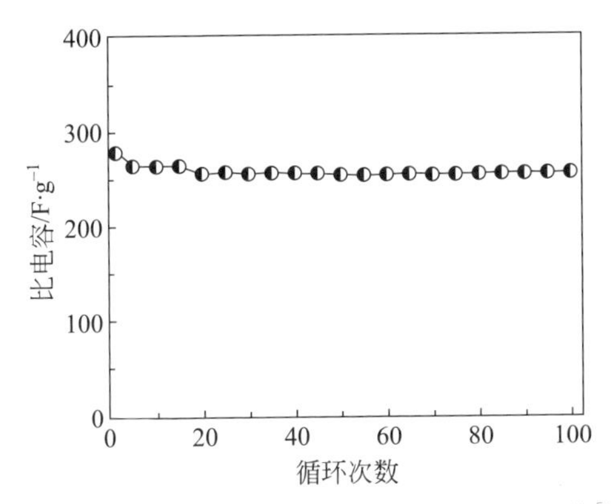

图 6-19 电流密度 100mA/g 时 G-200 的循环性能[40,53]

高温常压法所制石墨烯粉末的电容值低于低温负压法获得的石墨烯粉末,这可能源于二者的比表面积和微观结构基本类同(见图 6-16),但表面的含氧官能团的结构与数量不同(见图 6-17),由此可以推断,石墨烯表面的化学结构直接影响其电化学行为。

参考文献

[1] 康飞宇. 二位碳材料在储能中的应用:从石墨到石墨烯[C]. 见:中国化学会第 29 届学术年会摘要集——第 30 分会:低维碳材料,北京,2014:27.

[2] Michio Inagaki, Feiyu Kang. Carbon Materials Science and Engineering—From Fundamentals to Applications[M]. 北京:清华大学出版社(与 Elsevier 出版集团联合出版),2006 年(第 1 版),2011 年(第 2 版).

[3] Boehm H P, Setton R, Stumpp E. Nomenclature and terminology of graphite intercalation compounds[J]. Carbon, 1986, 24 (2): 241-245.

[4] 杨全红,吕伟,杨永岗,王茂章. 自由态二维碳原子晶体-单层石墨烯[J]. 新型碳材料,2008,23(2):97-103.

[5] Allen M J, Tung V C, Kaner R B. Honeycomb carbon: A review of graphene[J]. Chem. Reviews, 2010, 110 (1): 132-145.

[6] 张天蓉. 石墨烯传奇之四[OL]. [2019-09-26]. http://blog. sciencenet. cn/u/tianrong1945.

[7] Novoselov K S, Geim A K, Morozov S V, Jiang D, Zhang Y, Dubonos S V,

Grigorieva I V, Firsov A A. Electric field effect in atomically thin carbon films[J]. Science, 2004, 306(5696): 666-669.

[8] 杨全红，唐致远. 新型储能材料——石墨烯的储能特性及其前景展望[J]. 电源技术，2009，33(4)：241-244.

[9] Lee C, Wei X D, Kysar J W, Hone J. Measurement of the elastic properties and intrinsic strength of monolayer graphene[J]. Science, 2008, 321(5887): 385-388.

[10] Balandin A A, Ghosh S, Bao W Z, Calizo I, Teweldebrhan D, Miao F, Lau C N. Superior thermal conductivity of single-layer graphene[J]. Nano Letters, 2008, 8(3): 902-907.

[11] Nair R R, Blake P, Grigorenko A N, Novoselov K S, Booth T J, Stauber T, Peres N M R, Geim A K. Fine structure constant defines visual transparency of graphene[J]. Science, 2008, 320(5881): 1308.

[12] Stauber T, Peres N M R, Geim A K. Optical conductivity of graphene in the visible region of the spectrum[J]. Physical Review B, 2008, 78(8): 085432.

[13] Zhang Y B, Tan Y W, Stormer H L, Kim P. Experimental observation of the quantum Hall effect and Berry's phase in graphene[J]. Nature, 2005, 438(7065): 201-204.

[14] Novoselov K S, Jiang Z, Zhang Y, Morozov S V, Stormer H L, Zeitler U, Maan J C, Boebinger G S, Kim P, Geim A K . Room-temperature quantum Hall effect in graphene[J]. Science, 2007, 315(5817): 1379.

[15] Geim A K, Novoselov K S. The rise of graphene[J]. Nature Materials, 2007, 6(3): 183-191.

[16] Nomura K, Mac Donald A H. Quantum Hall ferromagnetism in graphene[J]. Physical Review Letters, 2006, 96(25): 256602.

[17] Doretto R L, Smith C M. Quantum Hall ferromagnetism in graphene: SU(4) bosonization approach[J]. Physical Review B, 2007, 76(19): 195431.

[18] Sasaki K, Jiang J, Saito R, Onari S, Tanaka Y. Theory of superconductivity of carbon nanotubes and graphene[J]. Journal of the Physical Society of Japan, 2007, 76(3): 033702.

[19] Uchoa B, Neto A H C. Superconducting states of pure and doped graphene[J]. Physical Review Letters, 2007, 98(14): 146801.

[20] Bolotin K I, Sikes K J, Jiang Z, Klima M, Fudenberg G, Hone J, Kim P, Stormer H L. Ultrahigh electron mobility in suspended graphene[J]. Solid State Communications, 2008, 146(9-10): 351-355.

[21] 崔同湘，吕瑞涛，康飞宇，顾家琳. 从石墨烯的制备及其应用研究进展看2010年度诺贝尔物理学奖[J]. 科技导报 2010，28(24)：23-28.

[22] Compton O C, Nguyen S B T. Graphene oxide, highly reduced graphene oxide,

and graphene: versatile building blocks for carbon-based materials[J]. Small, 2010, 6(6): 711-723.

[23] Lee S H, Lee D H, Lee W J, Kim S O. Tailored assembly of carbon nanotubes and graphene[J]. Advanced Functional Materials, 2011, 21(8): 1338-1354.

[24] Bernal J D. The Structure of graphite[J]. Proceedings of the Royal Society of London. Series A-Containing Papers of a Mathematical and Physical Character, 1924, 106 (740): 749-773.

[25] Wallace P R. The band theory of graphite[J]. Physical Review, 1947, 71(9): 622-634.

[26] Boehm H P, Clauss A, Fischer G O, Hofmann U. Das adsorptionsverhalten sehr dünner kohlenstoff-folien[J]. Zeitschrift für Anorganische und Allgemeine Chemie, 1962, 316(3-4): 119-127.

[27] Kyotani T, Sonobe N, Tomita A. Formation of highly orientated graphite from polyacrylonitrile by using a two-dimensional space between montmorillonite lamellae[J]. Nature, 1988, 331(6154): 331-333.

[28] Lu X, Yu M, Huang H, Ruoff R S. Tailoring graphite with the goal of achieving single sheets[J]. Nanotechnology, 1999, 10(3): 269-272.

[29] Affoune A M, Prasad B L V, Sato H, Enoki T, Kaburagi Y, Hishiyama Y. Experimental evidence of a single nano-graphene[J]. Chemical Physics Letters, 2001, 348(1-2): 17-20.

[30] Geim A K. Graphene: status and prospects[J]. Science, 2009, 324(5934): 1530-1534.

[31] 王丽，潘云涛. 石墨烯的研究前沿及中国发展态势分析[J]. 新型碳材料，2010，25(6)：401-408.

[32] 金婷，杨坤，姚希，史立红，侯淼，孙思. 全球石墨烯专利发展现状及竞争态势分析[J]. 中国发明与专利，2019，16(9)：14-21.

[33] 陈志. 石墨烯：新兴产业发展的惯性与突破[J]. 科技中国，2019(7)：58-60.

[34] 卢红斌. 石墨烯：一种战略性新兴材料[J]. 科学，2016，68(5)：16-22.

[35] 逯娟. 石墨烯的制备方法及其应用领域的研究进展[J]. 能源与环保，2020，40(5)：78-81.

[36] 何延如，田小让，赵冠超，代玲玲，聂革，刘敏胜. 石墨烯薄膜的制备方法及应用研究进展[J]. 材料导报，2020，34(3)：05048-05060.

[37] Wei D C, Liu Y Q. Controllable synthesis of graphene and its applications[J]. Advanced Materials, 2010, 22(30): 3225-3241.

[38] Parvez K, Wu Z S, Li R J, Liu X J, Graf R, Feng X L, Müllen K. Exfoliation of graphite into graphene in aqueous solutions of inorganic salts[J]. Journal of the American Chemical Society, 2014, 136(16): 6083-6091.

[39] 杨晓勇，卫洛，许德平，沈万慈，黄正宏. 石墨烯的电化学制备及其在储能领域的应用[J]. 化学工业与工程，2019，36(6)：42-54.

[40] Lv W，Tang D M，He Y B，You C H，Shi Z Q，Chen X C，Chen C M，Hou P X，Liu C，Yang Q H. Low-temperature exfoliated graphenes：vacuum-promoted exfoliation and electrochemical energy storage[J]. ACS Nano，2009，3(11)：3730-3736.

[41] 李旭，赵卫峰，陈国华. 石墨烯的制备与表征研究[J]. 材料导报，2008，22(8)：48-52.

[42] Su C Y，Lu A Y，Xu Y P，Chen F R，Khlobystov A N，Li L J. High-quality thin graphene films from fast electrochemical exfoliation[J]. ACS Nano，2011，5(3)：2332-2339.

[43] Hernandez Y，Nicolosi V，Lotya M，Blighe F M，Sun Z Y，De S，McGovern I T，Holland B，Byrne M，Gun'ko Y. High-yield production of graphene by liquid-phase exfoliation of graphite[J]. Nature Nanotechnology，2008，3(9)：563-568

[44] Li X L，Zhang G Y，Bai X D，Sun X M，Wang X R，Wang E G，Dai H J. Highly conducting graphene sheets and Langmuir-Blodgett films[J]. Nature Nanotechnology，2008，3(9)：538-542.

[45] Tian S Y，Yang S W，Huang T，Sun J，Wang H S，Pu X P，Tian L F，He P，Ding G Q，Xie X M. One-step fast electrochemical fabrication of water-dispersible graphene[J]. Carbon，2017，111：617-621.

[46] Cao J，He P，Mohammed M A，Zhao X，Young R J，Derby B，Kinloch I A，Dryfe R A W. Two-step electrochemical intercalation and oxidation of graphite for the mass production of graphene oxide[J]. Journal of the American Chemical Society，2017，139(48)：17446-17456.

[47] Li D，Müller M B，Gilje S，Kaner R B，Wallace G G. Processable aqueous dispersions of graphene nanosheets[J]. Nature Nanotechnology，2008，3(2)：101-105.

[48] Eda G，Fanchini G，Chhowalla M. Large-area ultrathin films of reduced graphene oxide as a transparent and flexible electronic material[J]. Nature Nanotechnology，2008，3(5)：270-274.

[49] Pei S F，Wei Q W，Huang K，Cheng H M，Ren W C. Green synthesis of graphene oxide by seconds timescale water electrolytic oxidation[J]. Nature Communications，2018，9(1)：145.

[50] 杨全红. 梦想照进现实——从富勒烯、碳纳米管到石墨烯[J]. 新型碳材料，2011，26(1)：1-4.

[51] Dreyer D R，Ruoff R S，Bielawski C W. From conception to realization：a historial account of graphene and some perspectives for its future[J].

Angewandte Chemie-International Edition, 2010, 49(49): 9336-9344.
[52] McAllister M J, Li J L, Adamson D H, Schniepp H C, Abdala A A, Liu J, Herrera-Alonso M, Milius D L, Car R, Prud'homme R K. Single sheet functionalized graphene by oxidation and thermal expansion of graphite[J]. Chemistry of Materials, 2007, 19(18): 4396-4404.
[53] 吕伟. 石墨烯的宏量制备、可控组装及电化学性能研究[D]. 天津：天津大学，2012.
[54] Su F Y, You C H, He Y B, Lv W, Cui W, Jin F M, Li B H, Yang Q H, Kang F Y. Flexible and planar graphene conductive additives for lithium-ion batteries [J]. Journal of Materials Chemistry, 2010, 20(43): 9644-9650.
[55] 杨全红，吕伟，孙辉. 高电化学容量氧化石墨烯及其低温制备方法和应用[P]. CN101367516. 2009-02-18.
[56] Chen X C, Wei W, Lv W, Su F Y, He Y B, Li B H, Kang F Y, Yang Q H. A graphene-based nanostructure with expanded ion transport channels for high rate Li-ion battery[J]. Chemical Communications. 2012, 48(47): 5904-5906.
[57] Huang Z H, Zheng X Y, Lv W, Wang M, Yang Q H, Kang F Y. Adsorption of lead (Ⅱ) ions from aqueous solution on low-temperature exfoliated graphene nanosheets[J]. Langmuir, 2011, 27(12): 7558-7562.
[58] Wang M X, Huang Z H, Lv W, Yang Q H, Kang F Y, Liang K M. Water vapor adsorption on low-temperature exfoliated graphene nanosheets[J]. Journal of Physics and Chemistry of Solids, 2012, 73(12): 1440-1443.
[59] 杨全红，吕伟，贺艳兵，游从辉，陈学成. 以石墨烯为导电添加剂的电极及在锂离子电池中的应用[P]. CN101794874A. 2010-08-04.
[60] 杨全红，游从辉，苏方远，吕伟. 锂离子电池的石墨烯/铝复合负极材料及其制备方法[P]. CN101937994A. 2011-01-05.
[61] 杨全红，魏伟，苏方远，陈学成，吕伟. 锂离子电池负极用的硅/石墨烯层状复合材料及其制备方法[P]. CN102064322A. 2011-05-18.
[62] 吕伟，王浩鑫，杨全红. 改性石墨烯的电化学行为研究[C]. 长春：2009 年第 15 次全国电化学学术会议论文集.
[63] 吕伟，韩晓鹏，杨全红. 石墨烯/金属氧化物复合材料的制备及电化学性能研究[J]. 功能材料，2010 年专辑(第七届中国功能材料及其应用学术会议)：424.
[64] Gao W, Alemany L B, Ci L J, Ajayan P M. New Insights Into the structure and reduction of graphite oxide[J]. Nature Chemistry, 2009, 1(5): 403-408.
[65] Schniepp H C, Li J L, McAllister M J, Sai H, Herrera-Alonso M, Adamson D H, Prud'homme R K, Car R, Saville D A, Aksay I A. Functionalized single graphene sheets derived from splitting graphite oxide[J]. Journal of Physical Chemistry B, 2006, 110(17): 8535-8539.

[66] Meyer J C, Geim A K, Katsnelson M I, Novoselov, K S, Booth TJ, Roth S. The structure of suspended graphene sheets[J]. Nature, 2007, 446(7131): 60-63.

[67] Gardner S D, Singamsetty C S K, Booth G L, He G R, Pittman C U. Surface characterization of carbon fibers using angle-resolved XPS and ISS[J]. Carbon, 1995, 33(5): 587-595.

[68] Zhao B, Liu P, Jiang Y, Pan D Y, Tao H H, Song J S, Fang T, Xu W W. Supercapacitor performances of thermally reduced graphene oxide[J]. Journal of Power Sources, 2012, 198: 423-427.

[69] Vivekchand S R C, Rout C S, Subrahmanyam K S, Govindaraj A, Rao C N R. Graphene-based electrochemical supercapacitors [J]. Journal of Chemical Sciences, 2008, 120 (1): 9-13.

[70] Zhang L L, Zhou R, Zhao X S. Graphene-based materials as supercapacitor electrodes[J]. Journal of Materials Chemistry, 2010, 20 (29): 5983-5992.

第7章　核石墨

7.1　石墨家族的新成员——核石墨

石墨是碳的一种同素异构体，具有热中子吸收截面低（4.5mb，b是核物理中表示截面或总截面的专用单位，称为“靶恩”。$1b=10^{-28}m^2$，1b=1000mb）和快中子散射截面大（4.7b）、物理机械性能高、耐高温性能好、在非氧化性介质中稳定性高、来源丰富、易于加工等特性。正是这些特性，使得石墨成为世界上第一座核反应堆“CP-1”的慢化材料，并首次实现了可控自持核链式反应[1-3]。从此人类驯服了蕴藏在原子核内的能量，进入核时代。亦即，核工业发展的需要催生了石墨家族的新成员——核石墨。

核石墨和非核石墨（普通石墨）的工作环境不同。核石墨在强中子辐照场中工作，既要慢化核裂变产生的快中子，又要尽量少吸收中子。其中，快中子辐照可使石墨结构发生改变，进而导致石墨的所有性能都发生变化；即，随着快中子注量的增加，石墨的结构与性质呈动态变化。而普通石墨不存在中子吸收和快中子辐照的问题，如果在使用过程中不被腐蚀（氧化），则性能是稳定的。

核石墨和非核石墨的根本区别之一是纯度，即核石墨必须是纯核的。这是因为不同元素的中子吸收截面差别很大。为了保证石墨材料对中子的慢化效果，减少杂质元素对中子的吸收作用，需要对中子吸收截面大的元素（如B、Li、Cd、Sm、Eu、Gd等）含量进行严格控制[4]。核石墨的纯度通常用硼当量表示，硼当量是指石墨中全部杂质元素能够吸收的中子数全部折算成具有相同吸收数的B元素的浓度。一般要求核石墨的硼当量在10^{-6}量级[1]。

核石墨与非核石墨的结构与性能差异为各向异性。核石墨属人造多晶石墨，从微观上看，石墨晶体属六方晶系，具有层状结构，各项物理性质均存在明显的各向异性；但在宏观上却体现出高的各向同性度。也就是核石墨中的众多石墨微晶总体上为无序排列，不存在择优取向。而非核石墨整体的结构与性能均为各向异性。辐照试验表明，石墨的结晶程度越高，各向异性程度越低，耐辐照性能越好。通常要求核石墨的各向异性度＜1.3，最好<1.05[4]。这是由于高温气冷堆结构设计必须保证在反应堆运行时石墨构件之间的尺寸变化不相互制约,以免引起过高的应力,导致石墨构件破坏;同时石墨构件之间的间隙应尽可能小,以减少冷却剂的泄露。显然,核石墨的各向异性是高温气冷堆运行特性的决定因素之一。

核石墨作为核工程材料的特点是[1-5]:①具有较高的快中子散射截面和极低的热中子吸收截面,较高的散射截面用以慢化中子,低的吸收截面防止中子被吸收,使得核反应堆能够利用少量燃料达到临界或正常运行。②耐高温,三相点为15MPa,4024℃;强度不像金属那样随温度而下降,而是略有增加,可以在2000℃以下服役。③具有良好的导热性能,在反应堆内可以有效地降低温度梯度,防止过大的热应力产生;④化学性质非常稳定,除高温下的氧气和水蒸气外,可以耐酸、碱、盐的腐蚀,可以用作熔盐核反应堆和铀铋核反应堆的堆芯构件。⑤各向异性度低,抗辐照性能极好,能在堆内服役30~40年。⑥可加工性好,可以加工成各种形状的构件。⑦原料丰富,价格便宜,容易制成高纯度、高强度、各种不同密度的核石墨。例如,德国的ATR-2E、ASR-1RS、V438,美国的H-451,日本的IG-110等核石墨,都可以满足设计寿命30年左右的高温气冷堆的要求。

核石墨(nuclear graphite)主要有原子反应堆用中子减速剂(慢化剂)、反射剂、生产同位素用的热柱石墨、高温气冷堆用的球状石墨和块状石墨等。目前以石油焦或沥青焦为原料生产的核石墨,还难以具备"球床高温气冷堆"所期望达到的50~60年的辐照寿命。为了延长高温气冷堆的使用寿命,提高其经济性上的竞争力,必须研制性能更加优异的核石墨。

7.2 核石墨的发展简史

核石墨是在电极石墨的基础上发展起来的。最早的AGOT核石墨是美国国家炭素公司(National Carbon Corporation,NCC)生产的经过提纯的电极石墨,具有明显的各向异性,应用于CP-1,X-10和Hanford等早期核反应堆[1,6]。

第二代核石墨是20世纪50年代发展出的细结构石墨,其性能和纯度都有较大改善,包括联合碳化物公司的TSX,用于Hanford反应堆;AGL/BAEL公司的PGA,一种英国标准慢化剂石墨,用于英国的Magnox二氧化碳气冷堆;以及大湖炭素公司的H-321。

第三代核石墨使用了新的焦源和成型工艺,大部分是各向同性石墨或近各向同性石墨，涉及的国家主要有英国、德国、美国和日本。20 世纪 60 年代，为满足英国先进气冷堆(advanced gas-cooled reactor，AGR)的需要，英国盎格鲁大湖有限公司(Anglo Great Lake Ltd)和英国艾奇逊电极有限公司(British Acheson Electrodes Ltd)两家公司开发出以 Gilsonite 焦为原料的各向同性石墨 SM2-24 和 IM1-24。Gilsonite 焦是一种天然的各向同性球形焦，其原料产自美国犹他州的一种天然沥青，用 Gilsonite 焦制备的石墨综合性能十分出色，但由于原料来源的局限性，未得到广泛应用。德国西格里炭素集团(Skia Graphics Library，SGL)以"特种焦"(一种人工近各向同性沥青焦)制造了近各向同性石墨 ATR-2E，随后又发展了独特的二次焦工艺和振动成型技术，成功地用普通沥青焦制成 ASR 系列各向同性石墨。Ringsdorf Werk(现被 SGL 收购)成功研制出等静压石墨 V438 和 V356。与振动成型石墨相比，等静压石墨黏结剂用量大，辐照变形量相应增大；与 ASR 系列石墨相比无明显优势。美国主要发展了几种近各向同性石墨。起初，美国 Fort St，Vrain 堆采用的是针状焦石墨 H-321。1972 年美国大湖炭素公司(SGL 的前身之一)开发了近各向同性石墨 H-451，以替换 H-321。其骨料采用近各向同性的石油焦，其他制造过程与普通石墨相同。由于 Fort St，Vrain 堆是棱柱形堆，堆芯构件可更换，近各向同性的 H-451 就可以满足设计要求。但现在 H-451 石墨已经不能继续生产。此外，日本的各向同性石墨研究也开发较早，东洋炭素株式会社(Toyo Carbon Co.)与大阪工业技术试验所(Osaka Industrial Technology Laboratory)合作，用了近 4 年时间，在 1971 年实现了各向同性石墨的商品化[7]。日本企业大多使用等静压成型技术，东洋炭素(Toyo Tanso)的 IG-110 核石墨就是用细粒度骨料二次焦工艺配合等静压成型制造的[8]。

第四代核石墨基本上是第三代核石墨的延续，比较有代表性的有 Graftech(Graftech International Ltd)的 PCEA 和 SGL 的 NBG 系列。

表 7-1 和表 7-2 分别列出了典型核石墨的制备工艺及其基本性能。

表 7-1　典型核石墨的制备工艺及其密度[1,6,9-11]

牌号	制造商	国别	原料	粒径/mm	成型方法	浸渍次数	密度/$g \cdot cm^{-3}$
PGA	BAEL	英国	针状焦	～1.0	挤压		1.7
SM2-24		英国	Gilsonite/针状焦	～1.0	模压		1.7

续表

牌号	制造商	国别	原料	粒径/mm	成型方法	浸渍次数	密度/g·cm^{-3}
IM1-24		英国	Gilsonite 焦	～1.0	模压		1.8
ATJ		美国			模压		1.75
H-327	GLCC	美国	针状焦	1.0	挤压	1	1.78
H-451	GLCC	美国	石油焦	0.5	挤压	2	1.76
PCEA	Graftech	美国	各向同性石油焦	<0.8	挤压	3	1.78
ATR-2E	Sigri	德国	特种焦	1.0	挤压	2	1.80
ASR-1RS	Sigri	德国	石油焦（二次焦）	0.12	振动	1	1.78
ASR-2RS						2	1.87
ASR-1RG	Sigri	德国	沥青焦	1.0	振动	1	1.79
V483-T	Ringsdorf	德国	沥青焦	0.1	等静压		1.76
V483-T5	Ringsdorf	德国	沥青焦	<0.1	等静压		1.78
NBG-17	SGL	德国	沥青焦	<0.8	挤压		1.84
NBG-18	SGL	德国	沥青焦	<1.6	挤压		1.87
IG-110	Toyo Tanso	日本	石油焦（二次焦）	0.015	等静压	1	1.77
IG-430	Toyo Tanso	日本	沥青焦				1.82

表 7-2　典型核石墨的基本性能[1,6,9-11]

牌号	弹性模量/GPa	抗拉强度/MPa	抗折强度/MPa	抗压强度/MPa	热导率/W·(m·K)$^{-1}$	热膨胀系数/10^{-4}K^{-1}	各向同性度
PGA	11/6	10/6	14/9	30/30	200/109	1.3/3.3	
	8/8.5	12	19	47			
IM1-24	10	22	33	85	131	4.3	
ATJ	8/10	10/12	25/28	59/57			
H-327		13/8	21/15	32/28		1.3/3.1	2.4
H-451	9/8	16/14	28/26	56/54	150/135	4.00/4.55	1.14
PCEA	11.8/11.3	23.5/21.6					1.06

续表

牌号	弹性模量/GPa	抗拉强度/MPa	抗折强度/MPa	抗压强度/MPa	热导率/W·(m·K)$^{-1}$	热膨胀系数/10^{-4}K^{-1}	各向同性度
ATR-2E	9.6/8.4	12.5	23/19	57/57	179/163	4.4/4.9	1.11
ASR-1RS	9.9/9.2	14.9/13.5	26.0/23.0	67.1/63.1	134/130	4.70/4.87	1.04
ASR-2RS	10.5/10.1	19.1/18.1	28.5/28.2	79.8/80.0	146/142	3.92/4.12	1.05
ASR-1RG	8.7/7.7	12.0/10.9	19.4/17.1	47.0/47.8	157/136	3.50/3.95	1.13
V483-T	9.8/8.4	17.2/15.5	28.6/25.0	59.9/62.1		3.57/4.01	1.12
V483-T5	11.1/10.7		51.6/47.3	103/—		3.83/4.18	1.09
NBG-17	11	19	30		130	4.5/4.6	1.02
NBG-18	12	18	26		130	4.5/4.7	1.04
IG-110	9.8	24.5	39.2	78.5	120(室温)	4.5	1.05
IG-430	10.8		54	90	140(室温)	4.8	

注：表中11/6代表//11，⊥6；8/8.5代表//8，⊥8.5；以此类推。

近年来美国提出了下一代核电厂计划(next generation nuclear plant，NGNP)，旨在建造属于第四代核电技术的高温气冷堆。Burchell等[12]推荐了6种NGNP候选核石墨(见表7-3)，其中PCEA和NBG-18是重点关注的对象，目前正在对其进行各种评价和测试工作。

表7-3 NGNP候选核石墨[12]

牌号	制造商	焦炭种类	说明
IG-430	Toyo Tanso	沥青焦	等静压成型，用于NGNP高注量区
NBG-17	SGL	沥青焦	振动成型，用于NGNP柱状堆高注量区，尚无商业供应
NBG-18	SGL	沥青焦	振动成型，用于NGNP球床堆高注量区和反射层
PCEA	Graftech	石油焦	挤压成型，用于NGNP柱状堆高注量区
PGX	Graftech	石油焦	用于柱状堆堆芯大尺寸永久结构
2020	Carbon of America	石油焦	等静压成型，用于柱状堆堆芯永久结构

经过几十年的发展，我国已成为炭素制品生产大国。但国内炭素产业主要还以中低档电极、炭砖产品为主，产品档次不高，与国外存在较大差距。

近年来，有许多炭素企业开始关注等静压石墨，少数企业已具备生产各向同性石墨的能力。如成都蓉光炭素公司已经研制出 700mm×700mm 的等静压石墨坯料，并具有 4000t 的年生产能力[13]。有些牌号的石墨在力学性能上已经可以达到核石墨的标准，如蓉光炭素的 NG-CT-01 型石墨的抗拉强度与 IG-11 基本一致，分散性稍大于 IG-11，冷态性能初步达到高温气冷堆的设计要求。存在的问题是：目前国产石墨的辐照性能还是一个未知数。考虑到制品规格、纯度方面的差距，尤其是辐照数据的缺失，国产石墨在高温气冷堆上的真正应用还有较大的距离[14]。

7.3 核石墨的制备工艺

核石墨制备的工艺流程如图 7-1 所示。

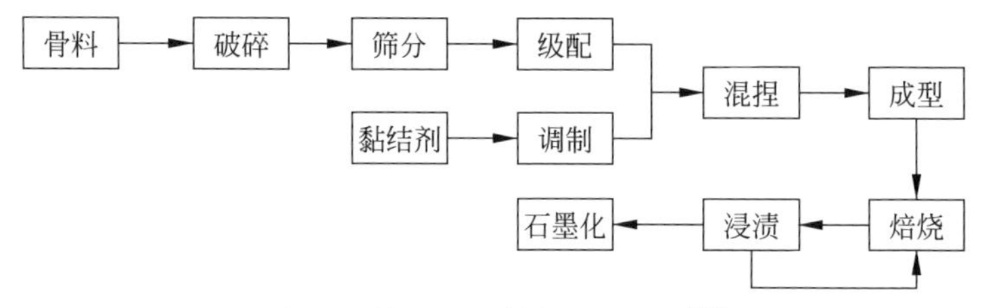

图 7-1 核石墨的制备工艺流程[15]

7.3.1 骨料

骨料，即原料。从理论上讲，各向同性原料使用任何一种成型方法，都能得到不含择优取向的石墨材料。但实际上并非如此，例如，gilsonite 焦是一种半天然的各向同性原料，虽然性能优异但受来源的限制难以得到广泛应用。各向同性焦是人工制造的各向同性原料，内部具有镶嵌结构，与针状焦相比，较难石墨化；二次焦可用普通焦炭甚至针状焦作为初始原料，但生产工艺较为复杂。相比之下，天然微晶石墨(natural microcrystalline graphite, NMG)作为天然的各向同性原料，石墨化度高，具有宏观各向同性的多晶结构(颗粒具有各向同性)，焙烧后无明显收缩；制品热扩散系数高，热膨胀系数低，各向同性度较好，是一种核石墨的理想原料，已受到很多研究者的关注[1,16]。

7.3.2 黏结剂

黏结剂是各向同性石墨另一重要组成部分。将黏结剂包覆到骨料颗粒表面,使得骨料颗粒黏结成型并具有一定的可塑性,在碳化后即可形成结合紧密的结构。因此,黏结剂的性质以及它与骨料颗粒的结合状况在很大程度上影响最终石墨产品的性能。

黏结剂是一种具有热塑性的物质,如煤焦油沥青、热塑性树脂等。软化点和残炭量是黏结剂最重要的性能指标。如果黏结剂的软化点适中,骨料与黏结剂的混合就不需要太高温度,在成型等操作时可以保证骨料有比较好的塑性和黏结性;黏结剂的残炭量越高,产品碳化后的结构越致密,骨料颗粒之间的结合越好,产品的力学性能越高。此外,黏结剂的用量也对产品的性能有较大影响。黏结剂太少,骨料在成型时不能很好地结合;而黏结剂太多,产品又在碳化时易形成较多的气孔,影响其力学性能。因此,在决定黏结剂的用量时往往需考虑骨料的种类、粒度、比表面积以及成型方法等因素。目前工业生产中使用最广泛的黏结剂是煤焦油沥青。

7.3.3 级配

在生产各向同性石墨时,对骨料要先进行破碎,然后按照不同的颗粒直径分成若干组,按生产要求搭配使用,这一过程称为级配。如图7-2所示,进行级配可以有效提高骨料颗粒的堆积密度,从而达到提高产品体积密度的目的。在理论上可以通过级配使人造石墨的体积密度接近石墨单晶的密度,但是这样做需要将骨料分成许多级,因此级配的工艺需要根据实际产品需求以及生产成本进行设计。

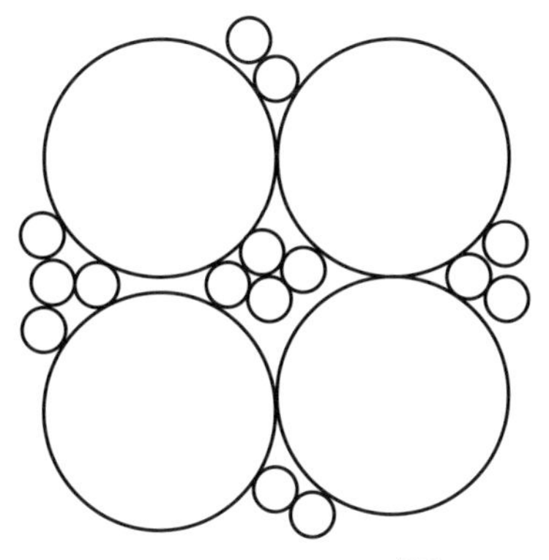

图7-2 级配的作用[15]

除骨料粒度的搭配外,骨料的平均粒度也会影响人造石墨的性能。现在的生产以及研究倾向于使用小颗粒的骨料,因为一方面骨料颗粒度越小,石墨材料强度越高；另一方面，当材料工作在高温条件下时，骨料的颗粒度越细，每一个骨料颗粒上的温度梯度越小，因此在高温下骨料粒度细的石墨材料稳定性更好，使用寿命更长。目前人造石墨按照骨料粒度的分类见表7-4。

表7-4 石墨骨料粒度的分类[17]

粒度分类	粗粒度	中粒度	细粒度	超细粒度	极细粒度
粒度	>4mm	<4mm	<100μm	<50μm	<10μm

7.3.4 混捏

混捏是将骨料与黏结剂混合的过程。混捏除了将黏结剂均匀地包覆在骨料颗粒表面以外，还要使黏结剂尽量渗透进入骨料颗粒表面的缝隙中，因此混捏时黏结剂的黏度对混捏的效果有显著影响。目前工业中广泛使用的混捏设备是双绞刀式混捏机。混捏一般在高于黏结剂软化点50℃的温度下进行，操作时先将骨料在混捏机中加热到混捏温度，再加入液化的黏结剂一起搅拌，直到混合形成均匀的糊料。

7.3.5 成型

成型是对混捏后的糊料施加一定的外力以便使其形成所需形状的过程，是石墨生产中不可或缺的重要步骤。石墨的成型方法主要有四种：模压成型、挤压成型、等静压成型和振动成型。

1. 模压成型

模压成型是用压力机对固定在模具中的糊料施加压力，使颗粒发生移动甚至破碎，进而实现固定成型并增加体积密度的效果。模压成型的方式有两种：单向加压和双向加压(上下两个压头同时施加压力，如图7-3(a))所示。在单向加压时，由于骨料颗粒之间及骨料与模具之间存在摩擦力，会造成产品在加压方向上的成型压力不同，离压头越远的地方压力越小，导致产品沿压力方向密度分布不均匀；而在双向加压时，可以在一定程度上减小单向加压造成的产品密度分布不均匀程度，但很难达到产品密度分布完全均匀。此外，单向加压还会使骨料颗粒在模压移动中产生择优取向，不利于产品各向同性的形成。

2. 挤压成型

挤压成型是通过压力机将糊料从挤压嘴挤出得到成型的产品，如图7-3(b)

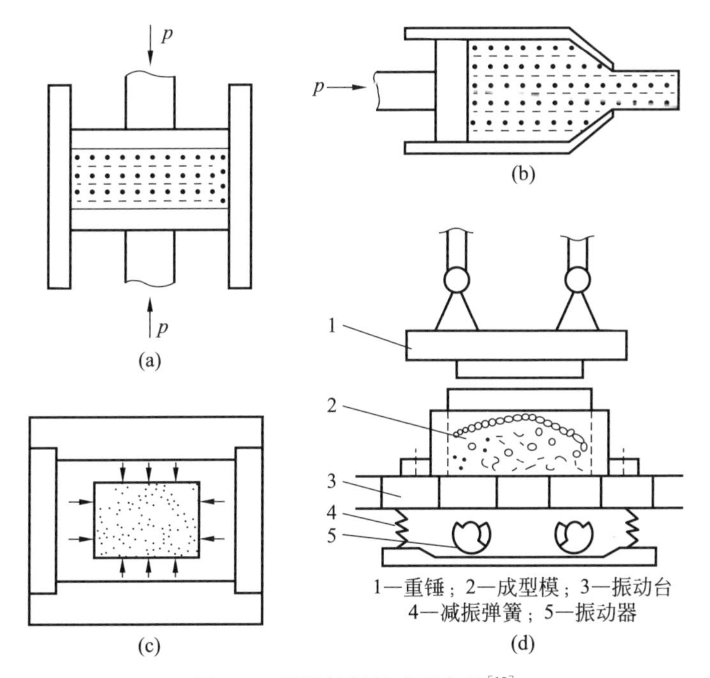

图 7-3　石墨材料的成型方法[15]

(a) 模压成型；(b) 挤压成型；(c) 等静压成型；(d) 振动成型

所示。挤压成型具有可以连续生产的特点，多用于石墨电极的制备，不适于制造结构复杂的产品。另外，挤压成型也易使骨料颗粒定向排列，显然不是各向同性石墨生产的理想成型方法。

3. 等静压成型

等静压成型(见图 7-3(c))是将糊料装入一个有弹性的模具内，并置于高压缸中，而后通过泵打入高压液体(油、水或者乳剂)，利用液体介质不可压缩和均匀传递压力的性质从各个方向对装有糊料的模具均匀施加压力，从而达到成型的目的。按照加压时的温度不同，等静压可以分为冷等静压(常温等静压)和热等静压两种。等静压成型的优点是糊料均匀受力，不会产生择优取向，而且成型压力高，产品密度高，结构均匀，显然等静压成型是生产各向同性石墨最理想的成型方法。但等静压的设备相对比较复杂，成本较高。

4. 振动成型

振动成型是依靠振动台振动装有粉末的容器使其密实的一种成型方

法，如图 7-3(d)所示。通常振动成型时需要用一重锤对粉末施加一个较小的压力，以达到改善堆积状态，增加产品密度的目的。由于这种成型方法粉末所受的压力很小，颗粒流动性较少，不会产生择优取向，因此振动成型也适用于生产各向同性石墨。

成型方式直接影响产品的性能。另外，成型时的压力以及保压的时间亦会影响产品的最终性能。往往增大成型压力有利于提高产品的体积密度和力学性能，而延长保压时间可以使颗粒有充足的时间移动，有利于产品排出气体并实现结构的均匀化。

7.3.6 焙烧与浸渍

通过焙烧可使成型坯料碳化，其主要作用是将骨料、黏结剂和浸渍剂转化为固定炭。焙烧一般在保护性气氛中进行，焙烧温度根据产品要求有所不同，一般为 800～1500℃。为了防止坯料在焙烧过程中开裂，通常依据坯料在不同阶段释放的挥发分拟定升温速率，如果挥发分释放较快，则升温速度较慢；反之，若挥发分释放较慢，则升温速度较快。在工业生产中，由于坯料尺寸较大，焙烧时间一般很长，往往在 320h 以上，甚至需要 900h 或更长。

由于成型坯料在焙烧过程中会释放出很多挥发分，使得其碳化制品的密度一般较低，不能满足应用的要求，因此需要对碳化制品进行浸渍处理，即将待碳化制品放置于密封的压力容器中并对容器抽真空，而后用压力泵向容器中泵入液化的浸渍剂(一般为煤沥青)并施加一定的压力，使浸渍剂能够进入制品的空隙中，从而提高制品密度，改善其性能。图 7-4 为浸渍装置，通常浸渍后的制品需要再次焙烧才能进行后续的石墨化处理。可以根据产品所要求的密度，进行多次浸渍-焙烧。

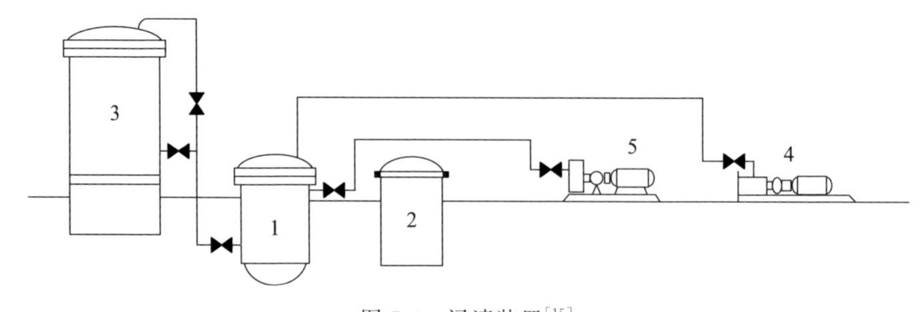

图 7-4 浸渍装置[15]

1—浸渍罐；2—制品加热炉；3—沥青容器；4—真空泵；5—空压机

7.3.7　石墨化

焙烧(碳化)后的制品一般不具有石墨的结构,而且硬度很高不利于机加工,同时导电导热性能不佳,因此需要对制品进行石墨化处理。石墨化是指将制品加热到2000℃以上,使碳原子获得能量,重新排列形成晶体结构即石墨结构的生产工艺或生产过程。影响最终产品石墨化度的因素除了骨料本身的性质外主要是石墨化的温度。

7.4　天然微晶石墨基核石墨的制备

我国天然微晶石墨资源丰富,品质稳定优异[18-19]。利用天然微晶石墨生产核石墨,这对于我国民用核技术的发展具有十分重要的意义。

作者所在课题组以天然微晶石墨为骨料,分别采用煤焦油沥青和乳化沥青为黏结剂,制备出核石墨(各向同性石墨),并申请了天然微晶石墨制备各向同性石墨技术的发明专利[20-21]。课题组还对以天然微晶石墨原料及其各向同性石墨制品的性质进行了系统的研究,确立了天然微晶石墨骨料在焙烧、热扩散和各向同性度等方面的独特优势,并进行了综合评价[6,15,20-30]。

7.4.1　煤焦油沥青体系天然微晶石墨基核石墨的制备

1. 天然微晶石墨与煤焦油沥青的混合

采用两种高温提纯的天然微晶石墨(d_{50} 分别为48.1μm和17.1μm),按质量比3∶1混合,其形貌和粒径分布如图7-5所示。而后通过传统的混捏工艺将天然微晶石墨与煤焦油沥青混合,其中煤焦油沥青的质量比为30%。

2. 天然微晶石墨-煤焦油沥青混合物的成型与后处理

(1) 成型

天然微晶石墨-煤焦油沥青混合物的成型采用LDJ-300冷等静压机,成型压力为200MPa,保压时间为5min。成型所用模具自制,模具Ⅰ:内径79mm,高100mm,配置直径80mm的盖子;模具Ⅱ:内径38mm,长260mm,配置9号橡胶塞。其中,模具Ⅰ用于压制矮圆柱形试样,可沿轴向与径向两个相互垂直的方向取样,便于考察其力学性能和各向同性度;模具Ⅱ可压制棒状试样,主要用于考察样品的力学性能或切割成小块试样用于

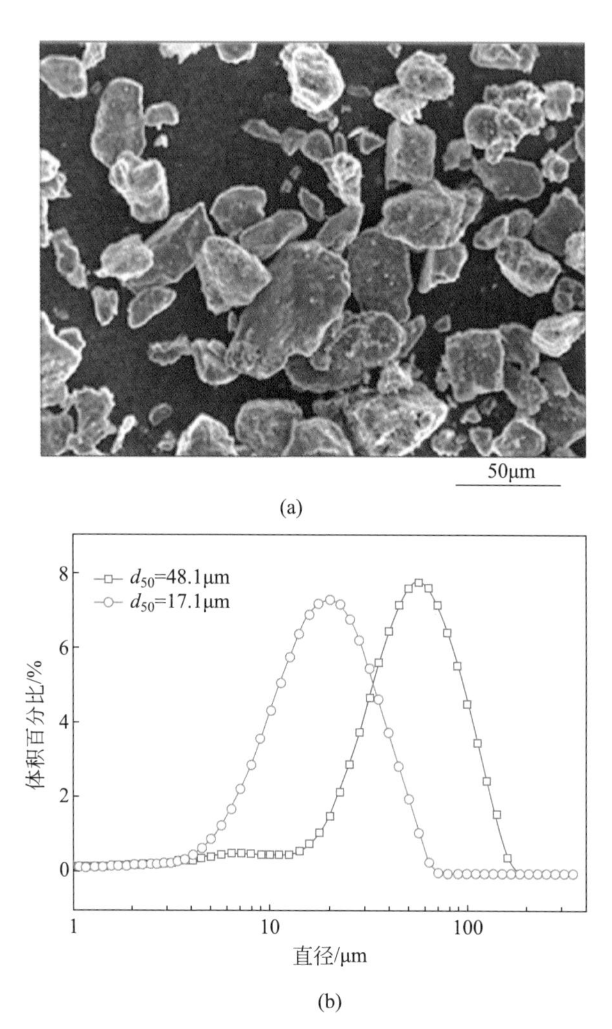

图 7-5 天然微晶石墨骨料的形貌与粒度分布[6]

(a) 混合骨料的 SEM 照片；(b) 两种骨料的粒径分布

其他实验。模具材料为丁腈橡胶，具有良好的弹性和耐油性。装料时直接在模具中装入适量备好的石墨-煤焦油沥青粉体（骨料与黏结剂混捏后再粉碎的二次粉体），振实后加盖，再用铁丝或喉箍封口。

（2）焙烧与浸渍

将天然微晶石墨-煤焦油沥青混合物成型毛坯（煤焦油沥青体系天然微晶石墨基核石墨制品）的焙烧（碳化）在箱式气氛炉中进行，焙烧温度为

1000℃，升温时间为 22.5h，保温 2h，获得煤焦油沥青体系天然微晶石墨基核石墨一焙制品。而后将一焙制品，在 220℃ 下预热 4h，而后转移至浸渍罐中，抽真空至 0.02MPa，灌入液态的浸渍用煤沥青。浸渍温度为 160℃，压力为 1.2MPa，时间为 3～4h。再将浸渍后的一焙制品进行二次焙烧，并控制二次焙烧升温时间较一次焙烧缩短三分之一。一次焙烧和二次焙烧过程的升温曲线如图 7-6 所示（图上数字 1 对应一次焙烧，2 对应二次焙烧）。

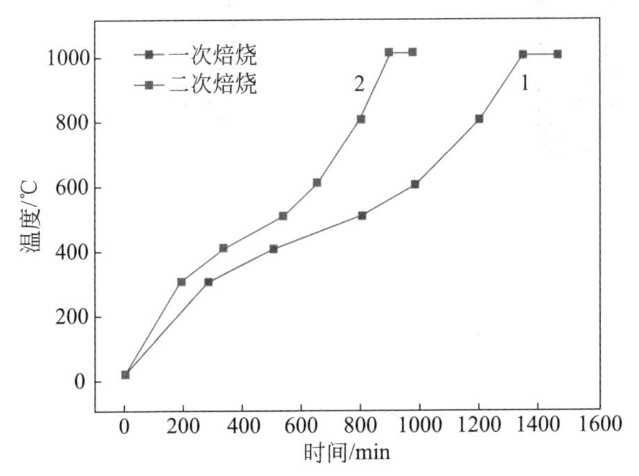

图 7-6　煤焦油沥青体系天然微晶石墨基核石墨制品的焙烧曲线[6]

（3）石墨化

煤焦油沥青体系天然微晶石墨基核石墨碳化制品的石墨化在 KGPS-100 型高温石墨化炉中进行，石墨化温度为 2800℃，升温制度见图 7-7。

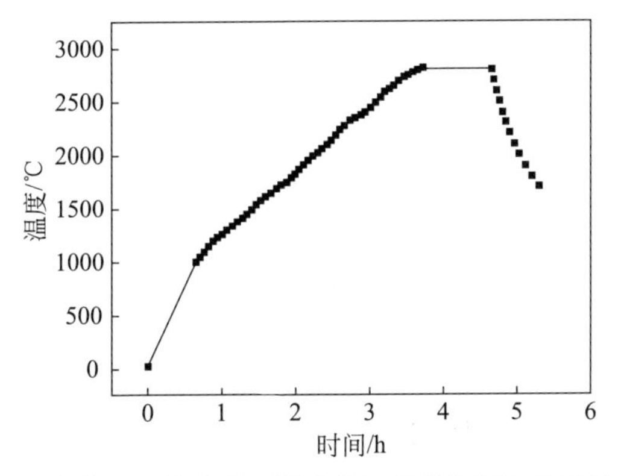

图 7-7　煤焦油沥青体系天然微晶石墨基核石墨碳化制品的石墨化升温曲线[6]

3. 煤焦油沥青体系天然微晶石墨基核石墨的形貌

煤焦油沥青体系天然微晶石墨基核石墨的生制品，一焙制品和二浸三焙并完成石墨化制品的形貌分别见图 7-8。

图 7-8 煤焦油沥青体系天然微晶石墨基核石墨的形貌[6]

(a) 生制品；(b) 一焙制品；(c) 二浸三焙并石墨化制品

7.4.2 乳化沥青体系天然微晶石墨基核石墨的制备

1. 天然微晶石墨与乳化沥青的混合

采用乳液混合法，将骨料天然微晶石墨(d_{50} 分别为 48.1μm 和 17.1μm)和黏结剂乳化沥青按照图 7-9 所示的步骤混合均匀。亦即，首先称取 d_{50} = 48.1μm 的微晶石墨 320g，d_{50} = 17.1μm 的微晶石墨 80g 置于烧杯中，加入 800mL 去离子水，搅拌混合均匀。而后根据拟定的“骨料/黏结剂”质量比(10∶2、10∶3、10∶4、10∶5、10∶6)称取乳化沥青(固相含量为质量分数 64.1%)，置于微晶石墨悬浮液中，并进行搅拌。实验发现：骨料/黏结剂的质量比不同，乳化沥青分裂的速度亦不同。当骨料/黏结剂质量比为 10∶2 时，沥青的分裂速度很快，15min 内即可完成混合；而当骨料/黏结剂质量比

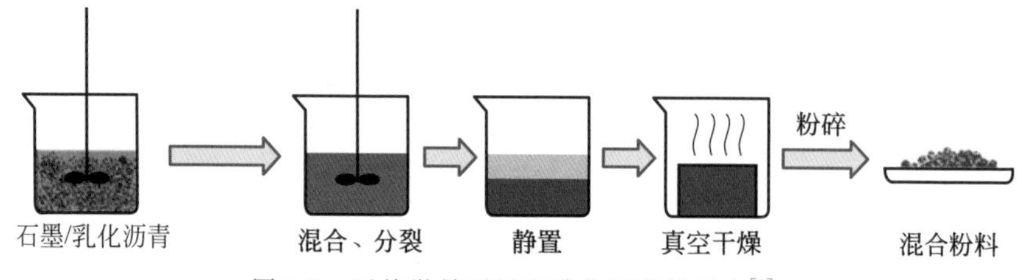

图 7-9 天然微晶石墨和乳化沥青的混合[6]

为 10∶6 时，沥青的分裂速度变慢，搅拌时间延长至 30min。对于不同骨料/黏结剂的质量比混合物的制备，需根据具体情况调整混合时间。

2. 天然微晶石墨-乳化沥青混合物的成型与后处理

天然微晶石墨-乳化沥青混合物的成型，采用模压预成型＋等静压成型的方法。

1）预成型模具

拟用直径为 90mm 的模具，装填 400g 石墨-乳化沥青混合物粉料。针对乳化沥青软化点低，混合粉料较黏，不易流动，堆积比较松散的特点，400g 粉料不能一次性装入模具，但要注意多次装填压实易出现分层的现象。为此，设计了一套专门用于微晶石墨-乳化沥青混合物预成型的模具，该模具由三部分组成：外套（用于支撑与固定模具）、长套筒和压头。

2）预成型

将橡胶模具置于模具外套内，装料约 200g（见图 7-10(a)），再将长套筒置于模具外套之上，延长模具的高度，继续装入剩余粉料（见图 7-10(b)）；随后放置压头，通过千斤顶加压，得到预成型毛坯（见图 7-10(c)）。

(a) (b) (c)

图 7-10 天然微晶石墨-乳化沥青混合物的模压预成型[6]

（a）模具装料；（b）模具加套筒后装料；（c）预成型毛坯

3）等静压成型

将预成型后的橡胶模具密封，进行等静压成型，即可获得天然微晶石墨-乳化沥青混合物的成型毛坯（乳化沥青体系天然微晶石墨基核石墨生制品），如图 7-11 所示。可以看到，随着骨料/黏结剂质量比的降低，相应生制

图 7-11 乳化沥青体系天然微晶石墨基核石墨生制品的形貌[6]
（从左至右样品的骨料/黏结剂质量比依次为 10∶2,10∶3,10∶4,10∶5,10∶6）

品的体积增大，直径也变得粗细不匀。这可能是不同骨料/黏结剂的质量比的混合粉料，具有不同的流动性所致。

4）后处理

乳化沥青体系天然微晶石墨基核石墨生制品的后处理工艺包括：焙烧、浸渍与石墨化。这与煤焦油沥青体系天然微晶石墨基核石墨生制品的后处理是相同的。

3. 乳化沥青体系天然微晶石墨制品的形貌

乳化沥青体系天然微晶石墨基核石墨生制品的一焙和三浸四焙并石墨化制品的形貌分别见图 7-12 和图 7-13。

图 7-12 乳化沥青体系天然微晶石墨基核石墨一焙制品[6]
（从左至右样品的骨料/黏结剂质量比依次为：10∶2,10∶3,10∶4,10∶5,10∶6）

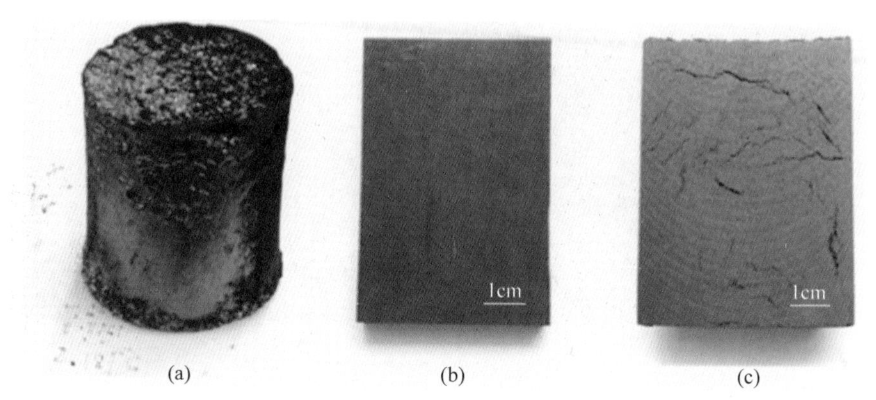

图 7-13 乳化沥青体系天然微晶石墨基核石墨三浸四焙并石墨化制品的形貌[6]
(a)、(b) 沥青含量 26%(质量分数);(c) 沥青含量 32.5%(质量分数)

7.5 天然微晶石墨基核石墨的结构与性能

7.5.1 天然微晶石墨原矿

天然微晶石墨原矿的结构见图 7-14,从其颗粒断面的 SEM(见图 7-14(a))和 TEM(见图 7-14(b))照片可以看到:天然微晶石墨是许多石墨微晶的聚集体,微晶尺度小于 500nm。衍射花样上各晶面的衍射斑点分布成环状,说明天然微晶石墨拥有微晶随机取向的多晶结构。由 XRD 图谱(见图 7-14(c))可以看出,微晶石墨原矿的石墨化度很高,用内标法计算其 d_{002} 层间距为 0.3360nm,石墨化度为 92.6%。微晶石墨原矿中的杂质主要是 SiO_2。图 7-14(d)是微晶石墨微观结构排列模式。

天然微晶石墨原矿的含碳量通常为质量分数 50%~90%,郴州微晶石墨矿的含碳量约为质量分数 80%。因此,天然微晶石墨使用前应先经过提纯。

微晶石墨原矿的提纯比鳞片石墨难,选矿基本不起作用;可行的方法是化学提纯或高温提纯。经高温提纯的天然微晶石墨,纯度可达质量分数 99.99%。高温提纯后的天然微晶石墨的形貌与结构分别见图 7-15 和图 7-16。可以看到,粉碎后的微晶石墨颗粒未出现明显的不等轴性(见图 7-15(a));对比图 7-14(a)和图 7-15(b),发现高温提纯后的石墨微晶尺寸较原矿微晶大;纵观图 7-14(b)内插图和图 7-15(d),得知高温提纯后微晶石墨随机取向的多晶体结构没有发生改变;还有,高温提纯后天然微晶石墨(NMG)的

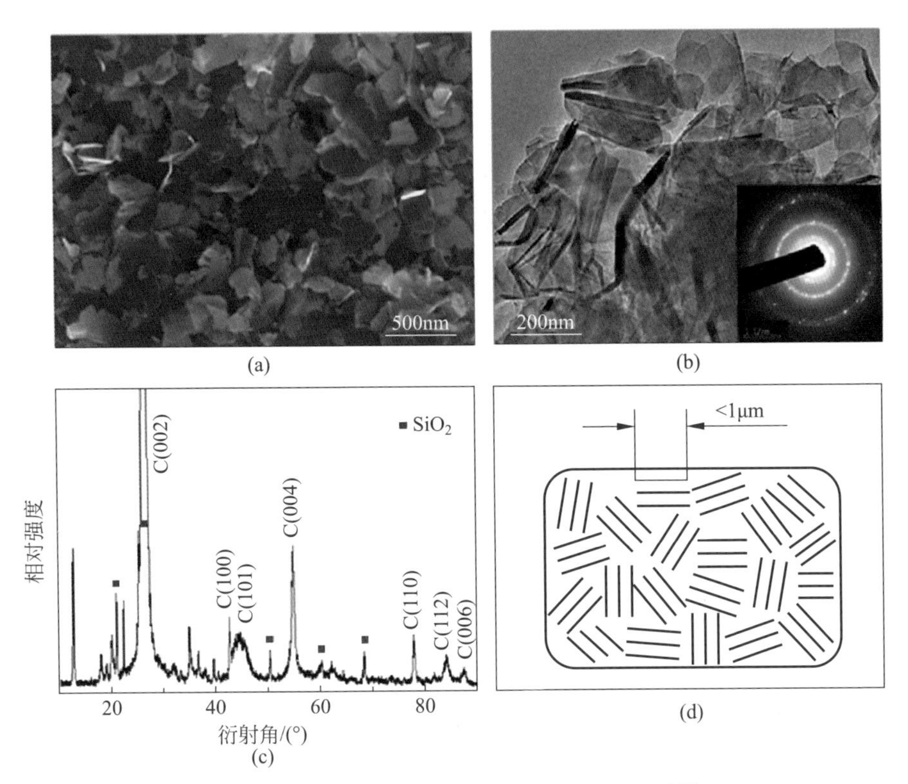

图 7-14 天然微晶石墨原矿的结构与 XRD 图谱[6]

(a) 颗粒断面 SEM 照片；(b) TEM 照片；(c) XRD 图谱；(d) 微观结构

XRD 图谱和 IG-11 石墨块体的类同，二者都有很强的(002)峰(见图 7-16)，这说明经过高温提纯，不仅可使天然微晶石墨的纯度大大提高，同时仍保持其各向同性的结构特点，非常适合于制备各向同性石墨(核石墨)。

7.5.2 煤焦油沥青体系天然微晶石墨基核石墨的结构与性能

1. 形貌与结构

图 7-17 为煤焦油沥青体系天然微晶石墨基核石墨二浸三焙(见图 7-17(a))及二浸三焙并石墨化(见图 7-17(b))制品的断口形貌。可以看到，①两种制品中的微晶石墨骨料均被黏结剂包裹，但黏结剂的填充亦都不够充分，均含有大小不一的孔洞；②无论是二浸三焙制品，还是经过 2800℃石墨化的制品，石墨颗粒断口的形貌大都为沿晶断裂，而微晶石墨颗粒被折断(穿晶断裂)的情况非常少；但在少数微晶石墨颗粒穿晶断裂的断口处，石墨微晶

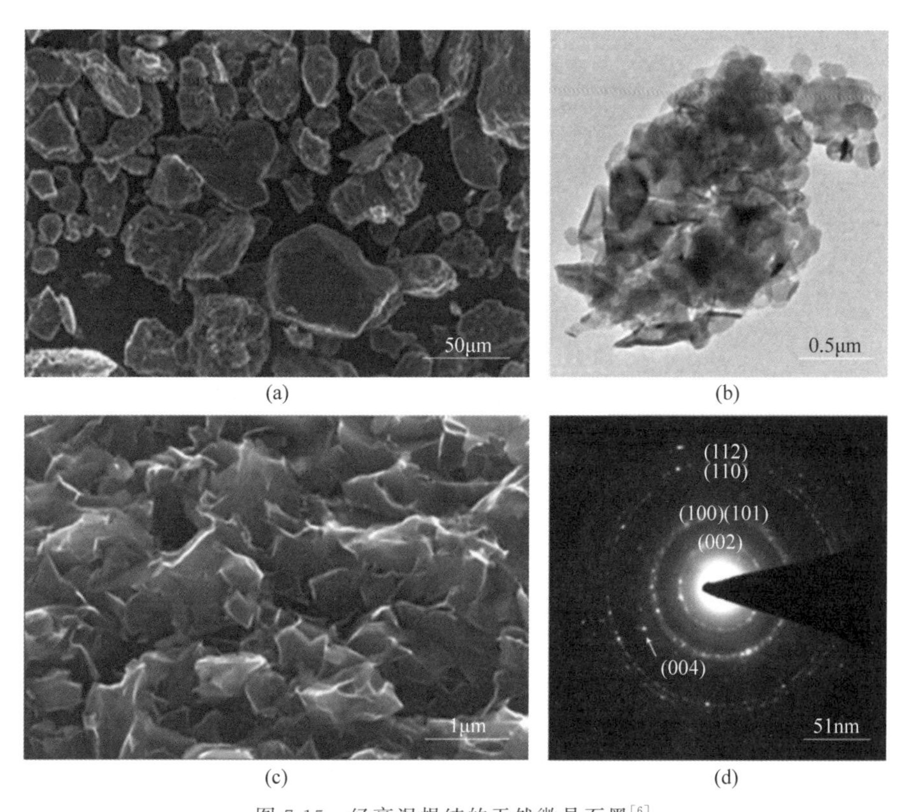

图 7-15 经高温提纯的天然微晶石墨[6]

(a) 颗粒的 SEM 照片；(b) 颗粒断面的 SEM 照片；(c) TEM 照片；(d) 电子衍射花样

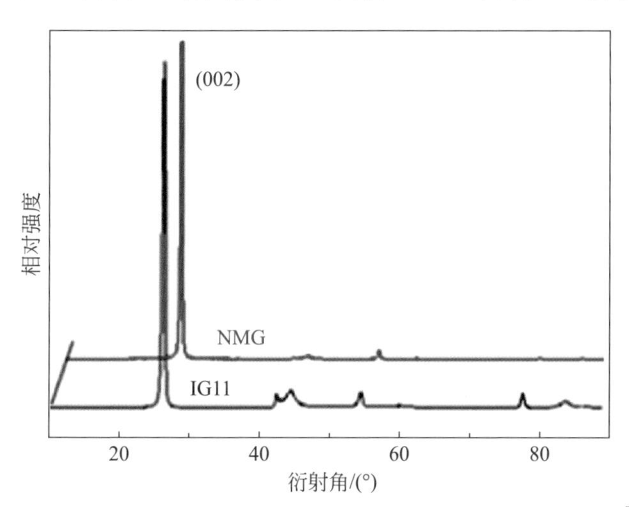

图 7-16 高温提纯天然微晶石墨和 IG-11 石墨块体的 XRD 图谱[6]

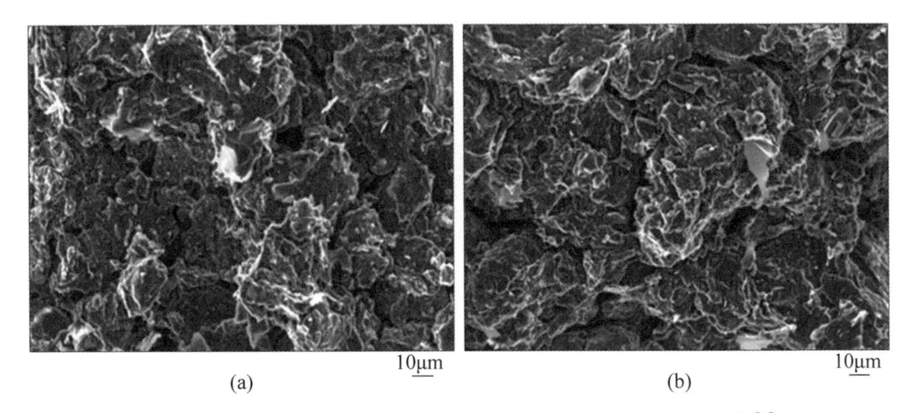

图 7-17 煤焦油沥青体系天然微晶石墨基核石墨的断口形貌[6]

(a) 二浸三焙制品；(b) 二浸三焙并石墨化制品

可以清晰地暴露出来。

对比天然微晶石墨原矿、二浸三焙及其石墨化制品中微晶石墨颗粒断面的形貌(见图 7-18)，即可发现，原矿中的石墨微晶尺度不超过 500nm，呈独立的片状(见图 7-18(a))；在二浸三焙制品的焙烧温度为 1000℃时，其中石墨微晶的形态基本反映高温提纯后的情况，即晶粒相互融并，明显长大(见图 7-18(b))；经过 2800℃石墨化，制品中的微晶进一步长大(见图 7-18(c))，但石墨微晶的长大现象并不影响制品整体的各向同性。

2. 各向同性指数

石墨制品的各向同性指数(各向异性度)的测量，一般采用垂直于样品颗粒长轴方向的热膨胀系数($\alpha_{\perp}$)与平行于样品颗粒长轴方向热膨胀系数($\alpha_{/\!/}$)的比值($\alpha_{\perp}/\alpha_{/\!/}$)来表征。在理论上，完全各向同性石墨的“$\alpha_{\perp}/\alpha_{/\!/}$”=1；在实际样品分析中，通常将“$\alpha_{\perp}/\alpha_{/\!/}$”=1.00～1.10 的石墨定义为“各向同性石墨”，“$\alpha_{\perp}/\alpha_{/\!/}$”=1.10～1.15 的石墨定义为“近各向同性石墨”，“$\alpha_{\perp}/\alpha_{/\!/}$”>1.15 的石墨定义为“各向异性石墨”[1]。

煤焦油沥青体系天然微晶石墨基核石墨制品的热膨胀曲线如图 7-19 所示，相应的热膨胀系数和各向同性指数见表 7-5。一焙制品的横向、纵向热膨胀系数分别为 $\alpha_{/\!/}=4.04\times10^{-6}\mathrm{K}^{-1}$ 和 $\alpha_{\perp}=4.55\times10^{-6}\mathrm{K}^{-1}$，$\alpha_{\perp}/\alpha_{/\!/}=1.13$，属“近各向同性石墨”；二浸三焙并石墨化制品的横向、纵向热膨胀系数分别是 $\alpha_{/\!/}=3.06\times10^{-6}\mathrm{K}^{-1}$，$\alpha_{\perp}=3.29\times10^{-6}\mathrm{K}^{-1}$，$\alpha_{\perp}/\alpha_{/\!/}=1.08$，为“各向同性石墨”。与一焙制品相比，二浸三焙石墨化制品的热膨胀系数降低，

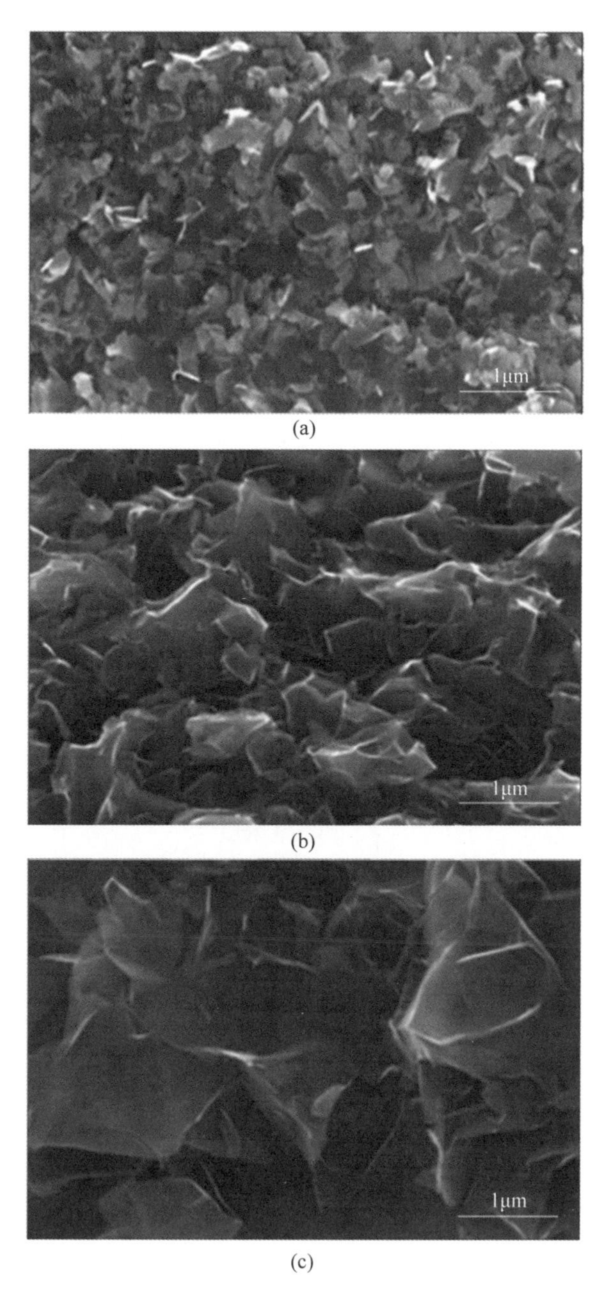

图 7-18　煤焦油沥青体系天然微晶石墨基核石墨制品中的微晶颗粒的形貌[6]

(a) 原矿；(b) 二浸三焙；(c) 石墨化

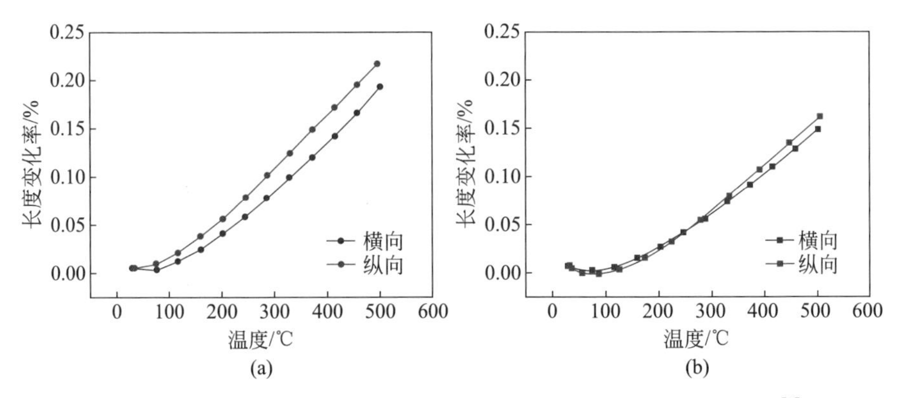

图 7-19 煤焦油沥青体系天然微晶石墨基核石墨制品的热膨胀曲线[6]

(a) 一焙制品；(b) 二浸三焙并石墨化制品

表 7-5 煤焦油沥青体系天然微晶石墨基核石墨制品的热膨胀系数和各向同性指数[6]

指标	一焙制品		二浸三焙并石墨化制品	
	横向 $\alpha_{/\!/}$	纵向 $\alpha_{\perp}$	横向 $\alpha_{/\!/}$	纵向 $\alpha_{\perp}$
热膨胀系数/$10^{-6}\cdot K^{-1}$(30～500℃)	4.04	4.55	3.06	3.29
各向同性指数($\alpha_{\perp}/\alpha_{/\!/}$)	1.13		1.08	

各向同性度明显提高。这是由于一焙制品中的黏结剂煤焦油沥青的含量相对较少，基本呈现微晶石墨骨料的信息。随着浸渍次数的增加，孔隙被填充，制品密度提高，黏结剂对骨料可以起到更强的约束作用，使得制品的热膨胀系数减小，各向同性度提高[31]。

极图法也是一种常用于晶体材料择优取向分析的有效方法。煤焦油沥青体系天然微晶石墨基核石墨制品和 IG-11 型核石墨的{002}极图见图 7-20，

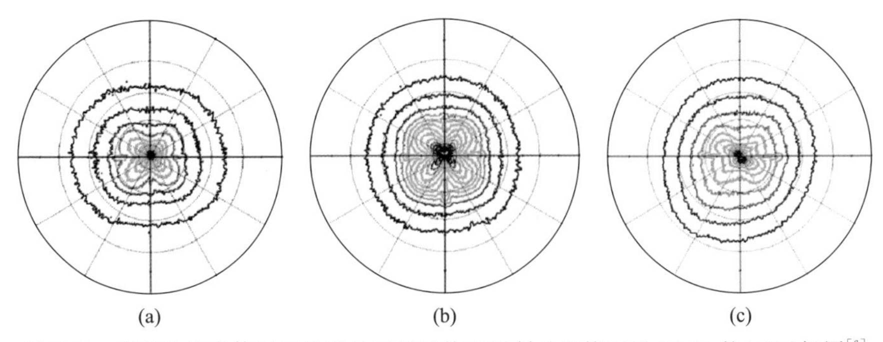

图 7-20 煤焦油沥青体系天然微晶石墨基核石墨制品和核石墨 IG-11 的{002}极图[6]

(a) 一焙制品；(b) 二浸三焙并石墨化制品；(c) 核石墨 IG-11

其中图(a)是天然微晶石墨基核石墨一焙制品的{002}极图。由于一焙制品中的黏结剂煤焦油沥青未石墨化，与骨料天然微晶石墨相比，煤焦油沥青的(002)衍射峰可以忽略，即所得(002)衍射峰强度只包含骨料天然微晶石墨的晶体结构信息。这样，通过一焙制品的{002}极图，就可以获得骨料天然微晶石墨结构的排列情况。

理想状态下各向同性石墨{002}极图的等高线为同心圆。由图7-20可以看到，煤焦油沥青体系天然微晶石墨基核石墨的一焙制品(见图(a))和二浸三焙并石墨化的制品的{002}极图的等高线均接近圆形，显示较好的各向同性结构。比较一焙制品(图(a))和二浸三焙并石墨化制品的{002}极图(图(b))，后者的各向同性度更好一些。这是由于后者黏结剂相的填充，对骨料起到更强的约束作用。图7-20(c)是作为参照样品的东洋炭素核石墨IG-11的{002}极图。

3. 密度与孔隙率

1) 密度

煤焦油沥青体系天然微晶石墨基核石墨生制品的密度为1.66kg/m^3，由于其在焙烧(一次焙烧)过程中产生体积膨胀(见图7-21)，使得焙烧后(一焙制品)密度降低到1.42kg/m^3，这与煤焦油沥青体系石油焦基核石墨一焙制品的密度相当(见表7-6)。

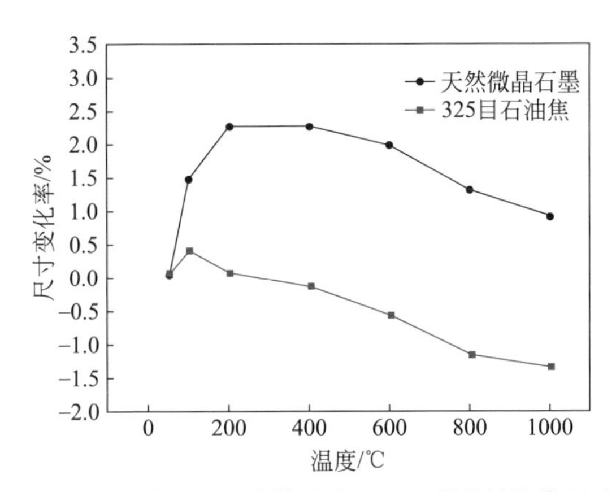

图7-21 不同骨料煤焦油沥青体系核石墨生制品的焙烧尺寸变化[6]

比较图7-21中，煤焦油沥青体系天然微晶石墨基核石墨生制品与325目石油焦基核石墨生制品在焙烧过程中的尺寸变化，可以看出前者焙烧时表现为膨胀，而后者显示出收缩。这就意味着煤焦油沥青体系天然石墨基

表 7-6 不同骨料煤焦油沥青体系核石墨生制品与一焙制品的收率和密度[6]

骨料	天然微晶石墨	325 目石油焦
一焙(碳化)收率/%	88.94	87.56
生制品(成型毛坯)密度/$g \cdot cm^{-3}$	1.66	1.57
一焙制品密度/$g \cdot cm^{-3}$	1.42	1.42

注：325 目对应 45μm。

核石墨生制品在焙烧过程中发生开裂的风险小于石油焦基核石墨生制品。

对煤焦油沥青体系天然微晶石墨基核石墨一焙制品进行中心取样，分成 8×8=64 块小试样，分别测量其密度，即可绘制得到其密度分布，如图 7-22 所示。

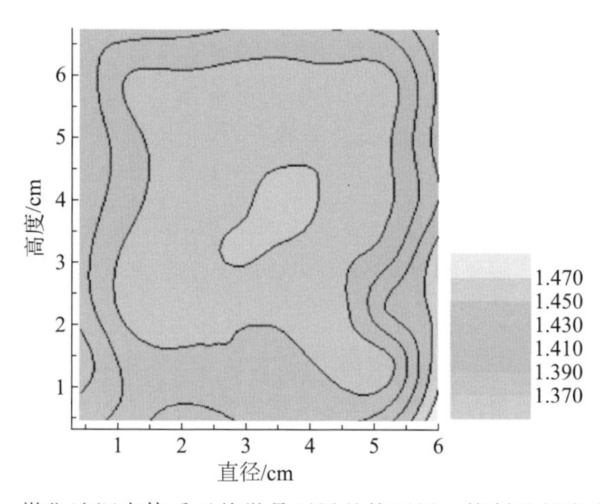

图 7-22 煤焦油沥青体系天然微晶石墨基核石墨一焙制品的密度分布[6]

由图 7-22 可以看出，煤焦油沥青体系天然微晶石墨基核石墨一焙制品的密度均匀性较好，绝大部分区域介于 1.37～1.43kg/m^3；密度分布外高内低，大体呈中心对称。这种现象源于煤焦油沥青体系天然微晶石墨基核石墨生制品在焙烧过程中黏结剂煤焦油沥青发生的热解反应[32]，即在焙烧过程中，黏结剂煤焦油沥青热解产生的烃类小分子气体，向外扩散到制品表层时，发生分解沉积，从而提高了制品外层的密度，这也是炭素制品焙烧时的一种普遍现象。经过二浸三焙后，煤焦油沥青体系天然微晶石墨基核石墨制品的密度可达 1.67kg/m^3。

2）孔隙率

煤焦油沥青体系天然微晶石墨基核石墨生制品在焙烧过程中，黏结剂煤焦油沥青在热解逸出烃类等小分子气体的同时，会在制品中留下孔隙。采用压汞仪可以测得其孔隙形成及其孔径分布，如图7-23所示。制品在200℃开始出现孔隙，400℃以后孔隙进一步增多，孔径分布主要集中在2～3μm范围。

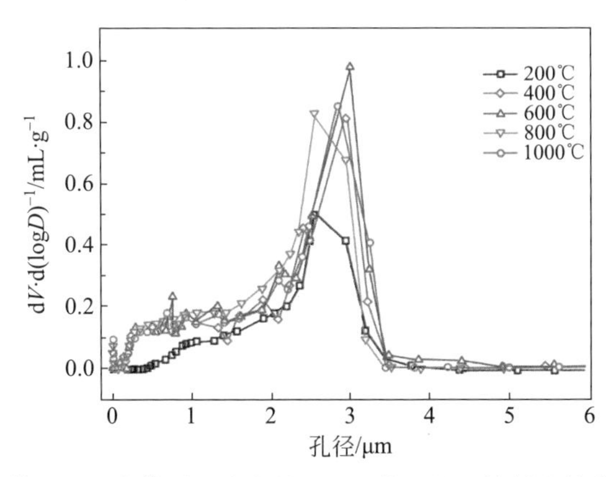

图7-23　煤焦油沥青体系天然微晶石墨基核石墨一焙制品的孔径分布[6]

4. 热扩散系数与热导率

煤焦油沥青体系天然微晶石墨基与325目石油焦基核石墨两种生制品，在焙烧过程中热扩散系数和热导率随焙烧温度的变化见图7-24。

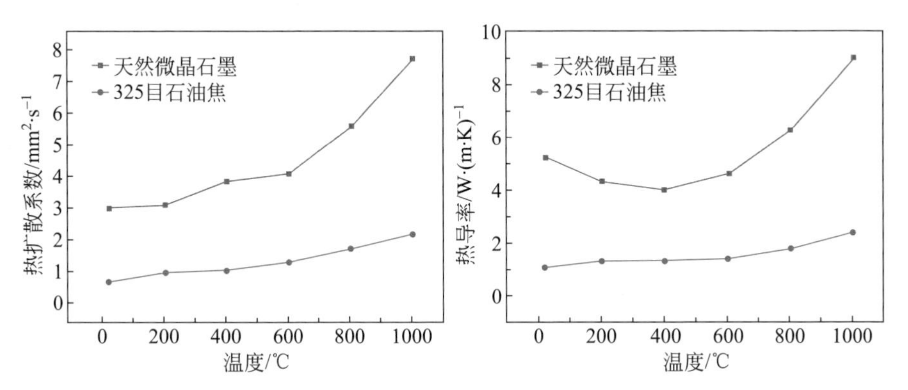

图7-24　不同骨料煤焦油沥青体系核石墨生制品的热扩散系数和热导率随焙烧温度的变化[6]

(a) 热扩散系数；(b) 热导率

可以看到，两种不同骨料煤焦油沥青体系核石墨生制品在焙烧过程中的热扩散系数(见图 7-24(a))和热导率(见图 7-24(b))均随焙烧温度的上升而提高，其中天然微晶石墨基核石墨生制品的热扩散系数和热导率均远高于 325 目石油焦基核石墨生制品的，这得益于骨料天然微晶石墨比 325 目石油焦具有更高的导热能力，说明天然微晶石墨基核石墨生制品在焙烧过程中，内部温度梯度较小，热应力较低，可使制品内外碳化更加同步、制品在焙烧中不易开裂，允许较快的升温速率，因而可以更方便地制造大规格煤焦油沥青体系天然微晶石墨基核石墨制品。

各向同性核石墨的热导率通常为 100～200W/(m · K)$^{-1}$，未经过石墨化的炭制品(焙烧制品)的热导率则比较低。

5. 力学性能

核石墨制品的力学性能测试，采用岛津 Servopulser 材料试验机，测量方法参考美国材料试验学会标准即 ASTM C651-11[33]。

核石墨制品的取样方式如图 7-25 所示，采用机加工，在横向(径向)和纵向(轴向)两个方向取样，每个方向上取样 6～10 条，尺寸 5mm×10mm×50mm。其中抗折强度取同一方向试样的平均值。在不区分取样方向的情况下，取全部试样的平均值。

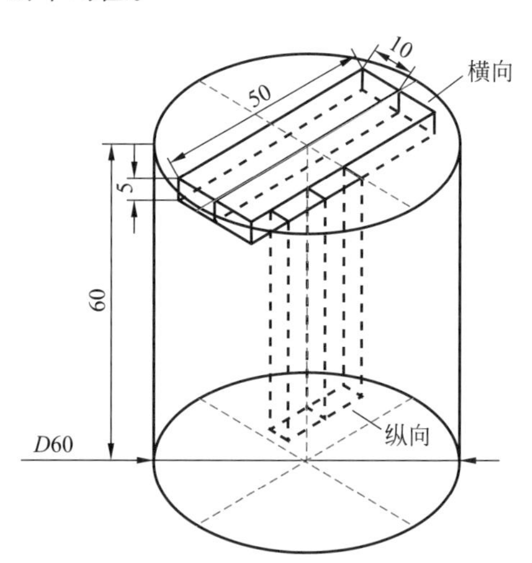

图 7-25 核石墨制品测试的取样方式[6]

表 7-7 列出了煤焦油沥青体系天然微晶石墨基核石墨制品的基本力学性能。关联表 7-6 和表 7-7 即可发现，煤焦油沥青体系天然微晶石墨基核

石墨的一焙制品经二浸三焙后，制品的密度可达到1.67kg/m^3，相应的抗折强度为23.0MPa；经2800℃石墨化后，虽然密度仍为1.67kg/m^3，但抗折强度却下降为17.9MPa。这是由于石墨化后制品中骨料微晶石墨的结构变化不大，而黏结剂沥青却因挥发分含量较高，使得制品在石墨化过程中形成了大量孔隙，进而导致其抗折强度降低[15,29]。这说明以天然微晶石墨为骨料制备核石墨，黏结剂沥青的性质也非常重要[29,34]。

表7-7　煤焦油沥青体系天然微晶石墨基核石墨制品的力学性能[6]

力学性能		核石墨制品
二浸三焙制品	密度/g·cm^{-3}	1.67
	抗折强度/MPa	23.0
石墨化制品	密度/g·cm^{-3}	1.67
	抗折强度/MPa	17.9

7.5.3　乳化沥青体系天然微晶石墨基核石墨的结构与性能

1. 形貌与结构

图7-26是三种不同的天然微晶石墨/乳化沥青(骨料/黏结剂)质量比、三浸四焙并石墨化乳化沥青体系天然微晶石墨基核石墨制品的断口形貌，可以看到，三种制品的断裂模式均以颗粒边界断裂(沿晶断裂)为主，偶尔有个别骨料石墨颗粒发生断裂(穿晶断裂)。对比不同骨料/黏结剂质量比制品的断口形貌，不难发现，随着黏结剂的比例增高，骨料石墨颗粒间的空隙增大，制品的微观结构变得疏松。在实验中也观察到骨料/黏结剂(质量比)=10∶2的制品，石墨颗粒能够紧密地贴合在一起；而骨料/黏结剂(质量比)=10∶5和10∶6的制品(一焙、二焙制品)石墨颗粒排列非常松散，强度也较差。

由于乳化沥青的碳化收率只有13%[6]，因此乳化沥青体系天然微晶石墨基核石墨制品中的绝大部分黏结剂相均来自浸渍沥青。与煤焦油沥青相比，用乳化沥青作为黏结剂时，一次焙烧后制品的密度、强度都较低，也就是说，黏结剂乳化沥青在焙烧(一次焙烧)过程中主要起制品的定型作用，而制品最终密度和强度的提高，主要依赖于随后一焙制品的沥青浸渍和二次焙烧。

2. 各向同性指数

三浸四焙并石墨化乳化沥青体系天然微晶石墨基核石墨制品的横向、

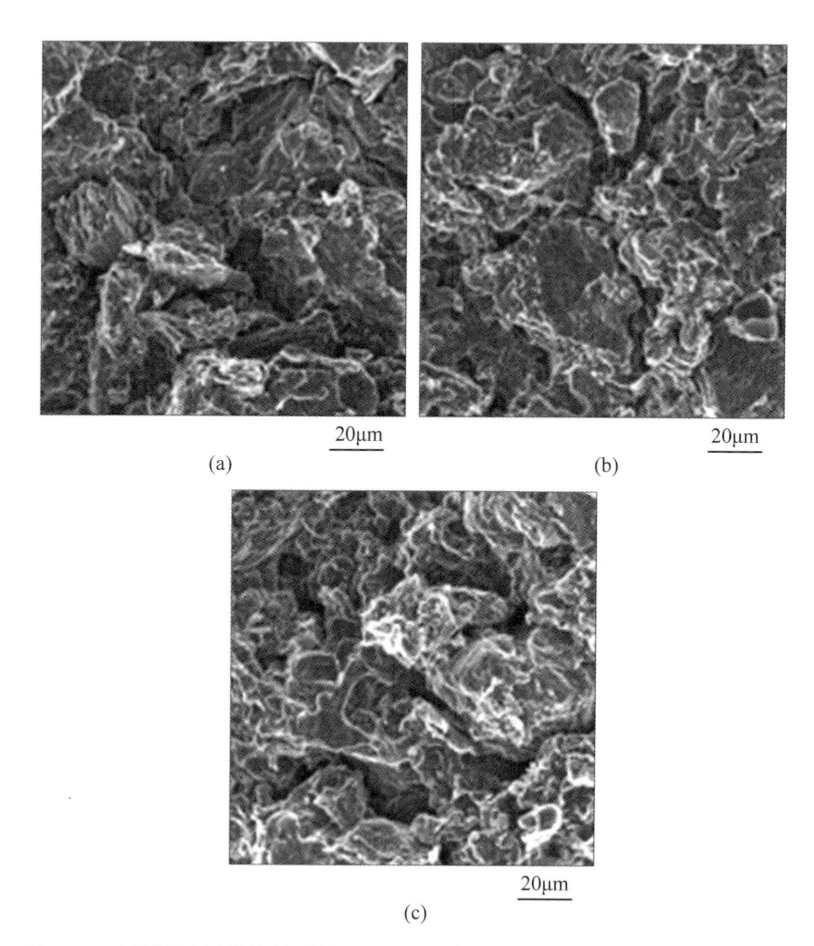

图 7-26　不同骨料/黏结剂质量比、三浸四焙并石墨化乳化沥青体系天然微晶石墨基核石墨制品的断口形貌[6]

(a) 10∶2；(b) 10∶3；(c) 10∶4

纵向热膨胀曲线如图 7-27 所示，计算二者 30～500℃区间的平均热膨胀系数，横向 $\alpha_{/\!/}=2.99\times10^{-6}\mathrm{K}^{-1}$，纵向 $\alpha_{\perp}=3.32\times10^{-6}\mathrm{K}^{-1}$，$\alpha_{\perp}/\alpha_{/\!/}=1.11$，这种石墨属于近各向同性石墨。

3. 密度

不同阶段乳化沥青体系天然微晶石墨基核石墨制品的体积密度与沥青含量的关系，如图 7-28 所示。

可以看到，不同阶段乳化沥青体系天然微晶石墨基核石墨制品的体积

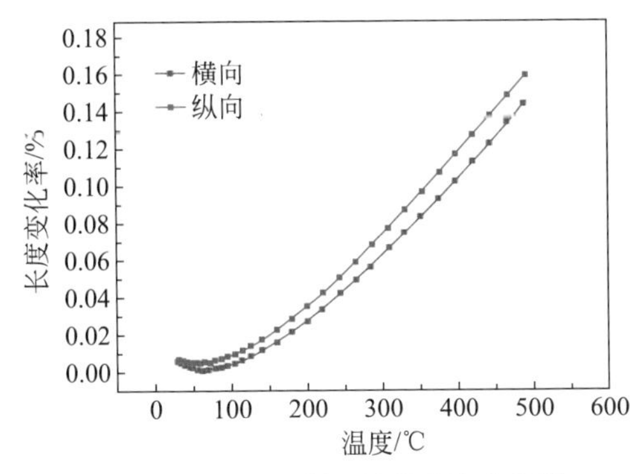

图 7-27 核石墨制品的热膨胀曲线[6]

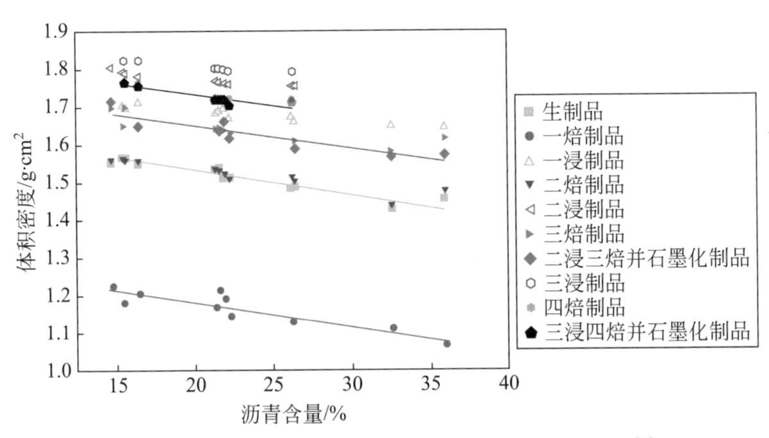

图 7-28 核石墨制品的体积密度与沥青含量的关系[6]

密度均随沥青含量的增加而降低，这是由于沥青的密度小于天然石墨骨料的密度，且其碳化后也会产生更多的孔隙。该制品的体积密度为 1.5g/cm^3，焙烧后体积密度降至 1.2g/cm^3；二浸三焙并石墨化后，制品的体积密度仍低于 1.7g/cm^3；三浸四焙并石墨化后，制品的体积密度才提高至 1.7g/cm^3 以上，其中沥青含量较低(质量分数 15%)制品的体积密度接近 1.8g/cm^3。这里，制品中的沥青含量可通过相应生制品的热重曲线(见图 7-29)确定。

在实验中发现，乳化沥青体系天然微晶石墨基核石墨生制品的焙烧是否成功，受黏结剂乳化沥青含量的影响，沥青含量太高或太低都对焙烧不利。在骨料/黏结剂质量比为 10∶2 时，焙烧后约有一半样品开裂；当提高骨料/黏结剂质量比为 10∶3 和 10∶4 时，焙烧的成功率很高；如果继续提高骨料/黏结剂质量比为 10∶5，10∶6，则因黏结剂沥青含量过高，加热后

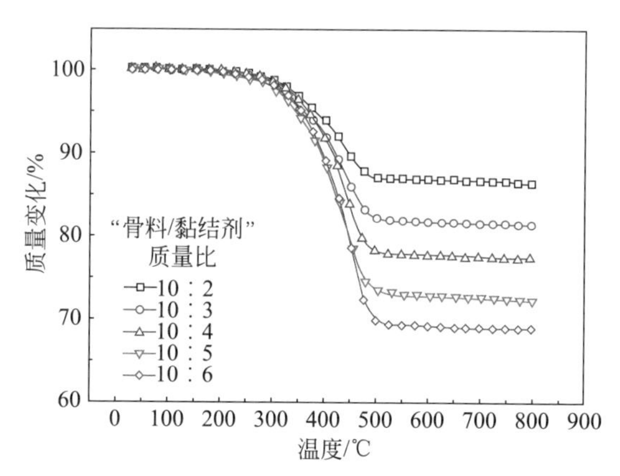

图 7-29 乳化沥青体系天然微晶石墨基核石墨生制品的热重曲线[6]

生制品坯体易发生泳移，并在焙烧过程中逸出更多的挥发分，二者协同作用的结果是造成一焙制品产生不同程度的形变和开裂，同时形成更多的空隙，使得制品体积密度更低。乳化沥青体系天然微晶石墨基核石墨生制品和一焙制品的形貌分别见图 7-11 和图 7-12。

关联图 7-13、图 7-28 和图 7-29 亦可发现，当三浸四焙并石墨化的乳化沥青体系天然微晶石墨基核石墨制品中沥青含量为 26%（质量分数）时，体积密度为 1.71g/cm^3（见图 7-28），骨料/黏结剂质量比为 10：5（见图 7-29），其制品形貌（见图 7-13(a)）及其截面图（图 7-13(b)）用肉眼可以看到外观完整，内部也比较致密、均匀。而对沥青含量为质量分数 32.5%的制品截面（见图 7-13(c)），骨料/黏结剂质量比为 10：6（见图 7-29），外观虽然完整，但内部存在很多裂纹，这些裂纹应该是在焙烧时产生的。

4. 力学性能

乳化沥青体系天然微晶石墨基核石墨制品的抗折强度与其沥青含量的关系见图 7-30（图中带有误差棒的数据点一般为 4～6 次测量的平均值，不带误差棒的数据点为 2 次测量的平均值），可以看到，对于二浸三焙及其石墨化制品，在沥青含量为质量分数 22%时，二浸三焙制品的抗折强度高达为 26MPa，二浸三焙并石墨化制品的抗折强度的最大值却只有 16MPa（见图 7-30(a)）。这是由于二浸三焙制品未经过石墨化，其中骨料天然微晶石墨是石墨结构，而黏结剂乳化沥青经焙烧（碳化）形成的沥青碳化物为乱层结构。当沥青含量超过质量分数 22%后，二者的抗折强度均随沥青含量的提高而降低，这是因为随着沥青含量提高，二者在焙烧过程中逸出的轻组分

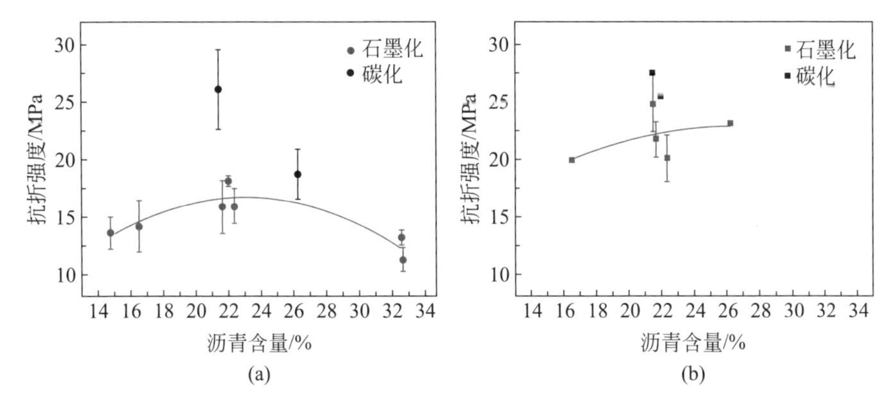

图 7-30 乳化沥青体系天然微晶石墨基核石墨制品的沥青含量与抗折强度的关系[6]
(a) 二浸三焙；(b) 三浸四焙

增加，使得焙烧质量下降，制品内部开始出现裂纹，同时制品的体积密度降低(见图 7-28)。比较三浸四焙和二浸三焙及二者的石墨化制品在沥青含量等同情况下的密度与抗折强度，三浸四焙和其石墨化制品的密度与抗折强度均高于二浸三焙和其石墨化制品(见图 7-30(b))，例如，在沥青含量为质量分数 22%时，三浸四焙并石墨化制品的体积密度为 1.72g/cm^3，抗折强度平均值为 22MPa；而二浸三焙并石墨化制品的密度为 1.65g/cm^3，抗折强度平均值为 16MPa。这说明在沥青含量相同的条件下，乳化沥青体系天然微晶石墨基核石墨制品的密度是其抗折强度的控制因素。关联表 7-7 即可发现，乳化沥青体系天然微晶石墨基核石墨的二浸三焙并石墨化制品的密度和抗折强度与煤焦油沥青体系天然微晶石墨基核石墨的二浸三焙并石墨化制品的指标相近。

参考文献

[1] 徐世江，康飞宇．核工程中的炭和石墨材料[M]．北京：清华大学出版社，2010.

[2] Nightingale R E. Nuclear Graphite[M]. New York and London: Academic Press, 1962.

[3] 徐世江．核石墨的发展[J]．新型碳材料，1991，6(3-4)：115-121.

[4] 徐世江．核工程中的石墨和炭素材料(第六讲)[J]．炭素技术，2000(6)：39-43.

[5] Michio Inagaki, Feiyu Kang, Masahiro Toyoda, Hidetaka Konno. Advanced Materials Science and Engineering of Carbon[M]. Beijing: Tsinghua University Press, 2013.

[6] 申克. 以中间相炭微球和天然微晶石墨制备各向同性石墨[D]. 北京：清华大学,2013.
[7] 冯永祥. 日本冷等静压各向同性石墨的发展[J]. 炭素技术，2001，113：21-26.
[8] 马绍川，邹彦文，郑南溪. 高温气冷堆用石墨的发展[J]. 炭素技术，1989，101：29-35.
[9] Burchell T D. CarbonMaterials for Advanced Technologies[M]. Amsterdam：Elsevier Science，1999.
[10] Virgil'ev Y S，Kalyagina I P. Reactor graphite[J]. Inorganic Materials，2003，39：S46-S58.
[11] Albers T L. High-temperature properties of nuclear graphite[J]. Journal of Engineering for Gas Turbines and Power-Transactions of the ASME，2009，131：2.
[12] Burchell T，Bratton R，Windes W. NGNP graphite selection and acquisition strategy[R]. Oak Ridge：Oak Ridge National Laboratory（ORNL），ORNL/TM-2007/153.
[13] 程鸿申. 目前中国发展等静压石墨产业的若干问题[C]. 见：第 22 届炭-石墨材料学术会议论文集，2010：8-12.
[14] 胡玉琴，孙立斌，王洪涛，史力，马少鹏，苏启晖. 高温气冷堆工程验证用国产石墨的强度实验研究[J]. 科技导报，2012(21)：45-50.
[15] 王宁. 用天然微晶石墨制备各向同性石墨的研究[D]. 北京：清华大学，2011.
[16] 沈万慈，康飞宇，黄正宏，杜鸿达. 石墨产业的现状与发展[J]. 中国非金属矿工业导刊，2013(2)：1-3.
[17] American Society for Testing and Materials. C736. Standard Terminology Relating to Manufactured Carbon and Graphite[S]. United states：ASTM International，2006.
[18] 饶娟，张盼，何帅，李植淮，马鸿文，沈兆普，苗世顶. 天然石墨利用现状及石墨制品综述[J]. 中国科学：技术科学,2017，47(1)：13-31.
[19] 董猛猛，刘超，赵汀，安彤. 中国石墨资源现状及对策建议[J]. 资源与产业，2017，19(6)：49-56.
[20] 沈万慈，文中华，王宁，高欣明，申克，康飞宇，郑永平，黄正宏，刘旋. 一种各向同性石墨制品及其制备方法[P]. CN101654239. 2010-02-24.
[21] 康飞宇，申克，黄正宏，沈万慈. 以乳化沥青作黏结剂的人造石墨制品及其制备方法[P]. CN102530933A. 2012-07-04.
[22] Shen K，Huang Z H，Gan L，Kang F Y. Graphitic porous carbon prepared by a modified template method[J]. Chemistry Letters，2009，38(1)：90-91.
[23] 申克，黄正宏，杨俊和，沈万慈,康飞宇. 以中间相沥青微球制备各向同性石墨及其物理性质[C]. 见：第 22 届炭-石墨材料学术会议论文集，2010：224-230.
[24] 王宁，申克，郑永平，黄正宏，沈万慈. 微晶石墨制备各向同性石墨的研究[J]. 中国非金属矿工业导刊，2011(2)：11-13+27.

[25] Shen K, Huang Z H, Yang J H, Shen W C, Kang F Y. Effect of oxidative stabilization of the sintering of mesocarbon microbeads and a study of their carbonization[J]. Carbon, 2011, 49(10): 3200-3211.

[26] Shen K, Huang Z H, Yang J H, Yang G Z, Shen W C, Kang F Y. The use of asphalt emulsions as a bind for the preparation of polycrystalling graphite[J]. Carbon, 2013, 58: 238-241.

[27] Wang M X, Huang Z H, Shen K, Kang F Y, Liang K M. Catalytically oxidation of NO into NO_2 at room temperature by graphitized porous nanofibers[J]. Catalysis Today, 2013, 201: 109-114.

[28] Shen K, Zhang Q, Huang Z H, Yang J H, Yang G Z, Shen W C, Kang F Y. Interface enhancement of carbon nanotube/mesocarbon microbead isotropic composites[J]. Composites Part A: Applied Science and Manufacturing, 2014, 56: 44-50.

[29] 李宽. 天然微晶石墨的浸润性及制备各向同性石墨的研究[D]. 北京：清华大学，2016.

[30] Li K, Shen K, Huang Z H, Shen W C, Yang J H, Yang G Z, Kang F Y. Wettability of natural microcrystalline graphite filler with pitch in isotropic graphite preparation[J]. Fuel, 2016, 180: 743-748.

[31] 李正操，付晓刚，陈东钺，张政军. 各向同性石墨结构与工艺条件的关系[J]. 深圳大学学报，2010，27(2)：137-141.

[32] 孙戈. 冷压细颗粒制品焙烧变色开裂刍议[J]. 炭素，1990(3)：17-27.

[33] ASTM C651-11 Standard Test Method for Flexural Strength of Manufactured Carbon and Graphite Articles Using Four-point Loading at Room Temperature [S]. United States: ASTM International, 2011.

[34] 史武超. 核石墨用黏结剂煤沥青的改性研究[D]. 上海：华东师范大学，2014.

第8章　石墨的其他用途

天然鳞片石墨粉体具有导电性，可以通过插层进行改性，插入物如果在高温下汽化，就可以用这样的粉体制备比表面积较大的膨胀石墨，这种膨胀石墨对油或有机液体具有很好的吸附性能，因而可用于吸附有机污染物或治疗烧伤。如果膨化后生成磁性粒子，这种粉体就可以用于吸波和屏蔽。如果将膨胀石墨压制成高密度石墨板材，就可以用于制造质子交换膜燃料电池双极板。本章将逐节介绍石墨的这些应用。

8.1　石墨用于吸油及环保

众所周知，溢油污染是海洋污染中最为引人注目的一种油污染[1]。溢油主要来自船舶作业和船舶事故，特别是油船事故以及石油平台、贮油和输油设施等偶发性事故。据统计[2-3]，全世界因油轮事故溢入海洋的石油每年约为39万t；1973—2006年，中国沿海共发生大小船舶溢油事故2635起，其中溢油50t以上的重大船舶溢油事故69起，总溢油量达37077t。2011年6月在渤海湾发生的康菲溢油事件累计造成5500km^{2}海域遭受污染。随着全球经济一体化的加快，水上交通运输业的发展和浅海油气资源的不断开发，溢油事故发生呈上升趋势，给海洋环境带来极大威胁。

传统的清除海洋浮油的主要方法有：机械回收法、化学处理法。机械回收法，通常采用围油栏围油后，用机械抽吸配以聚氨酯多孔材料吸附的办法。但聚氨酯纤维材料的吸附能力不强，而且循环使用次数很低，使用失效后燃烧处理又会造成对大气的二次污染。应急处理一般采用活性炭、棉花、蛭石、草木灰等吸附，但存在吸附量小、吸附后下沉、不易捕捞、易造成二次污染等缺点。而化学处理法主要是向水中喷洒化学药剂。药剂种类主要有：消油剂、集油剂和固化剂，其中的集油剂和固化剂价格昂贵、作用期短暂，仍需辅以机械回收的手段，因而使用不多；而消油剂的使用又受到限制。因此，解决水中油污染的关键技术之一是开发具有从水中排除油污染特征的新材料[1,3]。

膨胀石墨是天然鳞片石墨经插层、高温膨化得到的一种疏松多孔的蠕虫状物质(可参见第 3 章石墨层间化合物和第 4 章膨胀石墨与柔性石墨的介绍),表面具有丰富的网状结构,层与层之间为多边形或多边形楔孔(见图 3-8),以大、中孔为主,内部分布着从几十微米到几百微米不等的 V 形开放孔隙、几微米到几十微米不等的贯通孔隙、微米级的网络状孔隙等,包括开放孔及封闭孔。膨胀石墨既保留了天然石墨的耐热性、耐腐蚀性、耐辐射性、无毒害性,又具有天然石墨所没有的可挠性、压缩回弹性、吸附性、生态环境协调性、生物相容性等特性,还不会造成二次污染,作为新型环境工程材料而备受青睐[4-8]。

下面主要介绍清华大学课题组有关膨胀石墨在吸油和环保方面的研究成果[7-14]。

8.1.1 膨胀石墨的吸油特性

1. 对纯油品的吸附

图 8-1 是膨胀石墨、棉花和粒状活性炭对不同油品吸附容量的对比结果[14]。可以看到,膨胀石墨对各种油品均具有超强的吸附能力,尤其是对黏度较大的重油、原油的吸附。比较三种吸附剂的浸泡吸附量,膨胀石墨吸附量最大,对重油吸附量可达 55g/g,对汽油也高达 38g/g。而棉花的吸附量相对较小,粒状活性炭的更小。与常用的活性炭吸附剂相比,膨胀石墨对油类的吸附量约为活性炭的 10 倍左右。究其缘由,膨胀石墨是一种疏松多孔的颗粒状物质,堆积密度非常小,浸泡后油品易滞留在其内部或表面上的大孔内或滞留在浸泡过滤形成的膨胀石墨颗粒间隙内。油品的黏度越高,这种滞留的程度就越大;而后二者在浸泡吸附过程中所能利用的吸油贮油空间均较膨胀石墨小,特别是粒状活性炭的孔结构不易吸附黏度较高、分子

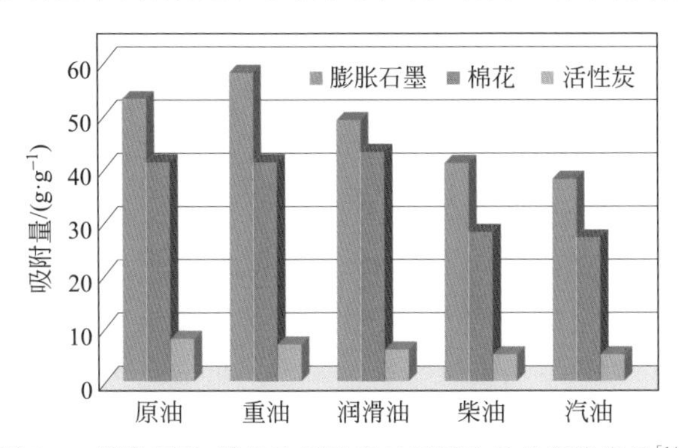

图 8-1　膨胀石墨、棉花和活性炭对不同油品的吸附容量[14]

尺寸较大的油品，而浸泡过滤过程中堆积形成的颗粒间隙的滞油空间也远不及膨胀石墨，因而总的吸附量小得多。棉花纤维在这两方面虽然明显优于粒状活性炭，但尚不及膨胀石墨，故其吸附量在三种吸附剂中居中。这里，研究所用的膨胀石墨的膨化容积为 250～300mL/g，活性炭的 BET 比表面积为 $860m^2/g$，棉花为普通脱脂棉。

2. 对水面浮油的吸附

膨胀石墨（膨化倍率 220～250）与聚氨酯泡沫（PV-02）对水面浮油的吸油和保油能力分别见表 8-1 和表 8-2。由这两个表即可看出，膨胀石墨与聚氨酯泡沫 PV-02 的吸油速度都很快，在吸油的同时其吸水量均很小。相比之下，膨胀石墨吸油量是 PV-02 的两倍以上，且保油能力优于 PV-02；而 PV-02 相对于膨胀石墨具有回弹性能好的优势，可以通过挤压除油后重复多次使用，而膨胀石墨在重复使用之前需要集中再生。尽管如此，在实际使用中膨胀石墨仍可以较低的生产成本和优异的使用性能弥补其再生性能上的不足。

表 8-1 膨胀石墨与聚氨酯泡沫对水面浮油的吸附能力[11]

吸附材料	油种	吸附时间/s	吸油量/$g \cdot g^{-1}$	吸水量/$g \cdot g^{-1}$	
				海水*	自来水
膨胀石墨	汽油	10	39	0.4	0.4
	柴油	10	42	0.4	0.3
	润滑油	15	45	0.4	0.4
	重油	80	82	0.6	0.6
聚氨酯泡沫	汽油	8	20	1.2	1.2
	柴油	1	19	1.2	1.1
	润滑油	40	21	1.2	1.2
	重油	200	32	1.4	1.3

* 实验中所用海水为自制模拟海水（质量分数 3%的 NaCl 水溶液）。

值得一提的是，膨胀石墨由于其疏水性，在对水面浮油的吸附中，以吸油为主；但因膨胀石墨吸附的双向性[15]和吸油滞油的夹带作用，同时亦会吸附极少量的水[9]。这一特性对于应用膨胀石墨进行水上清除油污很重要。如选用棉花进行水上吸油，无疑会在吸油的同时吸附大量的水，这显然对水面除油不利。而粒状活性炭虽同为疏水类碳质吸附剂，但因其对油品吸附量很小也不适于水面除油。

表 8-2　膨胀石墨与聚氨酯泡沫的保油能力[11]

吸附材料	油种	保油率/%	
		海水	自来水
膨胀石墨	汽油	93	93
	柴油	90	90
	润滑油	96	96
	重油	98	97
聚氨酯泡沫	汽油	92	94
	柴油	74	77
	润滑油	84	88
	重油	96	96

3. 对含油废水的净化

表 8-3 列出了膨胀石墨(膨化倍率同上)和 GH-16 活性炭对大庆油田三次采油排水二级处理后的水样(含有少量乳化态油的废水)分别进行静态和动态吸附(过滤)除油净化的结果。由表中数据可知,对含烃或含油废水的深度净化,膨胀石墨具有很好的效果,在性能指标上明显超过活性炭。尤其采用动态过滤吸附净化方式,表现得简单、省时和高效,将膨胀石墨置于吸附塔中,当废水流过时,就可除去其中超过 95%的乳化油。当出水中的油含量超过预定标准时,就需要对塔中膨胀石墨进行再生或更换。

表 8-3　膨胀石墨和活性炭对含油废水的净化效果[11]

吸附方式	吸附剂	处理前含油量/mg・L^{-1}	处理后含油量/mg・L^{-1}
静态浸泡	膨胀石墨	100	4
		6	0
	活性炭	100	20
动态柱过滤	膨胀石墨	100	5
		6	0.1
	活性炭	100	25
		25	1

将膨胀石墨作为滤料对机械加工设备擦洗液进行过滤净化的效果也非常好。例如,以膨胀容积为 250～300mL/g 的膨胀石墨为滤料,对机械油含量 5600mg/L、阴离子表面活性剂含量 240mg /L 的设备擦洗液进行过滤净化处

理，处理后擦洗液中的机械油和阴离子表面活性剂含量分别降至10mg/L和5mg/L以下[9]。可以看出，膨胀石墨不仅可以很好地脱除设备擦洗液中的油性成分，同时还对其中的阴离子表面活性剂有较好的吸附脱除作用。

纵观上述介绍可以看出：①膨胀石墨无论对各种单纯油品还是对水上漂浮油品均具有极高的吸附能力，加之其良好的疏水性能，非常适宜于水面油污的清除。②膨胀石墨对水中低含量、乳化状的油污有高效的吸附净化能力，可在城市供水部门应对水源突发污染事件中发挥重要作用。同时，这也是一种有效去除含油环境废水中的油品等有害物质的有效途径。

8.1.2 膨胀石墨在环境污染治理中的应用

1. 在溢油事故中的应用

研究表明[7-14,16-20]，膨胀石墨在油类和有毒化学品的吸附处理方面有很大的应用潜力，特别是应对突发性环境污染事故如海洋溢油时表现出独特的优点：①膨胀石墨具有吸附量大、后处理容易、可回收油料、易捕捞、不形成二次污染的特点；②可采用挤压、离心分离、振动、溶剂清洗、加热、萃取等方法进行再生；③再生后的膨胀石墨还可以再次使用或改作他用；④鳞片石墨在膨化前的堆积体积很小，原料运输方便；针对海上油轮泄漏事故，可制造专用海上吸附船，现场制备膨化石墨，同时进行捕采打捞；⑤膨胀石墨吸附剂可以根据实际需要，制成蠕虫状的颗粒，也可经模压或黏结制成板状、毡状或栅状。

1997年，日本福冈近海发生油轮泄漏事故，Inagaki等[17-19]采用体积密度为6kg/m^3，总孔体积为2.3×10^{-2}m^3/kg的商品膨胀石墨(见图8-2)清

图8-2 商业膨胀石墨的SEM照片[17]

除泄漏重油，取得了很好的效果。他们发现，对 A 级重油和原油的吸附分别可在 1min 和 2min 完成；对 B 级重油和 C 级重油的吸附时间长一些，分别需要 8h 和 1h。吸附完成后，均可使油品特有的棕色（A 级重油）和黑色（原油）消失（见图 8-3）[17]。吸附到膨胀石墨中的重油可以通过简单的压缩或吸滤回收，回收率可达 60%～80%。回收油的分子量和碳氢化合物组分与原始油无明显差异，且回收油中水分的含量没有增加。室温下各级重油的密度和黏度见表 8-4。

图 8-3　膨胀石墨处理前后水面浮油的外观照片[17]

(a) A 级重油；(b) 原油；(c) B 级重油；(c) C 级重油

表 8-4　室温下各级重油的密度和黏度[17]

重油等级	密度/kg・m^3	黏度/Pa・s
A 级重油	864	0.4
原油	825	0.4
B 级重油	890	27
C 级重油	949	35

2. 在印染废水处理中的应用

我国是纺织印染大国，而纺织印染行业又是工业废水排放的大户，约占整个工业废水排放量的 35%[21]。据不完全统计，全国印染废水每天排放量为 300 万～400 万 m^3[22]。由于印染废水具有水量大、有机污染物含量高、色度深、碱性大、水质变化大等特点，如果直接排放就会对生态环境造成严重的毒害作用，因此开发经济有效的印染废水处理技术已成为当今环保行业关注的重要课题[21-28]。

作者所在课题组[23]专门研究了膨胀石墨用于印染废水处理的问题。为了保证膨胀石墨在使用时不会破碎变形，将膨化容积 250～300mL/g 膨胀石墨轧制成密度 0.02～0.25g/cm^3 的柔性石墨低密度板，以北京清河毛纺厂(毛纺行业的重点企业)印染废水为试样进行吸附净化处理。

1) 印染废水的静态吸附处理

表 8-5 和表 8-6 分别列出了柔性石墨低密板静态吸附 20min 前后，印染废水中化学需氧量(chemical oxygen demand，COD)和色度的变化。关联表 8-5 和表 8-6 即可发现，采用密度 0.024～0.1g/cm^3 的柔性石墨低密度板，去除印染废水中 COD 和色度的效果最好。

表 8-5 柔性石墨低密度板静态吸附前后印染废水中 COD 的变化[23]

水样	柔性石墨板密度 /g·cm^{-3}	吸附前 COD /mg·L^{-1}	吸附后 COD / mg·L^{-1}	质量处理量 /mg·$(L·g)^{-1}$	COD 去除率 /%
1	0.024	163	119	75.86	26.99
2	0.10		119	76.66	26.99
3	0.14		130	56.70	20.25
4	0.17		132	53.36	19.02
5	0.25		142	36.02	12.88

表 8-6 柔性石墨低密度板静态吸附前后印染废水色度的变化[23]

水样	柔性石墨板密度 /g·cm^{-3}	吸附前色度 /倍	吸附后色度 /倍	质量处理量 /倍·g^{-1}	色度去除率 /%
1	0.024	30	15	25.86	50.00
2	0.10		15	36.13	50.00
3	0.14		15	25.77	50.00
4	0.17		15	25.82	50.00
5	0.25		15	25.73	50.00

2）印染废水的动态吸附处理

依据表 8-5 和表 8-6 数据，同时考虑柔性石墨低密度板的抗冲击性和结构稳定性，在动态吸附处理印染废水的研究中，选用密度 0.10g/cm^3 的柔性石墨低密度板作为滤料。

北京清河毛纺织厂曾经是毛纺行业的重点企业，生产废水已经达到纺织染整工业水污染物排放标准[25]，为了进一步降低排放污水的污染程度，我们从实际应用的角度，选择柔性石墨低密度板，在清河毛纺织厂水处理车间在线进行动态吸附印染废水的实验。

按照毛纺厂相应设备的尺寸，首先将柔性石墨低密度板(5.5kg)切割成 3cm×3cm×1.4cm 的块状，而后分别采用装填柔性石墨低密度板的不锈钢丝网箱(185cm×37cm×8cm)和不锈钢过滤罐(D100cm×80cm)(见图 8-4)进行印染废水的在线净化(动态吸附)处理。车间的印染废水处理量为 350t/d。

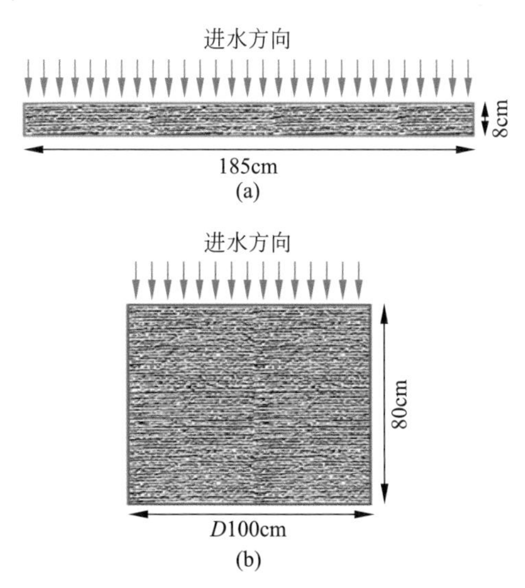

图 8-4　柔性石墨低密度板在线处理印染废水[23]

(a) 不锈钢丝网箱；(b) 不锈钢过滤罐

(1) 柔性石墨低密度板网箱装置在线处理印染废水

将装有柔性石墨低密度板(5.5kg)的网箱置于毛纺厂污水处理系统中的竖流池中，进行 24h 全天候连续在线废水处理实验，运行周期为 4d，实验结果见表 8-7 和图 8-5。由这两个表和图可以看到，使用柔性石墨低密度板网箱装置在线处理印染废水，可使印染废水中的 COD、固体悬浮物

(suspended solids, SS)和色度均有一定程度的下降，尤其是对 SS 和色度的去除率比较理想。连续运行 4d、处理印染废水 1400t 后，柔性石墨低密度板的吸附性能基本平稳。

表 8-7　柔性石墨低密度板网箱装置处理前后印染废水中 COD、SS 和色度的变化[23]

处理时间/d	COD/mg・L^{-1}		SS/mg・L^{-1}		色度/倍		累计处理水量/m^3
	进水	出水	进水	出水	进水	出水	
1	70	60	30	15	30	21	350
2	68	63	26	15	28	15	700
3	75	68	22	10	19	19	1050
4	95	90	25	15	19	19	1400

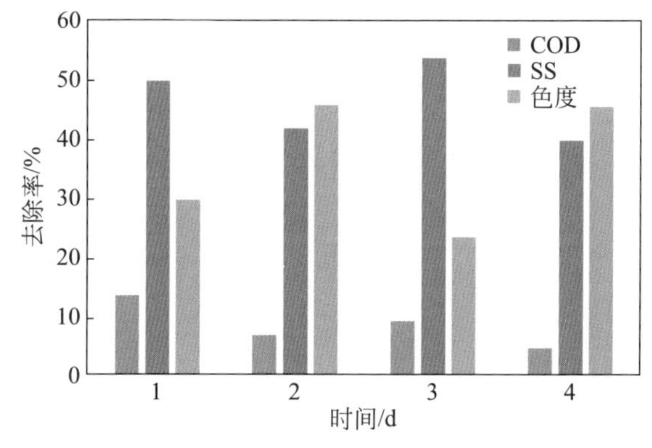

图 8-5　柔性石墨低密度板网箱装置在线处理印染废水的结果[23]

(2) 柔性石墨低密度板过滤罐装置在线处理印染废水

将不锈钢丝网箱中连续使用 4d 的柔性石墨低密度板全部装入普通尼龙窗纱，并置于 D100cm×80cm 的不锈钢过滤罐中，通入废水，24h 全天候运行，持续 5d，表 8-8 和图 8-6 是在线运行第 7～9 天(过滤罐装置运行第 3～5 天)的测试结果。

表 8-8　柔性石墨低密度板过滤罐装置处理前后印染废水中 COD、SS 和色度的变化[23]

处理时间/d	COD/mg・L^{-1}		SS/mg・L^{-1}		色度/倍		累计处理水量/m^3
	进水	出水	进水	出水	进水	出水	
7	80	65	25	15	30	22	2450
8	101	82	20	18	25	23	2800
9	117	96	8	6	15	13	3150

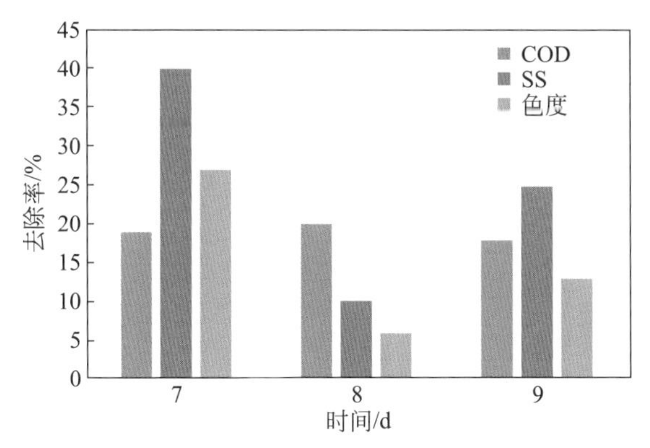

图 8-6　柔性石墨低密度板过滤罐装置在线处理印染废水的结果[23]

由表 8-8 和图 8-6 即可发现，使用柔性石墨低密度板过滤罐装置，连续运行 7d、处理水量 2450t 时，对印染废水中 COD、SS 和色度仍具有较高的去除率；而运行时间第 8 天和第 9 天、处理水量≥2800t 后，虽然 COD 去除率仍然比较平稳，但印染废水中的 SS 和色度去除率均明显下降，说明运行 7d，处理水量>2450t 后，柔性石墨低密度板对 SS 和色度的吸附趋于饱和。

由图 8-5 和图 8-6 还可以看到，柔性石墨低密度板过滤罐装置在线去除 COD 的效果明显优于柔性石墨低密度板网箱装置，这可能是由于两种过滤净化装置结构不同引起的，网箱装置存在缝隙，废水流经网箱时，部分废水易短路直接从缝隙中通过，而没有通过柔性石墨低密度板。因此，印染废水的在线处理装置，宜选择过滤罐装填滤料的方式。

(3) 柔性石墨低密度板与活性炭吸附量的对比

印染废水行业使用的活性炭，对 COD、SS 和色度的去除率一般为 50%、40%和 40%[23]。

通常，毛纺印染企业使用 40t 活性炭，处理水量 2000t/d，活性炭对 COD 的最高吸附量的报道是 0.5kg COD/kg 活性炭[22-23]。

依据表 8-7 和表 8-8 的测试数据，通过式(1)[23]可以计算得出使用 9d 的柔性石墨低密度板对 COD 吸附量为 6.1kg COD/kg 柔性石墨，远高于活性炭对 COD 的吸附量。

$$\text{柔性石墨的吸附量} = (c_0 - c_e)/m \times V \tag{1}$$

式中，c_0 为废水处理前的 COD 值，mg/L；c_e 为废水处理后的 COD 值，mg/L；V 为一个工作周期的废水处理量，m^3；m 为一个工作周期柔性石墨低密度板用量，kg。由于实验的第 5 天和第 6 天没有测试数据，在计算时采用表 8-7 中前 4 天 COD 数据的平均值作为其处理数据。

现场实验表明，柔性石墨低密度板对COD、SS和色度三个印染废水指标的综合处理效果能够达到相应的要求[25-26]。与活性炭相比[27-28]，柔性石墨低密度板在吸附能力和运行时间上明显优于活性炭，在实用性和经济性上也有独特的优势。

3. 在大气污染治理中的应用

在环境污染治理中，大气污染治理是与水污染治理和固体废料处理具有同等重要性的环境工程问题。大气的污染源主要为工业废气及汽车尾气中的 NO_x 和 SO_x，其中 SO_x 大多来自煤和石油的燃烧，有色金属冶炼厂、硫酸厂等也排放出相当数量的 SO_x 气体。过量的 SO_x 排放会造成严重的酸雨，直接给经济和生态环境造成巨大的危害。

膨胀石墨除了可以在液相中进行选择性吸附外，还可以有效吸附有毒气体、恶臭气体和分子量较大的气体[29-33]，例如，对工业废气及汽车尾气中的 NO_x 和 SO_x 等的吸附[29-30]，对室内环境中甲醛等有害气体的吸附[31-33]，对挥发性有机气体苯、甲苯等的吸附等[31]。而且，吸附饱和后石墨的再生处理非常简单，经简单的水洗干燥后即可重复使用，具有较好的经济性[29,33]。

1）膨胀石墨对 NO_x 和 SO_x 的吸附

表8-9给出了膨胀石墨和再生膨胀石墨对 NO_x 和 SO_x 的吸附结果，可以看到，膨胀石墨和再生膨胀石墨对较低浓度的 NO_x 和 SO_x 均有良好的吸附脱附效果。实验以重油为燃料，样品室规格为 D200mm×800mm，其中，吸附材料再生膨胀石墨为运行1个月的膨胀石墨经过水洗、干燥再生后的膨胀石墨。

表8-9 膨胀石墨对 NO_x 和 SO_x 的吸附结果[29]

吸附条件		$NO_x \times 10^{-6}$	$SO_x \times 10^{-6}$
吸附前		78	7
膨胀石墨	吸附1h	<1	<1
	吸附1周	<1	<1
	吸附1个月	4	1
再生膨胀石墨	吸附1h	<1	<1
	吸附1个月	3	1

膨胀容积对膨胀石墨吸附 NO_x 效果的影响见图8-7，可以看到，膨胀容积37mL/g的膨胀石墨达到吸附平衡的时间最短，但吸附量最低；膨胀容积216mL/g的膨胀石墨20min可以达到吸附平衡，吸附量最高；膨胀容积

128mL/g 的膨胀石墨达到吸附平衡的时间最长，吸附量居中。显然，膨胀容积 216mL/g 的膨胀石墨对 NO_x 吸附效果最好。分析其缘由，应该归因于膨胀容积 216mL/g 的膨胀石墨拥有较多微孔，可以吸附较多的 NO_x，而膨胀容积 37mL/g 的膨胀石墨，孔径较大，孔容对 NO_x 的吸附小，只能在其表面吸附，吸附量低，因而很快就达到吸附平衡。

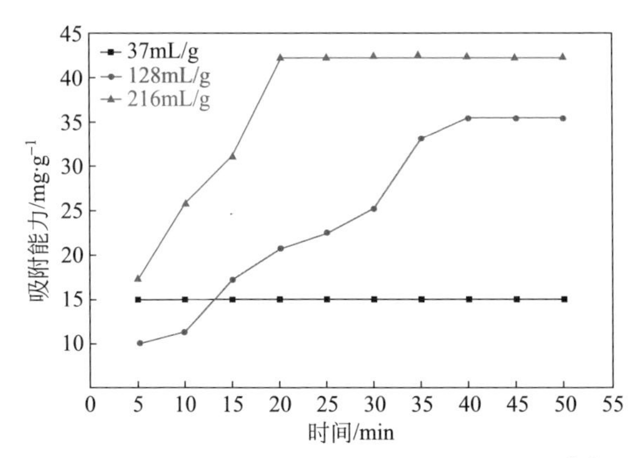

图 8-7　膨胀容积对膨胀石墨吸附 NO_x 的影响[33]

2）膨胀石墨对甲醛的吸附

连锦明等[32]考察了膨胀石墨、活性炭和木炭对甲醛吸附的效果，结果见表 8-10。在相同的吸附条件下，膨胀石墨对甲醛的吸附能力是活性炭的 4.4 倍，木炭的 1.5 倍。这表明膨胀石墨非常适于室内空气的净化，尤其是新装修房屋。

表 8-10　膨胀石墨、活性炭和木炭对甲醛吸附的效果[32]

吸附剂	吸附温度/℃	甲醛气流速/mL·min^{-1}	吸附时间/min	吸附量/mg·g^{-1}
膨胀石墨	30	200	60	42.30
活性炭	30	200	60	9.68
木炭	30	200	60	29.00

8.2　石墨用于烧伤治疗

在以吸附吸收为主要目的的生物医学材料中，医用敷料是一类非常重要的医用材料[34]。由于人体创面如烧伤，有大量组织分泌液和大量的细菌,利用吸附材料作为医用敷料包扎创面,就可以对组织分泌液和细菌进行吸附吸收,保持创面清洁,减少感染,这对于促进创面的快速愈合非常重要。在伤口愈合过程中,覆盖的敷料不仅应该防止细菌侵袭,避免超高代谢和营养不良[35],还应该降低疼痛和不适,促进上皮生长和伤口愈合。

膨胀石墨是大孔吸附材料[36],适于对大分子进行吸附;而生物分子的分子量较大,分子尺寸也很大,比较适合用膨胀石墨进行处理。碳材料对细菌有很高的亲和性[37],且蛋白质在碳材料等疏水性表面的吸附高于在亲水性表面的吸附[38],这也符合膨胀石墨表面状态选择性吸附的特点。由于人体创面渗出体液的主要成分是 K、Na、Cl、Ca 离子和蛋白,化脓时还有中性白细胞,临床上要求敷料需对蛋白质、细菌和渗出体液具有好的吸附性能,依据膨胀石墨孔结构特性[36],从理论上分析有可能达到这些目的。

沈万慈等[7,34,42-45]以膨胀石墨复合材料作敷料,依据相关的标准[39-41]进行了一系列动物试验和临床验证,研究了膨胀石墨对模拟体液的吸附吸收与微生物(细菌)的吸附抑制等性能。

8.2.1 膨胀石墨的医学性能

1. 对模拟体液的吸附吸收性能

不同密度的膨胀石墨对模拟体液(BSA)、NaCl 溶液和去离子水的吸附吸收结果见图 8-8,表 8-11 给出了纱布敷料对上述三种液体的吸附吸收量。

纵观图 8-8 和表 8-11 即可发现,膨胀石墨对模拟体液的吸附吸收量明显高于对 NaCl 溶液和去离子水的吸附吸收量,而膨胀石墨对 NaCl 溶液和去离子水的吸附吸收量基本一致。两种纱布敷料对上述三种液体的吸附吸收量相近,均低于膨胀石墨。究其缘由,这可能源于膨胀石墨表面与 BSA 的亲和性(润湿性)大于 NaCl 溶液和去离子水,更容易吸附;加之 BSA 的黏度大于 NaCl 溶液和去离子水,易于在孔隙内滞留[7,34]。

2. 对人体血浆的润湿性能

实验测得[34]膨胀石墨对人体血浆的接触角为 88°,与水的接触角相近,已接近 90°,即人体血浆与膨胀石墨的润湿性不好。这一结果说明,如果用膨胀石墨作创面敷料,膨胀石墨对创面的润湿性差,不易粘连。

3. 对微生物(细菌)的吸附抑制作用

选择六种常见的细菌作为研究对象,即,鲍曼氏不动杆菌、金黄色葡萄球菌、奇异变形杆菌、大肠埃希氏菌、铜绿假单胞菌和产气肠杆菌,采用膨胀

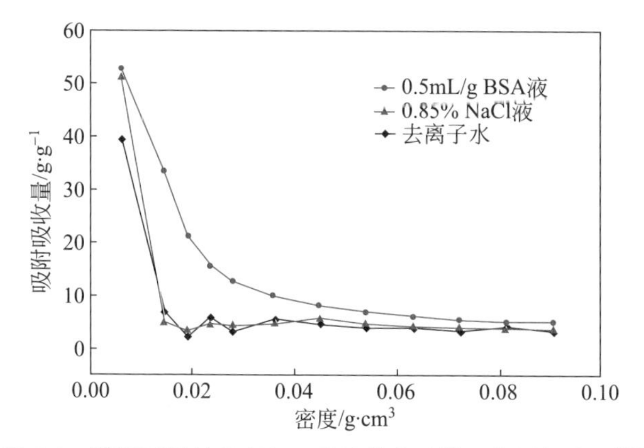

图 8-8　膨胀石墨的密度与三种液体的吸附吸收量的关系[34]

表 8-11　纱布敷料对三种液体的吸附吸收结果[34]

纱布	吸附吸收量/g·g^{-1}		
	BSA	NaCl 溶液	去离子水
脱脂纱布	4.217	4.724	4.269
不粘纱布	3.175	3.566	3.348

容积 125mL/g 的膨胀石墨进行吸附抑制，通过观察抑菌环进行评价[7,34]。

实验发现，在膨胀石墨颗粒周围六种细菌均出现明显的、宽度为 1～1.5mm 的抑菌环[7,34]，说明在固相接触状态下，膨胀石墨对这 6 种细菌均有抑制作用。

比较膨胀石墨抑菌环的宽度与普通抗菌药物的抑菌环宽度，发现前者的抑菌环宽度小于后者。分析其原因可能是：抗菌药物依靠扩散作用由近及远杀灭细菌，这主要是化学作用，抑菌环的宽度与其扩散的能力直接有关。而膨胀石墨向周围扩散的可能性不大，所以抑菌环宽度较小，但与其接触的周围细菌不再生长的事实说明膨胀石墨与细菌的固相接触方式可以产生抑菌效果。另外，抗菌药物有针对性，不同的药物只适于相应的菌种。而膨胀石墨对 6 种细菌的抑菌效果相近，表明膨胀石墨抑菌无明显的针对性，抑菌主要来自于物理作用。

分析膨胀石墨抑菌的机制，可能有两方面的因素：一方面是膨胀石墨具有较强的吸附能力，对细菌培养基中的一些成分如水分、蛋白质等，产生了吸附作用，改变了细菌生长的外部环境，使细菌不易生存；另一方面是与 20 世纪 30 年代医生经常给腹胀或消化不良的病人服用的一种黑色药物即生物炭片(char-coal)的作用相似,膨胀石墨对细菌产生了吸附,使得抑菌环出现。实际情况可能是二者的综合作用,但均与吸附行为有关。

8.2.2 膨胀石墨的动物毒理学性能

1. 急性毒性

实验证明[7,34],膨胀石墨的急性毒性作用极小,实验室小鼠在灌胃或腹腔注射后对膨胀石墨的最大耐受量超过5g/kg。

2. 皮肤致敏性

实验证明[7,34],膨胀石墨对豚鼠皮肤无致敏性。

3. 急性皮肤刺激性

实验表明[7,34],膨胀石墨对家兔完整皮肤及破损皮肤均无刺激作用。根据皮肤刺激评分标准,其分值小于0.5,属于无刺激性。

4. 长期毒性

实验表明[7,34],膨胀石墨用于皮肤涂抹及灌胃,均对大鼠无毒性作用。

5. 致突变作用

测试表明[7,34],膨胀石墨对鼠伤寒沙门氏菌营养缺陷型回复突变试验呈阴性,表明该物质无致突变作用。

8.2.3 动物烧伤模型试验

以膨胀石墨为敷料,130只大白鼠烧伤创面为模型,考察膨胀石墨敷料对烧伤创面渗出物的吸附能力和对烧伤创面的抑菌性能与愈合的影响,并与紫花烧伤膏的相应治疗效果进行对照[7,34]。

试验结果表明:①与紫花烧伤膏对比,膨胀石墨敷料可使烧伤创面伤口愈合略有提前;②内脏及生化检查正常,表明膨胀石墨敷料无毒性,体内不吸收;③皮肤及创面不染黑,亦即膨胀石墨对皮肤无致敏性与刺激性;④膨胀石墨敷料可替代同等厚度的纱布进行包扎,可以节省80%～90%的纱布用量。

8.2.4 临床验证

临床验证涵盖四家医院的烧伤科、外科,共有病患144例。应用的典型创面有:烧伤后的残余肉芽创面,烧伤后切、削痂创面,新型Ⅱ度烧伤创面,烧伤后供皮区创面，烧伤后肉芽创面植皮，外科手术切口创面，褥疮等，其中重点为烧伤创面，共 96 例。由于烧伤创面是有菌创面，面积较大，程度较深，如果不能有效地控制感染，将很容易导致病人死亡。所用的外用敷料，若烧伤创面可以适用，则其他创面自然可以应用。

膨胀石墨敷料临床验证的结果[7,34]：①具有良好的收敛、吸附作用，并具有消肿作用。与同等厚度纱布相比，不易渗透，且创面消肿快，易干燥。将膨胀石墨敷料与同等纱布渗出物饱和后称重，膨胀石墨敷料的吸附量是纱布的 4～5 倍。②拥有抑菌、消炎作用。使用膨胀石墨敷料部位细菌的数量及种类比纱布对照组低 1/2，并有明显的抗感染、抑菌、消炎作用；作为创面的外用敷料比纱布优越。③透水、透气、引流通畅，采用膨胀石墨敷料的创面引流彻底，有利于创面和伤口的修复。④对创面上皮生长无任何影响。由于引流完全，分泌物无积聚，并有一定消炎、消肿作用，新的敷料有利于上皮生长和创面修复。⑤与相同创面、伤口对比，使用膨胀石墨敷料可节省 50%～83%的纱布，若大量投入医院使用，作为常规外用敷料可节省纱布的量将是一个非常惊人的数字。⑥病人使用后感觉舒适，反应良好。曾有病人两侧创面对照应用两次后，强烈要求两侧都用膨胀石墨敷料，不用纱布。同病房其他病人也要求应用膨胀石墨敷料。⑦按总判定标准，全部应用病例愈后优良率为 100%。⑧新型敷料用于水肿肉芽创面时有明显的消除水肿作用。⑨对治愈褥疮有显著疗效。

8.3　石墨用于隐身屏蔽

随着电子工业的飞速发展，各种电子设备日益增多，电磁波污染也日益严重。同时，雷达作为一种成熟的军事侦测手段被广泛应用，针对其进行的隐身技术研究成为了国内外相关机构的研究重点。因此，无论民用还是军用，对于电磁波吸收材料的需求都比较迫切。

吸波材料是指能够通过自身的吸收作用将入射电磁波转化为其他形式能量消散掉，从而达到减小电磁波反射的一类材料[46]。理想的吸波材料应具有低反射衰减损耗值、宽衰减带、质量轻、成本低等特点。

微波干扰弹大多充填箔条箔丝、中空的玻璃纤维或镀覆金属的碳纤维，以及碳纤维复合材料等作为干扰剂[47-48]，但这些屏蔽材料在使用过程中存在较多弊端，诸如沉降快、衰减效果差、制造成本高等。

膨胀石墨蠕虫粒子较大，具有密度小、飘浮性能好、留空时间长等特性，还拥有独特的电磁性能[48-49]，因而受到越来越多光电对抗和无源干扰研究者的关注。人们发现，将一定长度的可膨胀石墨（膨胀型石墨层间化合物）制成衰减毫米波的干扰偶极子，利用烟火药爆燃瞬间产生的热量，就能使可膨胀石墨快速膨胀，在弹壳炸裂的同时，将膨胀石墨蠕虫粉粒抛撒到空中，形成的悬浮烟云即可对毫米波雷达实施有效干扰。1993年，德国Nico公司[50]发明了“NG19”多波段发烟剂，此后，有关膨胀石墨衰减毫米波的研究日趋深入。

石墨烯具有独特的电子结构、低的密度、大的比表面积、高的电导率，满足现代武器装备隐身技术对吸波材料“薄、轻、宽、强”的要求。石墨烯的导电率可通过外加偏置电压调节的特性，使得其在制作吸收率和吸收谱可调的吸波材料方面具有得天独厚的优势[51-52]。加之石墨烯具有很高的透光性，在400～700nm可见光范围内石墨烯的透光率可达90%以上，利用石墨烯制作透明吸波材料，即可用于机舱、装甲车窗等关键特殊部位[52]。

下面主要介绍作者所在课题组有关膨胀石墨和石墨烯在隐身屏蔽领域的研究成果[46,54-61]。

8.3.1 膨胀石墨吸波材料

1. 膨胀石墨对8mm电子波的干扰特性

1）选材与制备

根据雷达对抗原理，具有一定导电性的干扰材料，当其长度接近欲干扰雷达波长1/2时，与被干扰的雷达频率发生谐振，此时反射最强，有效反射面积最大，对抗效果显著[53]。利用膨胀石墨衰减8mm雷达波时，石墨蠕虫长度应为4mm左右。由于石墨膨胀主要发生在c轴方向，所以石墨蠕虫的理论尺度应为鳞片厚度与膨化倍率的乘积。按膨化容积200mL/g估算，原料如选用厚度0.02mm的鳞片石墨，根据鳞片石墨粒径、厚度对照表（见表8-12），鳞片石墨粒径范围应为0.14～0.24mm[54]。

表8-12 天然鳞片石墨* 的粒径与厚度[54]

鳞片大小/目	鳞片大小/μm	平均片径/mm	片厚/mm
140～200	75～106	0.090	0.017
100～140	106～150	0.140	0.020
80～100	150～180	0.175	0.020
60～80	180～250	0.240	0.020

续表

鳞片大小/目	鳞片大小/μm	平均片径/mm	片厚/mm
50～60	250～300	0.320	0.036
40～50	300～425	0.400	0.038
28～40	425～644	0.525	0.040
20～28	644～850	0.715	0.060

* 原料来自山东南墅石墨矿。

以山东南墅天然鳞片石墨(50目或粒径300 μm,纯度>99%)、硫酸(质量分数96%～98%)、硝酸(质量分数65%～68%),乙酸酐、高锰酸钾、冰醋酸、重铬酸钾、五氧化二磷(均为分析纯)为原料,在一定的条件下进行氧化插层,获得三种可膨胀石墨,而后分别经500℃膨化处理,制备出三种不同膨化倍率的膨胀石墨蠕虫粉粒,详细数据见表8-13[55]。

表8-13　不同的石墨蠕虫粉粒的制备工艺[55]

可膨胀石墨种类	插层原料的质量比	插层工艺	膨化工艺	膨化倍率
H_2SO_4-CH_3COOH-GIC	a∶e∶f∶g = 1∶0.65∶0.45∶0.2	25℃,50min	500℃,30s	170mL/g
HNO_3-CH_3COOH-GIC	a∶b∶c∶d = 1∶0.7∶0.6∶0.05	30℃,40min		200mL/g
HNO_3-HPO_4-GIC	a∶c∶d∶h = 1∶0.5∶0.06∶0.55	20℃,2h		185mL/g

* a—石墨;b—乙酸酐;c—硝酸;d—高温酸钾;e—冰醋酸;f—浓硫酸;g—重铬酸钾;h—五氧化二磷。

2) 毫米波衰减性能

运用自制的8mm波信号发生装置作光源,检测所制膨胀石墨蠕虫粉粒的室内衰减效果。测试用小型烟幕箱的体积为0.69m^3,光程差为1m。称取一定质量膨胀石墨蠕虫粉粒,由气囊快速吹入小型烟幕箱中,测试透过这种气溶胶粒子后8mm的衰减率。反射和投射能量均由接收单元接受,经A/D变换、数据处理和图像转换后,得到如图8-9所示的膨胀石墨对8mm波的衰减曲线,而后再根据朗伯—比尔定律计算膨胀石墨气溶胶的质量消光系数(结果见表8-14)。为了便于比较,在同一条件下,测试了现役雷达波干扰剂镀铝玻璃纤维与镀镍碳纤维的质量消光系数(也称为消光

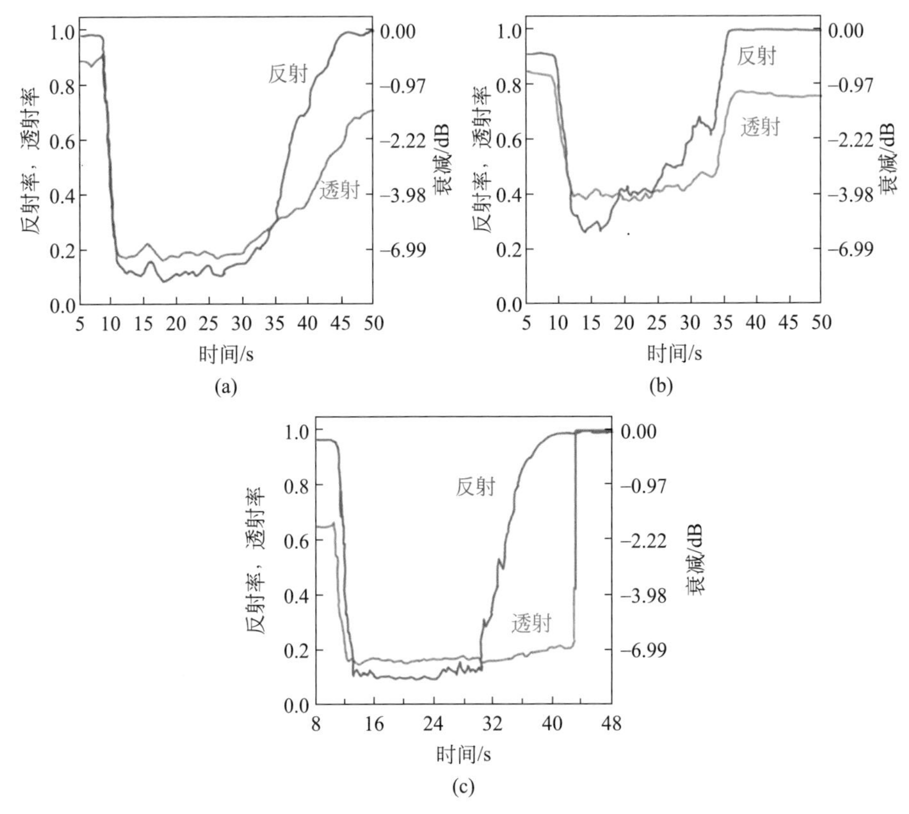

图 8-9 不同膨化倍率膨胀石墨对 8mm 波的衰减曲线[55]

(a) 170mL/g；(b) 200mL/g；(c) 185mL/g

率）。由表 8-14 所列数据可以看出，膨胀石墨对 8mm 波的质量消光系数在 0.92～1.81m^2/g，显著优于现役雷达干扰材料镀铝玻璃纤维和镀镍碳纤维的质量消光系数 0.58～0.70m^2/g。显然，膨胀石墨是一种新型毫米波雷达干扰剂。

表 8-14 膨胀石墨吸波材料在 8mm 波段的质量消光系数[55]

材料名称	膨化倍率/($mL \cdot g^{-1}$)	质量消光系数/($m^2 \cdot g^{-1}$)
镀铝玻璃纤维		0.58
镀镍碳纤维		0.70
H_2SO_4-CH_3COOH-EG	170	1.68
HNO_3-CH_3COOH-EG	200	0.92
HNO_3-HPO_4-EG	185	1.81

2. 掺杂磁性铁粒子的膨胀石墨对毫米波的干扰作用

膨胀石墨密度小，蠕虫粒子线度变化区间宽，这些特点很适宜做烟幕剂，但是由于酸化石墨(可膨胀石墨)膨化后导电性下降，形成的石墨蠕虫粒子呈抗磁性，不利于电磁波的吸收及屏蔽。为此，作者提出了一种改善膨胀石墨磁性的方法，即在膨胀石墨中掺杂磁性铁粒子，改善其对毫米波的干扰屏蔽效果[56]。

(1) 掺杂磁性铁粒子的膨胀石墨的制备

将可膨胀石墨浸渍在二茂铁的有机溶剂中，充分搅拌并静置5～8h，再经过热膨化处理，就可制备表面沉积磁性铁粒子的膨胀石墨蠕虫粒子。也就是说，在可膨胀石墨热膨化的瞬间，二茂铁就会与空气中的氧发生反应，反应方程式如下：

$$Fe(C_5H_5)_2 + O_2 \xrightarrow{\triangle} Fe_xO_y + CO_2 + HO_2$$

生成的 Fe_2O_3 及 Fe_3O_4 等铁氧化物就会沉积在膨胀石墨蠕虫粒子表层，从而使膨胀石墨的磁性得以显著提高。

(2) 掺杂磁性铁粒子膨胀石墨的形貌与结构

普通的膨胀石墨蠕虫一般呈黑色或灰黑色，外表很像被拉开的手风琴，表面有很多凹凸不平的沟隙、褶皱(见图3-8(a))。采用二茂铁浸渍后的可膨胀石墨，在膨胀时附着于表层的二茂铁与空气中的氧发生反应，生成铁氧化物粉末或细小粒子，沉积在蠕虫褶皱中；随着二茂铁与可膨胀石墨的质量比例的不同(1∶3、1∶5、1∶10)，500℃膨化处理后的石墨蠕虫的外表颜色会有很大差异，即随着二茂铁掺杂比例的降低，所制膨胀石墨蠕虫的表面分别呈橙红色、棕红色及黑红色。

图8-10是掺杂磁性铁粒子的膨胀石墨的外观形貌。可以看出，表面附有铁氧化物的膨胀石墨蠕虫呈不规则卷曲的螺旋弹簧状，与普通膨胀石墨蠕虫相同。但因在膨化过程中伴随有二茂铁与氧的放热反应，与同一膨化条件下未浸渍二茂铁的可膨胀石墨相比，膨化容积稍有增大。

掺杂不同比例的磁性铁粒子膨胀石墨蠕虫的SEM图及EDS能谱见图8-11，其中图8-11(a)、(b)和(c)分别对应于橙红、棕红及黑红色膨胀石

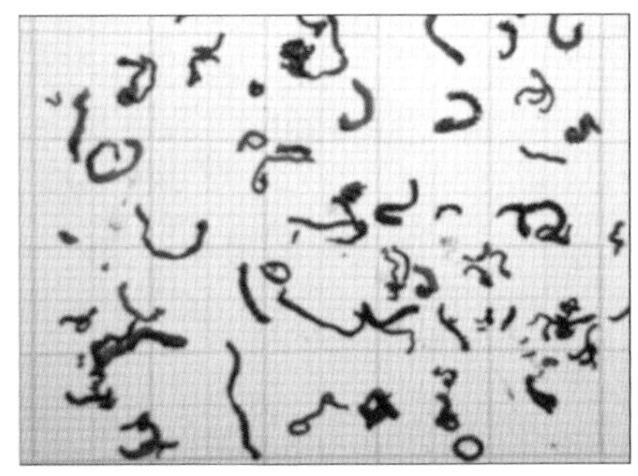

图 8-10 掺杂磁性铁粒子膨胀石墨的外观形貌[56]

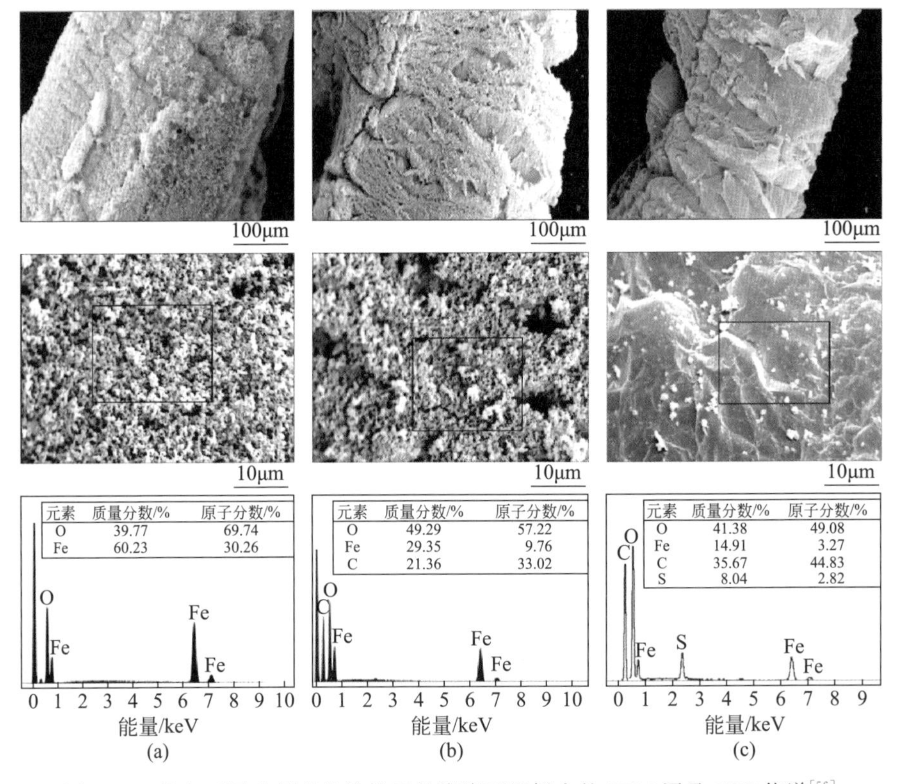

图 8-11 掺杂不同比例磁性铁粒子的膨胀石墨蠕虫的 SEM 图及 EDS 能谱[56]

(二茂铁与可膨胀石墨的质量比分别为：(a) 1∶3；(b) 1∶5；(c) 1∶10)

墨蠕虫。上方三幅 SEM 图是三种膨胀石墨蠕虫侧面放大 200 倍的 SEM 图；中间三幅是上方相应膨胀石墨蠕虫表面放大 2000 倍的 SEM 图，其中的方框选区对应下面的三幅膨胀石墨的EDS能谱图和相应选区的成分测试结果。

由图8-11(a)上图橙红色膨胀石墨蠕虫侧面几乎看不到褶皱和沟壑,而从其放大后的膨胀石墨蠕虫表面(见图8-11(a)中图)可以看到均匀沉积着一层超细粒子,通过EDS能谱(见图8-11(a)下图)分析发现,橙红色膨胀石墨蠕虫表面的铁、氧元素含量较高,铁元素与氧元素的质量比接近3∶2,根据其颜色初步可以断定该沉积物的主要成分为Fe_2O_3。由于在该EDS能谱的选区(见图8-11(a)中图的方框区)中未检测到碳元素,说明铁氧化物几乎包覆了膨胀石墨蠕虫的整个表层。观察图8-11(b)上图棕红色膨胀石墨蠕虫的侧面,褶皱和凹凸较图8-11(a)上图明显,从图8-11(b)中图可以看到在石墨膨胀产生的褶皱中也沉积了部分颗粒物,但沉积致密度比图8-11(a)上图差。关联图8-11(b)下图的EDS能谱分析结果可知,膨胀石墨蠕虫表面除铁、氧元素外,还检测到一定的碳元素,其中铁元素的含量较图8-11(a)下图的下降幅度要大,因而铁氧化物不均匀沉积使得膨胀石墨蠕虫外观呈棕红色。图8-11(c)上图的膨胀石墨蠕虫外观呈黑红色,局部保持了普通膨胀石墨固有的黑色,从侧面可以清晰地看到褶皱和沟隙,在其表面零星地沉积有一些颗粒状物质(见图8-11(c)中图);EDS能谱检测(见图8-11(c)下图)显示铁元素含量极少,据此推断这种膨胀石墨的磁性能没有得到显著提高。分析造成三种膨胀石墨蠕虫颜色差异的原因,主要取决于二茂铁与可膨胀石墨的混合比例的大小、浸渍与搅拌是否充分,以及膨化时二茂铁的氧化反应程度。无疑,不同颜色的膨胀石墨蠕虫在物理、化学性能上也存在很大差别。

(3) 掺杂磁性铁粒子膨胀石墨的磁导率

引起磁能损耗的机理主要有三种:涡流、磁滞、磁后效,它们的损耗统称为磁损耗。在交变电磁场中磁导率是复数,其中虚部的大小反映了单位体积磁性材料在交变电磁场中磁化一周的磁能损耗[62]。磁损耗总量可用动态磁滞回线的面积大小来表示,而该面积不仅取决于材料本身,还依赖于交变电磁场的频率及磁感应强度的大小;因此,设计吸波材料时应选择在欲遮蔽频段下磁滞回线面积较大的磁性材料。

普通膨胀石墨几乎没有磁性,在消光计算中往往被近似为非磁性物质[56]。鉴于测试手段的局限性,无法测出交变频率(36GHz)下掺杂磁性铁粒子膨胀石墨蠕虫的磁导率。为了研究掺杂磁性铁粒子膨胀石墨的磁性能,清华大学课题组采用振动磁强计测试了$0\sim7.958\times10^5$ A/m磁场强度下掺杂磁性铁粒子膨胀石墨蠕虫的磁性能，结果见图 8-12，并对比分析了铁氧化物沉积量对膨胀石墨磁性能的影响。

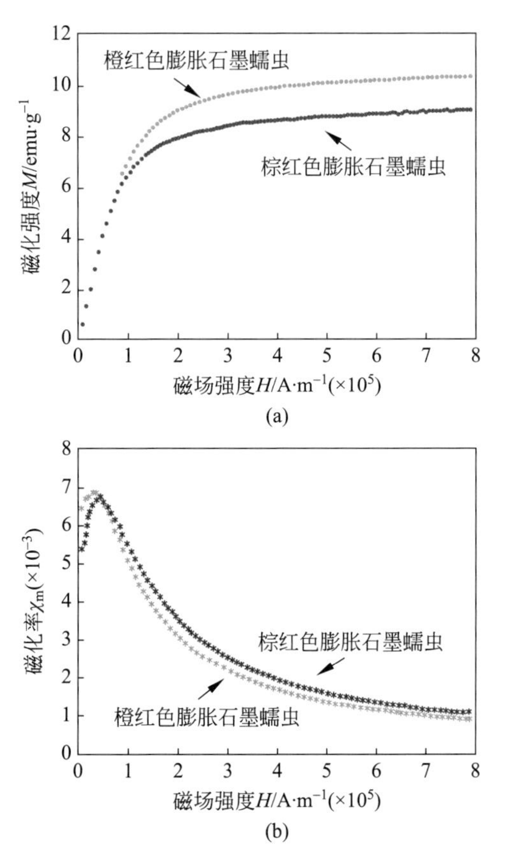

图 8-12 掺杂磁性铁粒子的膨胀石墨蠕虫的磁性能[56]

(a) 磁化曲线；(b)磁化率曲线

（二茂铁与可膨胀石墨的质量比：棕红色膨胀石墨蠕虫 1∶5；橙红色膨胀石墨蠕虫 1∶3）

由图 8-12 可以看出，掺杂磁性铁粒子的膨胀石墨的磁性有很大改观，依据图(a)中磁化曲线和图(b)中的磁化率曲线，可以分别计算出在磁场强度 $H=0\sim7.958\times10^5$ A/m 条件下，棕红色和橙红色膨胀石墨的磁化强度与磁化率的平均值，即棕红色膨胀石墨蠕虫 $\overline{M}=8.000$emu/g，$\overline{\chi}_m=2.56\times10^{-3}$；橙红色膨胀石墨蠕虫 $\overline{M}=8.962$emu/g，$\overline{\chi}_m=2.72\times10^{-3}$。很明显，橙红色膨胀石墨蠕虫比棕红色膨胀石墨蠕虫的磁性更强，亦即膨胀石墨蠕虫表面沉积铁氧化物越致密、越均匀，磁性能越好。

需要说明的是，随原料配比（二茂铁与可膨胀石墨的质量比）中二茂铁比例的增加，获得掺杂磁性铁粒子的膨胀石墨蠕虫，在磁导率升高的同时会造成其膨胀尺度增大，进而使得其沉降速度加快，不利于毫米波的衰减。因此，制作膨胀石墨干扰剂（烟幕剂）时需综合考虑各种因素的影响。

（4）掺杂磁性铁粒子膨胀石墨的毫米波衰减性能

普通膨胀石墨蠕虫和掺杂不同含量磁性铁粒子的两种膨胀石墨蠕虫（棕红色与橙红色膨胀石墨蠕虫）对8mm电磁波的衰减曲线见图8-13，测试条件与图8-9相同。依据图8-13中三种膨胀石墨蠕虫的衰减率可以计算各自在8mm波段相应的质量消光系数，普通膨胀石墨蠕虫为0.61m^2/g，棕红色膨胀石墨蠕虫为1.09m^2/g，橙红色膨胀石墨蠕虫为1.68m^2/g，这就意

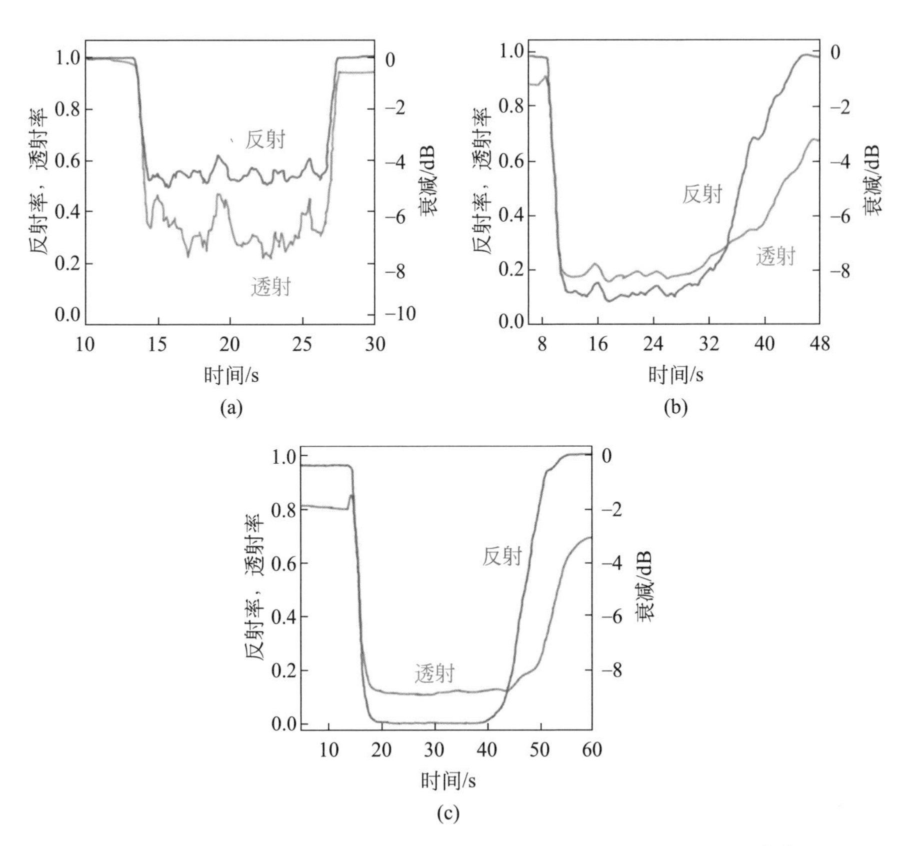

图8-13　掺杂磁性铁粒子的膨胀石墨蠕虫对8mm波的衰减曲线[56]

（a）普通膨胀石墨蠕虫；（b）棕红色石墨蠕虫；（c）橙红色膨胀石墨蠕虫

（二茂铁与可膨胀石墨的质量比：棕红色膨胀石墨蠕虫为1∶5，橙红色膨胀石墨蠕虫为1∶3）

味着，随着膨胀石墨蠕虫中掺杂磁性铁粒子的质量比增加，相应的质量消光系数增长。同时还可以得出掺杂磁性铁粒子的膨胀石墨蠕虫的最大衰减率可达−10dB以上，基本满足毫米波烟幕剂的技术指标要求[63]，亦即掺杂磁性铁粒子的膨胀石墨是一种高效可靠的新型雷达遮蔽剂，在电子对抗领域有着广阔的应用前景。

8.3.2 石墨烯吸波材料

制备负载磁性粒子的石墨烯与石墨烯自身的表面修饰是研发石墨烯吸波材料的两个主要方向，其中负载磁性粒子的研究较多。通过和传统的铁氧体或磁性金属粒子复合，探索改变负载颗粒的分布、粒径和取向等，可以很好地调节负载磁性粒子石墨烯的吸波能力。负载磁性粒子的石墨烯在中高频段(6～18GHz)有较好的吸收电磁波效果，但在低频段(2～6GHz)对电磁波基本没有吸收能力[59,64]。从2008年开始，人们对石墨烯本征吸收能力的探索逐渐成为一大热点，研究者们发现[65-66]：通过优化的Hummers法制备的氧化石墨烯(graphene oxide，GO)在还原后得到的还原氧化石墨烯(reduced graphene oxide，rGO)具有明显的吸波能力；通过表面的修饰，改变表面的缺陷等还可以调节其电磁参数，提高吸波能力，尤其是在高温条件下用氢气等还原性气体还原，能够明显增强吸波能力。

这些研究还显示[51,57-61,67-70]：三维的石墨烯(石墨烯泡沫)均具有优异的吸波能力。制备方法主要有模板法和自组装方式，其中采用模板法生产石墨烯宏观体的制备工艺复杂，成本较高，不利于大规模生产。相比之下，自组装方式是更为广泛使用的制备方法，即通过将氧化石墨烯和还原剂混合，而后进行水热处理的方法，可以直接获得石墨烯宏观体，工艺简单、成本低。但这种水热法自组装方式制备的石墨烯泡沫不具备机械强度，极大地限制了其应用范围。

为了弥补传统水热法自组装技术的短板，清华大学课题组发明了一种自组装三维石墨烯宏观体粉末吸波材料的制备方法[59]。该方法主要包括水热法和氢气高温还原过程及颗粒尺寸分级处理，制备工艺简单方便，采用氢气作为还原剂，不引入其他杂质，制得的石墨烯宏观体粉末作为吸波材料表现出优异的低频段(2～6GHz)电磁波吸收性能[60-61]，同时还易于和其他材料复合制备出具有较高机械强度的石墨烯宏观体粉末复合吸波材料[60]，在电磁波屏蔽领域有着很好的应用前景。

1. 石墨烯宏观体粉末吸波材料的制备

石墨烯宏观体粉末吸波材料的制备工艺如图 8-14 所示。将 200mg 氧化石墨烯粉末分散于 100mL 去离子水中，超声处理 2h 后，移入水热釜中；以 10℃/min 的升温速度加热至 180℃，保持恒温 6h，进行自组装反应；反应结束自然冷却到常温，获得三维氧化石墨烯(3D-GO)水凝胶，对其进行冷冻干燥，再将冷冻干燥后的块体 3D-GO 置于坩埚内，放入管式电阻炉中，通入氩气将炉管内的空气排出；而后在氩气氛中，以 10℃/min 的速率升温至 900℃，开始通入氢气，并保持恒温 30min，进行 3D-GO 的 H_2 还原反应，待反应结束，关闭氢气，自然冷却到室温，即可得到完整的三维还原氧化石墨烯(3D-rGO)宏观体，即三维石墨烯宏观体。研磨这种三维石墨烯宏观体至粒径 100μm，即可获得自组装三维石墨烯宏观体粉末吸收材料。

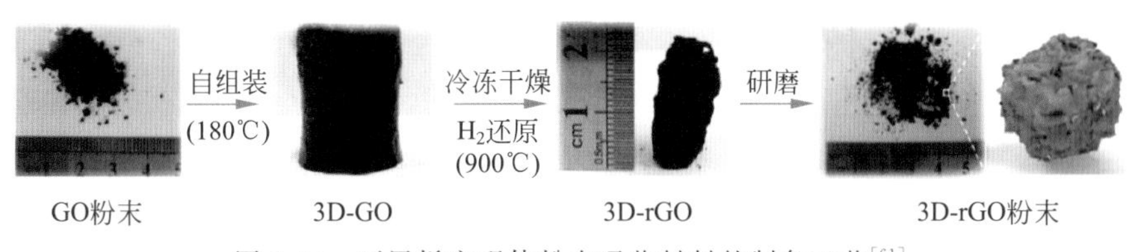

图 8-14　石墨烯宏观体粉末吸收材料的制备工艺[61]

2. 石墨烯宏观体粉末吸波材料的形貌与结构

图 8-15 是石墨烯宏观体粉末(3D-rGO)的 SEM 图像，可以看到，3D-rGO 具有石墨烯片层组成的类蜂窝状三维结构，其中石墨烯片层相互支撑和连接，形成了连续的孔洞。

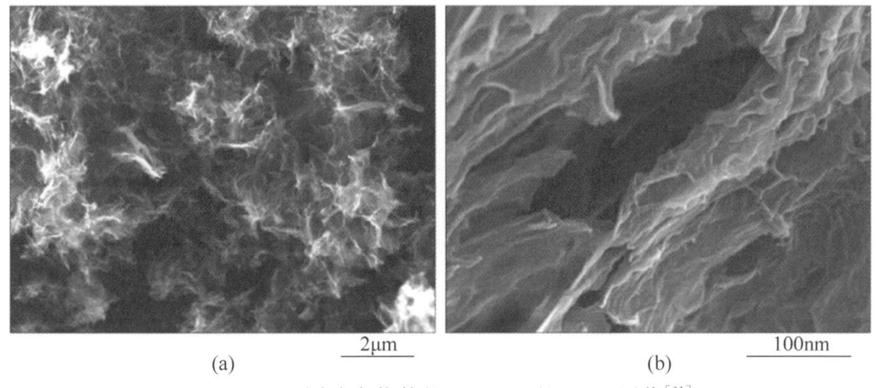

图 8-15　不同放大倍数的 3D-rGO 的 SEM 图像[61]

(a) 5×10^3 倍；(b) 6×10^4 倍

图 8-16 是 GO,rGO 和 3D-rGO 的 XRD 谱图和拉曼光谱。由这三种样品的 XRD 图谱(图(a))不难发现,GO 在 11°有一个非常强的吸收峰,对应较大的层间距 0.74nm[61];而 rGO 和 3D-rGO 拥有相同吸收峰,即 11°的吸收峰消失,在 25°出现了(002)峰,这意味着 GO 纳米片在还原过程中大部分的氧元素被去除,3D-rGO 中的 rGO 纳米片和单独的 rGO 纳米片以同样的形态存在。GO、rGO 和 3D-rGO 的拉曼光谱(图(b))显示,三者均出现了明显的 G 峰(1582cm^{-1})和 D 峰(1342cm^{-1});相应的 I_D/I_G 强度比从 GO 的 0.95 增加到 rGO 的 1.06,再增加到 3D-rGO 的 1.49。这表明随着 GO 中含氧官能团的去除[71],GO 的 sp^2 结构的平均尺寸减小。同时可以看到,rGO 和 3D-rGO 的峰位相对于 GO 蓝移,其中 3D-rGO 比 rGO 呈现更大的蓝移,这就说明 GO 在水热处理过程中产生了更多的缺陷[72]。

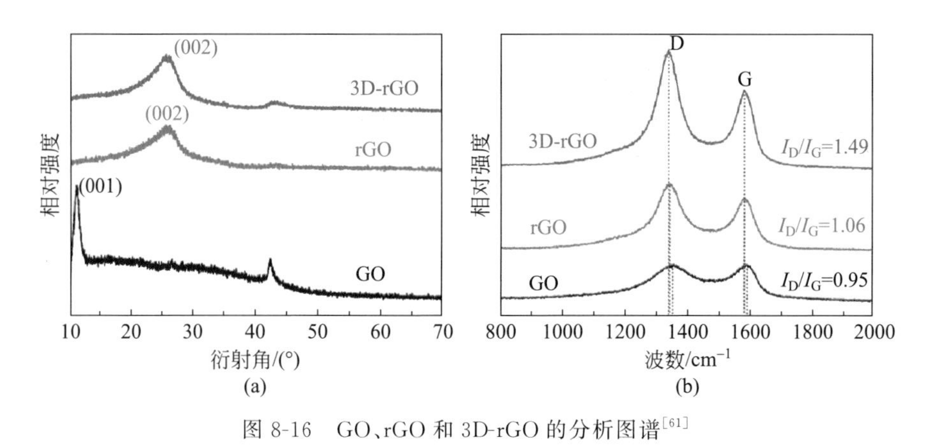

图 8-16 GO、rGO 和 3D-rGO 的分析图谱[61]

(a) XRD 图谱;(b) 拉曼光谱

3. 石墨烯宏观体粉末吸波材料的吸波性能

不同 3D-rGO(或 rGO)含量(质量分数 1%～15%)吸收材料,在吸收层厚度 5mm 与 2mm 时的吸波性能见图 8-17。可以看到,随着吸收层中 3D-rGO(或 rGO)含量(质量分数)的增加,吸波性能有着相同的变化趋势——先升高后降低。在低频段(2～6GHz),对于相同含量的 3D-rGO(或 rGO)吸收材料而言,吸收层厚度 5mm 的吸波性能优于吸收层厚度 2mm 的。3D-rGO 的渗阈值为 3%(质量分数),rGO 的渗阈值却是 1%(质量分数),这是因为 3D-rGO 的吸收单元由 rGO 片层组成,达到相同的吸收单元分布时,其总质量增加。

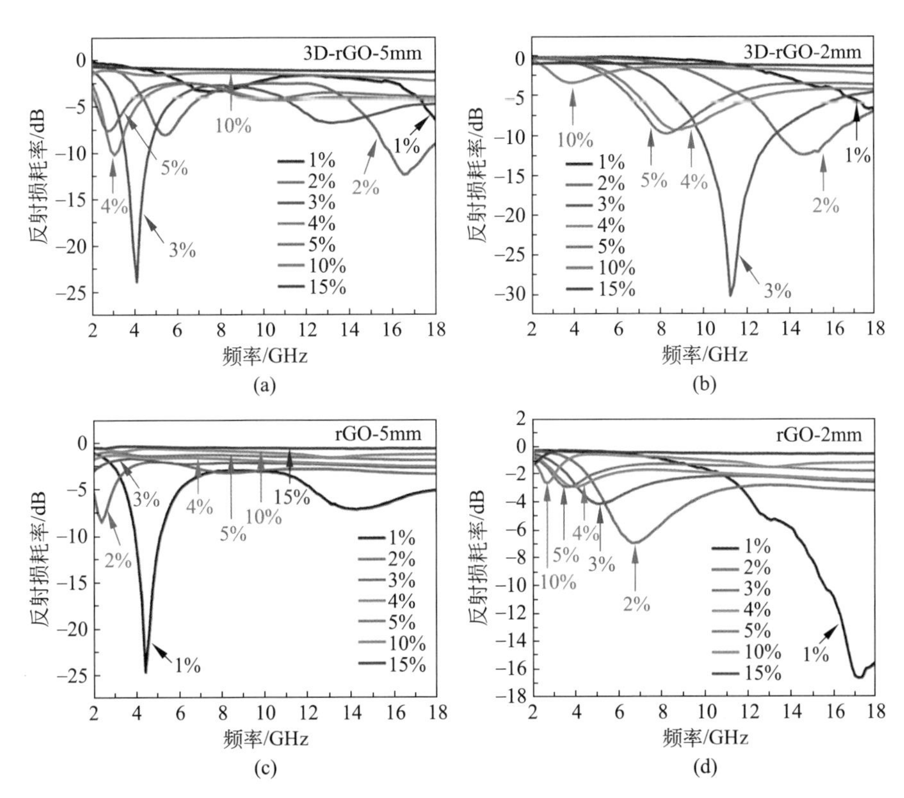

图 8-17　3D-rGO 和 rGO 在不同填充量时吸收层厚度对反射损耗率的影响[61]

(a) 3D-rGO 涂层厚度 5mm;(b) 3D-rGO 涂层厚度 2mm;(c) rGO 涂层厚度 5mm;
(d) rGO 涂层厚度 2mm

在低频段(2～6GHz),3D-rGO-5mm 吸波性能(见图 8-17(a))明显优于 3D-rGO-2mm(见图 8-17(b))。其中,在 3D-rGO-5mm 含量为 3%时,反射损耗率拥有最大吸收峰,在 4.0GHz 高达－23.8dB;在 3.2～4.3GHz 区间达到－10dB 以下,在 3.2～5.1GHz 区间达到－5dB 以下;在 3D-rGO-5mm 含量为 4%时,在 3.0GHz 反射损耗率峰值为－10dB,在 2.3～4.0GHz 反射损耗率峰值均能达到－5dB 以下,基本上覆盖了整个 S 频段(2～4GHz);但在 3D-rGO-5mm 含量超过 5%后,整个频段内的反射损耗率均随着 3D-rGO-5mm 含量的增加呈现下降的趋势(见图 8-17(a))。

在低频段(2～6GHz)rGO-5mm 的吸波性能(见图 8-17(a))亦优于 rGO-2mm(见图 8-17(b))。当 rGO-5mm 的含量为 1%时,在 4.2GHz 反射损耗率最大,达到－24.9dB;在 3.5～6.2GHz 达到－10dB 以下。而后随

着 rGO-5mm 含量的增加，反射损耗率逐渐降低，在 rGO-5mm 的含量为3%时，主吸收峰消失。进一步提高 rGO-5mm 含量，中高频段(6～18GHz)的吸收能力随之降低。

4. 石墨烯宏观体粉末吸波材料的吸波机理

吸波材料的吸波能力取决于阻抗匹配和损耗特性两个方面，只存在介电损耗或磁损耗都非常容易破坏其阻抗匹配，导致吸波性能不理想[73]。研究表明[59]：3D-rGO 和 rGO 吸收材料的损耗机制主要为介电损耗，同时具有较弱的磁损耗，因而介电值不能太高，存在渗阈值，即吸收材料的含量不能无限制提高。

图 8-18 反映了 3D-rGO 和 rGO 吸收材料的吸波机理。当入射波进入吸收材料涂层时，其中一部风被吸收，而其他部分被反射。对于 3D-rGO(见图 8-18(a))，它们的蜂窝状结构允许入射波在吸收单元中产生多次反射，不仅相同方向入射的微波可以产生不同方向的反射，而且不同吸收单元之间的反射波更可能发生干涉并导致微波的损失。相比之下，rGO 薄片仅存在单向反射，不同吸收单元的反射波也只是在特定光程差处产生干扰吸收(见图 8-18(b))。因此，3D-rGO 在 S 波段具有更好的吸波性能。此外，由图 8-16(b)的拉曼光谱可知，3D-rGO 粉末具有更多的缺陷，即 rGO 缺陷，缺陷的极化将增强吸波性能，也有助于 S 波段的有效吸波。

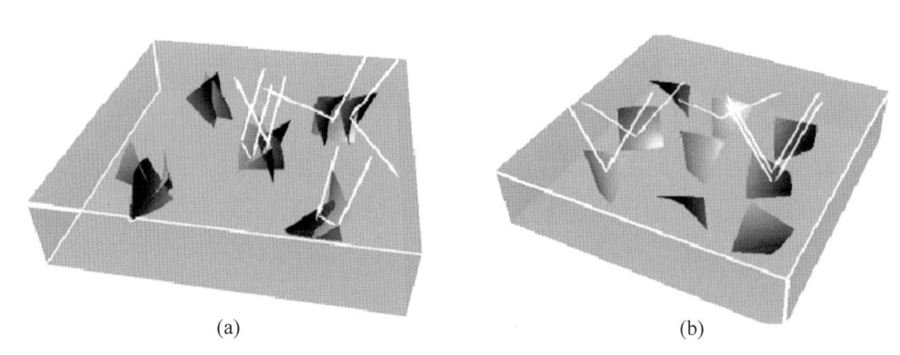

图 8-18　3D-rGO 和 rGO 的吸波机理——反射损耗率模型[60]

(a) 3D-rGO 粉末；(b) rGO 薄片

5. 负载 Ni 粒子的石墨烯宏观体粉末在低频段的吸波性能

采用不同浓度(0.02mol/L、0.05mol/L、0.1mol/L、0.2mol/L)的 NiCl 溶液浸泡氧化石墨烯水凝胶，再经冷冻干燥，在 750 ℃进行还原处理，制得不同 Ni 粒子负载量的石墨烯宏观体(3D-rGO-0.02、3D-rGO-0.05、3D-rGO-0.1、3D-rGO-0.4)粉末吸收剂。

不同 Ni 粒子负载量的石墨烯宏观体粉末吸收剂,在含量 4%(质量分数)、吸收层厚度为 5mm 时的反射损耗率见图 8-19,可以看到,随着 3D-rGO 吸收剂上 Ni 负载量的增加,在 2～10GHz 频段吸收峰向高频段移动,吸收峰对应的吸收频带变宽,同时吸收峰的峰值呈现先升高后降低的趋势。在 10～18GHz 频段吸收没有明显的变化,均保持在一个较低的水平,说明 Ni 粒子的负载量可以调节石墨烯宏观体吸收剂的吸波频段。例如,对于 3D-rGO-0.1,虽然在 2～4GHz 频段没有表现出突出的吸波能力,但在 4～6GHz 频段反射损耗率均达到 −10dB 以下,在 5GHz 处,更是高达 −45dB。

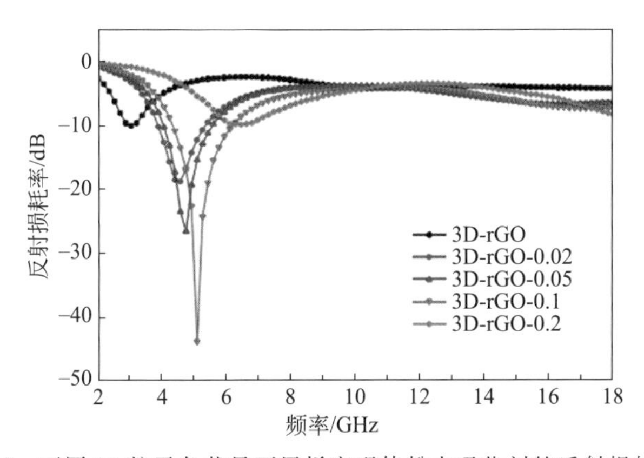

图 8-19　不同 Ni 粒子负载量石墨烯宏观体粉末吸收剂的反射损耗率[60]

8.4　燃料电池双极板

燃料电池(fuel cell,FC)能够等温地按电化学方式直接将化学能转化为电能,不受卡诺循环限制。由于其能量转化率高(40%～60%),具有清洁、无污染(产物主要是水)等特点,被认为是 21 世纪首选的高效、洁净的发电技术。尤其是质子膜燃料电池(proton exchange membrane fuel cell,PEMFC)具有独特的性能,如可室温快速启动,无电解液流失,水易排出,寿命长,而且比能量高,可以用作可移动动力,是电动车的理想电源。

双极板作为 PEMFC 的关键部件之一,主要起着隔绝电池间气体串通、分布燃料与氧化剂、支撑膜电极和串联单电池形成电子回路的作用。作为双极板的材料必须具有高的导电性、阻气性、导热性、化学稳定性及良好的机加工性能。因此，双极板不但影响电池的性能，而且制造成本高，已成为燃料电池商业化的瓶颈[74]。

双极板性能的好坏与材料的选择、流场的设计以及制备工艺紧密相关，其中材料的选择关系到双极板的化学相容性、耐腐蚀性、成本、密度、强度、导电性、导热性、透气率和机加工性能，因而双极板材质的选择对电池性能起着决定性的作用。合理设计流场布局，可以提高电池的性能；简单可行的制备工艺则可以大大降低双极板的制造成本。

8.4.1 双极板分类

目前，制备双极板的传统材料主要有三类：不透性石墨（亦称无孔石墨）、各种镀层金属和系列复合材料。通常将双极板分为无孔石墨双极板、金属双极板和复合双极板三种类型。

1. 无孔石墨双极板

无孔石墨的最大优点是化学稳定性、导电性及耐腐蚀性俱佳，气体的渗透率很低。但是无孔石墨的制作程序复杂而严格，耗工费时；加之无孔石墨质脆，流场加工困难，导致成本高，不利于批量机械化连续生产。无孔石墨双极板的厚度一般为3mm，由于质脆，其厚度难以进一步降低，不利于电池体积比功率的提高。

2. 金属双极板

金属双极板，如铝、镍、钛和不锈钢等制备的双极板，机械强度高，易于加工、批量生产，厚度也可以大大减小，有利于降低成本。金属板面临的最大问题是腐蚀问题，在质子交换膜燃料电池中，双极板工作的环境pH值在2～3，呈酸性，如果不经处理直接使用，金属将会发生溶解、腐蚀，一旦金属被溶解，金属离子将会扩散到质子交换膜中，阻碍离子迁移，导致电导率降低；同时电极催化剂也受到污染，并使另一极金属氧化膜增厚，导致接触电阻增大。这些都将降低燃料电池的性能。通常的做法是，在金属的表面镀一层保护层，这种保护层要求与基体的结合性好，导电性好，还要具有良好的耐腐蚀性。因此，金属双极板的镀层技术要求较高，工艺较复杂，成本高。

3. 复合双极板

复合双极板主要包括金属基复合双极板和碳基复合双极板。金属基复合双极板以金属板作支撑板，炭粉（或石墨粉）和树脂的混合物做流场，经注塑压制与焙烧而制成，集成了金属板和石墨板的综合性能，具有耐腐蚀、体积小、质量轻和强度高等特点，稳定性优越，但其制备工艺很复杂，成本较高。碳基复合双极板是在热固/塑性树脂中加入填充物，有时也加入纤维以增强基体，但同样是制备工艺复杂。

8.4.2　双极板材料的选择标准

基于双极板的功能和商业化应用的条件，对双极板材质性能的要求是：①具有阻气功能，以分隔氧化剂与还原剂；②必须是电的良导体；③必须是热的良导体，以确保电池在工作时温度分布均匀，并使电池的废热顺利排出；④必须具有抗腐蚀能力，由于燃料电池电解质呈酸性，双极板材料须在其工作温度与电位的范围内具有很强的抗腐蚀能力；⑤双极板两侧加工或设有流场，材料应具有良好的加工性能和机械性能；⑥具有高的强度，以制备出更薄的双极板，尽可能减小燃料电池的体积。

Mehta 等[75]在广泛综合各种双极板研究的基础上，对燃料电池双极板的材料提出了设计标准，见表 8-15。

表 8-15　双极板材料的设计标准[75]

NO.	材料选择标准	要求
1	化学相容性	阳极表面不能产生氢化层；阴极表面不能产生钝化，以免电导率下降
2	腐蚀性	腐蚀速率$<0.016mA/cm^2$
3	成本	材料＋制造<0.0045 美元$/cm^2$
4	密度	$<5g/cm^3$
5	导电性	电导率$<0.01\Omega \cdot cm^2$
6	导热性	能有效散热
7	加工性	机械加工成本低，同时具有高的机械强度
8	气体的渗透性	最大平均气体渗透率$<1.0\times10^{-4}cm^3/(s \cdot cm^2)$
9	可回收性	使用期间、事故之后甚至报废之后均可回收
10	体积能量密度	$>1kW/L$

8.4.3　柔性石墨双极板

1963 年，美国联合碳化物公司首先研制出了一种新型的石墨材料——柔性石墨，这是一种由纯天然石墨制成的材料，具有高的化学稳定性和良好的密封性，广泛用于高温、高压、耐腐蚀介质下的阀门、泵、反应釜的密封等，并享有“密封之王”的美誉[49,76-77]。

柔性石墨的化学相容性、耐腐蚀性、导电性、导热性均传承了天然石墨的特点，加之其在后续压（轧）制过程中，石墨(002)面趋向于与板面平行，因此表现出来的性能，如导电性、导热性等均具有各向异性。但由于柔性石墨的机械性能较差，硬度小，抗拉强度低，在双极板的制备过程中，流场的机加工较困难。

另外，柔性石墨的微观孔结构也对其本征性能有着很大的影响，表现在：①气孔相的电导率低，因此柔性石墨的气孔率增大，电导率会减小；②气孔对热导率的影响较为复杂，作为一种各自独立的分散相，气体本身的热导率相对于固体来说很小，可近似看作是零；③气孔的存在，会减小柔性石墨对载荷的有效承载面积，同时产生应力集中，进而造成力学性降的降低[79-80]；④孔的类型也对气体渗透率有较大的影响，对于结构致密的柔性石墨板来说，气孔率较低，而且彼此不连通（封闭孔），不透气，如果能提高柔性石墨的密度，就可以提高其阻气性。通常气体分子越小，越容易透过，因此要根据实际情况具体分析[81]。一般采用气孔率表征孔的多少，半封闭孔和封闭孔表示孔的类型，平均孔径表征孔的大小。柔性石墨板的孔隙率 q 与其密度 ρ 的关系为[79]：$q=(2.26-\rho)/2.26$，式中 2.26 为晶体石墨的理论密度(g/cm^3)，由此可以看出柔性石墨的密度对其孔隙率的影响实际上是气孔作用的间接反映。

从柔性石墨制备工艺的角度分析，原料的选择、工艺参数的拟定对所制柔性石墨的性能都有一定的影响。为使柔性石墨在双极板制备中更具优越性，还要求在保证性能的条件下制备工艺简单，以降低成本。由于柔性石墨的力学性能较差，双极板的对流场不宜使用机械加工的办法，通常采用简单易行的一次模压成型法。

采用一次模压成型法生产的柔性石墨双极板的抗腐蚀性、导电导热性均能满足要求，制备工艺也比较简单，但是力学性能较低，在组装燃料电池时，由于双极板两端受到压力，往往会产生一定的弯曲，甚至导致组装失效。因此，必须提高柔性石墨板的力学性能，以满足双极板的使用要求。

为解决传统制备技术中存在的问题，作者所在课题组[82]开发出一种柔性石墨双极板的制备方法。采用该方法可以制备高品质的柔性石墨燃料电池双极板，且工艺简单、成本低。

1. 柔性石墨双极板的制备[82]

原料：膨胀石墨蠕虫(含碳量≥99%)；添加剂：质量分数 5%～20%的硼酸溶液，胶类聚合物 502 胶、聚醋酸乙酯或导电胶中的任何一种。这里，膨胀石墨蠕虫系采用电化学法插层鳞片石墨获得的石墨层间化合物(可膨胀石墨)，经 900～1000℃膨化获得。

工艺简述：将膨胀石墨蠕虫装填于模具中，采用模压或辊压的方法直接压制成型或分步压制成型。在成型压力 30～100MPa 条件下，可制备出密度 1.2～1.7g/cm^3，厚度 1.0～3.0mm 的柔性石墨双极板。其中，采用纯石墨蠕虫直接压制成型的柔性石墨双极板，抗拉强度为 6～15MPa；经过浸渍或涂层处理的柔性石墨双极板，抗拉强度为 8～20MPa。经浸渍处理的柔性石墨双极板，具有耐腐蚀、与电极或电解质不发生作用，质量轻、厚度小，导电导热性能好，防透气性能好的特点。

2. 硼剂增强柔性石墨双极板

采用添加剂是增强柔性石墨力学性能的一种有效方法。适用的添加剂很多，可以是单一无机物，如硼酸、磷酸及其盐类；或为多元无机物；也可以是有机物，如有机硅化合物、醇类、硼酸酯金属盐等[78, 83-87]。但添加剂的加入往往也会对柔性石墨的其他物化性能产生影响。

干林[84]通过加入硼酸制备出硼剂增强型柔性石墨(图 8-20 为制备流程)，并研究了硼酸加入量对柔性石墨力学性能的影响(见图 8-21(a)、(b))。图 8-20 中的酸化石墨指氧化插层可膨胀石墨。

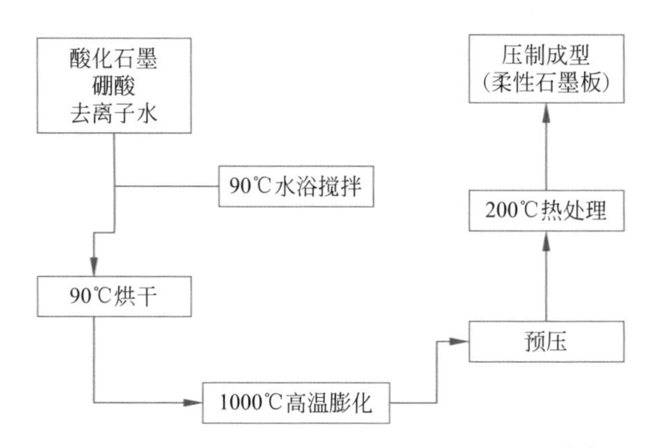

图 8-20　硼剂增强柔性石墨双极板的制备流程[86]

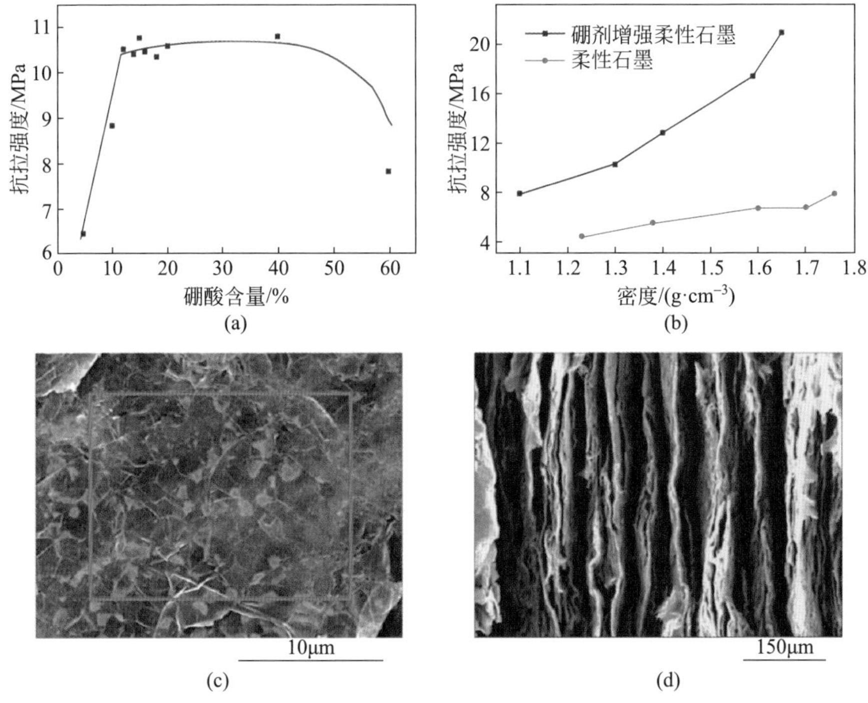

图 8-21 硼剂增强柔性石墨双极板的力学性能与微观结构[84]

(a) 抗拉强度随硼含量的变化；(b) 抗拉强度随压实密度的变化；

(c) 扫描电镜图；(d) 拉伸断口的形貌

从图 8-21(a)可以看到：随着硼酸含量(质量分数)的增加，柔性石墨双极板的抗拉强度逐渐提高，当硼酸含量超过 12%后，抗拉强度提高至最高值，并且基本维持不变。经过改进制备工艺，硼剂增强型柔性石墨双极板的最高抗拉强度可达到 20.9MPa，远远高于增强前柔性石墨双极板的抗拉强度(见图 8-21(b))。通过 SEM(见图 8-21(c)、(d))和相关研究，可以确认这种增强的机理是：在高温膨化过程中硼酸分解，生成玻璃态的 B_2O_3 夹杂在石墨片层之间，起到了铆接的作用，增大了拉伸时片层间的静摩擦力，提高了柔性石墨的强度。进一步的研究表明，在相同密度下，硼剂增强柔性石墨板的电导率较增强前柔性石墨的电导率低很多；随着硼酸含量的增加，硼剂增强柔性石墨双极板的电导率减小，尽管如此，仍远大于 100S/cm，可以满足双极板的使用要求。

3. 柔性石墨/酚醛树脂复合双极板

柔性石墨/酚醛树脂复合双极板的制备流程见图 8-22。

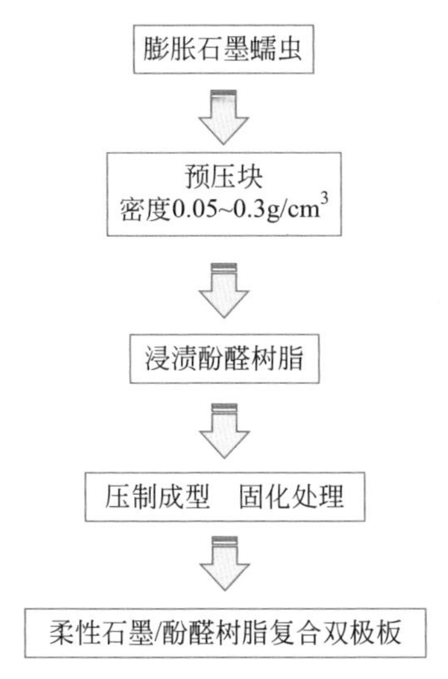

图 8-22　柔性石墨/酚醛树脂复合双极板的制备流程[87]

1）柔性石墨/酚醛树脂复合双极板的基本性能

图 8-23 给出了不同酚醛树脂含量柔性石墨复合双极板的基本性能，这里的 50 目（300 μm）和 80 目（180 μm）指基础原料鳞片石墨的粒度。由图 8-23（a）可以看到，与酚醛树脂复合前，50 目柔性石墨双极板的密度高于 80 目柔性石墨双极板。随着酚醛树脂复合量（含量）的增加，两种复合双极板的密度均逐渐降低，在酚醛树脂含量 6.71%（质量分数）前均大幅下降，而后渐趋平稳。这说明酚醛树脂的复合（添加）会增加柔性石墨复合双极板的孔隙率；而在酚醛树脂含量相同的条件下，50 目柔性石墨复合双极板的密度仍高于 80 目柔性石墨复合双极板的缘由则是前者预压块的孔隙率小于后者预压块。

酚醛树脂的复合可以提高柔性石墨双极板的抗拉强度（见图 8-23（b））。在成型压力 55MPa 下，50 目柔性石墨双极板的抗拉强度为 9.5MPa；而酚醛树脂含量为 6.71%的柔性石墨复合双极板的抗拉强度达到 23.0MPa，是纯柔性石墨板的 2.4 倍。进一步增加酚醛树脂的复合量，柔性石墨复合双极板的抗拉强度随之提高，在酚醛树脂的质量分数为 20.17%时，柔性石墨复合双极板的抗拉强度达到最大值 26.6MPa，是纯柔性石墨双极板的 2.8 倍。继续增加酚醛树脂的复合量，柔性石墨复合板的抗拉强度有所降低。这是因为在柔性石墨中复合一定量的酚醛树脂可以形成三维网络增强结

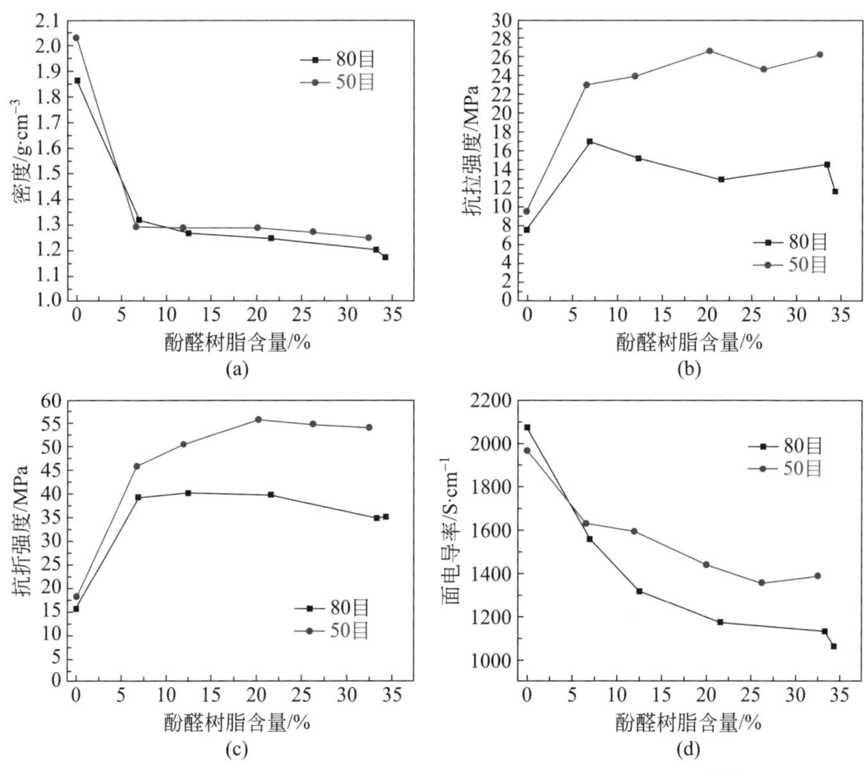

图 8-23 不同酚醛树脂含量的柔性石墨复合双极板的性能[87]

(a) 密度；(b) 抗拉强度；(c) 抗折强度；(d) 面电导率

构,提升材料(柔性石墨/酚醛树脂复合双极板)的抗拉强度;但酚醛树脂复合量超过一定的限度后,则会造成材料内部孔隙率的增加,进而导致材料抗拉强度降低。与柔性石墨/酚醛树脂复合双极板的体密度随酚醛树脂含量的变化类同,在酚醛树脂含量相同的情况下,50 目柔性石墨复合双极板的抗拉强度高于 80 目柔性石墨复合双极板。同理,柔性石墨/酚醛树脂复合双极板的抗折强度随酚醛树脂含量的变化(见图 8-23(c))与抗拉强度的变化趋势类同。

随着柔性石墨/酚醛树脂复合双极板中酚醛树脂含量的增加,两种复合双极板的面电导率均呈下降趋势(见图 8-23(d))。树脂本身的导电性极差,通常认为是绝缘材料。随着树脂含量的增加,复合双极板的气孔率会随之提高,而这些存在于复合板内的气孔也会破坏材料的导体结构,进而降低其导电性能。至于 80 目柔性石墨复合双极板的面电导率下降的幅度大于

50目柔性石墨复合双极板，也是因为在酚醛树脂含量相同的条件下，前者的孔隙率大于后者。

虽然柔件石墨/酚醛树脂复合双极板的面电导率会因酚醛树脂的复合而降低，但从整体分析，这种材料仍然具有很好的导电性。例如，50目柔性石墨复合双极板，在酚醛树脂的复合量为质量分数32.45%时，相应的电导率为1388S/cm；80目柔性石墨复合双极板，当酚醛树脂的复合量为质量分数34.22%时，相应的电导率为1064S/cm。究其缘由，应归属于其特定的制备工艺(见图8-22)：先将石墨蠕虫经过初步模压形成预压块，在预压过程中使得柔性石墨蠕虫粒子内的石墨片层和粒子之间相互搭接形成导电网络。这就保证了在后续的浸渍、模压、固化等工艺环节中石墨片层之间一直具有完整的三维网络结构，亦即复合双极板中的导电网络不被破坏。因此，在较高的酚醛树脂复合量条件下，仍可制备出导电性能良好的柔性石墨复合双极板。

2）柔性石墨/酚醛树脂复合双极板的电池性能

(1) 气密性

在燃料电池中，双极板既有分散燃料气体与导电的作用，还要有分隔氧化剂与还原剂的作用，因此，双极板必须具有良好的气密性。冯彪[87]采用图8-22所示工艺制备出抗折强度为56MPa，抗拉强度为26.6MPa，电导率为1440S/cm的柔性石墨/酚醛树脂复合双极板，研究了不同进气压力下复合双极板的气密性能(见表8-16)，结果表明：在进气压力0.1MPa下，柔性石墨/酚醛树脂复合双极板的气体渗透率为2.80×10^{-5} mL·S^{-1}·cm^{-2}，符合目前的行业标准(<3.00×10^{-5} mL·S^{-1}·cm^{-2})。

表8-16　柔性石墨/酚醛树脂复合双极板的气体渗透率[87]

进气压力/MPa	气体渗透率/mL·S^{-1}·cm^{-2}
0.05	2.59×10^{-5}
0.10	2.80×10^{-5}
0.15	5.23×10^{-5}
0.20	7.87×10^{-5}
0.25	11.00×10^{-5}

(2) 极化性能

柔性石墨/酚醛树脂复合双极板与人造不透性石墨双极板经过不同时间的极化曲线见图8-24。可以看到，在相同电池运行条件下，柔性石

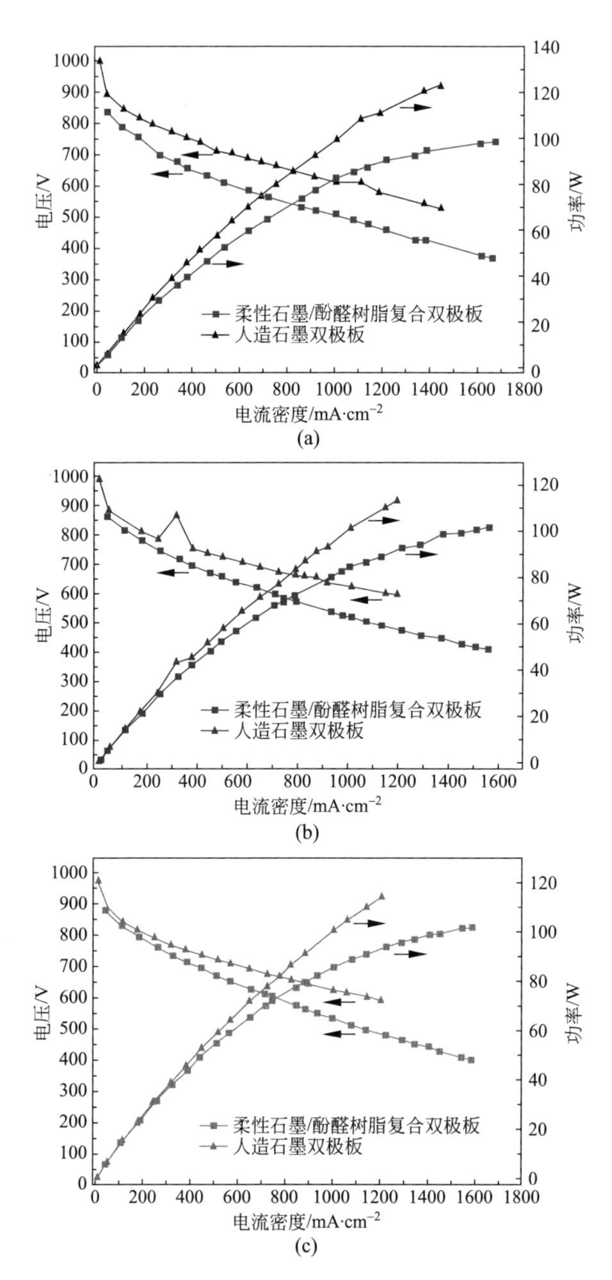

图 8-24　柔性石墨/酚醛树脂复合双极板与人造不透性石墨双极板运行不同时间的极化曲线[87]

(a) 1h；(b) 8h；(c) 24h

墨/酚醛树脂复合双极板的极化性能略低于人造不透性石墨双极板。这是因为人造不透性石墨双极板是经过多次浸渍、焙烧工艺制备而成的，相比于柔性石墨/酚醛树脂复合双极版，人造不透性石墨双极板的密度为 $2.0g/cm^3$，体密度相对更高，所以其导电性也高于柔性石墨/酚醛树脂复合双极板。

图 8-25 是柔性石墨/酚醛树脂复合双极板与人造不透性石墨双极板的运行极化曲线，由此可以看出，随着电池运行时间的增加，柔性石墨/酚醛树脂复合双极板的极化性能提高，尤其是在电流密度 $0\sim1A/cm^2$ 范围内(见

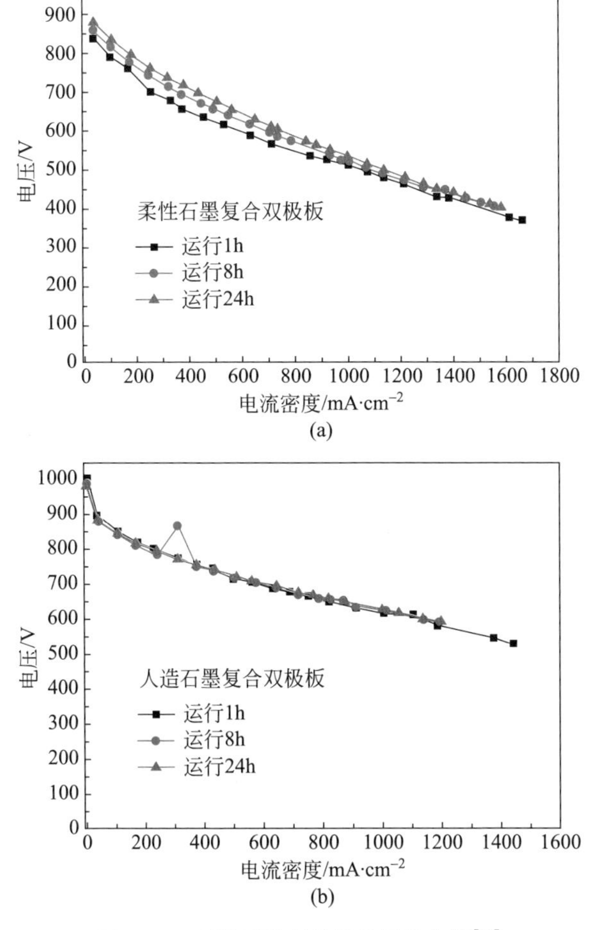

图 8-25　两种石墨双极板的极化曲线[87]

(a) 柔性石墨/酚醛树脂复合双极板；(b) 人造不透性石墨双极板

图 8-25(a));而对于人造不透性石墨双极板,随着电池运行时间的增加,极化性能基本不变(见图 8-25(b))。由图 8-25(a)还可以发现,电池运行 8h 后,柔性石墨/酚醛树脂复合双极板的极化性能明显高于电池运行 1h 后,而运行 24h 后的极化性能的提高幅度,比电池运行 8h 后的提高幅度略有降低。这可能源于柔性石墨/酚醛树脂复合双极板的密度较低,内部存有一定的孔隙,在电池运行初期,这些存在的孔隙会吸附一些燃料气及反应生成的水分;而随着电池运行时间的增加,极板中吸附的水分达到饱和后,则不再继续吸附,更有利于电池反应。

在输出电压为 0.65V 时,柔性石墨/酚醛树脂复合双极板单电池连续运行 24h,输出电流密度的变化如图 8-26 所示,可以看到,单电池在连续运行过程中,输出电流稳定,具有很好的工作稳定性,亦即柔性石墨/酚醛树脂复合双极板具有良好的稳定性和电池性能,满足 PEMFC 的服役要求。

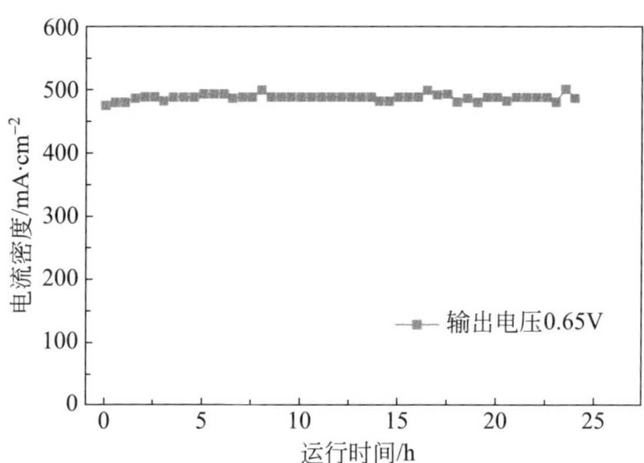

图 8-26 柔性石墨/酚醛树脂复合双极板输出电流与运行时间的关系[87]

参考文献

[1] 卓诚裕. 海洋油污染防治技术[M]. 北京:国防工业出版社,1996.

[2] 王传远,贺世杰,李延太,侯西勇,杨翠云. 中国海洋溢油污染现状及其生态影响研究[J]. 海洋科学,2009,33(6):57-60.

[3] 李照,许玉玉,张世凯,徐国良,李卓然. 海洋溢油污染及修复技术研究进展[J]. 山东建筑大学学报,2020,35(6):69-75.

[4] Inagaki M, Kang F Y. Carbon Materials Science and Engineering—From Fundamentals to Applications[M]. Beijing: Tsinghua University Press, 2006.

[5] Chung D D L. Exfoliation of graphite[J]. Journal of Materials Science, 1987, 22(12): 4190-4198.

[6] Inagaki M, Toyoda M, Kang F Y, Zheng Y P, Shen W C. Pore structure of exfoliated graphite—A report on a joint research project under the scientific cooperation program between NSFC and JSPS[J]. New Carbon Materials, 2003, 18(4): 241-249.

[7] 曹乃珍. 膨胀石墨的微观结构及吸附性能[D]. 北京：清华大学，1997.

[8] 任京成，沈万慈，杨赞中，陈从喜. 膨胀石墨——一种新型环境材料[J]. 中国非金属矿工业导刊，1999(3): 25-26.

[9] 曹乃珍，沈万慈，金传波. 新型石墨材料对水中油性物质脱除的实验研究[J]. 中国环境科学，1997，17(2): 188-190.

[10] 曹乃珍，沈万慈，温诗铸，金传波. 膨胀石墨对油亲和吸附分析[J]. 化学研究与应用，1997，9(1): 54-56.

[11] 周伟，兆恒，胡小芳，董建，沈万慈，康飞宇. 膨胀石墨水中吸油行为及机理的研究[J]. 水处理技术，2001，27(6): 335-337.

[12] 沈万慈，王普宁，陈希，郑永平，康飞宇. 膨胀石墨在水处理中的应用研究[C]. 见：第19届炭-石墨材料学术会议论文集，2004.

[13] 任京成，董风之，沈万慈. 膨胀石墨用于溢油污染治理[J]. 矿产综合利用，2001(2): 35-38.

[14] Kang F Y, Zheng Y P, Zhao H, Wang H N, Wang L N, Shen W C, Inagaki M. Sorption of heavy oils and biomedical liquids into exfoliated graphite—Research in China[J]. New Carbon Materials, 2003, 18(3): 161-173.

[15] 郭瑞超，严正泽. 石墨双向吸附特性的研究[J]. 华东化工学院学报，1990，16(6): 639-645.

[16] 姜春明，张宏哲，张海峰，赵永华，袁纪武，郭秀云，邱介山. 功能性多孔碳材料在突发性环境污染事故中的应用[J]. 新型碳材料，2007，24(4): 295-301.

[17] Toyoda M, Inagaki M. Heavy oil sorption using exfoliated graphite—new application of exfoliated graphite to protect heavy oil pollution[J]. Carbon, 2000, 38(2): 199-210.

[18] Toyoda M, Aizawa J, Inagaki M. Sorption and recovery of heavy oil by using exfoliated graphite[J]. Desalination, 1998, 115(2): 199-201.

[19] Toyoda M, Aizawa J, Inagaki M. Sorption of heavy oil by exfoliated graphite [J]. Nippon Kagaku Kaishi, 1998(8): 563-565.

[20] 翟瑞国. 载钛膨胀石墨在油水体系中对油的吸附性能研究[D]. 天津：天津大学，2012.

[21] 李立欣，宋志伟，康文泽，张海军，潘彤. 膨胀石墨在环境保护中的应用及其发展趋势[J]. 安徽农业科学，2015，43(1): 182-184+281.

[22] 戴日成，张统，郭茜，曹健舞，蒋勇．印染废水水质特性及处理技术综述[J]．给水排水，2000，26(10)：33-37.

[23] 王鲁宁，陈希，郑永平，康飞宇，陈嘉封，沈万慈．膨胀石墨处理毛纺厂印染废水的应用研究[J]．中国非金属矿工业导刊，2004，(5)：59-62.

[24] 李冀辉，高元哲，刘淑芬．杨丽娜．膨胀石墨对酸性染料废水的吸附脱色作用[J]．四川大学学报(自然科学版)，2007，44(2)：399-402.

[25] 纺织染整工业水污染物排放标准[S]．中国国家标准(GB 4287—1992).

[26] [法]德格雷蒙公司．水处理手册[M]．王业俊，潘南鹏，秦裕珩，刘锡年，张光华，林秋华，俞辉群，译．北京：中国建筑工业出版社，1993.

[27] Arslan-Alaton I. Granular activated-carbon assisted ozonation of biotreated dyehouse effluent[J]. AATCC Review，2004，4(5)：21-24.

[28] 刘闯，李永峰，林永波．活性炭处理印染废水的研究[J]．上海工程技术大学学报，2008，22(3)：206-210.

[29] 曹乃珍，沈万慈，温诗铸，刘英杰．膨胀石墨吸附材料在环境保护中的应用[J]．环境工程，1996，14(3)：27-30.

[30] 曹乃珍，沈万慈，刘英杰，温诗铸．膨胀石墨对 SO_2 的吸附[J]．炭素，1995(3)：9-11+13.

[31] 沈万慈，曹乃珍，温诗铸，刘英杰，刘志雄，稻垣道夫．膨胀石墨对有机化合物的吸附[J]．炭素技术，1996(3)：1-5.

[32] 连锦明，陈前火，甘晖，陈古镛．膨胀石墨对甲醛废气吸附行为的研究[J]．吉林化工学院学报，2005，22(1)：1-3.

[33] 郑淑彬．膨胀石墨的制备及其吸附性能研究[D]．福州：福建师范大学，2007.

[34] 沈万慈，曹乃珍，李晓峰，吕建中，何参永．多孔石墨吸附材料的生物医学应用研究[J]．新型碳材料，1998，13(1)：49-53.

[35] Caldrell F T，Bowser B H，Crabtree J H. The effect of occlusive dressings on the energy metabolism of severely burned children[J]. Annals of Surgery，1981，93(5)：579-591.

[36] 曹乃珍，沈万慈，温诗铸．膨胀石墨微观孔结构的表征[J]．物理化学学报，1996，12(8)：766-768.

[37] Oya A，Yoshida S，Abe Y，Iizuka T，Makiyama N. Antibacterial activated carbon fiber derived from phenolic resin containing silver nitrate[J]. Carbon，1993，31(1)：71-73.

[38] [日]筏羲人．高分子表面的基础和应用[M]．北京：化学工业出版社，1990.

[39] 国家医药管理局．医疗器械新产品管理暂行办法[S]．北京：国家医药管理局，1990.

[40] 国家医药管理局医疗器械行政监督司．医疗器械产品注册和广告审查指南[S]．北京：国家医药管理局，1995.

[41] ASTM Dasignation：F748-82. Standard Practice for Selecting Generic Biological

Test Methods for Materials and Devices[S]. Annual Book of ASTM Standards 1986.
[42] 吕建中，于爱香，史绯绯，王肖蓉，申焕霞，沈万慈，曹乃珍，吕洛，宫耀宇. 膨胀石墨用于烧伤创面的研究[J]. 中国烧伤杂志，2002，18(2)：119-121.
[43] 郑路. 膨胀石墨生物医学敷料成型工艺和吸附性能研究[D]. 北京：清华大学，1999.
[44] 周一平，沈万慈，曹乃珍，王嘉鹏. 特殊碳材料作为人体创面应用材料的研究[J]. 中华实验外科杂志，1998，15(3)：271.
[45] 吕建中，史排排，吕洛，王肖蓉，刘莉君，刘英杰，沈万慈，曹乃珍，何彦永，孔自安，王嘉鹏. 特殊碳材料用于烧伤创面研究之一[C]. 见：中华医学会第五次全国烧伤外科学术会议论文汇编，重庆，1997.
[46] 王晨，顾家琳，康飞宇. 吸波材料理论设计的研究进展[J]. 材料导报，2009，23(3)：5-8.
[47] 贾菲鲍，红权，徐铭. 吸收型雷达无源干扰材料研究进展与应用[J]. 舰船电子对抗，2015，38(2)：7-10.
[48] 周明善. 用于毫米波无源干扰的石墨层间化合物研究[D]. 南京：南京理工大学，2007.
[49] 康飞宇. 石墨层间化合物和膨胀石墨[J]. 新型碳材料，2000，15(4)：80.
[50] Krone U. Möller K，Schulz E. Pyrotechnic smoke generator for camouflage purpose[P/OL]. US5656794. 1997-08-12.
[51] 唐家豪，贾顺鑫，张盛盛，范萍. 石墨烯基吸波材料的研究进展[J]. 化工新型材料，2021，49(1)：5-8.
[52] 刘康. 装备隐身中的石墨烯吸波材料应用研究[J]. 现代信息科技，2019，3(19)：49-51.
[53] 赵国庆. 雷达对抗原理[M]. 西安：西安电子科技大学出版社，1999.
[54] 任慧，焦清介，崔庆忠. 膨胀石墨干扰8毫米波特性研究[J]. 兵工学报，2006，27(6)：994-997.
[55] 任慧，焦清介，沈万慈，张同来. 干扰毫米波的膨胀型石墨层间化合物[J]. 弹箭与制导学报，2004，24(2)：373-375.
[56] 任慧，康飞宇，焦清介，崔庆忠. 掺杂磁性铁粒子膨胀石墨的制备及其对毫米波的干扰作用[J]. 新型碳材料，2006，21(1)：24-29.
[57] 王晨. 碳基复合吸收剂的制备、表征与吸波材料设计[D]. 北京：清华大学，2009.
[58] 王晨，康飞宇，顾佳琳. 铁钴镍合金粒子/石墨薄片复合材料的制备与吸附性能研究[J]. 无机材料学报，2010，25(4)：406-410.
[59] 康飞宇，方帅，吕瑞涛，顾家琳. 一种自组装三维石墨烯宏观体粉末吸收剂的制备及应用[P/OL]. 中国： 106477562A. 2017-03-08.
[60] 方帅. 用于低频雷达波吸收的纳米结构碳基材料研究[D]. 北京：清华大学，2017.

[61] Fang S, Huang D Q, Lv R T, Bai Y, Huang Z H, Gu J L, Kang F Y. Three-dimensional reduced graphene oxide powder for efficient microwave absorption in S band (2-4GHz)[J]. RSC Advances, 2017, 7(41): 25773-25779.
[62] 方容川. 固体光谱学[M]. 合肥：中国科学技术大学出版社，2001.
[63] 潘功配，杨硕. 烟火学[M]. 北京：北京理工大学出版社，1997.
[64] Hu C G, Mou Z Y, Lu G W, Chen N, Dong Z L, Hu M J, Qu L T. 3D graphene-Fe_3O_4 nanocomposites with high-performance microwave absorption [J]. Physical Chemistry, 2013, 15(31): 3038-3043.
[65] Zhang Y, Huang Y, Chen H H, Huang Z Y, Yang Y, Xiao P S, Zhou Y, Chen Y S. Composition and structure control of ultralight graphene foam for high-performance microwave absorption[J]. Carbon, 2016, 105: 438-447.
[66] Wang C, Han X J, Xu P, Zhang X L, Du Y C, Hu S R, Wang J Y, Wang X H. The electromagnetic property of chemically reduced graphene oxide and its application as microwave absorbing material[J]. Applied Physics Letters, 2011, 98(7): 072906.
[67] Cao S B, Liu H B, Yang L, Zou Y H, Xia X H, Chen H. The effect of microstructure of graphene foam on microwave absorption properties[J]. Journal of Magnetism and Materials, 2018, 458: 217-224.
[68] 曹树彬. 三维石墨烯及其复合材料的制备与吸波性能的研究[D]. 长沙：湖南大学，2008.
[69] Liu W W, Li H, Zeng Q P, Duan H N, Guo Y P, Liu X F, Sun C Y, Liu H Z. Fabrication of ultralight three-dimensional graphene networks with strong electromagnetic wave absorption properties[J]. Journal of Materials Chemistry A, 2015, 3(7): 3739-3747.
[70] 刘卫伟. 三维结构石墨烯复合材料的制备及其吸波性能研究[D]. 上海：上海交通大学，2016.
[71] Fan Z J, Wang K, Wei T, Yan J, Song L P, Shao B. An environmentally friendly and efficient route for the reduction of graphene oxide by aluminum powder[J]. Carbon, 2010, 48(5): 1686-1689.
[72] Kudin K N, Ozbas B, Schniepp H C, Prud'homme R K, Aksay I A, Car R. Raman spectra of graphite oxide and functionalized graphene sheets[J]. Nano Letters, 2008, 8(1): 36-41.
[73] Wang H, Dai Y Y, Gong W J, Geng D Y, Ma S, Li D, Liu W, Zhang Z D. Broadband microwave absorption of CoNi@C nanocapsules enhanced by dual dielectric relaxation and multiple magnetic resonances[J]. Applied Physics Letters, 2013, 102(22): 223113.
[74] 张华民，明平文，邢丹敏. 质子交换膜燃料电池的发展现状[J]. 当代化工，2001, 30(1): 7-11.

[75] Mehta V, Cooper J S. Review and analysis of PEM fuel cell design and manufacturing[J]. Journal of Power Sources, 2003, 114(1): 32-53.
[76] 康飞宇. 柔性石墨的生产和发展[J]. 新型碳材料, 1993, 8(3): 15-17.
[77] 谢苏江, 蔡仁良. 纤维增强柔性石墨—橡胶密封材料的制备及性能研究[J]. 新型碳材料, 1997, 12(4): 56-60.
[78] 冯彪, 郑永平, 沈万慈. PEMFC双极板材料及其制备工艺的发展现状[J]. 电源技术, 2009, 33(11): 1033-1036.
[79] 顾家琳, 冷扬, 高勇, 康飞宇, 沈万慈. 微观孔结构对柔性石墨力学性能的影响[J]. 新型碳材料, 1999, 14(4): 22-27.
[80] Gu J L, Leng Y, Gao Y, Liu H, Kang F Y, Shen W C. Fracture mechanism of flexible graphite sheets[J]. Carbon, 2002, 40(12): 2169-2176.
[81] 王丽娟, 田军. 柔性石墨的结构、密封性能及应用研究[J]. 润滑与密封, 2001, 26(1): 63-65.
[82] 郑永平, 武涛, 沈万慈, 康飞宇. 一种柔性石墨双极板及其制备方法[P/OL]. 中国, 200410008461.X. 2004-03-12.
[83] 张红波, 刘洪波, 许章色. 添加剂-硼酸对柔性石墨材料性能的影响[J]. 非金属矿, 1994(2): 34-35.
[84] 干林. 硼剂增强柔性石墨制备PEMFC双极板的研究[R]. 北京, 清华大学, 2004.
[85] 武涛. 柔性石墨质子交换膜燃料电池双极板的制备和表征[D]. 北京: 清华大学, 2004.
[86] 武涛, 郑永平, 黄正宏, 沈万慈, 康飞宇. 柔性石墨双极板透气性的研究[J]. 材料科学与工程学报, 2005, 23(2): 196-199.
[87] 冯彪. 柔性石墨/酚醛树脂复合双极板材料的制备与表征[D]. 北京: 清华大学, 2009.

名词索引

B

C

D

F

G

H

J

K

L

M

P

Q

R

S

T

W

X

Y

Z